捕捞与渔业工程装备用网线技术

石建高 等 编著

海洋出版社

2017 年·北京

图书在版编目（CIP）数据

捕捞与渔业工程装备用网线技术/石建高等编著. —北京：海洋出版社，2017.11
ISBN 978-7-5027-9937-3

Ⅰ.①捕…　Ⅱ.①石…　Ⅲ.①渔捞作业-渔具材料-网线　Ⅳ.①S971.2

中国版本图书馆 CIP 数据核字（2017）第 239667 号

责任编辑：常青青
责任印制：赵麟苏

海洋出版社　出版发行

http://www.oceanpress.com.cn
北京市海淀区大慧寺路 8 号　邮编：100081
北京朝阳印刷厂有限责任公司印刷
2017 年 12 月第 1 版　2017 年 12 月北京第 1 次印刷
开本：787 mm×1092 mm　1/16　印张：20.75
字数：440 千字　定价：78.00 元
发行部：62132549　邮购部：68038093
总编室：62114335　编辑室：62100038
海洋版图书印、装错误可随时退换

前　言

中国为渔业大国，年产量位居世界第一。2016 年中国水产品总量为 6 901.25 万吨，其中捕捞产量高达 1 758.86 万吨，养殖产量高达 5 142.39 万吨，为满足国民的食物需求做出了重要贡献。捕捞与渔业工程装备的发展带动了农机装备、渔船渔港、渔用材料、水产加工和物流运输等相关产业的发展和进步，取得了较好的效益。

可直接用于编织网片的线型材料称为网线。网线应具备一定的粗度、强力，良好的弹性、柔挺性和结构稳定性，粗细均匀，光滑耐磨。网线因功能、习惯、地域、使用部位或技术领域等的不同而有不同的名称，如"渔网线"和"缝合线"等。网线主要应用于捕捞与渔业工程装备领域（包括编织网片、缝合装配等），此外，特种网线在防尘防虫、防晒防护和休闲体育等领域也有所应用，根据 2017 中国渔业统计年鉴，2016 年我国渔用绳网制造产值达到 111.26 亿元。

网线技术是根据捕捞与渔业工程装备等领域的特点，研究网线生产装备技术、生产工艺设计技术、新材料开发应用技术和质量标准检测技术等综合技术。捕捞与渔业工程装备用网线技术直接关系到渔业生产的安全性、节能降耗、提质增效、科学管理和创新发展。通过创新开发、应用捕捞与渔业工程装备网线（新）材料，可实现（远洋）捕捞（渔具）生产的节能降耗、渔业工程装备生产的降耗减阻，助力蓝色粮仓建设和蓝色海洋经济发展，推进深蓝渔业和"一带一路"。

本书介绍了捕捞与渔业工程装备领域用网线技术基础、捻线设备、捻线设备操作维护技术、捻线工艺设计技术、编织线技术、网线材料的开发与应用、网线质量及其检测技术等内容。本书由石建高（主编）负责编写，孙满昌（副主编）、余雯雯（副主编）、钟文珠、洪锡元、从桂懋、陈志祥、张春文、张健、黄镇繁、刘永利、周文博等参加（与）编写或文字校对工作，全书由石建高进行统稿，并对部分章节进行了修改和补充。张孝先、王少勤、曹文英、张亮、吕呈涛、赵奎、赵绍德、孟祥君、黄南婷、程世琪、卢文、黄中兴、陈永国、魏平、王磊、常广、陈晓雪和徐学

1

明等提供文献资料图片或协助整理资料等工作，在此表示感谢。

本书主要得到了国家支撑项目（2013BAD13B02）、国家科技计划课题研究任务（2013BAD13B02-04）、中国水产科学研究院基本科研业务费资助专项课题（项目编号：2017JC02、课题编号：2017JC0202）、国家自然基金项目（2015M571624）、现代农业产业技术体系专项资金（编号：CARS-50）和湛江市海洋经济创新发展示范市建设项目"抗强台风深远海网箱智能养殖系统研发及产业化"等项目的资助和支持。同时还得到了中国博士后科学基金、国家自然基金项目（31502213）、上海市成果转化项目（103919N0900）、台州市科技计划项目（14ny17）、洞头县科技项目（N2014K19A）、网箱技术开发项目（TEK20160126、TEK20121016）、深远海网箱项目（TEK20131127）、中央级公益性科研院所基本科研业务费专项资金（2015T01）、重要技术研发项目（TEK666、TEK201518、TEK20120416、2012A1301、2013A1201、2014A10）、技术开发项目"新型网具的研发及产业化推广应用""渔网网具技术开发服务及产业化推广应用""绳网产品技术开发服务及产业化推广应用"和"渔业装备工程的研发及产业化推广应用"等相关项目的支持，在此表示感谢。特别感谢国家支撑课题研究任务（2013BAD13B02-04）课题组、渔用新材料创新团队、农业部绳索网具产品质量监督检验测试中心、方中运动制品有限公司、江苏昇和塑业有限公司等给予作者的指导、帮助和大力支持。本书由中国水产科学研究院东海水产研究所、上海海洋大学、海安中余渔具有限公司、江苏金枪网业有限公司、仙桃市鑫农绳网科技有限公司、湛江市经纬网厂、湛江经纬实业有限公司等单位人员联合编写；山东鲁普科技有限公司、农业部绳索网具产品质量监督检验测试中心、青岛奥海海洋工程研究院有限公司、山东好运通网具科技股份有限公司、浙江兴业集团有限公司、荣成市铭润绳网新材料科技有限公司和渔机所等单位人员参与编写工作（本书是编写组成员30多年网线技术与理论的系统总结，整体技术达到国际先进水平），在此同样表示感谢。本书在编写过程中参考了《渔具材料与工艺学》《渔用网片与防污技术》等方面的大量文献，作者将这些文献列于本书的参考文献中，在此对参考文献的作者及其单位表示由衷的感谢。本书在编写过程中少量采用了公开文献、媒体报道等的图片，作者尽可能对上述图片来源进行说明或将相关文献列于参考文献中，在此对所有图片的作者及其相关单位表示由衷的感谢；如有疏漏之处，敬请谅解。

迄今为止国际上还没有一本专门介绍捕捞与渔业工程装备用网线技术

的专著，本书可以填补空白，这便是作者撰写《捕捞与渔业工程装备用网线技术》一书的初衷。有鉴于此，我们组织专家、学者、行业知名企业编写了这本综合性专著，以助力渔业以及绳网技术相关领域的可持续发展。

本书可供捕捞与渔业工程装备领域全面了解网线技术参考，也可作为相关专业学生的教学参考书。本书是继《渔用网片与防污技术》《海水抗风浪网箱工程技术》《渔业装备与工程用合成纤维绳索》等专著之后进一步系统阐述渔业装备与工程技术的重要著作。由于作者水平有限，书中某些内容或有不当之处，恳请读者批评指正。

希望本书对网线的生产、研发与产业化生产应用、现代渔业的发展与技术升级，能起到抛砖引玉的作用。诚然，本书可为渔业、海工、防尘、防虫、防晒、防护、休闲、建筑、纺织和体育等领域提供技术支持或参考，但相关工作还有待深入持续推进。

著　者

2017 年 10 月

目 录

第一章 捕捞与渔业工程装备领域网线技术基础

中国是渔业大国，年产量位居世界第一。2016 年中国水产品总量为 6 901.25×10^4 t，其中，捕捞产量高达 1 758.86×10^4 t，养殖产量高达 5 142.39×10^4 t。捕捞（fishing）是使用工具捕获经济水生动物的生产活动。捕捞在人类历史上一直占有重要的地位，在世界许多地方自古以来渔获物都是当地人重要的营养来源，直到现代社会也是如此，许多历史书中都可以见到关于渔业捕捞的记载。渔业工程（fishery engineering）是新建或改/扩建的与渔业有关的土木建筑、机械、电气等设施的总称。渔业工程装备（fishery engineering equipment）目前尚无严格的定义，主要指与渔业有关的工程装备和辅助装备［如深水网箱（装备）、水产养殖围网（装备）等］。可直接用于编织网片的线型材料称为网线（netting twine）。网线应具备一定的粗度、强力，良好的弹性、柔挺性和结构稳定性，粗细均匀，光滑耐磨。网线主要应用于捕捞与渔业工程装备领域（包括编织网片、缝合装配等）；此外，特殊要求的网线在防尘、防虫、防晒、防护和休闲、体育等领域也有所应用。网线技术直接关系到渔业生产的安全性、节能降耗、提质增效、科学管理和创新发展，是水产科学的重要分支。通过创新开发、应用网线（新）材料，以实现（远洋）捕捞（渔具）生产的节能降耗、渔业工程装备生产的降耗减阻，助力蓝色粮仓建设、发展蓝色海洋经济、推进"一带一路"。本章概述网线用纤维、网线分类、网线粗度和标识、网线的性能、网线优选与鉴别等内容，为网线生产、开发和技术交流等提供参考。

第一节 网线用纤维

由两根或两根以上的单纱并合加捻而成的产品，统称为线（twine）。按用途分类，线可分为网线、防护线、缝纫线、绣花线、装饰线和标签线等。捕捞与渔业工程装备领域网线与纺织、化工等领域用（纱）线有着本质区别；网线因功能、习惯、地域、使用部位或技术领域等的不同而有不同的名称，如"渔网线"和"缝合线"等。网线主要包括捕捞渔具用网线（简称"渔网线"，fishing twine）和渔业工程（装备）用网线［fishery engineering（equipment）twine］两大类。为方便叙述，本书将渔网线、渔业工程（装备）用网线统称为网线。网线由纤维等加工制作而成，制作网线的纤维称为网线用基体纤维（以下简称"网线用纤维"或"纤维"）。按结构分

1

类，网线可分为单丝、捻线和编织线。本节对网线用纤维种类、形态与尺寸、纤维的共性与主要特性等进行概述。

一、网线用纤维种类、形态与尺寸

网线用纤维（为便于叙述，以下简称"纤维"）通常是指长宽比在1 000数量级以上、粗细为几微米到上百微米的柔软细长体，有连续长丝和短纤维之分。纤维状物质广泛存在于动物毛发、植物和矿物中。从人类诞生到19世纪末，主要认知和使用的纤维是天然纤维。1935年世界上发明了尼龙（Nylon）纤维，1938年又发明了涤纶（PET）纤维，这些化学纤维的发明极大地丰富了纤维的种类与用途。纤维材料的种类以及分类方法很多，其中：按来源和习惯分为天然纤维和化学（再生、无机和合成）纤维两大类；按英美习惯分为天然纤维、人造纤维和合成纤维三大类。

1. 网线用纤维的种类

纤维的种类很多，以下对纤维材料进行概述。

（1）天然纤维

凡是自然界里原有的或从经人工种植的植物中、人工饲养的动物毛发和分泌液中获取的纤维，统称为天然纤维（natural fiber）。天然纤维按来源分为植物纤维、动物纤维和矿物纤维。天然纤维主要包括植物纤维和动物纤维两大类。取自于植物种子、茎、韧皮、叶或果实的纤维称为植物纤维。植物纤维有种子纤维（如棉纤维等）、叶纤维（如马尼拉麻和西沙尔麻等）和韧皮纤维（如苎麻、亚麻、大麻、黄麻、红麻和罗布麻等）等。棉纤维可以加工成各种粗细的网线，历史上棉纤维曾是重要的渔用纤维材料。随着社会的进步和科学的发展，网线材料由麻、毛、棉、丝等天然纤维发展为人造纤维与合成纤维。制线用合成纤维有聚烯烃类、聚酰胺类和聚酯类等。综上所述，19世纪末之前人类主要认知和使用的网线用纤维为麻、毛、棉、丝等天然纤维；在当时历史条件下，天然纤维对渔业的发展和进步起到了积极作用，诚然，天然纤维网线存在许多缺点（如植物纤维网线使用周期短、丝纤维网线价格昂贵等），这为渔业生产带来了许多不利；目前，网线材料已很少采用天然纤维。

（2）化学纤维

网线用化学纤维主要指合成纤维。凡是天然的或合成的高聚物以及无机物为原料，经过人工加工制成的纤维状物体，统称为化学纤维（chemical fiber）。从19世纪90年代黏胶纤维问世以来，化学纤维已经过了一百多年的发展历程，特别在20世纪30年代尼龙实现工业化生产后，发展更为迅猛，取得了丰硕的成果。今天化学纤维在科学技术上所取得的进展大大超过天然纤维，出现了许多新品种，如改性涤纶、高强丙纶、耐磨维纶、耐高温芳纶、发光纤维、（中）高强聚乙烯单丝和熔纺超高强聚乙烯单丝等。现在，化学纤维不仅是满足和丰富人民生活所需，而且已成为经济建设中其他领域包括渔业、建筑、航天、航空、军事、旅游、体育、消防、救生、休闲家具、清洗维修、交通运输等部门所不可缺少的重要材料。化学纤维按来源和习惯分为再生纤维、无机纤维和合成纤维三大类。再生纤维是指以高聚物为原料制成浆液其化学组成基本不变并高纯净化后制成的纤维，综合性能差的再生纤维不适宜制作网线（经理论和实践充分证明，综合性能好的再生纤维可制作网线）。无机纤维是指以天然无机物或含碳高聚物纤维为原料，经人工抽丝或直接碳化制成的无机纤维，如玻璃纤维、金属纤维、陶瓷纤维和碳纤维，无机纤维中的金属纤维可用于渔网的加工制作、碳纤维可用于制作碳纤维钓鱼杆等。以石油、煤、天然气及一些农副产品为原料制成单体，经化学合成为高聚物纺制的纤维称为合成纤维，合成纤维特别适宜制作网线材料。如果说这些合成纤维的出现极大地丰富了纤维的种类与用途，那么，合成纤维在渔业上的推广应用成为现代渔业的一次重要革命；这主要是由于合成纤维具有不会腐烂的显著特性。合成纤维对大规模深海渔业及小规模集体渔业显示出相同的优越性。与大麻等天然纤维相比，合成纤维具有强度大、对由霉菌引起的变质和腐蚀具有耐受性等突出优点，因此，合成纤维网线使用寿命明显高于天然纤维网线。50多年来，为适应渔业技术的迅猛发展，合成纤维广泛应用于捕捞与渔业工程装备生产中。在日益发展的渔业中，天然纤维几乎完全被合成纤维所取代。合成纤维是由低分子物质经化学合成的高分子聚合物，再经纺丝加工而成的纤维。制造合成纤维的主要原料为苯、酚、乙炔、氢氰酸、氯气、乙烯和丙烯等。煤、石油、天然气及一些农副产品中提炼出来的糠醛等物质中含有大量的这些原料。生产合成纤维的资源非常丰富，煤和石油的蕴藏量和产量很大，为大力发展合成纤维工业提供了丰富的原料。合成纤维的种类很多，目前常用的合成纤维主要有聚酯类纤维、聚酰胺类纤维和聚烯烃类纤维（表1-1）。

表1-1　合成纤维代号、商品名、单体和纤维形态

纤维类别	纤维化学名称	纤维代号	国内商品名	国外商品名	单体	纤维形态		
						长丝	短纤维	裂膜纤维
聚烯烃类纤维	聚乙烯纤维	PE	乙纶	Pylen，Vectra，Platilon，Vestolan，Polyathylen	乙烯	√	×	△
	聚丙烯纤维	PP	丙纶	Polycaissis，Meraklon，Prolene，Pylon	丙烯	√	△	√
	聚乙烯醇纤维	PVAL	维纶	Vinylon，Kuralon，Vinal，Vinol	醋酸乙烯酯	√	√	×
	聚氯乙烯纤维	PVC	氯纶	Leavil，Valren，Voplex，PCU	氯乙烯	√	√	×
	聚偏二氯乙烯纤维	PVDC	偏氯纶	Saran，Permalon，Krehalon	偏二氯乙烯	√	×	×

续表

纤维类别	纤维化学名称	纤维代号	国内商品名	国外商品名	单体	纤维形态		
						长丝	短纤维	裂膜纤维
聚酯类纤维	聚对苯二甲酸乙二酯纤维	PET	涤纶	Dacron，Telon，Teriber，Terlon，Lavsan，Terital	对苯二甲酸或对苯二甲酸，乙二醇或环氧乙烷	√	△	×
聚酰胺类纤维	聚酰胺6纤维	PA6	锦纶6	Nylon6，Capron，Chemlon，Perlon，Chadolan	几内酰胺	√	√	×
	聚酰胺66纤维	PA66	锦纶66	Nylon66，Arid，Wellon，Hilon	几二酸，几二胺	√	√	×

注："√"——是；"×"——否；"△"——可能，但不常用。

腈纶（PAN）、聚对苯二甲酸丁二醇酯（PBT）纤维、聚对苯二甲酸丙二醇酯（PTT）纤维、锦纶1010、锦环纶（PACM）、维氯纶（PVAC）、过氯纶（CPVC）和氟纶（PTFE）等合成纤维在渔业上应用很少，液体PTFE可用作网箱防污涂料用功能填料。合成纤维的命名，以化学组成为主，并形成学名及缩写代码；商用命名为辅，形成商品名或俗名。国内合成纤维以"纶"的命名，属商品名，但命名依据比较混杂。涤纶和维纶是国外商品名的谐音；锦纶是因中国最早生产地在锦州而得名，丙纶、氯纶和偏氯纶均以其化学组成得名。这些技术名词表示了不同纤维类别其组成物质不同，各种合成纤维名词的缩写代号是国际通用的。

（3）捕捞与渔业工程装备等领域用纤维新材料

现行水产行业标准《渔具材料基本术语》（SC/T 5001—2014）尚无渔用新材料的定义，综合国务院发布的《新材料产业标准化工作三年行动计划》、材料学高校部分专家建议、部分全国水产标准化技术委员会渔具及渔具材料分技术委员会委员代表意见、《渔业装备与工程合成纤维绳索》专著等文献资料，建议将"渔用新材料"定义为"那些新出现或已在发展中的、具有传统材料所不具备的优异性能和特殊功能的、用来制造渔具的材料"；建议将"渔用纤维新材料"定义为"那些新出现或已在发展中的、具有传统材料所不具备的优异性能和特殊功能的、用来制造渔具的纤维材料"；建议将"（远洋）渔具新材料"的定义为将那些新出现或已在发展中的、具有传统材料所不具备的优异性能和特殊功能的、用来制造（远洋）渔具的材料；建议将"渔业工程用新材料"定义为将那些新出现或已在发展中的、具有传统材料所不具备的优异性能和特殊功能的渔业工程用材料；建议将"捕捞与渔业工程装备用新材料"定义为将那些新出现或已在发展中的、具有传统材料所不具备的优异性能和特殊功能的捕捞与渔业工程装备用材料。在新材料术语相关标准发布实施前，上述定义可作为"（远洋）渔具新材料"等新材料的科学评定依据。渔用纤维新材料等渔用新材料技术是按照人的意志，通过物理研究、材料设计、材料加工、试验评价等一系列研究过程，创造出能满足渔业生产需要的新型材料的技术。渔用纤维新材料的研发与应用为渔业装备与工程用合成纤维绳索的升级换代发挥了重要作用。

纤维新材料的研发与应用丰富了纤维材料的品种，为新型网线的研发及其升级换代发挥了重要作用。新材料技术的发展，使世界上出现了多种捕捞与渔业工程装备用新材料（为便于叙述，本节以下简称"纤维新材料"），如超高相对分子质量聚乙烯纤维（以下简称"超高分子量聚乙烯纤维"或"UHMWPE 纤维"）、碳纤维、对位芳香族聚酰胺纤维（以下简称"对位芳酰胺纤维"或"PPTA 纤维"）、高强度渔用聚乙烯材料［包括高强度聚乙烯单丝（以下简称"HSPE 单丝"）或自增强聚乙烯单丝（以下简称"SRPE 单丝"）］、陶瓷纤维、可生物降解纤维、高性能玻璃纤维、中高聚乙烯（以下简称"MMWPE"）及其改性单丝新材料、熔纺超高分子量聚乙烯（以下简称"UHMWPE"）及其改性单丝新材料等。表 1-2 列出了捕捞与渔业工程装备用新材料及制造技术。近年来，中国水产科学研究院东海水产东海所（以下简称"东海所"）石建高研究员课题组联合淄博美标高分子纤维有限公司（以下简称"美标"）等单位根据我国纤维材料的现状，以特种组成原料（如以 MMWPE 原料或 UHMWPE 粉末为母料）与熔纺设备为基础，采用特种纺丝技术，研制具有性价比高和适配性优势明显，且易在我国捕捞与渔业工程装备生产中推广应用的高性能纤维新材料。石建高等学者将上述特定的（渔用）高性能单丝新材料命名为（渔用）中高（强）聚乙烯（以下简称"MMWPE"或"MHMWPE"）及其改性单丝新材料、（渔用）熔纺超高分子量聚乙烯及其改性单丝新材料，等等。因上述（渔用）高性能纤维新材料性能好、性价比高的特点，其应用前景非常广阔。纤维新材料详细内容，有兴趣的读者可以参见本书第六章或《渔用网片与防污技术》等相关文献资料。

表1-2　捕捞与渔业工程装备等领域用新材料及制造技术

品种	强度（cN·dtex^{-1}）	纺丝方法	商品名
UHMWPE（复丝）纤维	25~39.3	凝胶纺丝超拉伸	Dyneema、Spectra、孚泰等
碳纤维	12.3~38.8	湿法纺丝、碳化	Torayca
PPTA 纤维	19.4~23.9	液晶纺丝	Kevlar，Twaron，Technora
聚芳酯纤维	22.7	液晶纺丝	Vectran
MMWPE 单丝及其改性单丝或 MHMWPE 单丝及其改性单丝	≥8.6	特种纺丝工艺	中高（强）（聚乙烯）（改性）单丝
熔纺 UHMWPE 单丝及其改性单丝	≥14.0	特种纺丝工艺	超高（强）（聚乙烯）（改性）单丝、美标高分子等

2. 网线用纤维的形态

根据表面和纵向的形态不同，化学纤维形态可以分成直丝、变形丝、网络丝、卷曲纤维、花式丝和薄膜纤维等。网线用纤维的形态与化学纤维形态有所区别，参照

《纺织品—纤维和纱线的形态—词汇》（ISO 8159），网线用纤维主要制成长丝、短纤维和裂膜纤维三种基本形态（表1-1）。

（1）长丝

长度可达几十米以上的天然丝和可按实际要求制成的任意长度的细丝状纤维均称为长丝（continuous filament）。长丝包括单丝、复丝和变形丝。长丝可按实际要求制成无限长并可制成不同的细度，其直径一般小于0.05 mm，最细的丝每1 000 m质量小于0.2 g，甚至比蚕丝还要细。纺织用天然长丝主要包括桑蚕丝和柞蚕丝；合纤长丝主要包括涤纶长丝、锦纶长丝、丙纶长丝和腈纶长丝等。适合于作为一根单纱或网线单独使用，具有足够强力的单根长丝称为单丝。长丝与单丝是两个完全不同的概念，不可混淆使用。一定数量的长丝集中在一起，通过加捻、增加抱合，形成一根单纱或丝束，称为复丝。单丝可直接作为一根线在渔具上单独使用，也可直接用来捻制网线，这是它与复丝的主要区别，如锦纶单丝可直接用来制造刺网和钓线。单丝具有足够的强度，其横截面多半呈圆形，直径为0.10~3.00 mm或更粗一些。单丝主要包括聚乙烯单丝（简称"乙纶单丝"或"PE单丝"）、聚酰胺单丝（简称"锦纶单丝"或"PA单丝"）和聚丙烯单丝（简称"丙纶单丝"或"PP单丝"）三种；其他单丝主要包括PET单丝、PVA单丝等（但它们在渔业上用量相对很少）。目前东海所石建高课题组正联合美标等相关单位从事MMWPE及其改性单丝、UHMWPE及其改性单丝的开发与产业化应用。复丝如没有被化学方法处理，它是质地光滑并具有高度的光泽；复丝中所有的丝贯穿于纱的整个长度中，在纱的任意点的横断面上丝的根数都是相同的。复丝加捻可形成捻丝；捻丝再经一次或多次并合、加捻成为复合捻丝。

（2）裂膜纤维

经牵伸或加捻后能自动分裂成粗细不同、数量不等的纤维束的细长高聚物薄膜带称为裂膜纤维（split fiber）。裂膜纤维加捻后可形成单纱，它是一种新型纤维，来源于塑料扎带（薄膜）。薄膜带在制造时经高倍拉伸，当在张力下加捻时，能沿纵向分裂，因此，由这些纤维到制成的纱，带有不规则细度的裂膜纤维。裂膜纤维比较粗硬，强度较大，裂膜纤维可用来制造网线。目前东海所石建高课题组正联合相关单位在国内外首次从事（超）高强裂膜纤维网线的开发与产业化应用。

（3）短纤维

较短的天然纤维和由长丝切断成适合纺纱要求长度的纤维（其粗度与长丝相仿，长度一般为40~120 mm，或大于120 mm，借捻合方法所产生的抱合力，将若干纤维集合在一起，可形成一根连续的单纱）称为短纤维（也称短丝或短纤，staple fiber）。短纤维是一种不连续纤维，粗度与长丝相仿。化学短纤维的主要品种有涤纶短纤维、锦纶短纤维、丙纶短纤维、维纶短纤维和腈纶短纤维等合成短纤维。用短纤维捻制的纱比用同样材料制成的复丝纱强力要低，而伸长较大。由短纤维制成的网线，由于其表面伸出许多松散的纤维端，形成茸毛使线表面粗糙，这种茸毛既可降低网结的滑动，又可增加增养殖用网衣（藻类养殖用网帘等）对种植孢子的吸附效果。

（4）网线制作用基体纤维形态

不同网线制作用基体纤维形态各不相同。目前，乙纶网线制作用纤维形态主要包括单丝、长丝和裂膜纤维等；丙纶网线制作用纤维形态主要包括单丝、复丝和裂膜纤维等；锦纶网线制作用纤维形态主要包括复丝、短纤维或单丝等；涤纶网线制作用纤维形态主要包括复丝和单丝；维纶网线制作用纤维形态主要包括短纤维；氯纶网线制作用纤维形态主要包括长丝和短纤维；偏氯纶网线制作用纤维形态主要包括单丝、长丝和短纤维；UHMWPE 网线制作用纤维形态主要为长丝。目前，东海所石建高课题组正联合相关单位开展熔纺 UHMWPE 及其改性单丝网线的研发与产业化应用。

3. 网线用纤维的尺寸

网线用纤维的尺寸复杂多样，现将纤维的直径和纤维的长度简介如下。

（1）纤维的直径

按直径不同，化学纤维分为常规纤维、粗特纤维（high-diner fiber）和细特纤维（fine-diner fiber）。线密度为 1.4~7 dtex 的化学纤维称常规纤维。由线密度较大的单丝组成的复丝称为粗特纤维（如由 10~24 根单丝组成的密度为 22~110 dtex 的复丝）。细特纤维是比常规纤维细得多的化学纤维。通常有细特、微细、超细和极细纤维之分。

（2）纤维的长度

纤维可以按长度不同，分为长丝、短纤维、短切纤维和纤条体等类别。

长度可达几十米以上的天然丝和可按实际要求制成的任意长度的细丝状纤维称为长丝。长丝可按实际要求制成无限长并可制成不同的细度。长丝包括单丝、复丝和变形丝。纺织用天然长丝主要包括桑蚕丝和柞蚕丝；合纤长丝主要包括涤纶长丝、锦纶长丝、丙纶长丝和腈纶长丝等。适合于作为一根单纱或网线单独使用，具有足够强力的单根长丝称为单丝（monofilament）。单丝可直接作为一根线在渔业上单独使用，也可直接用来捻制网线，这是它与复丝的主要区别，如聚酰胺单丝可直接用来制造刺网和钓线。单丝具有足够的强度，其横截面多半呈圆形，直径为 0.10~3.00 mm 或更粗一些。较粗的合成纤维单丝称为鬃丝。单丝主要包括 PE 单丝、PA 单丝和 PP 单丝 3 种；其他单丝包括 PET 单丝、PVA 单丝等，但它们在捕捞与渔业工程装备上用量相对很少。一定数量的长丝集中在一起，通过加捻、增加抱合，形成一根单纱或丝束，称为复丝（multifilament）。复丝加捻以后可形成捻丝；捻丝再经一次或多次并合、加捻成为复合捻丝。变形丝主要针对普通长丝的直、易分离或堆砌密度高所导致的织物缺陷，通过改变合成纤维卷曲形态来改善纤维性能的方法。变形加工一般是指通过机械作用给予长丝二度或三度空间的卷曲变形，并用适当的方法加以固定，使原有长丝获得永久、牢固的卷曲形态。

较短的天然纤维和由长丝切断成适合纺纱要求长度的纤维称为短纤维（短纤维又称短丝或短纤）。化学短纤维的主要品种有涤纶短纤维、锦纶短纤维、丙纶短纤维、维伦短纤维和腈纶短纤维等合成短纤维。由短纤维制成的网线，由于其表面伸出许多松散的纤维端，形成茸毛使线表面粗糙，这种茸毛可降低网结的滑动，如掺有维纶纱的紫菜养殖用维纶/乙纶混合线。

短切纤维是切断长度为 0.5~20 mm 的化学纤维。

纤条体是特制的合成短纤维，类似于木浆粕，故也称合成浆粕（调成浆液后，能黏合化学纤维，也可制合成纸）。

二、网线用纤维共性、表征与特性

1. 网线用纤维的共性

目前网线用纤维主要为合成纤维，其最大优点是耐腐和经久耐用，即具有抗毒性和抗菌性。这个特性特别适合于制作网线材料。合成纤维制造的渔具、深水网箱、大型养殖围网等不需要进行防腐处理和定期晒干，这可节省劳力和降低成本。合成纤维还具有较好的物理机械性能，如强度大、弹性好、密度小，吸水性低（有的不吸水）、表面光滑、滤水性好等优点。用合成纤维制成的渔具的渔获率远高于植物纤维渔具；用合成纤维制成的渔业工程装备设施（扇贝笼、珍珠笼、深水网箱或养殖围网等）的养殖效果也明显优于较植物纤维渔业工程装备设施，如用 PA6 单丝制成刺网的渔获率比棉刺网大为提高；用 PE 单丝捻线制成拖网，轻而坚固，可轻网快拖，大幅度提高渔获率；用超高分子量聚乙烯纤维制成的深水网箱或养殖围网，可有效抵御台风等恶劣天气，深水网箱等渔业工程装备设施的安全性大幅度提高。诚然，合成纤维在渔业上应用也存在一些缺点。例如，合成纤维在打结及湿态下强力降低；合成纤维的抱合力差、渔网结稳定性差，加工后必须经拉伸热定型处理。因此，急需在现有合成纤维组成的基础研发纤维新材料，以提高纤维的综合性能、渔具的渔获率、渔业工程装备的安全性和抗风浪流性能。

2. 网线用纤维的表征

网线用纤维的结构是纤维的固有特征，是纤维的本质属性。不同的纤维具有不同的理化性质，其决定着纤维各自的使用特性，而产生和保持这种特性的根本原因在于纤维自身的结构。纤维结构的内涵，可以深入到微观的分子组成与形式，也可大到纤维本身的宏观整体形貌；可以是纤维表层或表面结构与组成，也可以是纤维内部的组织结构与成分。这些结构基本单元的相互作用及排列形式是影响着纤维各项性质的内在原因。因此，人们在探索合成纤维的基本特性，选用、改进和开发材料时，对合成纤维结构的认识和了解变得极为重要。作为合成纤维，客观上有一定的基本特征要求。在宏观形态上要求合成纤维具有一定的长度和细度，以及较高的长宽比。在微观分子排列上，要求有一定的取向和结晶，以提高合成纤维必要的轴向强度；并具有较好的侧向作用力，即分子间的作用力，以保持合成纤维形态的相对稳定。网线用纤维的结构特征可以用结晶度、取向度、结晶区分布和取向度分布等基本参数来表征。

结晶度是指纤维中结晶部分占纤维整体的比例，是建立在两相结构理论基础上的。在理论上，结晶度可分为体积结晶度 X_V 和质量结晶度 X_W。通常可用密度法测量与计算，即：

$$X_V = V_c/V = (\rho - \rho_a)/(\rho_c - \rho_a) \tag{1-1}$$

$$X_W = W_c/W = (1/\rho_a - 1/\rho)/(1/\rho_a - 1/\rho_c) \tag{1-2}$$

式中：ρ、ρ_a、ρ_c——分别为纤维的整体密度、无序区密度和结晶区密度；

W、V——分别为纤维的整体质量和体积；

W_c、V_c——分别为结晶部分的质量与体积。

取向度的理论定义是指纤维大分子链节与纤维轴的平行程度，是一个平均值，其以分子链节轴与纤维轴夹角的统计均方值的大小来表示，最经典的表达式为 Hermans 取向因子，以公式（1-3）表示：

$$f = \frac{1}{2}(3\overline{\cos^2\theta} - 1) = 1 - \frac{3}{2}\overline{\sin^2\theta} \tag{1-3}$$

取向度的高低主要影响纤维的模量和强伸性。晶区的分布可以在整个纤维尺度上，也可在几个分子宽度上的分布；这种分布涉及结晶颗粒或晶区的大小，晶区与非晶区的过渡程度，以及晶格的形式与组合。取向度分布是指纤维分子在纤维径向各层或在纤维长度方向各段的取向度，尤其是前者实际意义更为重要。聚合度反映纤维大分子单基构成的个数，其与纤维的相对分子质量有关，直接影响分子链的长度以及纤维体的强度；聚合度可由相对分子质量和单基相对分子质量的比值求得，对纤维来说大分子的相对分子质量不是一个定值，而是一个分布。链段是指分子可以运动的最小独立单元，是一个热力学统计值，并不等于单个链节的长度 L；链段长度（L_p）是温度 T 的函数；链段长度直接影响纤维分子的构象数，或称分子的柔顺性。微细结构尺寸反映纤维各层次结构的形态及其大小，以及特有组织结构和表面的形态特征。纤维为多孔材料，尽管人们以往对纤维的固有孔隙不太关心，但在高吸湿性、膜分离、过滤、隔热材料的纤维中的微孔形态及其孔径分布却是一个至关重要的特征参数。

3. 网线用纤维的主要特性

目前网线用纤维主要为合成纤维，其主要特性直接关系到网线的物理机械性能和使用效果，下面对网线用聚乙烯纤维、聚酰胺纤维、PET 纤维等纤维的主要特性进行简单概述。

（1）网线用聚乙烯纤维

乙纶是我国聚乙烯纤维（以下简称"PE 纤维"）的商品名。PE 纤维是聚乙烯网线的重要材料，目前它在我国渔用纤维材料中用量最大。PE 纤维的晶格结构如图1-1 所示。普通 PE 纤维具有下列主要特性：①耐酸碱性良好，在强酸碱中纤维强度几乎不降低。②断裂强度为 4.4~7.9 cN/dtex，湿态下强度不变。③耐磨性好，耐光性差，用紫外线照射，强度有明显下降。④一般制成单丝状，有一定柔挺性，不必做特殊处理即可使用，表面光滑，制成的渔具滤水性好，水阻力小。⑤耐低温，不耐高温，在 115~125℃时软化；125~140℃时熔化；100℃时纤维收缩 5%~10%，强度损失 60%，一般在 80℃以下使用。⑥密度为 0.96 g/cm³，是合成纤维中密度较小的一种。吸湿性极小，标准回潮率小于 0.01%，在相对湿度 95% 下的回潮率为 0.1%。因此，PE 纤维制成的网具质量是很轻的。

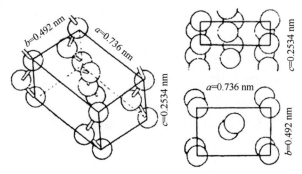

图 1-1　聚乙烯纤维的晶格结构

（2）网线用聚酰胺纤维

锦纶是我国聚酰胺纤维（以下简称"PA 纤维"）的商品名。锦纶是制作渔具、绳网线、渔业工程装备设施（如锦纶网衣已成功应用于石建高课题组主持设计的温州白龙屿栅栏式堤坝围网网具工程）等的重要材料。锦纶的品种很多，我国的锦纶品种有聚酰胺 6 纤维（PA6 纤维）和聚酰胺 66 纤维（PA66 纤维），国外的锦纶品种还有 Kevlar 等。聚酰胺纤维分子间的相互作用和微细结构如图 1-2 所示。普通 PA 纤维具有下列主要特性：①染色性良好，可使用酸性染料。在合成纤维中，该纤维是最易染色的。②短时间内能耐高热（200℃时不变化），但在长时间收热后，其强度会降低。③弹性高，伸长度大，耐多次变形的性能好，因此其制品能耐受冲击载荷。该纤维的伸缩度较适合于机械编网。但因其弹性和伸长度较大，所以不易保持网结的牢

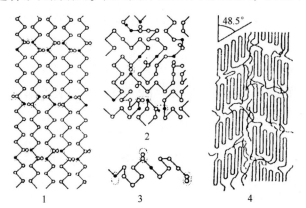

图 1-2　聚酰胺纤维分子间的相互作用和微细结构示意
1. 结晶部分；2. 无定形部分；3. 横向联结分子链；4. 缨状片晶结构

固性。④吸湿性较小，标准回潮率为4%~4.5%，浸湿后纤维不但不收缩，反而会伸长1%~3%。干湿态下的弹性和柔软性都较好；耐光性差是它的最大缺点，在合成纤维中比较不耐日晒。在日光下暴晒过久，纤维会变质，强度降低。⑤密度1.14 g/cm³；强度和耐磨性在各合成纤维中占首位。一般断裂强度为4~6 g/D，其强力丝可达5.3~7.9 g/D，是较为理想的一种合成纤维。该类纤维浸水后，强度要降低10%~15%，打结后强力降低10%。

（3）网线用聚酯纤维

涤纶是我国聚酯纤维（以下简称"PET纤维"）的商品名。涤纶是制作网线的重要材料。PET纤维的结晶与原纤结构如图1-3所示。普通涤纶纤维具有下列主要特性：①密度较大，为1.38 g/cm³。制成的网线材料有较快的沉降速度。②耐酸性强，且不受单宁和煤焦油的破坏，湿态下网结不易滑动。③强度较高，不低于PA纤维，浸水后强度不发生变化，具有良好的耐磨性和耐冲击性能。④吸湿性很小，标准回潮率仅为0.4%。浸水后既不收缩也不伸长，能保持渔具尺寸的稳定性；染色性差，高温下会收缩。⑤弹性较好，伸长度较小，表面光滑，水阻力小，脱水也快，有利于提高工作效率；耐热性和耐光性能良好，日光对其强度的影响较小。

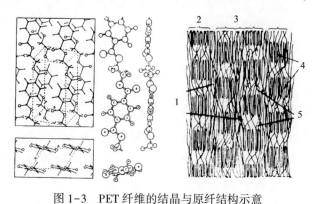

图1-3　PET纤维的结晶与原纤结构示意

1. 晶区伸展链；2. 微原纤；3. 伸展链区；4. 结晶区；5. 无序区

（4）网线用聚丙烯纤维

丙纶是我国聚丙烯纤维（以下简称"PP纤维"）的商品名。丙纶在网线上的用量明显小于乙纶、锦纶和涤纶等纤维。PP纤维分子螺旋结构及其球晶照片如图1-4所示。普通PP纤维具有下列主要特性：

①有良好的耐磨性和耐酸碱性。②吸湿性极小，标准回潮率为0.1%。③密度为0.91 g/cm³，只有棉花的60%，是合成纤维中最轻的材料。④耐光性和染色性较差，低温（0℃以下）呈脆性。其熔点为170℃。⑤强度大于PE材料，但次于PA材料，一般断裂强度可达4.4~6.42 cN/dtex，最高可达11.5 cN/dtex。

（5）网线用聚乙烯醇纤维

维纶（也称维尼纶）是我国聚乙烯醇纤维（以下简称"PVA纤维"）的商品

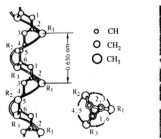

图 1-4　PP 纤维分子螺旋结构及其球晶照片

名。维纶是制作网线的材料之一，其在网线上的用量明显小于乙纶、锦纶和涤纶。PVA 纤维多呈短纤维，制成网线表面有茸毛，打结不易松动和滑脱；19 世纪 80 年代初期我国开始使用 PE 单丝和维纶牵切纱混合捻制成网线，主要用于藻类养殖用网帘（如紫菜养殖网）。PVA 纤维单元晶胞结构如图 1-5 所示。普通 PVA 纤维具有下列主要特性：①密度为 1.21~1.30 g/cm³。②较柔软，易染色；制成的网具需进行油染处理以提高网线硬度；染色时有明显收缩（约 10%）。③吸湿性比其他合成纤维都大；其标准回潮率为 5%；完全浸水后吸水量可达 30%，这对渔具的使用和操作有一定的影响；耐光性能良好，在日光下长期暴晒，强度几乎不降低；耐磨性比棉高 4 倍。④在干态下有较高的强度，其强度一般为 2.6~5.3 cN/dtex，最高可达 5.3~7.1 cN/dtex，但在湿态下，强度要降低 15%~20%，伸长度增加 20%~40%，打结后强度将损失 40%以上。⑤耐热性差；热缩性和缩水性都较大，干温下比湿温下有较小的收缩和较高的耐温性；经过热处理要收缩 9%左右，再经油染又收缩 4%，下水后还要收缩 2%，总共收缩近 15%。因此，用 PVA 制造渔具时必须考虑这一特性。

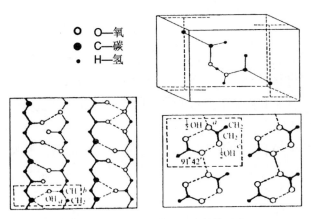

图 1-5　PVA 纤维单元晶胞结构示意

（6）网线用聚氯乙烯纤维

氯纶是我国聚氯乙烯纤维（简称"PVC 纤维"）的商品名。氯纶是世界渔业中应用最早的一种合成纤维，曾是制作网线的一种材料。普通 PVC 纤维具有下列主要特性：①耐光性较佳，耐燃性好；②表面光滑、在水中不膨胀、干湿态弹性和伸长几乎相等；③耐热性差，在 70~75℃温度下即开始收缩，在沸水中的收缩率高达 50%；④强度比其他合成纤维都低，打结后强度降低很大，且耐磨性差，不适合制造网线（过去曾用来制作绳索和钓线）；⑤密度大（1.35~1.4 g/cm³），耐酸、耐腐蚀和耐各种溶剂的能力特别强，国外曾用它制作定置渔具。

（7）网线用聚偏二氯乙烯纤维

偏氯纶是我国聚偏二氯乙烯纤维（以下简称"PVDC 纤维"）的商品名。偏氯纶曾是制作网线的一种材料，过去在日本使用较多。普通 PVDC 纤维具有下列主要特性：①有良好的柔韧性；②耐燃性和耐腐性良好；③吸湿性极小，脱水快，易染色；④密度大（1.65~1.75 g/cm³），可用作制造沉降较快的网线和绳索材料（过去国外大部分用以制造定置渔具）；⑤耐光性差，暴晒后易变黑色，长时间放置在高温下引起化学变化；软化点 115℃，在 145℃时会显著收缩，用 PVDC 纤维制成的渔具应避免暴晒。

第二节　网线分类

为了适应不同行业、不同用户和不同使用环境的需要，网线的捻向、股数、单纱形式、生产设备、卷装形式、基体纤维种类及其组成分布等都可不同，这使得网线的品种、类别繁多，名称、分类各异。网线可以按结构、股数、捻向、卷装形式、基体纤维种类等进行分类，现对捕捞与渔业工程装备用网线分类方法简介如下，以方便网线的生产、贸易、工艺设计和学术交流等。

1. 按结构分类

分为单丝、捻线和编（织）线三类。

2. 按性能和用途分类

分为普通网线、高性能网线和特种用途网线等。

3. 按股数分类

分为双股线、三股线和多股线；在捕捞与渔业工程装备等领域三股线较常用。

4. 按卷装形式分类

分为绞线、筒子线、线球、管线和饼线等。在捕捞与渔业工程装备等领域为节约成本和方便携带，人们常用绞线；为方便织网，人们常用筒子线；为方便装配，人们常用线球等。

5. 按捻向分类

分为 S 捻线、Z 捻线；在捕捞与渔业工程装备等领域，不同国家地区的渔民或增养殖工程设施用户（如深水网箱养殖户、大型养殖围网养殖户等）按偏好、习惯选用不同捻向的网线；有些渔民或养殖户等将 Z 捻线叫成正手线，S 捻线叫成反手线。

6. 按基体纤维种类分类

分为天然纤维网线（如棉线、麻线、蚕丝线等）、合成纤维网线（如聚乙烯线、聚酰胺线和 PET 线、超高分子量聚乙烯线）等。天然纤维网线虽有一定的物理机械性能，但因耐腐性差，不适于在水中长期使用，其他方面的性能也不如合成纤维网线，所以在捕捞与渔业工程装备等领域中基本已被淘汰。当今捕捞与渔业工程装备等领域广泛应用合成纤维网线。

7. 按混合纤维的分布分类

分为均匀混合线、变化混合线、组合或复合线，如 20 世纪 80 年代初期，我国将 PE 单丝和 PVA 牵切纱按特定的比例混合捻制成 PE/PVA 混合线，该类网线就属于均匀混合线，它主要用于人工养殖用的紫菜网编织。目前，PE/PVA 均匀混合线主要在我国江苏、浙江和福建等地生产使用，并有批量出口到日本、韩国等。

8. 其他分类方法

在实际捕捞与渔业工程装备生产中人们对网线还有习惯叫法，如按网线的后处理方法，网线分为原色网线、漂白网线和染色网线等；按加工网线用纤维材料的组成不同，可分为纯纺线、混纺线和伴纺线（所谓纯纺线即由一种纤维或组分不变的高聚物纺成的线称为纯纺线，如棉线、锦纶线、乙纶线等；在渔业上纯纺线较常用。所谓混纺线即由两种或两种以上纤维混合纺纱或纺丝或合股而成的纱、丝、线统称为混纺线，如锦/棉混纺线、涤/棉混纺线等；在渔业上混纺线又称混捻线，如由 PE 纤维、PVA 纤维两种纤维合股而成的养殖紫菜用的 PE/PVA 混纺线又称 PE/PVA 混捻线或混捻型 PE-PVA 线。所谓伴纺线即由可溶性纤维与短纤维伴纺而成的线称为伴纺线，如水溶性维纶伴纺线等；但在当今渔业生产中人们很少使用伴纺线）；其他分类方法请参考相关文献资料。

第三节　单丝、编织线和捻线

虽然网线规格种类繁多，但在捕捞与渔业工程装备领域人们主要按网线结构对网线进行区分。本节对单丝、捻线和编织线分别进行简要概述，以期为网线设计、应用和生产提供参考。

一、单丝

具有足够强力适合于作为一根单纱或网线单独使用的长丝称为单丝

（monofilament）。单丝具有足够的强度，其横截面多半呈圆形，直径为0.10~3.00 mm或更粗一些。单丝主要包括聚酰胺单丝、聚乙烯单丝和聚丙烯单丝3种；其他单丝主要包括涤纶单丝和维纶单丝等。涤纶单丝和维纶单丝在捕捞与渔业工程装备领域用量很少。

1. 聚酰胺单丝

聚酰胺单丝（以下简称"锦纶单丝"或"PA单丝"）自20世纪60年代从国外引进并应用于渔业生产，目前已形成了从聚酰胺原料制造、纺丝、后处理到生产应用的生产链，生产技术日益成熟，单丝及制成的网具逐步与国际先进水平靠拢。PA单丝主要用于生产钓线、流刺网、筛网、牙刷毛、尼龙复合绳索（又称阿特拉斯绳索、牛筋复合绳索）、浮游生物网、网球拍的网线、壁球拍的网线和羽毛球拍的网线等。随着我国聚酰胺单丝技术水平的提高，PA单丝在各行各业将会得到更广泛的应用。渔用聚酰胺单丝主要包括钓鱼用丝和渔网用丝两大类，PA单丝性能指标可参见农业部绳索网具产品质量监督检验测试中心等单位起草的国家标准《聚酰胺单丝》（GB/T 21032）。聚酰胺单丝的详细资料可参见《渔用网片与防污技术》等文献资料。

2. 聚乙烯单丝

聚乙烯单丝（以下简称"乙纶单丝"或"PE单丝"）以其良好的抗拉伸强度、抗冲击性、柔挺性以及比重小、滤水性强、表面光滑等良好的性能，成为捕捞与渔业工程装备领域用重要材料，广泛应用于渔具、网箱、扇贝笼、珍珠笼和养殖围网等领域。PE单丝作为聚乙烯网线及网片的基体纤维，目前主要是采用HDPE原料经熔法纺丝和热牵伸工艺生产，《渔用聚乙烯单丝》（SC/T 5005）标准规定其断裂强度指标为不小于56.0 cN/tex、结节强度指标为不小于36.0 cN/tex。PE单丝的详细资料可参见《渔用网片与防污技术》等文献资料，这里不再重复。

3. 聚丙烯单丝

聚丙烯单丝（以下简称"丙纶单丝"或"PP单丝"）广泛应用于渔业、农业、建筑、交通运输和港口装卸等领域。我国是世界上生产PP纤维材料较多的国家，PP纤维形态有圆形单丝、扁形单丝、长丝和裂膜纤维等几种，它们在捕捞与渔业工程装备等领域可用于制作绳索、网线等。PP单丝主要生产设备为挤出机和卷曲辅机，生产PP单丝一般使用熔融挤出法。渔用PP单丝目前尚无水产行业标准，相关性能指标可参考纺织行业标准《丙纶单丝》（FZ/T 54074—2014）。PP单丝的详细资料可参见《渔用网片与防污技术》等文献资料。

4. 其他单丝

在捕捞与渔业工程装备领域，PE单丝、PA单丝和PP单丝之外的其他单丝主要包括涤纶单丝（以下简称"PET单丝"）、维纶单丝（以下简称"PVA单丝"）、聚丙烯-聚乙烯单丝（以下简称"PP-PET单丝"）、中高聚乙烯单丝（以下简称"MMWPE单丝"）和熔纺超高分子量聚乙烯单丝（以下简称熔纺"UHMWPE单丝"），等等。上述其他单丝可用于绳网线的加工制作。

二、捻线

将线股采用加捻方法制成的网线称为捻线（twisted netting twine）。捻线生产前先按规格计算出工艺技术参数，在此基础上更换捻度牙、阶段牙和皮带轮直径等配件，然后按工艺流程（原料→初捻→落纱→复捻→落线→成绞→检验→打包入库）组织生产。和编织线相比，捻线用量较大，在捕捞与渔业工程装备等领域广泛使用，下面对捻线结构、捻线加捻的特征指标进行概述。

（1）捻线结构

根据不同用途的需要，可以由若干根单纱并合加捻，形成线股、网线，使之更为均匀和结构稳定，以承受更大的载荷。捻线是由若干根的单纱组成（线）股，再将几股（2股、3股或4股等）用加捻方法制成的网线，又称加捻线。捻线按捻合的方式分为单捻线、复捻线和复合捻线等类型。组成网线半成品结构称成为线股（以下简称"股"），如单捻线中的单纱、复捻线中的单捻线、复合捻线中的复捻线等。将若干根单纱并合，经一次加捻而成的网线称为单捻线或股线。单捻线一般较细而柔软，浸水后不易硬化，但使用中易退捻，结构不稳定。捻度小的单捻线宜作刺网用线。将若干根单纱或单丝加捻成线股，再将数根（一般为3根）线股以与线股相反的捻向加捻而成的网线称为复捻线或合股线。复捻线具有紧密、结构稳定、表面光滑的特征，适合在捕捞与渔业工程装备等领域使用。网线结构多采用复捻线；复捻线捻合时其股数有2股、3股、4股等，因此，人们依次称之为双股线、三股线、四股线等。将数根（2根、3根或4根）复捻线以与其相反的捻向加捻制成的网线称为复合捻线。复合捻线较粗硬，在捕捞与渔业工程装备等领域很少使用。捻线车间如图1-6所示（左上图为湖北省仙桃市鑫农绳网科技有限公司车间，其他图为惠州市艺高网业有限公司车间）。

单纱或网线上捻回的扭转方向称为捻向。捻向可分为"Z"捻（逆时针捻）和"S"捻（顺时针捻）两种（图1-7）。特别需要说明的是，日本捻向的规定与其他国家相反。水产行业标准《渔具材料基本术语》（SC/T 5001—2014）规定了捻线相关的一些术语。将纤维并合、牵伸、加捻成单纱的捻合工艺称为纺织捻。将单纱并合加捻成线股的捻合工艺称为初捻。将线股并合加捻成复捻线的捻合工艺称为复捻。将复捻线并合加捻成复合捻线的捻合工艺称为复合捻。使网线处于垂直状态，纱或股围绕轴向形成的螺旋与字母Z中间部分相同方向时则为Z捻；纱或股围绕轴向形成的螺旋与字母S中间部分相同方向时则为S捻。初捻与复捻的捻向相同的捻合称为同向捻，例如：Z/Z。初捻与复捻的捻向相反的捻合称为交互捻，例如：Z/S。网线中的单纱、股线之间的配合方式是保证网线结构稳定的前提，为了平衡两者之间的退捻，多数情况下单纱采用Z捻、（线）股采用S捻、网线采用Z捻，互为反向（以平衡其退捻转距），纤维排列方向与网线轴平行，这样网线柔软、光泽好，捻回和结构稳定。

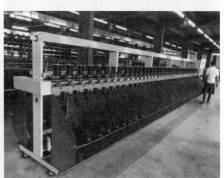

图 1-6　捻线车间

(a)Z捻　　　　(b)S捻

图 1-7　捻向

（2）捻线加捻的特征指标

①捻度　加捻使网线的两个截面产生相对回转。在单纱、网线上所加的每一扭转称为捻回；两个截面的相对回转数称为捻回数，又称捻数；单纱、网线上一定长度内的捻回数称为捻度，符号 T_m，一般以"T/m"表示。习惯上，当网线粗度采用特克斯制时，捻度采用"T /10 cm"表示，符号 T_t；当网线粗度采用公制支数时，捻度采用"T/m"表示，符号 T_m；当网线粗度采用英制支数时，捻度采用"T/in"表示，符号 T_e。按法定计量单位要求，捻度应采用 1 m 长内的捻回数 T_m 表示。捻度是单纱、股、线捻制时的主要工艺参数，它对网线的强度和伸长等性能及原材料的消耗量有很

17

大影响，因此，网线产品标准对不同网线捻度指标会进行规定。网线的捻度分为内捻、外捻两种。网线成品的捻度称为外捻，符号 T_w。构成网线各股的捻度（复合捻线的内捻为其中复捻线的捻度）称为内捻，符号 T_n。网线捻度的确定必须考虑内捻、外捻的配比。内捻过大，网线会形成扭曲，外捻过小，网线就会退捻而且松散，这都影响网线的质量，并直接影响后续网片产品的编织质量，所以，在网线实际生产过程中应根据网线规格、用户要求和使用情况等综合因素选择合适的捻比。网线直径不同，同样的捻度所产生的扭矩不相同；纤维对网线轴线的倾角也不相同。网线捻度的测量可参照相关文献或标准。

②捻回角与捻幅　由线股与网线的轴线构成的夹角，称为捻回角，符号 β。网线上线股一个捻回的升距长度，称为捻距或螺距，符号 h。捻回角（β）的正切等于网线直径 d 乘 π 后对捻距（h）的比值。捻距与捻度的相互关系为 $h = \dfrac{1\,000}{T_m}$。捻回角与捻幅的测量方法可参照相关文献资料。

③捻系数　纤维、单纱单位重量的长度称为支数，符号 N；实测条件下网线单位重量的长度称为网线实际号数，符号 H_s，单位 m/g。捻度对支数（或网线的实际号数）平方根的比值，或捻度与线密度（特数）平方根的乘积，为表示加捻的相对数值称为捻系数，符号 α。捻系数可以用来比较同体积质量、不同粗度的网线的加捻程度。捻系数越大，加捻程度越大。根据捻系数的大小，网线的加捻程度可分为松捻、中捻、紧捻 3 种。松捻网线 $\alpha = 120 \sim 135$；中捻网线 $\alpha = 150 \sim 160$；紧捻网线 $\alpha = 190$ 以上。但须注意，在评定不同种类网线的加捻程度时，由于材料密度不同，就不能以捻系数大小来单一判定网线的加捻程度，而应根据捻回角来进行综合比较。网线捻系数的选择，主要取决于纤维的性能和网线的用途。较粗短纤维纺纱时，捻系数要适当大些；较细长短纤维纺纱时，捻系数要适当小些。网线粗度不同时，捻系数也应有所不同，如细线的捻系数应稍大些。网线捻系数的详细资料请参照相关文献资料。

三、编织线

由若干根偶数线股（如 6 根、8 根、12 根、16 根……）成对或单双股配合，相互交叉穿插编织而成的网线称为编织线。因地区或习惯不同，在捕捞与渔业工程装备等领域有人也将编织线称之为编织型网线、编线或编结线。编织线结构如图 1-8 所示。编织线工艺包括产品的名称、规格、线股张力和花节长度等。编织线按生产工艺流程（单丝或复丝→绕管→编织→卷取→成绞→检验→打包入库）组织生产。编织线用量有逐步增加的趋势，在远洋拖网、深水网箱和大型养殖围网等捕捞与渔业工程装备领域都有应用，下面对捕捞与渔业工程装备用编织线结构、编织线特点进行概述。

1. 编织线结构

在编织线中央部位，配置若干根单纱或长丝或线为填充物的总称为线芯。编织线呈管状形式，为要求编织线横截面呈圆形，有时需加一根或多根较粗的线芯来填满管状内腔，但加线芯后会增加编织线的质量、强度和成本，所以，编织线可根据实际需要选择加线芯和不加线芯两种方式。编织线是一种新型结构的网线，因价格、装备工艺等因素它在我国近海渔业上应用较少，在我国远洋渔业上 PA 长丝编织线被用于制作中层拖网或缝扎拖网下纲等。编织线中的股由单纱（单丝纱、复丝纱等）加捻或不加捻组成，股的根数由编织机的锭子数决定。编织线的松紧程度称为松紧度，符号 S_j；对于结构相同的编织线，编织线的松紧度是用单位长度（1 m）内的花节数量来表示。编织线表面由线股穿插构成的花纹称为花节。编织线上线股形成一个完整编结圈的螺距长度称为花节长度，符号 L_n（图 1-8）；螺距长度在 8 股编织线中通过 4 个花节；在 16 股编织线中通过 8 个花节（图 1-8）。相同结构的编织线单位长度花节数越多，则编织线越紧密。不同结构编织线的紧密度不能简单地用花节数来比较，因不同结构的紧密度在很大程度上决定于股的数量和粗度。编织线的松紧度一般用松、中、紧等名词来区别。

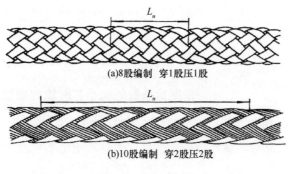

(a)8股编制　穿1股压1股

(b)10股编制　穿2股压2股

图 1-8　编织线结构

2. 编织线特点

由于编织线是由股相互交叉穿插编制而成，不须加捻，所以在其他条件相同的前提下，编织线的强力比同粗度的捻线高，并且具有良好的结构稳定性，使用中不会产生扭转变形。编织线的直径比相同单丝数捻线要小；编织线的柔软度好于捻线，打成网结也较牢固；空气中质量比相同单丝数捻线小，但水中质量比捻线大。国外用编织线有结网片逐年增加，生产的编织线常用于拖网、捕捞围网上。虽然目前国内渔业上编织线的应用范围小于捻线，但是国内外科技人员或生产厂家一直致力于新型编织线材料的开发研究，如以超高分子量聚乙烯纤维为原料生产出海钓用性能优异的超高分子量聚乙烯编织线以及特种结构聚乙烯编织线（图 1-9）。随着编织线性能价格比的提高及其在捕捞与渔业工程装备等领域的示范成功，预计今后高性能编织线将在我国各行各业上得到逐步推广使用。

(a)迪尼玛编织线　　　　　　(b)特种结构聚乙烯编织线　　　　　　(c)彩色编织线

图 1-9　编织线

图片来源：其中（c）彩色编织线图片来源于 http://image.baidu.com/。

第四节　网线粗度和标识

　　网线的粗、细程度称为粗度。网线一般以单位长度的重量或单位重量的长度以及直径、横截面积等表示。表示粗度的常用单位有支数、旦和特。在纺织材料学中，线的粗度又称为线的细度。网线的粗度直接决定着网片的规格、用途和物理机械性能等。不同粗度的网线，选用纤维的品质要求也不相同。粗度的广义为粗细以及粗度，即包括相对粗细的"粗度"和绝对粗的几何形态尺寸（直径或截面积）。线密度和几何粗细的表达一致，其值越大，网线越粗。在网线性能中，网线粗度是一项重要的技术数据。由于几何粗细的测量较为困难，以往大多采用粗度来表达。而随着现代显微镜测量和图像处理技术的进展，网线几何粗细以及分布的表达与测量将成为主导。若网线的粗度用单位质量所具有的长度来表达（支数），则值越大，网线越细。网线粗度确切的表示，关系到网线物理性能的测定，同时也为网线制造者及使用者的选择提供了方便。

一、网线粗度指标

　　网线的粗度指标是描写网线粗细的指标，有直接和间接两种。直接指标是网线粗细的指标，一般用网线的直径或截面积来表示。间接指标是以网线质量或长度确定，分为定长制的线密度［特（克斯），tex］、纤度［旦（尼尔），D］和定重制的公制支数（公支）与英制支数（英支）；该指标无界面形态限制。构成网线的基本组织是纤维和单纱，所以首先概述纤维和单纱的粗度。纤维和单纱的粗度一般用线密度或支数来表示，对单丝也可用直径表示。渔业上线密度用来表示粗度。纤维、单纱单位长度的质量称为线密度，线密度又称纤度。纤维（单纱、网线）在公定回潮率时的质量称为标准质量，符号 G_k，单位为 g。纤维、单纱单位长度的重量称为线密度，符号 ρ_x，单位用"特"或"千特"或"旦"表示。纤维、单纱、网线每 1 000 m 长度的重量克数称为特克斯，特克斯简称特，它是特克斯制时的线密度单位，符号 tex（纤维、纱或网线长度为 1 000 m，其质量为 1 g，则线密度 $\rho_x = 1$ tex。如果 1 000 m 其质量为 30 g，则 $\rho_x = 30$ tex，其余类推。"tex"是国际标准通用的线密度计量单位。同种材料的单纱其"tex"值越大，表示单纱越粗，反之亦然）。"tex"的倍数或约数称"毫特"（mtex）"分特"（dtex）"千特"（ktex），其换算关系包括：1 ktex = 1 kg/km、1 mtex = 1 mg/km、1 dtex = 1 dg/km，等等。在当前的进出口贸易中，线密度的单位有时还使用"旦（尼尔）"。西方国家以纤维、单纱、网线每 9 000 m 长度的重量克数称为旦尼尔，符号 D。纤维或单纱 9 000 m 的质量为 1 g，则为 1 D。如纤维或单纱 9 000 m 的质量为 360 g，则其线密度为 360 D，其余类推。需要指出，用线密度来比较网线的粗度，仅适用于比较同种材料（即密度相同）的网线的粗度才是正确的。密度相同的网线材料，线密度越大，网线越粗。对于不同材料网线，由于密度不同，其横截面是不同的；即使线密度相同，但因横截面是不同的，密度大的网线则较细，密度小就较粗。

二、网线的粗度

网线的粗度通常用综合线密度和直径等指标来表示。网线 1 000 m 长度的质量克数称为综合线密度，符号 ρ_z，单位为"特"（tex）。为与单纱的线密度区别，网线在 tex 数值前加字母 R。例如一根网线综合线密度 R380 tex，即表示该网线 1 000 m 质量为 380 g。需要指出，网线加捻前各根单纱（或单丝）线密度的总和称为总线密度，这个值往往小于网线的综合线密度，这主要是由于加捻所引起的。网线的综合线密度值可以精确测得，对捻线来说，在很大程度上决定于捻系数。不同结构网线综合线密度值随捻系数增加而增加；网线由于加捻，综合线密度值大于总线密度值；加捻影响网线的质量，同结构网线随捻系数增加，质量随之增加。网线的综合线密度可在测长仪上用称重法测定，其方法参见《合成纤维渔网线试验方法》（SC 110—1983），这里不再重复。直径是网线的一个重要技术指标，不但可用来表示网线的粗度，而且可作为计算和分析捕捞渔具或渔业工程装备设施受力的一个重要参数。例如刺网的渔获率、拖网在水中运动时的阻力、网箱和养殖围网的水体交换率等均与网线直径有关，精确测定网线直径有实际意义。网线的截面大多为圆形，不像纤维那样有许多变化，但网线是柔性体，网线的边界因存在毛羽而不清楚，并且直径与纤维种类、结构，捻度及干湿状态等因素有关，因此，要非常精确地测定出网线直径是较困难的（所谓毛羽是指伸出网线体表面的纤维，如在聚乙烯/PVA 网线表面可见到毛羽。人们通常所说的直径只是表观不计毛羽的直径。网线直径可以用直接测量和理论估计方法获得）。直接测量网线直径通常最适用而简便的方法是圆棒卷挠法，另外也可采用显微镜、投影仪、光学自动测量仪等测量。圆棒卷挠法只要将网线在预加张力下（相当于试样 250 m 的重力）均匀地绕在一根圆棒（直径约 10 cm）上，缠绕 10~20 圈，各圈自然靠拢，缠绕时不使网线捻度变化，然后用千分卡尺量取绕线部分两端间距，以圈数除之，即得网线直径值，用同样的方法，取不同部位的网线多测量几次，取其平均值。比较柔挺的单丝可用千分尺直接量取直径。显微镜测量是将网线置于装有目测微尺的 100 倍左右显微镜下或直接放在投影仪的载物台上，加预加张力，随机地测量网线的宽度。每个试样在不同片段测量 300 次以上，取平均值。光学自动测量是采用 CCD 摄像获得网线宽度的信号曲线经微分处理得到网线的宽度，或直接成像进行图像处理获得网线宽度。网线直径的理论估计值（d）也可用网线的线密度（ρ_x）、密度（δ_n）进行理论换算，可参见《渔用网片与防污技术》等文献。

三、网线的标识

网线规格的标识方法很多，往往容易引起混乱，为了统一标识方法，以满足生产、贸易、技术交流、渔具图中网线材料的标注要求，我国对捕捞渔具用渔网线标识方法制定了《主要渔具材料命名与标记网线》（GB/T 3939.1—2004），渔业工程装备等其他领域的网线标识可参照使用。GB/T 3939.1 国家标准规定了渔网线命名的原则和标记的组成，适用于未经任何处理的渔网线命名和标记；经化学或物理处理过的渔网线，如用综合线密度标记，则须注明。GB/T 3939.1 国家标准规定渔网线标识采用两种方法：一种是普遍使用的较为完整的标识；另一种是在特定情况下使用的简便标识。GB/T 3939.1 国家标准适用于未经任何处理的渔网线标识，同时还规定单纱或单丝粗度单位用 tex，渔网线用 Rtex。

1. 网线的命名原则

网线按纤维材料进行分类的原则命名。当网线由单一纤维材料组成时，在纤维材料的中文名称后接"网线"作为产品名称。当网线由两种及两种以上纤维材料组成时，以其主次按序写纤维材料的中文名称，而后接"网线"作为产品名称。当网线结构为单丝型时，在纤维材料的中文名称后接"单丝"作为产品名称。

2. 单丝标记

单丝标记，应按次序包括下列 4 项：①产品；②单丝的公称直径，以毫米值表示；③单丝的线密度，以特克斯值表示；④标准号。

单丝按上述要求标记时，①与后项之间和④与前项之间留一字空位；②项在公称直径的数值之前，应写上"ϕ"；③项在线密度的数值之前，应写上"ρ_x"。

[示例1-1] 聚酰胺单丝　ϕ0.30 ρ_x80.6　GB/T 21032：

表示按《聚酰胺单丝》（GB/T 21032）标准生产的公称直径为 0.30 mm，线密度为 80.6 tex 的聚酰胺单丝。

3. 捻线标记

捻线标记，应按次序包括下列 8 项：①产品名称；②单丝或单纱的线密度，以特克斯值表示；③初捻时股的时单丝或单纱根数；④复捻时的股数；⑤复合捻时的复合捻线的股数；⑥综合线密度，以特克斯值表示；⑦成品线的最终捻向，用"S"或"Z"表示；⑧标准号。

捻线按上述要求标记时，①、②之间和⑧与前项之间留一字空位；②项线密度的数值之前，应写上"ρ_x"；②～⑤之间用"×"号连接；网线若为单捻线则无④、⑤项；若为复捻线则无⑤项；⑥在综合线密度的数值之前，应写上"R"。捻线成品的最终捻向为 Z 捻时，可省略⑦特征。若网线为混合捻线，混合纤维材料代号之间用"+"号连接。产品名称与综合线密度之间用"—"连接。

［示例 1-2］聚酰胺网线　ρ_x 23×3R74S　SC/T 5006：

表示按《聚酰胺网线》（SC/T 5006）生产，以 3 根线密度为 23 tex 的锦纶复丝一次加捻而成的综合线密度为 74 tex、最终捻向为 S 的单捻线。

［示例 1-3］聚酰胺网线　ρ_x 23×6×3R480Z　SC/T 5006：

表示按《聚酰胺网线》（SC/T 5006）生产，以 6 根线密度为 23 tex 的锦纶复丝捻成股，再以 3 股捻成综合线密度为 480 tex 的最终捻向为 Z 的复捻线。

［示例 1-4］聚乙烯网线　ρ_x　36×7×3×3R960Z　SC/T 5007

表示按《聚乙烯网线》（SC/T 5007）生产，以 7 根线密度为 36 tex 的聚乙烯单丝捻成股，再以 3 股捻成复捻线，最后以 3 股复捻线捻成综合线密度为 960 tex 的最终捻向为 Z 的复合捻线。

4. 编织线标记

编织线是使用一根或多根单丝（纱）组成股，以双数多股相互交叉编织成的线，有 4 股、8 股、12 股、16 股、24 股、32 股（锭）等多种结构（图 1-9）。如果用适量的纤维作编织线芯子，那么编织线圆度更好、线密度增加、强力提高。编织线在农机装备与增养殖工程领域使用较广，为方便编织线生产、贸易、技术交流等活动中编织线技术内容的一致性，必须对编织线标记技术内容进行统一。编织线的成型结构有别于捻线（如具有线芯等），现将编织线标记简述如下。《主要渔具材料命名与标记　网线》（GB/T 3939.1—2004）国家标准中编织线标记仅包括产品名称、综合线密度和标准号 3 项，这种编织线标记过于简单，它很难表征编织线的面子结构与线芯结构等重要特征，应该尽快对 GB/T 3939.1 国家标准的编织线的标记部分进行修订，以满足渔业生产、贸易和技术交流等的迫切需要。为更好地反映编织线的成型结构，参照 GB/T 3939.1—2004 中捻线产品标记，编织线标记（也称编织线完整标记或编织线全面标记）如下：①产品名称；②编织线面子用单丝的线密度，以特克斯值表示；③编织线面子单股用单丝根数；④编织线面子的股数；⑤若编织线有线芯，则编织线面子结构与线芯结构之间用"+"号连接；⑥线芯用单丝的线密度，以特克斯值表示；⑦线芯用单丝根数；⑧编织线综合线密度，以特克斯值表示；⑨标准号。

按上述要求标记时，⑧在综合线密度的数值之前，应写上"R"；同时，为了与捻线标记区别，在编织线标记中应加上编织线代号（B）。2017 年发布实施了水产行业标准《渔用聚乙烯编织线》（该标准由东海所石建高研究员负责起草），其标准号为 SC/T 4027；针对节能降耗型远洋渔具用高强聚乙烯编织线新材料（以下简称"节能降耗型远洋渔具用 HSPE 编织线新材料"），若某标准起草组制定了行业标准《高强聚乙烯编织线绳》（FZ/T ××××××），则上述标准涉及的编织线标记举例说明如下。

［示例 1 - 5］渔用聚乙烯编织线　PE　ρ_x（36×6×16+36×20）　R4300　B　SC/T 4027

表示按水产行业标准《渔用聚乙烯编织线》（SC/T 4027）生产，以 6 根线密度为 36 tex 的聚乙烯单丝为 1 股，再以 16 股配合，相互交叉穿插编织作为编织线面子；在编织线的中央部位配置 20 根线密度为 36 tex 的聚乙烯单丝作为线芯；最终编织成综合线密度为 4 300 tex 的渔用聚乙烯编织线。

［示例 1-6］高强聚乙烯编织线　HSPE　ρ_x（38×7×16+36×3）　R4388　B　FZ/T ×××××

表示按行业标准《高强聚乙烯编织线绳》（FZ/T ××××××）生产，以 7 根线密度为 38 tex 的 HSPE 单丝为 1 股，再以 16 股配合，相互交叉穿插编织作为编织线面子；在编织线的中央部位配置 3 根线密度为 36 tex 的 HSPE 单丝新材料作为线芯；最终编织成综合线密度为 4 388 tex 的节能降耗型远洋渔具用 HSPE 编织线新材料。

5. 网线简便标记

在产品标志、渔具制图、网片标记等场合使用网线标记（也称网线完整标记或网线全面标记）太复杂，此时，按 GB/T 3939.1 国家标准规定可采用简便标记。产品名称用纤维材料的代号后接"-"号表示。产品名称与后项之间不留空位。当网线由两种及两种以上纤维材料组成时，在纤维材料代号之间用"-"号连接。网线简便标记时，可省略一些要素（如单丝的公称直径或单丝的线密度等），以产品名称、综合线密度、编织线代号和标准号来表示。

［示例 1-7］按《聚酰胺单丝》（GB/T 21032）生产的公称直径为 0. 40 mm、线密度为 80. 6 tex 的聚酰胺单丝的示例简便标记为：

PA6-ρ_x 80. 6　GB/T 21032 或 PA6-ϕ 0. 40　GB/T 21032

捻线简便标记时，省略单丝或单纱的线密度、初捻后线股的单丝或单纱根数、复捻后复捻线的股数、复合捻后复合捻线的股数；或以单丝（单纱）的总根数代替初捻后线股的单丝或单纱根数、复捻后复捻线的股数、复合捻后复合捻线的股数并省略综合线密度。

［示例 1-8］按《聚乙烯网线》（SC/T 5007）生产，以 7 根线密度为 36 tex 的聚乙烯单丝捻成股，再以 3 股捻成复捻线，最后以 3 股复捻线捻成综合线密度为 960 tex 的最终捻向为 Z 的复合捻线的示例简便标记为：

PE-R960　SC/T 5007 或 PE-ρ_x 36×21　SC/T 5007

编织线简便标记时，可省略一些要素，以产品名称、综合线密度、编织线代号和标准号来表示。

［示例 1-9］按水产行业标准《渔用聚乙烯编织线》（SC/T 4027）生产，以 6 根线密度为 36 tex 的聚乙烯单丝为 1 股，再以 16 股配合，相互交叉穿插编织作为编织线面子；在编织线的中央部位配置 20 根线密度为 36 tex 的聚乙烯单丝作为线芯；最

终编织而成综合线密度为 4 300 tex 的渔用聚乙烯编织线。

PE—R4300 B SC/T 4027 或 PE—36×6×16+36×20 SC/T 4027

［示例 1-10］按行业标准《高强聚乙烯编织线绳》（FZ/T ××××××）生产，以 7 根线密度为 38 tex 的 HSPE 单丝为 1 股，再以 16 股配合，相互交叉穿插编织作为编织线面子；在编织线的中央部位配置 3 根线密度为 36 tex 的 HSPE 单丝新材料作为线芯；最终编织而成综合线密度为 4 388 tex 的节能降耗型远洋渔具用 HSPE 编织线新材料。

HSPE-R4388 B FZ/T ××××××或 HSPE-38×7×16+36×3 FZ/T ××××××

第五节 网线的性能

网线是加工捕捞渔具、深水网箱和养殖围网等的重要材料，其物理机械性能对捕捞与渔业工程装备设施的性能及其安全性影响极大。为了选择最合适的材料来满足不同渔具、深水网箱和养殖围网等要求，需要了解有关网线的性能。网线的性能包括拉伸性能、延伸性、耐老化性、沉降性、吸湿性和吸水性、混纺网线力学性能、耐磨性、弯曲性能、疲劳性能等，对这些性能的测试可在实验室或专门的测试中心（如农业部绳索网具产品质量监督检验测试中心）等场所进行，而对于网线耐久性和适配性等的评价可在上述性能测试结果与产业实际应用结果的基础上进行。

一、网线拉伸性能

网线是指不经过进一步加工就可直接用于编织网片，并适合于制造渔具、深水网箱和养殖围网等的渔具装备工程设施。网线拉伸时的断裂特性不仅与纤维本身的性能有关，而且与网线的工艺结构等有关。网线是细长体，其受外力作用后经常只发生纵向拉伸变形（即伸长）。纤维材料及其制品（如网线）抵抗外力破坏的强弱程度称为强度，强度用拉伸下材料单位线密度、单位面积的强力表示。材料在拉力作用下，产生伸长变形的特性称为延伸性，它由拉伸下材料的伸长率、断裂伸长率和定负荷伸长率等伸长指标来表示。强度和伸长是网线拉伸时所表现的主要机械性能，这些性能对渔具、深水网箱和养殖围网等的强度、变形和安全性等都有直接关系；同时，强度和伸长也是评定网线材料质量的主要指标。网线拉伸时，在不同外力作用下，其产生的变形特征可分为断裂、一次反复载荷（加载-卸载）所产生的变形特征、多次反复载荷的变形情况即疲劳特征。

（1）网线拉伸性能测量

断裂强力和断裂伸长率等网线拉伸性能用一种专门的强力试验机进行测定（参见附录 3 和附录 5）。为测定未打结网线的断裂强力，试样应装在选用如图 1-10 所示的特殊夹具之一内，以避免试样打滑或由夹具所引起的破坏导致试样断裂。在强力试验机使用量程内任何点上强力示值的最大误差应不超过±1%，应能检测额定夹距长度至少为 250 mm 的网线试样。所有强力试验机应包含能以不同速率施加力的设备，以确保网线试样断裂在规定的平均断裂时间内，确保测试数据准确可靠。

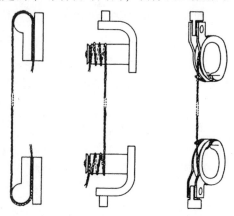

图 1-10　测试未打结网线所用夹具

（2）网线一次拉伸时的断裂特性

网线强度与组成该网线的纤维强度之比为纤维的强度利用率（以百分率表示），网线的断裂强度小于纤维的断裂强度。不同纤维的网线，强度利用率也不同，其大小主要决定于纤维性能、网线结构和网线的加工工艺等因素。纤维长度、线密度、表面摩擦性能及其不均率情况等都影响网线的强度利用率。

（3）网线的拉伸曲线及其性能指标

网线是细长体，其受外力作用后经常只发生纵向拉伸变形（即伸长）。表示网线材料拉伸过程受力与变形的关系曲线，称为网线拉伸曲线。不同类型的网线，由于结构工艺与材料性能不同，拉伸曲线的形状也不一样。拉伸曲线可用负荷-伸长曲线表示，也可用应力-应变曲线表示。网线的拉伸性能指标有断裂强力（F_d）、断裂强度（F_t）、断裂应力（σ）、断裂长度（L_t）、断裂伸长（l_d）、断裂伸长率（ε_d）、断脱伸长率（ε_{dt}）、断裂功（W）、断裂比功（w）、功系数（η）、结强力（F_j）、干结强力（F_{gj}）、湿结强力（F_{shj}）、死结强力（F_{sj}）、活结强力（F_{hj}）和单线结强力（F_{dj}），等等。我国现行水产行业标准《合成纤维渔网线试验方法》（SC 110—1983）中渔网线的结强力采用的是单线结强力。

（4）网线的断裂机理

由于加捻作用，网线单纱中纤维相互紧密抱合，网线的断裂过程就是线股加工用单纱中纤维的断裂和相互滑移的过程。对网线来说，单纱断裂时，纤维的断裂是主要的。至于网线单纱中纤维断裂是内层纤维先断还是外层纤维先断的问题，由于纤维内部结构差异和不均匀性，目前还难以用实验来进行验证。关于单纱中纤维断裂破坏的过程，不同学者有不同的看法。网线的断裂机理相当复杂，有兴趣的读者可参考相关文献。

（5）试验条件对网线拉伸性能的影响

网线的拉伸性能除了与基体纤维的性能、网线结构与生产工艺等因素有关外，试验条件对网线拉伸性能试验结果也有一定的影响。拉伸速度、试样长度、大气条件、试样根数、试样预加张力和强力试验机的类型等试验条件对网线拉伸性能有一定的影响。我国在 1983 年颁布了水产行业标准《合成纤维渔网线试验方法》（SC 110—1983），该标准对网线拉伸性能测试条件进行了详细规定，有兴趣的读者可参考研究。

二、网线的延伸性

材料在拉力作用下，产生伸长变形的特性称为延伸性。在捕捞与渔业工程装备设计中，对网线延伸性的要求已达到和断裂强力同等重要的地位。网线在小于断裂强力作用下变形能力，涉及许多不同的因素和情况，因此，网线的延伸性是网线一个较为复杂的性能。在小于断裂强力的任一负荷作用下，材料的伸长值对其原长度的百分率称为伸长率，符号 ε。材料被拉伸到断裂时所产生的总伸长值称为断裂伸长，符号 l_d，以 mm 为单位。材料被拉伸到断裂时所产生的伸长值对其原长度的百分率称为断裂伸长率，符号 ε_d。在一定外力拉伸下，材料产生的总伸长值称为总伸长，符号 l_z（总伸长包括弹性伸长和塑性伸长两部分）。材料总伸长值中，当外力卸除后可以恢复原状的伸长值称为弹性伸长，符号 l_t（弹性伸长包括急弹性伸长和缓弹性伸长两部分）。材料的弹性伸长中，当卸除外力后立即恢复的部分伸长值称为急弹性伸长，符号 l_{jt}。材料的弹性伸长中，当外力卸除后，须经过相当时间才会逐渐恢复原状的部分伸长值称为缓弹性伸长，符号 l_{ht}。材料的总伸长值中，当外力卸除后，不能恢复原状的伸长值（又称永久伸长）称为塑性伸长，符号 l_s。延伸性一般用断裂伸长率（ε_d）表示，《渔网　网线伸长率的测定》（ISO 3790）标准规定网线在干态或湿态时，在 1/2 死结断裂强力值的作用下的伸长作为研究各种网线的变形特性。高强度材料中捻线或中等紧密度编织线在 1/2 湿结断裂强力时平均伸长值如表 1-3 所示。由表 1-3 可见，各类网线的伸长有很大差别，它决定于网线基体纤维材料本身的伸长能力、网线的结构和后处理。

表 1-3　高强度材料中捻线或中等紧密度编织线在 1/2 湿结断裂强力时平均伸长值

网线种类	试验网线的数量（n）	综合线密度（Rtex）	平均湿伸长率（%）	最大和最小伸长率（%）
PET 长丝捻线或编织线	48	45~4 870	8.2	7.0~12.5
PP 裂膜纤维捻线或编织线	47	196~7 250	10.9	7.3~14.6
PP 长丝捻线	48	50~5 640	13.2	9.0~17.5
PP 长丝编织线	15	1 780~7 570	12.7	9.5~17
PE 长丝捻线	59	360~6 360	12.8	10.0~17.8
PE 长丝编织线	35	540~10 150	14.8	10.3~19.0
PA 长丝捻线	116	50~11 390	27.7	16~29
PA 长丝编织线	98	973~18 170	21.2	15~29

三、网线耐老化性

高分子材料在加工、贮存和使用过程中，在光、热、水、化学与生物侵蚀等内外因素的综合作用下其性能将逐渐下降，从而部分或全部丧失其使用价值，这种现象称为老化。高分子材料的老化从其本质上讲，可以分为化学老化和物理老化两大类。材料抵抗光、热、氧、水分、机械应力及辐射能等作用，而不使自身脆化的能力称为耐老化性，耐老化性用材料老化后的强力保持率来表示，并以外观和尺寸变化程度作为另一指标。材料抵抗日光、降雨、温湿度和工业烟尘等气候因素综合影响的能力称为耐候性。耐候性用耐候试验后材料的强力保持率来表示。材料抵抗日光紫外线破坏作用的能力称为耐光性。耐光性用试样经暴晒一定时间后的强力保持率来表示。要把每个因素分别的影响加以区分是不可能的，但可以认为最大破坏因素是由太阳紫外线所引起的。大多数纤维材料经日光长时间暴晒后，将引起硬化、脆化，断裂强力和伸长降低，使用期缩短。最常见的致老化因素为热和阳光，因为网线从生产、贮存、加工到制品使用接触最多的环境便是热和阳光。对未加稳定剂和抗氧剂的网线进行耐老化试验，是研究和评价各种网线材料在一定环境条件下耐老化性和老化规律的一种有效方法。老化试验方法很多，目前最常用的有两种方法，一种是模拟阳光辐射，用人工光源（如碳弧灯、紫外灯等）进行辐射的人工加速老化（以下简称"人工老化"）试验；另一种是天然大气老化试验，即把试样放在室外天然阳光下自然暴露的自然暴露老化（以下简称"自然老化"）试验。

图1-11　紫外灯耐候性试验箱

人工老化试验方法可日夜进行，因此，人工老化试验比自然老化试验快得多。合成纤维网线的耐老化性与材料种类、粗度、着色、光照时间和光强度等因素有关。网线材料种类不同，则其耐老化性不同。合成纤维网线材料中PVC网线耐光性最好，即使暴露几年，仍有很高的耐光性。人工老化试验可参照标准《塑料　实验室光源暴露试验方法》（GB/T 16422.3—2014）及相关文献。人工老化耐候性测试前按紫外老化试验箱等设备的准备程序进行操作（图1-11）。氙灯耐候试验箱如图1-12所示。自然老化试验依据标准《合成纤维渔网线试验方法》（SC 110—1983）及相关文献，有关老化试验的研发有兴趣的读者或企业可咨询农业部绳索网具产品质量监督检验测试中心。

图 1-12　氙灯耐候试验箱

四、网线的沉降性

网线在水中下沉的性能称为沉降性。沉降性影响渔具、网箱等在水中的重力和沉降速度，同时又与材料的密度密切相关。

1. 密度

网线材料单位体积的质量称为密度，符号 δ_n。网线的密度（δ_n）在数值上等于网线的质量（G）与网线的体积（V）的比值，网线的密度 δ_n 的单位以 g/cm³ 表示。纤维是具有空腔和沟缝的物体，因此，网线密度应采用除去空腔和沟缝的体积来计算。网线密度测定常用液体浮力法。此法是将网线直接浸没在液体中（一般用水）进行测定，为保证测定结果的精确性，当试样浸入水中后，必须除去试样表面的空气泡（以手挤捏试样）以使网线充分浸透。网线一般包括密度大于 1 g/cm³ 以及密度小于 1 g/cm³ 两种网线，对上述两种网线试样需要采用不同的测定方法。网线的质量等于网线的密度乘以网线试样的体积。各类合成纤维材料的密度如表 1-4 所示。

表 1-4　合成纤维材料的密度

纤维种类	PVD	PET	PVC	PVA	PA	PE	PP
δ_n（g/cm³）	1.70	1.38	1.35~1.38	1.30	1.14	0.94~0.96	0.91

2. 沉降力

（网线）材料在水中的重力称为沉降力，符号 F_q，单位为 N。沉降力在数值上等于材料在空气中的重力与其沉没在水中所排开水的重力之差值。（网线）材料单位重力所具有的沉降力称为沉降率，符号 q。沉降率是指材料的沉降力对其在空气中重力的比值。密度大的（网线）材料其沉降力大，它可作为配备渔具、深水网箱和养殖围网等浮力系统的依据。密度越小，沉降力越小，当密度小于 1.00 g/cm³ 时，则网衣

29

材料漂浮在水中（如 PE 网衣和 PP 网衣等），渔具、深水网箱和养殖围网等上要装配更多的沉子或配重。

3. 沉降速度

（网线）材料单位时间在水中下沉的距离称为沉降速度，单位为 cm/s。网材料的沉降速度对某些渔具是重要的，尤其是捕捞围网，它需要沉降得尽可能快，故采用密度大的材料对捕捞围网等网具有利。网线在水中的沉降速度随纤维材料的密度增加而增加，除此之外，网线沉降速度还与纤维形态、网线粗度、加捻程度、表面光滑程度及后处理（如染色、树脂或焦油处理）等因素有关。如用长丝制成的紧捻线比短纤维制成的松捻线有较快的沉降速度，因前者具有较小的水阻力。又如经焦油处理过的网衣会增加沉降速度，但附着过量的焦油，其沉降速度反而会慢些。不同网线的沉降速度如表 1-5 所示。

表 1-5　不同网线的沉降速度

网线种类	未处理网线（cm/s）	煤焦油染处理后的网线（cm/s）
PA 网线	3.5	6.5
PVA 网线	4.5	7.3
PET 网线	7.0	—
PVC 网线	8.0	9.0
PVD 网线	10.5	11.5

注：表中数据是通过直径 2~3 mm 的网线试验获得，数据仅供参考。

五、网线的吸湿性和吸水性

网线在空气中吸收和释放水蒸气的性能称为吸湿性。网线在水中吸收水的性能称为吸水性。网线含有水分时的重量称为含水重量，符号 G_h。网线经一定方法除去水分后的重量称为干燥重量，符号 G_g。网线的吸湿会影响其结构、形态和物理机械性能。

1. 网线吸湿和吸水指标

网线吸湿和吸水后常用指标有回潮率、含水率和吸水率。纤维材料及其制品的含水重量与干燥重量之差数，对其干燥重量的百分率称为回潮率，符号 W。根据测试条件不同，回潮率又分为实测回潮率和标准回潮率。在某一温、湿度条件下实际测得的回潮率称为实测回潮率，符号 W_c。纤维材料及其制品在标准大气条件下达到吸湿平衡时的回潮率称为标准回潮率，符号 W_b。网线标准大气条件是按国际标准《纺织品　调湿和试验用的标准大气》（ISO 139）的规定，空气相对湿度为（65±2）%、温度为（20±2）℃。网线相关的几种主要合成纤维材料的标准回潮率如表 1-6 所示。由标准回潮率来计算网线的标准质量，可作为研究材料性能和进行商业贸易的依据。影响纤维材料及其制品（如网线、网片等）吸湿的外因主要是吸湿时间和环境温湿度等因素。纤维材料及其制品（如网线）的含水重量与干燥重量之差数，对其含水重量的百分率称为含水率，符号 W_h。纤维材料及其制品（如网线）浸入水中所吸收水的重量，对其浸水前实测重量的百分率称为吸水率，符号 W_x。

表 1-6　合成纤维材料的标准回潮率

纤维种类	PVD	PET	PVC	PVA	PA	PE	PP
W_b（%）	0.4	0.4	0.3	5	4.5	0.1	0

2. 网线回潮率测定方法

网线回潮率一般用烘箱干燥法，可用烘箱或专用的烘箱测湿仪来测定。烘箱种类很多，八篮恒温烘箱如图1-13所示。取网线试样 200~400 g（称量精确度为0.05~0.1 g）放入烘箱中烘干，一般烘干温度为 100~110℃，在烘干过程中，隔 10~20 min 称量一次，待至最后两次称量的差值不超过后一次称量的 0.1% 时，为网线材料被烘干的标志，最后一次称量作为干燥质量，然后可按公式计算其实测回潮率（W_c）。网线回潮率的测定还可采用真空干燥法、吸湿剂干燥法和高频加热干燥法等直接测试法。

图 1-13　八篮恒温烘箱

3. 吸水对网线性能的影响

网线性能随吸水多少而变化，又由于网线的种类、结构和工艺上的关系，其性能变化的情况又有所不同。网线的重量随着吸着水分的增加而增加，网线浸入水中后，水分首先浸入制线用纤维间的空隙，而后再渗入纤维（对棉线、马尼拉麻线而言，浸水后一天的吸水量颇急速，且吸水量大，其后则逐渐缓慢；合成纤维材料吸水量最大的是维纶网线。网线吸水后体积膨胀，其横向膨胀大而纵向膨胀小，导致网线直径、长度、截面积和体积的增大。网线吸水后，其强力、模量、刚度和弹性等力学性能随之变化；网线材料种类不同，吸水后力学性能变化不同）；合成纤维网线一般随着回潮率的增大，其强力、模量、刚度和弹性等下降，伸长率增加（棉线、麻线等植物纤维网线一般随着回潮率的增大，其强力、模量、刚度、弹性和伸长都有所增加。吸水小的合成纤维网线强力、模量和刚度等力学性能变化甚微，不吸水的合成纤维网线则力学性能没有变化）；网线少量吸水时，体积变化不大，水分子吸附在纤维大分子间的孔隙，单位网线体积质量随着吸湿量的增加而增加，使网线密度增加。一般来说，应选择吸水小、不吸水或脱水快的网线材料来制造拖网渔具。

六、混纺网线力学性能

由混纺纱合股而成的线称为混纺线，如由 PE、PVA 两种纤维合股成 PE/PVA 混纺纱，再由 PE/PVA 混纺纱合股成 PE/PVA 混纺线。PE/PVA 混纺线广泛用于紫菜养殖用网帘等。混纺纱的性能可以综合两种或两种以上不同纺织纤维的优点，相互取长补短，使混纺网线的综合性能提高（如 PE/PVA 混纺网线不仅具有 PVA 网线的容易附着孢子的优点，也具有 PE 网线强度高的特点）。为给紫菜养殖生产用 PE/PVA 混纺网线的选配提供科学依据，我国于 2006 年发布实施了水产行业标准《聚乙烯–聚乙烯醇网线　混捻型》（SC/T 4019），其相关力学性能数据见表 1-7。

表 1-7　混捻型聚乙烯–聚乙烯醇网线性能

项目规格	公称直径 （mm）	综合线密度 （Rtex）	断裂强力 （N）	单线结强力 （N）	断裂伸长率 （%）
（PE36 tex×4+PVA29.5tex×6）×3×3	3.0	4 100	802	465	20~35
（PE36 tex×4+PVA29.5tex×7）×3×3	3.1	4 450	861	499	20~35
（PE36 tex×5+PVA29.5tex×7）×3×3	3.2	4 940	960	557	20~35
（PE36 tex×5+PVA29.5tex×8）×3×3	3.3	5 300	1 020	592	20~35
（PE36 tex×6+PVA29.5tex×8）×3×3	3.4	5 780	1 100	638	20~35
（PE36 tex×6+PVA29.5tex×9）×3×3	3.5	6 140	1 160	673	20~35
允许偏差	—	±10%	≥	≥	—

七、网线的耐磨性

网线等制品在使用时受各种外界因素的作用（如摩擦、反复弯曲和拉伸、光线、湿度和其他因素的影响），结果使制品性能逐渐变坏，这个过程称为磨损。材料抵抗机械磨损的性能称为耐磨性（也称磨损性）。耐磨性是网材料的一个重要性能。当磨料在网线表面往复摩擦时，磨料与网线表面纤维直接接触，使纤维表面磨损；当磨料深入网线表层时，对纤维产生切割作用及引起纤维从网线中抽拔或拉断，致使网线结构解体而破坏。以前植物纤维网线的损坏原因是腐烂而不是磨损，而合成纤维网线损坏主要由于磨损引起；从使用和经济观点看，使网线材料具有抵抗一项或几项磨损因素作用的能力至关重要。网线材料制品的耐磨性不仅影响纺、织等加工性能，而且还影响后续网具制品的使用性能和安全性等。拖网在捕捞过程中特别容易受到强烈的磨损（如拖网和海底、船舷和起网滚筒、机械鼓轮等摩擦）；在甲板上的整理堆放期间，因与其他物质表面接触并发生相对运动，网线也会受到磨损，因此选用耐磨性高的材料（如超高分子量聚乙烯网线等材料）制作拖网越其重要。网线的磨损破坏过程相当复杂，通常以试验方法测试评价其耐磨损性。网线耐磨仪的类型很多，根据磨料和试样间接触表面的运动方式可分为：磨料单方向旋转；磨料顺、逆两个方向旋转；磨料沿网线轴向往复运动；磨料往复运动的方向与网线轴呈一定的角度；接触表面产生的复合运动（磨料单方向旋转同时往复运动）等。网线直径不同，试样摩擦至断裂时的摩擦次数也完全不同，因此，不宜以"试样摩擦至断裂时的摩擦次数"作为网线耐磨性的唯一指标。为了消除网线直径差异可能引起的网线耐磨性比较误差，石建高等学者首次在网线耐磨性试验研究中创新引进了"耐磨度"这一概念，通过线密度这一因素进一步减小直径差异可能引起的网线耐磨性对比试验结果误差。单位线密度磨断次数称为"耐磨度"，符号为 A_{nm}，单位通常为 ind/tex；磨断次数符号为 Y_{mc}，单位为 ind（次）。影响网线耐磨性的关键因素是网线自身性能。网线的磨损可以认为是由于纤维受到非常复杂的应力（拉、弯、扭、剪、摩擦等）而损坏，还受到切割以及纤维的整个或局部抽拔作用，因此，网线结构与其中网线的紧密程度对磨损也有影响。影响材料耐磨性因素的多样性，使得网线耐磨性能的研究变得较为复杂，也使得摩擦磨损试验的结果差异较大，目前我国尚未有网线耐磨性试验的国家标准，因此，尽快制定网线耐磨性试验方法的国家标准非常必要。耐磨试验机种类很多，一种网线耐磨试验机如图 1-14 所示。

图 1-14　一种网线耐磨试验机

八、网线的弯曲性能

网线及其制品（如渔网等）在加工、运输和使用中均会受到一定程度的弯曲作用。渔网线的弯曲性能极大地影响渔网的弯曲刚度、剪切刚度以及渔网的悬垂性能等，因此，网线弯曲性能的研究很重要，但是由于实际网线结构的复杂性，往往给理论研究带来许多困难，如实际网线中纤维的径向转移，部分纤维不完全伸直，纤维头端滑动的影响等。网线在加工、使用过程中会产生弯曲变形。网线的拉伸、弯曲和剪切性能都与网线弯曲刚度有关。因此，研究网线的弯曲性能及其测定方法很有必要。网线的弯曲刚度可采用的多种方法进行实际测量，如圈状挂重法（图 1-15）、简支梁法（图 1-16）、悬臂梁法、心形法、共振振动法、卡尔列恩法、频闪摄影法、实测估计法以及改进的电子强力仪复合弯曲测量法。下面以圈状挂重法和悬臂梁法为例对网线弯曲刚度的测定方法作简要说明。圈状挂重法如图 1-15 所示，将长度 L 的网线制成一圆环挂在支点 A 上，圆环下端挂一小重锤，质量为 W，测得圆环下垂的变形量 d，通过经验公式（$R_{nt}=k \cdot WL^2 \dfrac{\cos\theta}{\tan\theta}$）可以计算得到网线的弯曲刚度 R_{nt}。简支梁法如图 1-16 所示，将网线搁在钩子 A 上，用中间挂有小重锤（P）的另一支架 B，对称地挂在钩子 A 的两边，网线产生弯曲，挠度为 y，通过经验公式（$R_{nt} = \dfrac{P \cdot l^3}{48y}$）可以计算得到网线的弯曲刚度 R_{nt}。

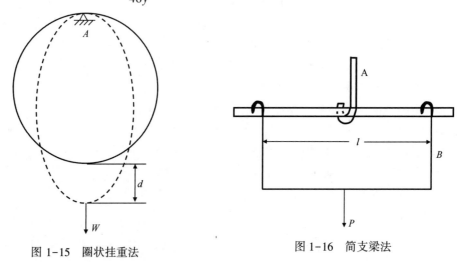

图 1-15　圈状挂重法　　　　　　　　　　图 1-16　简支梁法

九、网线的疲劳性能

网线在实际使用中的受力情况是经常要承受外力多次拉伸、弯曲、压缩或其联合作用，在这种多次反复载荷作用下，网线内部结构恶化的现象称为疲劳。疲劳破坏是网线材料在多次拉伸、弯曲、压缩或其联合作用下，其内部结构逐渐破坏的过程。疲劳几乎不造成材料质量的减少。材料抵抗多次负荷或多次变形所引起的内部结构恶化或破断的能力称为疲劳强度，用断裂时外力反复作用的次数来表示。网线的疲劳强度是用多次拉伸至断裂时外力反复作用的次数来表示，网线的疲劳主要包括网线的拉伸疲劳和弯曲疲劳。

1. 网线的拉伸疲劳

鱿钓或帆张网制作用网线、渔船用吊带制作用网线、养殖围网工程柱桩起吊吊带制作用网线等会受到不同频率的多次拉伸作用。在多次拉伸过程中，网线及其基体纤维结构会发生变化而导致疲劳破坏。结构良好的网线，多次拉伸循环的疲劳破坏可分为三个阶段（或相），如图 1-17 所示。

第一阶段，大多数网线及其基体纤维以结构单元的取向排列为主要特征，结构得到改善。第二阶段开始，结构将不再继续改善，如果拉伸量和频率适当，则拉伸作用产生快速可逆变形（及弹性变形和部分快速消失的缓弹性变形），所以，网线结构几乎没有什么变化，能承受数万次、数十万次，有时甚至数百万次的多次拉伸。结构缺陷的发展，缓慢恢复的缓弹性变形以及塑性变形，不可逆变形的积累十分缓慢，只有

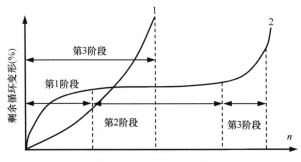

图 1-17 多次作用后渔网线剩余变形增长曲线
1. 结构不良渔网线；2. 结构良好渔网线

经过很多次循环后，才出现一定量的不可逆变形。第三阶段开始时，网线材料的结构以比较快的速度破坏瓦解。结构有缺陷的位置，可能出现应力集中，网线用纤维断裂、网线解体。图 1-18 显示了用显微镜观察到的纤维移动和棉纱线结构的松散化，包括纤维的断裂、滑移、起拱等整体结构的劣化。第三阶段称为"衰竭"或"疲劳"。这就是拉伸疲劳破坏的三个阶段。

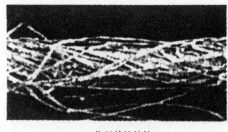 

(a)作用前的结构 (b)作用后的结构

图 1-18 棉纱线拉伸前后的结构变化

结构不良的网线，基体纤维间联系较弱，或者网线结构良好，但拉伸作用产生的变形较大，则不经历第一和第二阶段，直接出现第三阶段的衰竭（图 1-18）。如果作用力非常大，则经过若干次拉伸后，不存在结构逐渐瓦解的衰竭过程，与一次拉伸断裂相似，只是中间增添了若干次卸载。网线在小于断裂强力的载荷作用下，作"加载-卸载"（即拉伸-松弛）多次往复循环试验，每次拉伸循环中将出现一部分塑性伸长，并也包括一部分短时间松弛而没有恢复的弹性伸长，随着循环次数的增多，塑性伸长逐渐积累（称为循环剩余变形），直至一定循环次数后，网线结构松散，基体纤维间联系减弱而呈现疲劳现象，继而发生断裂。疲劳现象出现的速度与试验方法密切相关，同时也决定于每次拉伸循环中所加载荷的大小，多次反复作用的时间及材料弹性大小等因素。网线拉伸疲劳试验方法和表示耐久性的指标与纤维类相同。网线的疲劳寿命除与纤维性质、网线结构有关外，拉伸循环试验条件的影响也很大。拉伸循环负荷值越大，网线的疲劳寿命越低。因此，统一网线拉伸疲劳试验方法非常重要和必要，以确保拉伸疲劳试验结果的可比性。

2. 网线的弯曲疲劳

网线在加工生产和实际生产应用中，经常发生多次弯曲循环变形。网线在重复弯曲作用下，也像重复拉伸一样，会使结构逐渐松散、破坏，最后引起疲劳断裂。多次弯曲作用通常采用单面弯曲、双面弯曲和多次弯曲进行实验。疲劳试验机种类很多，INSTRON 3360 系列疲劳试验机如图 1-19 所示。网线的弯曲疲劳机理相当复杂，有兴趣的读者、企业可参考相关文献资料或与农业部绳索网具产品质量监督检验测试中心联系。

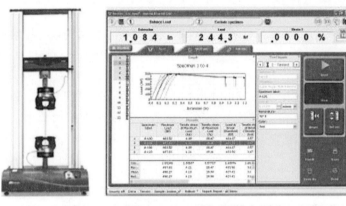

图 1-19　INSTRON 3360 系列疲劳试验机

第六节　网线材料的优选与鉴别

网线在捕捞与渔业工程装备等领域应用广泛。在拖网渔具上，网线主要用来制作渔网、缝制渔具和扎制纲索等；在深水网箱、扇贝笼、珍珠笼和养殖围网等养殖设施工程上，网线主要用于装配纲索、制作网衣等；在紫菜等藻类养殖设施上，网线主要用于制作网帘、缝合连接等；在其他领域中，网线主要用于制作防护网、防虫网、防晒网和休闲体育网，等等。本节对网线优选、网线鉴别进行简要概述，为提高网线及其相关装备设施的适配性、安全性和节能降耗性等提供参考。

一、网线材料的优选

网线规格种类不同，其强度、价格、延伸性、耐磨性、柔挺性、耐老化性、规格结构、使用效果和使用寿命等完全不同。网线生产企业应根据用户的技术要求、价格要求、使用条件、使用环境、使用寿命、装备与工程种类等综合分析考虑，优选合适规格种类的网线，提高网线的性价比与适配性。从前文对网线各项性能的阐述可见，在优选网线时，对网线的断裂强力、断裂伸长率、耐磨性和耐老化性尤为重要。如在中层拖网背网部分，因网具节能与网身成型需要，宜选择强力高+比重小的网线品种；在底拖网腹网部分，因长期与海底摩擦宜选择高韧耐磨网线品种；在捕捞围网网衣部分，因沉降性直接关系到捕捞效果，宜选择比重大的网线品种；在深水网箱网衣部分，因网衣强度、防污功能直接关系到深水网箱的安全性和内外水体交换，宜选择高强防污的网线品种；在柱桩式养殖围网网衣部分，因网衣强度、形状直接关系到养殖围网的安全性和内外水体交换，宜选择高强+低伸长的网线品种；在紫菜养殖网帘网衣部分，因网衣附着孢子需要，宜选择网线表面有茸毛+松捻的网线品种；在防护网网衣部分，因网衣防切割、高强需要宜选择超高强防切割特种网线品种；在内陆黄鳝养殖网箱网衣部分，因网衣强度、抗老化性等直接关系到黄鳝养殖的安全性和使用寿命，宜选择高强+耐老化性好的网线品种（如仙桃市鑫农绳网科技有限公司在绳网新产品的研发创新方面与东海所石建高课题组达成合作，共同攻克技术难关，进行捕捞与渔业工程装备技术升级与产品改良，期以更先进的技术、更优良的产品服务客户；鑫农的产品畅销于世界各地，产品品质受到广大消费者的肯定；公司始终以产品质量为核心，以客户关系为纽带，秉承"质量是根，信誉为本"的宗旨；公司采用优质全新原料+特种纺丝技术生产高强、耐老化性好的网线材料，生产的产品具有网结紧固、抗紫外线、使用寿命长、替换率低等优点，深受全国消费者喜爱。在生产管理方面，公司坚持"管理从严、生产抓紧、质量从优，关心员工"的管理方针，保证客户的每一个订单能高质高效地完成，图1-20)，等等。鉴于网线使用领域、规格

图1-20　鑫农绳网生产黄鳝养殖网箱流程

品种和技术要求的多样性，网线优选案例无法在此一一列举。读者或网线用户可通过理论计算、实际经验来优化设计、灵活选用。

二、网线材料的鉴别

网线材料的性能与网线用纤维的种类及其性能直接相关，因此，在日常来样检测、科学研究、生产管理、进出口检验以及产品分析设计中，都需要对网线材料进行鉴别。网线由基体纤维材料加工而成，因此，通过网线用纤维材料的鉴别来鉴别网线用纤维材料。所谓纤维的鉴别就是根据纤维各自的特征以及各种特征的组合来进行排除与确认。纤维在力学、光学、电学、热学和表面性能上存在差异，纤维的结构、纤维的表观和截面形态等也各有特征。尽管有时或有些地方相似或一致，但总有差异。这些差异提供了纤维识别的依据和方法。网线用纤维鉴别的对象有的是原来状态的纤维（如以棉、麻等天然纤维加工而成的天然纤维网线），有的已变成结构和组成复杂的纤维集合体，且送来的样品微小或已遭破坏（如合成纤维网线等），因此，网线材

图 1-21　一种显微红外光谱仪

料鉴别技术值得大家深入研究与开发。鉴别网线用纤维材料就是根据纤维的外观形态和内在性质的差异，采用理化方法来区别。网线用合成纤维的外观区别不像天然纤维那样明显。网线用合成纤维很少单独按外观来鉴别，常用鉴别方法有外观检验、浸水试验（浮沉试验）、燃烧试验、溶解试验、熔点试验和红外光谱法，等等。红外光谱法采用红外光谱仪，一种显微红外光谱仪如图 1-21 所示。

网线用合成纤维的鉴别步骤为：①确定大类；②分出品种；③试验验证。由表 1-1 可见知，网线用每一类常用合成纤维都具有明显的特性，因此，可借以初步确定网线用合成纤维的大类。网线用纤维鉴别的基本原理是根据各种纤维的不同的理化性质和染色性能等，采用不同的分析方法，将试验结果对照网线用每一类常用合成纤维的特性及相关资料（表 1-1）来鉴别未知网线用纤维的类别。在鉴定渔具、网箱工程、围网工程设施等普通纤维种类时，应首先从单纱、丝束或线股等中取出一些单根纤维，分别用几种方法进行试验，并将几种试验结果综合比较以确定纤维的类别；若有条件，被鉴别纤维的反应与已知材料用同样方法鉴别的反应相比较，而且每次试验，必须采用新的试样。如果网线制品不是一种纤维制成的，而是混合网线，那么应分别试验网线中不同成分的几种试样。对网线、网片染色、加硬等用试剂处理过的网线样品，可能由于试剂的影响而改变预期的试验结果，因此，可采用适当的简便处理方法（如将试样放在蒸馏水中煮沸一下即可，注意处理时不要损坏纤维），消除试剂影响，方便下一步材料的鉴别。网线用纤维材料的鉴别方法包括：①燃烧试验方法。

根据纤维试样靠近火焰、接触火焰、离开火焰时所产生的各种不同现象以及燃烧时产生的气味（烟）和燃烧后的残留状态来分辨纤维类别。②溶解试验方法。利用不同化学试剂对不同纤维在不同温度下的溶解特性来鉴别纤维的类别；溶解试验时纤维应尽可能以松散形式为宜。③熔点测定方法。不同纤维具有不同的熔点，依此鉴别纤维的类别；熔点测定方法一般不单独使用。④含氯含氮呈色反应试验方法。各种含有氯、氮的纤维用火焰法、酸碱法检测，会呈现特定的呈色反应；如将燃烧的铜丝接触纤维后，移至火焰的氧化焰中，观察火焰是否呈绿色，如含氯时就会发生绿色的火焰；又如试管中放入少量切碎的纤维，并用适量碳酸钠覆盖，加热产生气体，试管口放上红色石蕊试纸若变蓝色说明有氮的存在。⑤密度梯度试验方法。纤维各有不同的密度，根据所测定的未知纤维密度并将其与已知纤维进行对比，可鉴别未知纤维的类别。测定纤维的密度可定量分析网线材料中某未知纤维含量和混纺线中纤维混合的均匀度等。⑥红外吸收光谱鉴别方法。不同的纤维有不同的红外光谱图，将未知纤维与已知纤维的标准红外光谱进行比较来区别纤维的类别；合成纤维试样的主要吸收谱带及其特性频率（表1-8）；等等。

表1-8　合成纤维红外光谱主要吸收谱带及其特性频率

序号	纤维种类	制样方法	主要吸收谱带及其特性频率（cm^{-1}）
1	PE 纤维	Fi（热压成膜）	2 925，2 868，1 471，1 460，730，719
2	PP 纤维	Fi（热压成膜）	1 451，1 475，1 357，1 166，997，972
3	PA6 纤维	Fi（CH$_2$O$_2$成膜成膜）	3 300，3 050，1 639，1 540，1 475，1 263，1 200，687
4	PA66 纤维	Fi（CH$_2$O$_2$成膜）	3 300，1 634，1 527，1 473，1 276，1 198，933，689
5	PVA 纤维	KBr	3 300，1 449，1 242，1 149，1 099，1 020，848
6	PVC 纤维	Fi（CH$_2$Cl$_2$成膜）	1 333，1 250，1 099，971~962，690，614~606
7	PVDC 纤维	Fi（热压成膜）	1 108，1 075~1 064，1 042，885，752，599
8	PET 纤维	Fi（热压成膜）	3 040，2 358，2 208，2 079，1 957，1 724，1 242，1 124，1 090，870，725

注：制样方法中的 Fi 是薄膜法；KBr 是溴化钾制片法。

为确保网线材料鉴别无误，实际操作中人们多采用系统鉴别方法（将需鉴别的未知纤维组看作一个系统，而整个鉴别过程是单向、无重复、无误的判别）。针对 x 种未知纤维的系统鉴别方法流程如图1-22所示（各个过程都可采用一种或几种方法，这对多种未知纤维存在的情况下，十分有效、省时和实用）。

图1-22　纤维系统鉴别流程

网线材料鉴系统鉴别方法如下:

(1) 将未知纤维稍加整理,采用燃烧试验方法将纤维初步分成合成纤维、蛋白质纤维 (如蚕丝、羊毛等) 和纤维素纤维 (如黏胶纤维、铜氨纤维等) 等大类;

(2) 在显微镜下,蛋白质纤维和纤维素纤维等纤维的横截面和截面的特征均不相同,所以,人们用显微镜可鉴别上述纤维的种类;

(3) 合成纤维燃烧时一般熔缩成块状,其进一步鉴别一般采用溶解试验方法。如对表 1-2 中合成纤维可采用下列系统鉴别方法:表 1-2 中合成纤维均不溶于 99.5%的丙酮;对 PA6、PA66、PVA、PET、PP、PVC 和 PVDC 等合成纤维可利用 CH_3COOH (沸) 的溶解试验方法来验证 [PA6 纤维和 PA66 纤维溶于 CH_3COOH (沸),而其他纤维不溶于 CH_3COOH (沸);若需要把 PA6、PA66 纤维区别开来,则可在常温 24~30℃时使用 15% HCl,其中 PA6 能立即溶解,PA66 不溶解];对 PVA、PET、PP、PVC 纤维和 PVDC 等合成纤维可利用 36%~38% HCl 的溶解试验方法来验证 (PVA 纤维溶于 36%~38% HCl,而其他纤维不溶于 36%~38% HCl);对 PET、PP、PVC 纤维和 PVDC 等渔用合成纤维可利用 40%的 NaOH 的溶解试验方法来验证 (PET 纤维溶于 40%的 NaOH,而其他三种纤维不溶于 40%的 NaOH);对 PP、PVC、PVDC 纤维可利用含氯呈色反应试验方法来验证 (PP 无氯,而其他两种纤维有氯);对 PVC 纤维、PVDC 纤维可利用在四氯化碳中是否沉浮来鉴别 (在四氯化碳中沉的为 PVDC 纤维、浮的为 PVC 纤维)。

第二章 捕捞与渔业工程装备领域用捻线设备

目前，捻线是在捕捞与渔业工程装备领域网线产品中用量最大的。将纤维、线股等用加捻方法制成的网线称为捻线（twisted netting twine）。捻线设备（简称捻线机）是将多根（或多股）纤维、单纱或线股捻成线型制品的机械设备。传动技术、电子信息技术、仪表技术和智能技术等智能农机装备技术的发展，促进了捻线机技术的创新，人们不断开发应用新型捻线机，以减低噪声、节能降耗、智能环保和提质增效等。捻线机及其生产技术直接影响捻线质量等，因此有必要深入了解捻线机，以便设计开发或加工生产出符合本领域特点的捻线机、捻线产品。本章对捕捞与渔业工程装备领域用网线设备分类与捻线工序、网线用捻线机（转锭捻线机、吊锭捻线机、翼锭捻线机、环锭捻线机和双捻捻线机等）进行概述，为捻线生产的节能降耗、捻线装备技术升级、捻线设计开发与加工生产等提供参考。

第一节 网线设备分类与捻线工序

捕捞与渔业工程装备领域用普通渔网线具有面广量大特点，相关捻线机明显不同于纺织等其他领域。（远洋捕捞渔具等领域）捻线产品的能耗、质量、产能、效率等与捻线工序及其设备密切相关（如以相同的 MMWPE 单丝新材料，分别采用初捻、复捻、复合捻 3 种捻线工序生产直径 3.6 mm 的 MMWPE 单丝网线新材料，3 种捻线工序生产的网线新材料强力、能耗与效率等明显不同），现将相关内容概述如下，为企业或读者优化生产工序、优选网线设备、实现网线生产的节能降耗等提供借鉴。

一、网线设备分类

网线设备最初从纺织设备改进而来。初始阶段的网线设备只能生产棉纱类捻线，目前的网线设备可加工各类纤维网线。德国、日本、意大利、韩国、瑞士、法国、印度和中国等开发出多种结构形式的网线设备，福克曼（VOLKMANN）公司、哈梅尔（HAMEL）公司、萨维奥（SAVIO）公司、村田（MURATA）公司、利化（LEEWHA）公司、拉蒂（RATTI）公司、柏勒纳（PRERNA）公司、大元（DAE-WON）公司、小关（OZEKI TECHNO）公司以及中国网线设备企业等生产出多种特色网线设备，助力网线设备的发展，人们不断引进、升级改造、创新开发网线设备。

网线设备种类和规格型号繁多。根据网线的规格型号、柔软性要求、产量高低、设备投资额和拉伸力学性能质量要求等，人们可以选择合适的网线设备（主要包括捻线机、编织机等）。电子技术、传动技术、机械仪器技术等智能农机装备技术的发展，促进了网线设备技术的发展和创新，国外一些网线设备也纷纷抢滩中国，这进一步推动了我国网线设备的升级改造、创新开发。表 2-1 为《纺织机械》期刊文献中列出的某次设备展会上国内外厂商参展短纤倍捻机，供读者和企业参考。

表 2-1　短纤倍捻机及其主要技术参数

制造商	型号	锭距（mm）	锭数	锭速（r/mm）	捻度（T/m）	喂入筒子尺寸（mm）	卷装尺寸（mm）	特点
苏州苏拉（德国）	VTS-09.6-S	198	260	15 000	127~2 800	φ135×(152~178)	φ280×152	钢板机架，气动生头，脚踏刹车
意大利 Savio	GEMINIS200	200	360	15 000	100~2 000	φ160×152 (201B) φ160×178 (202B)	φ300×152	锭带传动，气动生头，脚刹车
经纬纺机厂	FA 762A	240	144	5 000~13 000	172~1 600	φ130×152	φ250×152	钢板机架，气动生头，锭子变频马达，脚刹车
上海二纺机	EJP834	240	128	7 000~11 000	171~1 982	φ130×152	φ250×152	全钢板结构，膝刹车，手工生头
宏源纺机厂	ASFA741	247.5	128	6 000~12 000	170~2 000	φ140×152	φ250×152	钢板机架，双轴承锭子，气动生头，脚刹车
河南二纺机	HFA768	254	144	6 000~11 000	172~1 982	φ130×152 φ160×152	φ250×152 φ250×127	铸件机架，手工生头，脚踏刹车
浙江 H 发	RF321B	254	128	7 000~12 000	156~2 025	φ135×152 φ160×152	φ250×152 φ250×127	钢板机架，手工生头，脚刹车
新昌新亚	XY388	254	128	5 000~12 000	150~2 025	φ135×152 φ160×152	φ250×152	全钢板结构，手工生头，脚刹车
山东济宁琛蓝	CL998	256	156	4 000~13 000	100~2 000	φ160×152	φ254×152	全钢板结构，分马达传动，电脑控制
青岛利化	LW-560SA	256	156	12 000	157~2 000	φ130 φ145×152 φ160	φ254×152	全钢板结构，气动生头，脚刹车

网线设备分类方法很多，现将其简介如下（读者可参考智能农机装备技术文献或咨询智能农机装备技术企业以进一步获取更详细的网线设备技术）。

1. 按机械化程度分类

按机械化程度分类，网线设备分全手工、半机械化、机械化、全自动化和智能化等类型。目前捕捞与渔业工程装备领域很少采用全手工和半机械化网线设备。

2. 按生产形式分类

按生产形式分类，网线设备主要分为拧绞型加捻形式生产设备（主要指捻线机）、编织形式生产设备（主要指编织机）和编辫形式生产设备（主要指编辫机）等。捻线机可生产各种直径的拧绞型捻线（简称捻线），其常见股数为 3 股、4 股等；诚然，根据需要也能生产 2 股、5 股、6 股等股数的捻线，但捕捞与渔业工程装备领域上很少使用 2 股、5 股、6 股等股数的捻线；少量的 2 股线用于拖网渔具或深水网箱等模型试验中模型网的加工制作。编织机可生产各种直径的编织型线（简称编织线或编线）。因技术保护等原因，编辫机目前主要在日本等国生产应用。随着各种高强、高模、高韧纤维新材料 ［如高强 PET、高强 PE、UHMPE 复丝、MMWPE 及其改性单丝、（熔）融纺 UHMPE 及其改性单丝等］ 的出现，捕捞与渔业工程装备领域不断开发应用新型网线（参见第一章或相关文献资料），推动捕捞渔具与渔业工程装备设施可持续健康发展。

3. 按加捻形式分类

按加捻形式分类，捻线机分为转锭捻线机、环锭捻线机、吊锭捻线机、翼锭捻线机和倍捻捻线机等；它们都属于"自由端纺纱"原理的拧绞型加捻设备。根据上述设备安装或摆放形式不同，它们又可分成立式捻线机、卧式捻线机和台式捻线机等类型。捻线机具有的锭数不同，捻线机按锭数可分成单锭捻线机、双锭捻线机、四锭捻线机、六锭捻线机、八锭捻线机、十二锭捻线机、二十四锭捻线机、三十六锭捻线机、四十八锭捻线机，等等。配合捻线生产的辅助设备包括缱筒机、倒筒机、分丝机、并丝机、绕绞机（参见第四章中的图 4-8）、轴线机（参见第四章中的图 4-10）、绕球机（参见第四章中的图 4-11）和打包机（参见第四章中的图 4-12）等。缱筒机是负责将多根低旦（或小规格）的复丝无捻并合在一起绕成轴状的设备。倒筒机是负责将 2~5 根的单纱无捻并合在一起绕成轴状的设备。并丝机是负责将 2~10 根的纤维（束）低捻并合在一起绕在有边筒子内，供后续捻线用的设备。网线绕成绞（框）状线使用的设备称为绕绞机，将捻线绕成绞（框）状便于打包、运输和使用等。打包机是将绕成绞（框）状的绞（框）状线按定重压成一捆的设备。网线绕线球使用的设备称为绕球机。把网线绕在管轴上的机器设备称为轴线机；将捻线绕成轴状便于装箱、运输和下道网片编织等。捻线生产的辅助设备详细信息可参考农机装备技术文献资料或咨询农机装备企业。

二、捻线工序

纤维、单纱、线股等无法满足远洋捕捞渔具、深水网箱、养殖围网和休闲防护网等的直接使用要求，因此，需要通过捻线工序将纤维、单纱、线股进一步制备成捻线后使用。如图 2-1 所示，捻线工序主要包括基体纤维的筛选、并丝或分丝、初捻、落纱、复捻或复合捻、绕绞或绕轴或绕线球、检验、打包等部分（特殊情况下，需要通过树脂等原料生产捻线用基体纤维）。诚然，不同结构、规格、型号、用途和要求的捻线产品，其对应的捻线工序不尽相同，应根据实际情况灵活掌握。现将捻线工序中初捻、并丝、复捻和复合捻简介如下（其他工序参照第四章或相关农机装备技术文献资料）。

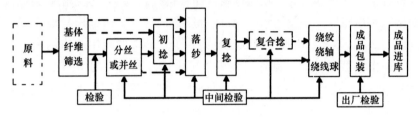

图 2-1 捻线生产工序流程

1. 初捻、并丝

由短纤维沿轴向排列并经加捻而成，或用长丝（加捻或不加捻）组成的具有一定粗度和力学性质的产品称为单纱（single yarn）。

将若干根单纱合并在一起加以一定的捻，形成单捻线或线股，以供复捻工序使用。初捻生产的单捻线结构不太稳定，当单捻线退出卷绕，单捻线无外力作用时，加在单捻线上的捻会逐渐退去；单捻线松弛时会自行抱合扭曲变形，影响强力和外观。单捻线很少直接用来编织网片，因为以单捻线编织网片，织成的网片会自然卷拢，不适合在捕捞渔具与渔业工程装备设施生产中使用。根据捻线规格来确定初捻用单纱数，初捻用单纱或单丝根数示例如表 2-2 所示。

表 2-2 初捻用单纱或单丝根数示例

捻线规格（股）	初捻用单纱或单丝根数（根）	捻线结构	捻线规格（股）	初捻用单纱或单丝根数（根）	捻线结构
3	1	1×3	21	7	7×3
4	2	2×2	24	8	8×3
6	2	2×3	27	9	9×3
9	3	3×3	30	10	10×3
12	4	4×3	33	11	11×3
15	5	5×3	36	12	12×3
18	6	6×3			

部分捻线规格大、用丝、用纱根数多，导致捻线机上有时无法承载大量的丝、纱（无法满足每个锭子位置装配大量的丝、纱筒子），此时企业将调整捻线工艺，将丝、纱等量分成几组，每组采取几根丝、纱并加以一定的捻（加捻方向与初捻加捻方向相反），形成单捻纱，然后将几组单捻纱再初捻成线股。

网线生产中将一定数量的丝、纱采取加捻或无捻并合工艺过程称为并丝。并丝多数情况下适当加捻，但并丝也采用无捻方式。并丝属于网线生产的一道生产，该工序根据网线实际生产情况灵活选用。当初捻用单纱在 10 根以上时，人们一般考虑采取并丝工序。例如，150 股 PE 单丝捻线，线股由 50 根 PE 单丝组成，50 根 PE 单丝不可能在环锭加捻机上加捻，需要分成几组并丝加捻，即考虑 5 根 PE 单丝或 10 根 PE 单丝先并丝加捻，然后取 10 组 5 根 PE 单丝或取 5 组 10 根 PE 单丝再并合加捻，即能得到每股 50 根 PE 单丝的目的；又如 120 股 PA 捻线，线股由 40 根线密度为 23 tex 的 PA 纱组成，若 40 根 PA 纱不能在某型号环锭加捻机上加捻，那么需要分成几组并丝加捻，即考虑 4 根 PA 纱或 8 根 PA 纱先并丝加捻，然后取 10 组 4 根 PA 纱或取 5 组 8 根 PA 纱再并合加捻，即能得到每股 40 根 PA 纱的目的。某企业用 PE 单丝捻线（单丝线密度为 36 tex）生产中的并丝工序如表 2-3 所示，仅供参考。

表 2-3　某企业用 PE 单丝捻线生产中的并丝工序

PE 单丝捻线规格（股）	线股用丝数（根）	并丝根数（根）	PE 单丝捻线结构
36	12	3	36 tex×（3×4）×3
39	13	3	36 tex×（3×4+1）×3
42	14	3	36 tex×（3×4+2）×3
45	15	3	36 tex×（3×5）×3
48	16	3	36 tex×（3×5+1）×3
39	13	4	36 tex×（4×3+1）×3
42	14	4	36 tex×（4×3+2）×3
45	15	5	36 tex×（5×3）×3
48	16	5	36 tex×（5×3+1）×3
51	17	5	36 tex×（5×3+2）×3
54	18	5	36 tex×（5×3+3）×3
57	19	5	36 tex×（5×3+4）×3
60	20	5	36 tex×（5×4）×3
75	25	5	36 tex×（5×5）×3
90	30	5	36 tex×（5×6）×3
105	35	5	36 tex×（5×7）×3
120	40	10	36 tex×（10×4）×3
150	50	10	36 tex×（10×5）×3

续表

PE 单丝捻线规格 （股）	线股用丝数 （根）	并丝根数 （根）	PE 单丝捻线结构
180	60	10	36 tex×（10×6）×3
210	70	10	36 tex×（10×7）×3
240	80	10	36 tex×（10×8）×3
270	90	10	36 tex×（10×9）×3
300	100	10	36 tex×（10×10）×3
330	110	10	36 tex×（10×11）×3

注：45 股以上的 PE 单丝捻线，一般以 5~10 根 PE 单丝并丝成线股，因此规格间跨度比较大。若需要中间规格 PE 单丝捻线，可以通过添减用丝根数来调节实现。

2. 复捻、复合捻

网线生产中，初捻工序完成后一般取 3 个初捻线股（或称单捻线股）合在一起以其相反方向加捻并合，使之捻合成线，这个工艺过程称之为复捻（folded twisted）。复捻的加捻方向必须与初捻方向相反（即初捻加捻方向为"S"捻，则复捻加捻方向必须为"Z"捻；初捻加捻方向为"Z"捻，则复捻加捻方向必须为"S"捻，图 1-7）。复捻时如果选用初捻相同的捻向进行并合加工，最终将无法捻合获得外表质量较好的捻线。生产者和用户确认捻线的线方向是按线的加捻方向（或按线的外观的股的倾斜方向）是"Z"捻还是"S"捻确定，传统捻线的线方向一般采用"Z"捻方向。目前还有不少渔民对线的加捻方向用"顺手线""反手线"等来称呼，他们将"Z"捻线称之为"顺手线"，"S"捻线称之为"反手线"，企业或读者在生产贸易或技术交流时应特别注意，防止疏忽出错。有关捻向的知识可参考第一章或《渔用网片与防污技术》等技术文献资料。捕捞与渔业工程装备领域捻线很少用 4 股或 4 股以上单捻线复捻，4 股或 4 股以上单捻线复捻成的捻线质量较差（其质地松软、中心有空隙且容易压扁变形）。如果要增加捻线直径、增加捻线使用强力，一般采用增加单纱数量的方法即可选用大规格的捻线。企业有时根据客户需要或生产需求，将生产的复捻线进一步加捻成更大规格捻线。将数根复捻线以与其相反的捻向加捻制成的网线称为复合捻线（cable twisted netting twine，复合捻线简称"复合线"或"线并线"）。"复合捻"属于复捻工序后的一道生产工序，该工序根据实际生产情况灵活选用（图 2-1）。如图 2-1 所示，捻线加捻完成后绕在筒子上，筒子线既可以直接送下道工序编织网片，又可以将筒子上的卷绕成型（绕成绞状、轴状或球状等，上述工序分别称之为绕绞、绕轴、绕线球）后供不同要求用户使用。在筒子线的卷绕成型生产过程中，挡车工和专业检验人员都要对半成品、成品进行质量检验。捻线成品经过专业检验人员或专业检验机构（如农业部绳索网具产品质量监督检验测试中心等）检验后打包、进库和出厂等，确保捻线产品质量。

第二节　转锭捻线机

转锭捻线机是一种初级、简单的捻线机（一台机子只有一个锭子，且多立式摆放安置），大多企业以 10 台并排放置为一个机组。转锭捻线机的特点为占地面积大、生产效率低、制造工艺粗糙、加工精度低、设备运转速慢、操作工劳动强度大等。一些捻线个体户仅有 1~2 个转锭捻线机机组，大一点的网线企业也只有 3~5 个转锭捻线机机组。随着农机装备工程技术的发展，目前在捕捞与渔业工程装备等领域网线生产中已很少使用转锭捻线机。下面对转锭捻线机系统的构成、转锭捻线机系统的工作原理与工作流程进行简要概述，供读者参考。

一、转锭捻线机系统的构成

转锭捻线机系统构成如图 2-2 所示。转锭捻线机系统主要由转锭动力传动部分、转锭锭子部分和转锭输出卷绕部分等构成。

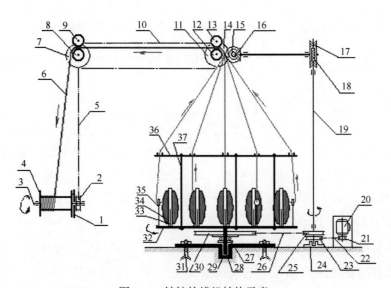

图 2-2　转锭捻线机结构示意

1. 收线轮；2. 收线皮带轮；3. 收线轮轴；4. 收线筒子；5. 收线轮传动皮带；6. 已加捻的线股；7. 被动传动带盘；8. 线股输出第二主动盘；9. 线股输出第二被动盘；10. 线股输出传动带；11. 主动传动带盘；12. 线股输出第一主动盘；13. 线股输出第一被动盘；14. 传动主动带盘；15. 捻度变换齿轮组；16. 换向伞齿轮组；17. 涡轮；18. 涡杆；19. 传动轴；20. 电动机；21. 电动机皮带轮；22. 皮带；23. 被动皮带盘；24. 传动轴座；25. 转锭主动皮带盘；26. 转锭传动皮带；27 转锭轴承；28. 转锭主轴；29. 转锭主轴座；30. 转锭被动皮带盘；31. 转锭主轴座固定螺栓；32. 转锭下托盘；33. 插纱筒子立杆；34. 单纱筒子；35. 单纱输出导向环；36. 转锭上托盘；37. 转锭上下托盘间立柱

1. 转锭动力传动部分

如图 2-2 所示，转锭捻线机转锭动力传动部分由电动机（20）、电动机皮带盘（21）、皮带（22）、被动皮带盘（23）、转锭主动皮带盘（25）、转锭被动皮带盘（30）、传动轴（19）、涡杆（18）、涡轮（17）、换向伞齿轮组（16）、捻度变换齿轮组（15）、主动传动带盘（11）、线股输出传动带（10）、被动传动带盘（7）、收线轮传动皮带（5）、收线皮带轮（2）等部件组成。转锭动力传动部分是转锭捻线机的主体部分。

2. 转锭锭子部分

如图 2-2 所示，转锭捻线机转锭锭子部分由转锭主轴（28）、转锭下托盘（32）、插纱筒子立杆（33）、单纱输出导向环（35）、转锭上托盘（36）、转锭上下托盘间立柱（37）等部件组成。转锭锭子部分是转锭捻线机的重要组成部分。

3. 转锭输出卷绕部分

如图 2-2 所示，转锭捻线机转锭输出卷绕部分由线股输出第一主动盘（12）、线股输出第一被动盘（13）、线股输出第二主动盘（9）、线股输出第二被动盘（8）、收线筒子（4）等部件组成。转锭输出卷绕部分是转锭捻线机的辅助部分。

二、转锭捻线机系统的工作原理与工作流程

1. 转锭捻线机系统的工作原理

转锭捻线机根据"自由端纺纱"原理设计加工而成。如图 2-2 所示，转锭捻线机工作时首先由电动机（20）转动，电动机皮带盘（21）跟着转动，皮带（22）将电动机皮带盘的转动传给被动皮带盘（23），被动皮带盘与传动轴（19）相连，因此，传动轴传出转动。转锭捻线机的传动轴转动通过传动轴上的转锭主动皮带盘（25）和涡杆（18）分两条线路将转动传出。

2. 转锭捻线机系统的工作流程

转锭捻线机系统的工作流程包括两条线路。

（1）转锭捻线机第一条线路工作流程

转锭捻线机第一条线路工作流程如下：如图 2-2 所示，转锭下托盘（32）与转锭上托盘（36）通过转锭上下托盘间立柱（37）连在一起（成为转锭），以转锭主轴（28）为中心，放在转锭主轴座（29）内转动。转锭主动皮带盘（25）通过转锭传动皮带（26）将转锭被动皮带盘（30）转动。转锭被动皮带盘与转锭相连，因此，转锭也跟随转动。转锭上的插纱筒子立杆用来固定单纱筒子（插单纱筒子只数根据生产规格需要决定）。将单纱筒子的单纱引向线股输出第一主动盘，转锭跟随转动时促使转锭内引出的多根单纱进行加捻（若转锭对应引出点是顺时针转动，则加在捻线上的捻是"S"捻；若转锭对应引出点是逆时针加捻，则加在

捻线上的捻是"Z"捻,图2-3)。捻线上的捻向是加捻捻向,因此,我们观察捻线捻向是看转锭转动方向(为方便捻线生产管理与技术交流,观察转锭转动方向必须是顺着出线方向观察)。

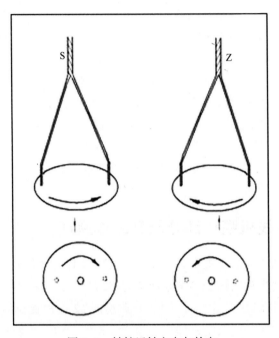

图2-3 转锭运转方向与捻向

(2)转锭捻线机第二条线路工作流程

转锭捻线机第二条线路工作流程如下:如图2-2所示,涡杆(18)的转动经过涡轮(17)变速,减慢转速;通过换向伞齿轮组(16)将纵向转动变成横向转动,再经过捻度变换齿轮组(15)变速,最后使线股输出第一主动盘(12)、线股输出第一被动盘(13)转动,线股输出盘输出线股(通过输出线股的多少来控制加捻大小。加捻大小通过捻度变换齿轮组变换来实现;加捻程度受蜗轮蜗杆、换向伞齿轮组固定比速的影响,并受捻度变换齿轮组大小比例的控制);被动传动带盘(7)转动经过收线轮传动皮带(5)传给收线皮带轮(2),使与收线皮带轮摩擦相连的收线轮(1)转动,收线轮带着收线筒子(4)不断收取加捻完的线股。

最原始的转锭捻线机采用木质结构,而且使用牛马等牲畜动力牵引转动;随着农机装备与工程技术的发展,转锭捻线机逐步采用金属材料(如钢铁等)代替木质结构、采用电力驱动代替牲畜驱动。随着农机装备工程技术的发展,各类节能高效的捻线机不断出现,目前在捕捞与渔业工程装备技术领域网线生产中已很少使用转锭捻线机。

第三节　吊锭捻线机

在捕捞与渔业工程装备技术领域，吊锭捻线机（也称立式捻线机）主要用于中、大规格网线的生产。参考国外 18 锭立式吊锭韧皮纺纱机的吊锭加捻原理，国内设计开发了国产吊锭捻线机（该设备共计 12 锭，以对称二面生产形式分布、每面 6 个锭子；根据当时生产实际需要，该设备采用单锭喂给技术），可见，吊锭捻线机在国内使用较早。后来国产吊锭捻线机逐步发展成 24 锭吊锭捻线机、36 锭吊锭捻线机，等等。20 世纪 80 年代中期，上海绳网厂从德国引进了先进的电磁阻尼 16 锭吊锭捻线机，吊锭捻线机实际使用结果表明，该设备具有效率高、噪声小、产量高且产品质量好等特点。本节对吊锭捻线机系统构成部分及其工作原理进行简要概述，方便读者更好地了解认识吊锭捻线机。

一、吊锭捻线机喂给部分及其工作原理

吊锭捻线机的加捻通过吊锭带动来完成，我国目前还没有吊锭捻线机国家标准或行业标准。吊锭捻线机常以锭子多少来命名规格型号（如 12 锭吊锭捻线机、24 锭吊锭捻线机和 36 锭吊锭捻线机等）。图 2-4 是典型的 12 锭吊锭捻线机综合示意图。12 锭吊锭捻线机根据功能分成喂给、加捻、卷绕、成型、动力传动和机架 6 个部分。

如图 2-4 所示，12 锭吊锭捻线机喂给部分由插纱架（21）、线股筒子（20）、导向轮（6）、下罗拉（4）、上罗拉（5）等部分组成。吊锭捻线机和环锭加捻机喂给部分结构类似。诚然，环锭加捻的插纱架在机架上部，而吊锭捻线机的插纱架一般放在捻线机对面地上（原因是吊锭捻线机高度比较高，如果再把线股筒子的插纱架放在吊锭捻线机机身上方，在实际操作中观察、调换筒子都不太方便。吊锭捻线机插纱架放在捻线机对面地上，方便了对筒子的观察、调整和调换；这样放置后，替换筒子的位置也比较合适）。

吊锭捻线机的喂给方法包括：①采用下共用罗拉喂给；②采用下单独罗拉（输线盘）喂给；③采用无罗拉（差动齿轮输线盘）传动喂给。上述第③中喂给方法为罗拉直接共用型，12 个锭子共用下罗拉（下罗拉分前后 2 根，代表性尺寸为直径 60 mm、长度 1 000 mm，四节连接成长罗拉；代表性上罗拉的长度为 100 mm、直径 60 mm，罗拉材料选用圆钢等加工而成、外包丁氰耐磨橡胶；这确保罗拉有足够的重量与耐磨性，以更好地控制线股）。单独罗拉（输线盘）喂给，吊锭捻线机没有采用共用型罗拉输送线股，采用每个吊锭用一个齿轮箱，独立传动带动一组输线盘输送线股，这适应一台机生产多个规格捻线的要求。当采用无罗拉（差动齿轮输线盘）传动喂给时，实际上采用翼锭的差动齿轮传动输线盘输送线股，这也适应一台机生产多个规格捻线的要求。上述三种喂给方法经过实践验证表明，凡是线股与线股尚未捻合的不能进入 V 形槽输线盘，只能使用平底槽输线盘；凡是使用 V 形槽输线盘，生产

50

的捻线大多数为背股线，原因是 3 根尚未捻合的线股在 V 形槽内，1 股压在槽底、2 股位于槽上面，V 形槽输线盘转动输出的线股的长度不一致，导致捻合的线股为背股线，影响捻线产品质量和使用效果。

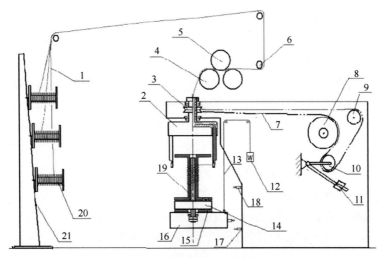

图 2-4　典型的 12 锭吊锭捻线机综合示意

1. 线股；2. 锭帽；3. 锭帽皮带盘；4. 下罗拉；5. 上罗拉；6. 导向轮；
7. 皮带；8. 主轴皮带盘；9. 导向轮；10. 张紧轮；11. 张紧重锤；12. 重锤；
13. 链条；14. 锭盘；15. 摩擦片；16. 锭座；17. 锭座下降行程开关；18. 锭座
上升行程开关；19. 绕线筒子；20. 线股筒子；21. 插纱架

二、吊锭捻线机加捻部分及其工作原理

如图 2-4 所示，吊锭捻线机加捻部分由锭帽（2）、锭帽皮带盘（3）、皮带（7）、主轴皮带盘（8）、主轴、张紧轮（10）等部分组成。锭帽由铝合金铸造加工而成，锭帽的颈部加轴承后固定在机架上。由于使用轴承，锭帽通过锭帽皮带盘转动，锭帽能高速度转动。因锭帽吊着转动，所以，人们称之为吊锭。锭帽中心空轴状，帽肩有一横孔与锭帽下沿的翼杆相通。线股穿过中心空轴，转弯穿过帽肩，从翼杆内穿出，绕到筒子上。锭帽的转动牵着线股转动形成自由端加捻的加捻转动端，在罗拉前形成捻，锭帽转一圈给线股加一个捻。锭帽的转动产生的捻度按公式（2-1）计算：

$$T = \frac{n}{V} \qquad\qquad (2-1)$$

式中：T——捻度值（T/m）；

　　　n——锭帽转速（r/min）；

　　　V——罗拉输出速度（m/min）。

主轴、主轴皮带盘通过皮带带动锭帽皮带盘转动；为了防止皮带伸长松弛影响锭帽转速，在主轴皮带盘（8）与转向轮（9）之间加装一只张紧轮（10），用来时刻张

紧皮带，防止皮带伸长松弛。

三、吊锭捻线机卷绕部分及其工作原理

如图 2-4 所示，吊锭捻线机卷绕部分由锭帽（2）、锭盘（14）、锭座（16）、筒子（19）等部分组成。筒子以锭盘中心轴为中心安装在锭盘上，被锭盘上的钩钉钩住，锭盘插在锭座里可以自由转动，但锭盘下部与锭座间有摩擦片，在筒子和锭座的重量作用下摩擦片起摩擦阻尼作用，阻止锭盘在锭座间转动。只有当外力作用于筒子和锭座，且外力大于摩擦力时筒子和锭座才会转动。锭帽转动后，通过线股牵动筒子和锭座克服摩擦力在锭座上转动。当有罗拉输出线股时，线股牵动筒子和锭座的力减小，筒子和锭座转动受摩擦片阻止，筒子、锭盘会暂时停止转动（仅一瞬间），在此瞬间锭帽与筒子、锭座之间会产生相对运动，相对运动将线股绕在筒子上。当无线股可绕时，锭帽通过线股拉着筒子、锭盘克服摩擦阻力一起转动；在锭帽通过线股拉着筒子、锭盘克服摩擦阻力而转动时，线股所受的力就是张力。用摩擦片阻尼控制张力技术要求很高，没有经过精确计算设计和反复实验很难控制好张力；实际捻线生产中不是摩擦不足就是摩擦力过大。此外，摩擦片的加工也比较麻烦，要求摩擦片上的摩擦块的厚度完全相同。摩擦块每一面都要求平整，而且所有锭子的摩擦片又要统一，这在实际生产中比较困难。由于上述原因，有的企业将摩擦片废除，改用皮夹头阻尼调节代替锭座间的摩擦片，用一副皮夹头（3）夹住锭盘（1）（图 2-5）。皮夹头阻尼锭子技术方法简单、使用效果较好，只是在线股筒子大小不同时张力不同，因此需要经常调节。也就是说，当线股筒子小时可将皮夹头调松一点，当线股筒子绕线直径逐步加大时，需要把皮夹头逐步夹紧，以增加阻力；因皮夹头逐步夹紧没有一个稳定点，需要经常调节；若皮夹头夹得太紧既容易发热、增加能耗，又容易发热起火。

当前最先进的控制卷绕技术是采用电磁阻尼控制卷绕技术。电磁阻尼是在锭座上按放一个额定 24 V 的直流电磁线圈。如图 2-6 所示，电磁线圈通上电，电磁线圈中心的磁铁产生磁性，吸住锭盘，起到阻尼作用，完成锭帽把线股绕到筒子上的绕线股任务；无线股时，线股拉着筒子克服磁性吸住锭盘不让锭盘转动作用，表现在线股上有相当的张力。磁铁产生吸力大小可以调节供给的直流电电压（电压可从 0 调至 24 V）；供给的直流电电压越高，磁铁产生的阻止锭盘转动的力量越大。平时只要设定一个合适的电压，运转中张力非常稳定。实际生产中通过电表指示的电压高低来随时反映张力大小，建议在本领域捻线机上采用电磁阻尼控制卷绕技术。

四、吊锭捻线机成型部分及其工作原理

如图 2-4 所示，吊锭捻线机成型部分由锭座（16）、链条（13）、重锤（12）、电动机、变速箱、成型凸轮和牵引链条等部分组成。吊锭捻线机的锭帽只能旋转，不能上下运动，因此，成型运动只能依靠锭座的上下运动解决。锭座的上下运动，一种采用类似环锭加捻机钢令板上下运动的凸轮控制系统牵引锭座托板上下运动；另一种是

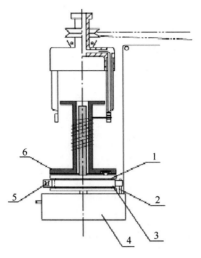

图 2-5　皮夹头阻尼锭子

1. 锭盘；2. 挡柱；3. 皮夹头；4. 锭座；5. 调节螺栓；6. 筒子

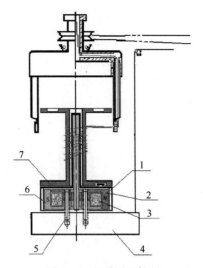

图 2-6　电磁阻尼锭子

1. 锭盘；2. N 向磁铁；3. 线股圈绕组；4. 锭座；5. 磁铁固定螺栓；6. S 向磁铁；7 筒子

采用电动机控制（如采用一只 1 kW 的电动机，通过变速箱减速，变速箱牵引一钢丝牵引盘正反转动控制锭座托板上下运动）。当电动机正转，收取钢丝，锭座托板被拎起；锭座托板被拎到一定高度，锭座托板上的撞块碰撞上升行程开关，电动机马上反转放出钢丝，锭座托板下降；锭座托板下降到一定高度，锭座托板上的撞块碰撞到锭座下降行程开关，电动机马上又正转收取钢丝，锭座又被拎起；这样循环往复运动完成筒子的卷绕成型。

成型电动机和加捻电动机是联动控制（打开加捻电动机电源，加捻电动机和成型电动机同时工作。切断加捻电动机电源，成型电动机也停止工作）。成型的升降距离可以通过上、下行程开关的位置来调节；锭座高低通过牵引钢丝的长短调节来改变。由于电动机停止转动时有惯性，因此，需要仔细进行成型调节，确保形状满意。为了减轻成型的牵引动力，锭座托板的重量用专用的平衡重锤来平衡。企业在实际生产中可根据设备型号以及产品规格等灵活掌握。

五、吊锭捻线机动力传动部分及其工作原理

吊锭捻线机包括第一种动力传动形式（罗拉输送）、第二种动力传动形式（输线盘输线）、第三种动力传动形式（差动传动输线盘输送）3 种动力传动形式，简述如下。

1. 吊锭捻线机第一种动力传动形式

如图 2-7 所示，吊锭捻线机第一种动力传动形式（罗拉输送）采用两个电动机。吊锭捻线机中的一只功率大的电动机通过传动皮带驱动主轴，主轴上的主动锭带盘通过

锭带传动所有吊锭转动，吊锭的转动完成加捻、卷绕（主轴另一端安装齿轮，通过齿轮传动使下罗拉转动，达到输送线股的目的。通过调节捻度齿轮 Z_2、Z_3、Z_4，变换不同捻度，控制加捻不同程度。吊锭捻线机传动 1 示意图如图 2-7 所示）；另一只电动机功率相对小一些，该电动机驱动锭座托板传动系统，让锭座托板做上下运动，完成成型。驱动过程类似环锭捻线机的钢令板上下运动，限于篇幅，这里不再重复。

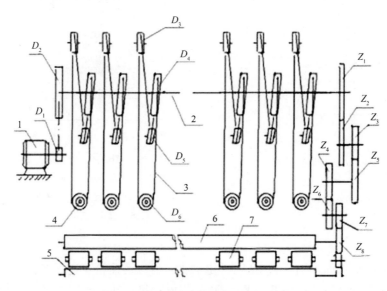

图 2-7　吊锭捻线机传动 1（罗拉输送）

1. 电动机，1 440 r/min；2. 主轴；3. 锭带；4. 锭帽中心轴；5. 外下罗拉，60 mm；6. 内下罗拉，115 mm；7. 上罗拉；D_1. 电动机皮带盘，270 mm；D_2. 主轴皮带盘，510 mm；D_3. 锭带压紧轮；D_4. 锭带主动锭带轮，375 mm；D_5. 换向锭带轮；D_6. 锭子锭带轮，140 mm；齿轮 $Z_1 = 45$，$Z_2 = 40 \sim 75$，$Z_3 = 60$、40、30、20；$Z_4 = 85$、105、115、125，$Z_5 = 45$，$Z_6 = 90$，$Z_7 = 78$，$Z_8 = 25$

图 2-4 所示的代表性 12 锭吊锭捻线机吊锭转动速度 n_2 按下式进行计算：

$$n_2 = n_0 \frac{D_1 \times D_4}{D_2 \times D_6} = 1\ 440 \times \frac{270 \times 375}{510 \times 140} = 2\ 042 (\text{r/min})。$$

12 锭吊锭捻线机的捻度 T 按公式（2-2）计算：

$$T = \frac{1\ 000}{h} \tag{2-2}$$

式中：T——捻度（T/m）；

h——捻距（mm）。

12 锭吊锭捻线机的捻距 h 按公式（2-3）计算：

$$h = \frac{1 \times D_6 \times Z_1 \times Z_3 \times Z_5 \times Z_7 \times \phi \times \pi}{D_4 \times Z_2 \times Z_4 \times Z_6 \times Z_8} \tag{2-3}$$

$$= \frac{1 \times 140 \times 45 \times Z_3 \times 45 \times 60}{375 \times Z_2 \times Z_4 \times 90}$$

根据以上计算公式，可获得不同变换齿轮 Z_2、Z_3、Z_4 对应的捻距、捻度值（表 2-4）。

表 2-4　吊锭捻线机捻度齿轮

Z_2	$Z_3=60$ $Z_4=85$		$Z_3=40$ $Z_4=105$		$Z_3=30$ $Z_4=115$		$Z_3=20$ $Z_4=125$	
	捻距	捻度	捻距	捻度	捻距	捻度	捻距	捻度
40	87.1	11.5	47.0	21.3	32.2	31.1	19.8	50.6
41	85.0	11.8	45.9	21.8	31.4	31.8	19.3	51.9
42	83.0	12.1	44.8	22.3	30.7	32.6	18.8	53.2
43	81.1	12.3	43.7	22.9	30.0	33.4	18.4	54.4
44	79.2	12.6	42.7	23.4	29.3	34.2	18.0	55.7
45	77.5	12.9	41.8	23.9	28.6	34.9	17.6	57.0
46	75.8	13.2	40.9	24.5	28.0	35.7	17.2	58.2
47	74.2	13.5	40.0	25.0	27.4	36.5	16.8	59.5
48	72.6	13.8	39.2	25.5	26.8	37.3	16.5	60.8
49	71.1	14.1	38.4	26.1	26.3	38.0	16.1	62.0
50	69.7	14.3	37.6	26.6	25.8	38.8	15.8	63.3
51	68.3	14.6	36.9	27.1	25.3	39.6	15.5	64.6
52	67.0	14.9	36.2	27.6	24.8	40.4	15.2	65.8
53	65.8	15.2	35.5	28.2	24.3	41.1	14.9	67.1
54	64.5	15.5	34.8	28.7	23.9	41.9	14.6	68.4
55	63.4	15.8	34.2	29.2	23.4	42.7	14.4	69.6
56	62.2	16.1	33.6	29.8	23.0	43.5	14.1	70.9
57	61.1	16.4	33.0	30.3	22.6	44.3	13.9	72.2
58	60.1	16.6	32.4	30.8	22.2	45.0	13.6	73.4
59	59.1	16.9	31.9	31.4	21.8	45.8	13.4	74.7
60	58.1	17.2	31.3	31.9	21.5	46.6	13.2	75.9
61	57.1	17.5	30.8	32.4	21.1	47.4	13.0	77.2
62	56.2	17.8	30.3	33.0	20.8	48.1	12.7	78.5
63	55.3	18.1	29.9	33.5	20.4	48.9	12.5	79.7
64	54.5	18.4	29.4	34.0	20.1	49.7	12.3	81.0
65	53.6	18.6	28.9	34.6	19.8	50.5	12.2	82.3
66	52.8	18.9	28.5	35.1	19.5	51.2	12.0	83.5
67	52.0	19.2	28.1	35.6	19.2	52.0	11.8	84.8
68	51.3	19.5	27.7	36.1	18.9	52.8	11.6	86.1
69	50.5	19.8	27.3	36.7	18.7	53.6	11.4	87.3
70	49.8	20.1	26.9	37.2	18.4	54.3	11.3	88.6
71	49.1	20.4	26.5	37.7	18.1	55.1	11.1	89.9
72	48.4	20.7	26.1	38.3	17.9	55.9	11.0	91.1
73	47.7	20.9	25.8	38.8	17.6	56.7	10.8	92.4
74	47.1	21.2	25.4	39.3	17.4	57.5	10.7	93.7
75	46.5	21.5	25.1	39.9	17.2	58.2	10.5	94.9

2. 吊锭捻线机第二种动力传动形式

如图 2-8 所示，吊锭捻线机的第二种动力传动形式（输线盘输线）是每一只吊锭转动和输线盘转动由单独一只电动机传动，再用一只电动机驱动成型部分。单独电动机动力传动形式就是每只吊锭配备一只电动机拖动。单独电动机通过传动皮带驱动一只加捻齿轮箱主轴皮带盘，加捻齿轮箱上的主轴主动锭带盘通过锭子皮带传动吊锭转动，吊锭转动完成加捻、卷绕。加捻齿轮箱主轴内伸到加捻齿轮箱内，箱内主轴上安装涡杆，涡杆通过蜗轮传动使加捻齿轮箱内第一轴降速。加捻齿轮箱内第一轴上安装 3 只固定齿轮（分别为 72 齿、48 齿和 64 齿），加捻齿轮箱内第二轴右边安装一只可以滑动的三连齿轮（三连齿轮左边是 24 齿、中间是 48 齿、右边是 32 齿）。通过手柄拨叉拨动三连齿轮，手柄移至 A 位，是 64 齿与 32 齿啮合；手柄移至 B 位，是 48 齿与 48 齿啮合；手柄移至 C 位，是 72 齿与 24 齿啮合。加捻齿轮箱内第二轴左边安装一只 40 齿移动齿轮，通过 40 齿移动齿轮移位，与加捻齿轮箱内第三轴上齿轮啮合。第三轴上有 10 只齿轮，它们分别是 40 齿、38 齿、36 齿、34 齿、32 齿、30 齿、28 齿、26 齿、24 齿、22 齿。如果 40 齿移动齿轮与第三轴上 10 只齿轮中任意一个齿轮啮合，就有 10 种输出速度。加捻齿轮箱内第三轴上的齿轮大小不同，第二轴上的 40 齿齿轮无法直接与它们啮合，机械设计者因此在第二轴 40 齿齿轮后面加了一只 40 齿作为过桥齿轮；第二轴上的 40 齿齿轮通过过桥齿轮可以随意与它们中间一个齿轮啮合；手柄移位号码 1 号、2 号、3 号、4 号、5 号、6 号、7 号、8 号、9 号、10 号分别是第三轴上 40 齿、38 齿、36 齿、34 齿、32 齿、30 齿、28 齿、26 齿、24 齿、22 齿相对位置（图 2-8）。第三轴一端伸出加捻齿轮箱，伸出端安装输线盘，此输线盘成为主动输线盘，在其下面安装一个无动力的被动输线盘（这两个输线盘转动相当环锭捻线机的罗拉），通过定量输出线股大小来控制加捻程度。

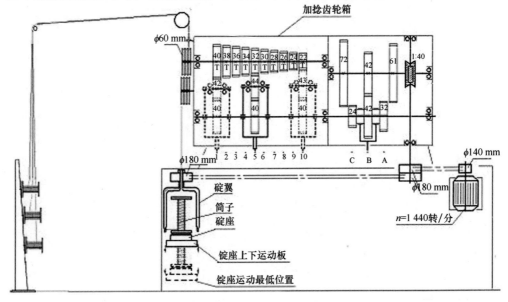

图 2-8　吊锭捻线机传动 2（输线盘输线）

56

成型部分也是另用一只电动机驱动锭座托板传动系统，让锭座托板做上下运动，完成成型。驱动过程类似环锭捻线机的钢令板上下运动，限于篇幅，这里不再重复。吊锭捻线机单机传动（输线盘输线）不同手柄位置对应捻度如表2-5所示。

表2-5 不同手柄位置对应捻度

序号	手柄Ⅰ位置	手柄Ⅱ位置	捻距（mm）	捻度（T/m）
1		10	34.25	29.2
2		9	31.40	31.8
3		8	28.98	34.5
4		7	26.91	37.2
5	C	6	25.12	39.8
6		5	23.55	42.5
7		4	22.16	45.1
8		3	20.93	47.8
9		2	19.83	50.4
10		1	18.84	53.1
11		10	11.42	87.6
12		9	10.47	95.5
13		8	9.66	103.5
14		7	8.97	111.5
15	B	6	8.37	119.4
16		5	7.85	127.4
17		4	7.39	135.4
18		3	6.98	143.3
19		2	6.61	151.3
20		1	6.28	159.2
21		10	22.84	43.8
22		9	20.93	47.8
23		8	19.32	51.8
24		7	17.94	55.7
25	A	6	16.75	59.7
26		5	15.70	63.7
27		4	14.78	67.7
28		3	13.96	71.7
29		2	13.22	75.6
30		1	12.56	79.6

3. 吊锭捻线机第三种动力传动形式

如图 2-9 所示,吊锭捻线机第三种动力传动形式(差动传动输线盘输送)采用两个电机动力传动(一个用于加捻,一个用于成型,其代表机型是引进德国的 16 锭立式吊锭捻线机)。

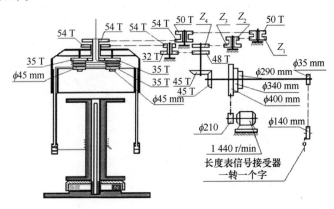

图 2-9 吊锭捻线机传动 3(差动传动输线盘输送)

Z_1、Z_2、Z_3、Z_4 捻度齿轮

如图 2-9 所示,主电动机通过皮带盘传动主轴,主轴上有 3 个被动皮带盘,因此,主轴有 3 个输出速度。主轴上 3 个被动皮带盘通过 45 齿对 45 齿、48 齿对 32 齿、54 齿对 54 齿的链轮传动,使吊锭锭帽转动。吊锭锭帽转动速度称为锭速。根据图 2-10,锭帽的锭速 n_{54} 按公式(2-4)计算:

$$n_{54} = n_0 \times \frac{\phi_1 \times Z_{45} \times Z_{48} \times Z_{54}}{\phi_2 \times Z_{45} \times X_{48} \times Z_{54}} \qquad (2\text{-}4)$$

吊锭捻线机锭帽速度如表 2-6 所示。

表 2-6 吊锭锭帽速度

电动机转速 n_0	主动皮带盘 ϕ_0	被动皮带盘 ϕ_1	锭速 n_{54}
(r/min)	(mm)	(mm)	(r/min)
1 440	210	340	1 334
		400	1 134

吊锭转动仅完成了加捻,线股输送是通过锭帽内的输线盘转动来完成。如图 2-9 所示,锭帽转动,通过 54 齿对 54 齿、32 齿对 48 齿的链轮传动,Z_4 与 Z_3 和 Z_2 与 Z_1 的齿传动,最后通过 50 齿对 50 齿、54 齿对 54 齿的链轮传动,使中心空轴转动,中心空轴另一端 35 齿齿轮传动两个 35 齿的输线盘齿轮转动,输线盘齿轮与输线盘连接,因此,输线盘随之转动。锭帽转动一周,输线盘转动距离即为捻距 l。捻距的锭速 l 按公式(2-5)计算:

$$l = \left(1 - 1 \times \frac{Z_{54} \times Z_{32}}{Z_{54} \times Z_{48}} \times \frac{Z_4 \times Z_2}{Z_3 \times Z_1} \times \frac{Z_{50} \times Z_{54}}{Z_{50} \times Z_{54}}\right) \times (\phi_{45} + d) \times \pi$$

$$= \left(1 - 1 \times \frac{54 \times Z_{32}}{54 \times Z_{48}} \times \frac{Z_4 \times Z_2}{Z_3 \times Z_1} \times \frac{50 \times 54}{50 \times 54}\right) \times (45 + d) \times 3.14 \qquad (2\text{-}5)$$

$$= \left(1 - 0.666\,667 \times \frac{Z_4 \times Z_2}{Z_3 \times Z_1}\right) \times (45 + d) \times 3.14$$

16 锭吊锭捻线机的捻度通过变换捻度齿轮 Z_1、Z_2、Z_3、Z_4 得到，而不是变动输线盘大小求得。吊锭捻线机的捻度齿轮因为不受中心距限制，因此，其变换范围比较大。为方便读者使用，我们列出了 16 锭捻线机捻度齿轮系数表（表 2-7 至表 2-11）。

表 2-7　16 锭捻线机捻度齿轮系数（一）

序号	Z_3	Z_4	Z_1 = 36	36	36	36	37	37
			Z_2 = 37	36	35	34	37	36
			Z_1/Z_2 = 0.973 0	1.000 0	1.028 6	1.058 8	1.000 0	1.027 8
			$Z_3/Z_4 \downarrow$　捻系数					
1	38	36	1.055 6	1.027 1	1.055 6	1.085 7	1.117 6	1.055 6	1.084 9
2	38	37	1.027 0	0.999 3	1.027 0	1.056 4	1.087 4	1.027 0	1.055 6
3	38	39	0.974 4	0.948 1	0.974 4	1.002 2	1.031 7	0.974 4	1.001 4
4	38	42	0.904 8	0.880 3	0.904 8	0.930 6	0.958 0	0.904 8	0.929 9
5	38	43	0.883 7	0.859 9	0.883 7	0.909 0	0.935 7	0.883 7	0.908 3
6	38	44	0.863 6	0.840 3	0.863 6	0.888 3	0.914 4	0.863 6	0.887 6
7	38	45	0.844 4	0.821 6	0.844 4	0.868 6	0.894 1	0.844 4	0.867 9
8	38	46	0.826 1	0.803 8	0.826 1	0.849 7	0.874 7	0.826 1	0.849 1
9	38	48	0.791 7	0.770 3	0.791 7	0.814 3	0.838 2	0.791 7	0.813 7
10	43	36	1.194 4	1.162 2	1.194 4	1.228 6	1.264 7	1.194 4	1.227 7
11	43	37	1.162 2	1.130 8	1.162 2	1.195 4	1.230 5	1.162 2	1.194 5
12	43	39	1.102 6	1.072 8	1.102 6	1.134 1	1.167 0	1.102 6	1.133 2
13	43	42	1.023 8	0.996 2	1.023 8	1.053 1	1.084 0	1.023 8	1.052 3
14	43	43	1.000 0	0.973 0	1.000 0	1.028 6	1.058 8	1.000 0	1.027 8
15	43	44	0.977 3	0.950 9	0.977 3	1.005 2	1.034 7	0.977 3	1.004 4
16	43	45	0.955 6	0.929 8	0.955 6	0.982 9	1.011 7	0.955 6	0.982 1
17	43	46	0.934 8	0.909 5	0.934 8	0.961 5	0.989 7	0.934 8	0.960 8
18	43	48	0.895 8	0.871 6	0.895 8	0.921 5	0.948 5	0.895 8	0.920 7
19	45	36	1.250 0	1.216 2	1.250 0	1.285 8	1.323 5	1.250 0	1.284 8
20	45	37	1.216 2	1.183 4	1.216 2	1.251 0	1.287 7	1.216 2	1.250 0
21	45	39	1.153 8	1.122 7	1.153 8	1.186 8	1.221 7	1.153 8	1.185 9
22	45	42	1.071 4	1.042 5	1.071 4	1.102 1	1.134 4	1.071 4	1.101 2
23	45	43	1.046 5	1.018 3	1.046 5	1.076 4	1.108 0	1.046 5	1.075 6
24	45	44	1.022 7	0.995 1	1.022 7	1.052 0	1.082 9	1.022 7	1.051 2
25	45	45	1.000 0	0.973 0	1.000 0	1.028 6	1.058 8	1.000 0	1.027 8

续表

序号	Z_3	Z_4	Z_1=36 Z_2=37 Z_1/Z_2=0.973 0	Z_1=36 Z_2=36 Z_1/Z_2=1.000 0	Z_1=36 Z_2=35 Z_1/Z_2=1.028 6	Z_1=36 Z_2=34 Z_1/Z_2=1.058 8	Z_1=37 Z_2=37 Z_1/Z_2=1.000 0	Z_1=37 Z_2=36 Z_1/Z_2=1.027 8
		Z_3/Z_4↓	捻系数					
26	45	46	0.978 3	0.951 8	0.978 3	1.006 2	1.035 8	0.978 3	1.005 5
27	45	48	0.937 5	0.912 2	0.937 5	0.964 3	0.992 6	0.937 5	0.963 6
28	46	36	1.277 8	1.243 3	1.277 8	1.314 3	1.352 9	1.277 8	1.313 3
29	46	37	1.243 2	1.209 7	1.243 2	1.278 8	1.316 3	1.243 2	1.277 8
30	46	39	1.179 5	1.147 6	1.179 5	1.213 2	1.248 8	1.179 5	1.212 3
31	46	42	1.095 2	1.065 7	1.095 2	1.126 6	1.159 6	1.095 2	1.125 7
32	46	43	1.069 8	1.040 9	1.069 8	1.100 4	1.132 7	1.069 8	1.099 5
33	46	44	1.045 5	1.017 2	1.045 5	1.075 4	1.106 9	1.045 5	1.074 5
34	46	45	1.022 2	0.994 6	1.022 2	1.051 5	1.082 3	1.022 2	1.050 6
35	46	46	1.000 0	0.973 0	1.000 0	1.028 6	1.058 8	1.000 0	1.027 8
36	46	48	0.958 3	0.932 5	0.958 3	0.985 7	1.014 7	0.958 3	0.985 0
37	48	36	1.333 3	1.297 3	1.333 3	1.371 5	1.411 7	1.333 3	1.370 4
38	48	37	1.297 3	1.262 3	1.297 3	1.334 4	1.373 6	1.297 3	1.333 4
39	48	39	1.230 8	1.197 5	1.230 8	1.266 0	1.303 1	1.230 8	1.265 0
40	48	42	1.142 9	1.112 0	1.142 9	1.175 5	1.210 1	1.142 9	1.174 6
41	48	43	1.116 3	1.086 1	1.116 3	1.148 2	1.181 9	1.116 3	1.147 3
42	48	44	1.090 9	1.061 5	1.090 9	1.122 1	1.155 1	1.090 9	1.121 2
43	48	45	1.066 7	1.037 9	1.066 7	1.097 2	1.129 4	1.066 7	1.096 3
44	48	46	1.043 5	1.015 3	1.043 5	1.073 3	1.104 8	1.043 5	1.072 5
45	48	48	1.000 0	0.973 0	1.000 0	1.028 6	1.058 8	1.000 0	1.027 8
46	49	36	1.361 1	1.324 4	1.361 1	1.400 0	1.441 1	1.361 1	1.399 0
47	49	37	1.324 3	1.288 6	1.324 3	1.362 2	1.402 2	1.324 3	1.361 1
48	49	39	1.256 4	1.222 5	1.256 4	1.292 3	1.330 3	1.256 4	1.291 3
49	49	42	1.166 7	1.135 2	1.166 7	1.200 0	1.235 3	1.166 7	1.199 1
50	49	43	1.139 5	1.108 8	1.139 5	1.172 1	1.206 5	1.139 5	1.171 2
51	49	44	1.113 6	1.083 6	1.113 6	1.145 5	1.179 1	1.113 6	1.144 6
52	49	45	1.088 9	1.059 5	1.088 9	1.120 0	1.152 9	1.088 9	1.119 2
53	49	46	1.065 2	1.036 5	1.065 2	1.095 7	1.127 9	1.065 2	1.094 8
54	49	48	1.020 8	0.993 3	1.020 8	1.050 0	1.080 9	1.020 8	1.049 2
55	50	36	1.388 9	1.351 4	1.388 9	1.428 6	1.470 6	1.388 9	1.427 5
56	50	37	1.351 4	1.314 9	1.351 4	1.390 0	1.430 8	1.351 4	1.388 9
57	50	39	1.282 1	1.247 4	1.282 1	1.318 7	1.357 4	1.282 1	1.317 7
58	50	42	1.190 5	1.158 3	1.190 5	1.224 5	1.260 5	1.190 5	1.223 6
59	50	43	1.162 8	1.131 4	1.162 8	1.196 0	1.231 2	1.162 8	1.195 1
60	50	44	1.136 4	1.105 7	1.136 4	1.168 9	1.203 2	1.136 4	1.168 0
61	50	45	1.111 1	1.081 1	1.111 1	1.142 9	1.176 4	1.111 1	1.142 0
62	50	46	1.087 0	1.057 6	1.087 0	1.118 0	1.150 9	1.087 0	1.117 2
63	50	48	1.041 7	1.013 5	1.041 7	1.071 5	1.102 9	1.041 7	1.070 6

表 2-8 16 锭捻线机捻度齿轮系数（二）

序号	Z_3	Z_4	Z_1 37	37	38	38	38	38
			Z_2 35	34	37	36	35	34
			Z_1/Z_2 1.057 1	1.088 2	1.027 0	1.055 6	1.085 7	1.117 6
			$Z_3/Z_4 \downarrow$			捻系数		
1	38	36	1.055 6	1.115 8	1.148 7	1.084 1	1.114 2	1.146 0	1.179 7
2	38	37	1.027 0	1.085 7	1.117 6	1.054 8	1.084 1	1.115 0	1.147 8
3	38	39	0.974 4	1.030 0	1.060 3	1.000 7	1.028 5	1.057 9	1.088 9
4	38	42	0.904 8	0.956 4	0.984 6	0.929 2	0.955 1	0.982 3	1.011 2
5	38	43	0.883 7	0.934 2	0.961 7	0.907 6	0.932 9	0.959 5	0.987 6
6	38	44	0.863 6	0.913 0	0.939 8	0.887 0	0.911 7	0.937 7	0.965 2
7	38	45	0.844 4	0.892 7	0.918 9	0.867 2	0.891 4	0.916 8	0.943 8
8	38	46	0.826 1	0.873 3	0.898 9	0.848 4	0.872 0	0.896 9	0.923 2
9	38	48	0.791 7	0.836 9	0.861 5	0.813 0	0.835 7	0.859 5	0.884 8
10	43	36	1.194 4	1.262 6	1.299 8	1.226 7	1.260 9	1.296 8	1.334 9
11	43	37	1.162 2	1.228 5	1.264 7	1.193 5	1.226 8	1.261 8	1.298 8
12	43	39	1.102 6	1.165 5	1.199 8	1.132 3	1.163 9	1.197 1	1.232 2
13	43	42	1.023 8	1.082 3	1.114 1	1.051 5	1.080 7	1.111 6	1.144 2
14	43	43	1.000 0	1.057 1	1.088 2	1.027 0	1.055 6	1.085 7	1.117 6
15	43	44	0.977 3	1.033 1	1.063 5	1.003 7	1.031 6	1.061 0	1.092 2
16	43	45	0.955 6	1.010 1	1.039 8	0.981 4	1.008 7	1.037 4	1.067 9
17	43	46	0.934 8	0.988 2	1.017 2	0.960 0	0.986 8	1.014 9	1.044 7
18	43	48	0.895 8	0.947 0	0.974 8	0.920 0	0.945 6	0.972 6	1.001 2
19	45	36	1.250 0	1.321 4	1.360 3	1.283 8	1.319 5	1.357 1	1.397 0
20	45	37	1.216 2	1.285 7	1.323 5	1.249 1	1.283 8	1.320 4	1.359 2
21	45	39	1.153 8	1.219 7	1.255 6	1.185 0	1.218 0	1.252 7	1.289 5
22	45	42	1.071 4	1.132 6	1.165 9	1.100 4	1.131 0	1.163 3	1.197 4
23	45	43	1.046 5	1.106 3	1.138 6	1.074 8	1.104 7	1.136 2	1.169 6
24	45	44	1.022 7	1.081 1	1.112 9	1.050 3	1.079 6	1.110 4	1.143 0
25	45	45	1.000 0	1.057 1	1.088 2	1.027 0	1.055 6	1.085 7	1.117 6
26	45	46	0.978 3	1.034 1	1.064 5	1.004 7	1.032 7	1.062 1	1.093 3
27	45	48	0.937 5	0.991 0	1.020 2	0.962 8	0.989 6	1.017 8	1.047 8
28	46	36	1.277 8	1.350 7	1.390 5	1.312 3	1.348 8	1.387 3	1.428 0
29	46	37	1.243 2	1.314 2	1.352 9	1.276 8	1.312 4	1.349 8	1.389 4
30	46	39	1.179 5	1.246 8	1.283 5	1.211 3	1.245 1	1.280 6	1.318 2
31	46	42	1.095 2	1.157 8	1.191 8	1.124 8	1.156 1	1.189 1	1.224 0
32	46	43	1.069 8	1.130 9	1.164 1	1.098 7	1.129 2	1.161 4	1.195 6

序号	Z_3	Z_4	Z_1	37	37	38	38	38	38
			Z_2	35	34	37	36	35	34
			Z_1/Z_2	1.057 1	1.088 2	1.027 0	1.055 6	1.085 7	1.117 6
			$Z_3/Z_4\downarrow$			捻系数			
33	46	44	1.045 5	1.105 2	1.137 7	1.073 7	1.103 6	1.135 1	1.168 4
34	46	45	1.022 2	1.080 6	1.112 4	1.049 8	1.079 1	1.109 8	1.142 4
35	46	46	1.000 0	1.057 1	1.088 2	1.027 0	1.055 6	1.085 7	1.117 6
36	46	48	0.958 3	1.013 1	1.042 9	0.984 2	1.011 6	1.040 5	1.071 0
37	48	36	1.333 3	1.409 5	1.450 9	1.369 3	1.407 5	1.447 6	1.490 1
38	48	37	1.297 3	1.371 4	1.411 7	1.332 3	1.369 4	1.408 5	1.449 9
39	48	39	1.230 8	1.301 0	1.339 3	1.264 0	1.299 2	1.336 2	1.375 5
40	48	42	1.142 9	1.208 1	1.243 7	1.173 7	1.206 4	1.240 8	1.277 3
41	48	43	1.116 3	1.180 0	1.214 7	1.146 4	1.178 3	1.211 9	1.247 6
42	48	44	1.090 9	1.153 2	1.187 1	1.120 4	1.151 6	1.184 4	1.219 2
43	48	45	1.066 7	1.127 6	1.160 7	1.095 5	1.126 0	1.158 1	1.192 1
44	48	46	1.043 5	1.103 1	1.135 5	1.071 7	1.101 5	1.132 9	1.166 2
45	48	48	1.000 0	1.057 1	1.088 2	1.027 0	1.055 6	1.085 7	1.117 6
46	49	36	1.361 1	1.438 8	1.481 2	1.397 9	1.436 8	1.477 8	1.521 2
47	49	37	1.324 3	1.399 9	1.441 1	1.360 1	1.398 0	1.437 8	1.480 1
48	49	39	1.256 4	1.328 2	1.367 2	1.290 3	1.326 3	1.364 1	1.404 2
49	49	42	1.166 7	1.233 3	1.269 6	1.198 2	1.231 5	1.266 7	1.303 9
50	49	43	1.139 5	1.204 6	1.240 0	1.170 3	1.202 9	1.237 2	1.273 5
51	49	44	1.113 6	1.177 2	1.211 9	1.143 7	1.175 6	1.209 1	1.244 6
52	49	45	1.088 9	1.151 1	1.184 9	1.118 3	1.149 4	1.182 2	1.216 9
53	49	46	1.065 2	1.126 0	1.159 2	1.094 0	1.124 4	1.156 5	1.190 5
54	49	48	1.020 8	1.079 1	1.110 9	1.048 4	1.077 6	1.108 3	1.140 9
55	50	36	1.388 9	1.468 2	1.511 4	1.426 4	1.466 1	1.507 9	1.552 2
56	50	37	1.351 4	1.428 5	1.470 5	1.387 8	1.426 5	1.467 2	1.510 3
57	50	39	1.282 1	1.355 3	1.395 1	1.316 7	1.353 3	1.391 9	1.432 8
58	50	42	1.190 5	1.258 5	1.295 5	1.222 6	1.256 7	1.292 5	1.330 5
59	50	43	1.162 8	1.229 2	1.265 3	1.194 2	1.227 4	1.262 4	1.299 5
60	50	44	1.136 4	1.201 3	1.236 6	1.167 0	1.199 5	1.233 8	1.270 0
61	50	45	1.111 1	1.174 6	1.209 1	1.141 1	1.172 9	1.206 3	1.241 8
62	50	46	1.087 0	1.149 0	1.182 8	1.116 3	1.147 4	1.180 1	1.214 8
63	50	48	1.041 7	1.101 1	1.133 5	1.069 8	1.099 6	1.130 9	1.164 2

表 2-9　16 锭捻线机捻度齿轮系数（三）

序号	Z_3	Z_4	Z_1 = 43 Z_2 = 37 Z_1/Z_2 = 1.162 2	43 36 1.194 4	43 35 1.228 6	43 34 1.264 7	44 37 1.189 2	44 36 1.222 2
			$Z_3/Z_4\downarrow$			捻系数		
1	38	36	1.055 6	1.226 8	1.260 8	1.296 9	1.335 0	1.255 3
2	38	37	1.027 0	1.193 6	1.226 7	1.261 8	1.298 9	1.221 3
3	38	39	0.974 4	1.132 4	1.163 8	1.197 1	1.232 3	1.158 7
4	38	42	0.904 8	1.051 5	1.080 6	1.111 6	1.144 3	1.075 9
5	38	43	0.883 7	1.027 1	1.055 5	1.085 7	1.117 6	1.050 9
6	38	44	0.863 6	1.003 7	1.031 5	1.061 1	1.092 2	1.027 0
7	38	45	0.844 4	0.981 4	1.008 6	1.037 5	1.068 0	1.004 2
8	38	46	0.826 1	0.960 1	0.986 7	1.014 9	1.044 8	0.982 4
9	38	48	0.791 7	0.920 1	0.945 6	0.972 6	1.001 2	0.941 5
10	43	36	1.194 4	1.388 0	1.426 6	1.467 5	1.510 6	1.420 4
11	43	37	1.162 2	1.350 7	1.388 1	1.427 8	1.469 8	1.382 0
12	43	39	1.102 6	1.281 4	1.316 9	1.354 6	1.394 4	1.311 2
13	43	42	1.023 8	1.189 9	1.222 8	1.257 9	1.294 8	1.217 5
14	43	43	1.000 0	1.162 2	1.194 4	1.228 6	1.264 7	1.189 2
15	43	44	0.977 3	1.135 8	1.167 3	1.200 7	1.236 0	1.162 2
16	43	45	0.955 6	1.110 5	1.141 3	1.174 0	1.208 5	1.136 3
17	43	46	0.934 8	1.086 4	1.116 5	1.148 5	1.182 2	1.111 6
18	43	48	0.895 8	1.041 1	1.070 0	1.100 6	1.133 0	1.065 3
19	45	36	1.250 0	1.452 8	1.493 0	1.535 8	1.580 9	1.486 5
20	45	37	1.216 2	1.413 5	1.452 6	1.494 2	1.538 1	1.446 3
21	45	39	1.153 8	1.341 0	1.378 2	1.417 6	1.459 3	1.372 2
22	45	42	1.071 4	1.245 2	1.279 7	1.316 4	1.355 0	1.274 1
23	45	43	1.046 5	1.216 3	1.250 0	1.285 7	1.323 5	1.244 5
24	45	44	1.022 7	1.188 6	1.221 5	1.256 5	1.293 4	1.216 2
25	45	45	1.000 0	1.162 2	1.194 4	1.228 6	1.264 7	1.189 2
26	45	46	0.978 3	1.136 9	1.168 4	1.201 9	1.237 2	1.163 3
27	45	48	0.937 5	1.089 6	1.119 8	1.151 8	1.185 7	1.114 9
28	46	36	1.277 8	1.485 0	1.526 2	1.569 9	1.616 0	1.519 5
29	46	37	1.243 2	1.444 9	1.484 9	1.527 4	1.572 3	1.478 5
30	46	39	1.179 5	1.370 8	1.408 8	1.449 1	1.491 7	1.402 6
31	46	42	1.095 2	1.272 9	1.308 2	1.345 6	1.385 1	1.302 5
32	46	43	1.069 8	1.243 3	1.277 7	1.314 3	1.352 9	1.272 2

序号	Z_3	Z_4	Z_1 43	43	43	43	44	44
			Z_2 37	36	35	34	37	36
			Z_1/Z_2 1.162 2	1.194 4	1.228 6	1.264 7	1.189 2	1.222 2
			$Z_3/Z_4\downarrow$			捻系数		
33	46	44	1.045 5	1.215 0	1.248 7	1.284 4	1.322 2	1.243 3	1.277 8
34	46	45	1.022 2	1.188 0	1.220 9	1.255 9	1.292 8	1.215 6	1.249 4
35	46	46	1.000 0	1.162 2	1.194 4	1.228 6	1.264 7	1.189 2	1.222 2
36	46	48	0.958 3	1.113 8	1.144 6	1.177 4	1.212 0	1.139 7	1.171 3
37	48	36	1.333 3	1.549 6	1.592 5	1.638 1	1.686 3	1.585 6	1.629 6
38	48	37	1.297 3	1.507 7	1.549 5	1.593 9	1.640 7	1.542 7	1.585 6
39	48	39	1.230 8	1.430 4	1.470 0	1.512 1	1.556 6	1.463 6	1.504 2
40	48	42	1.142 9	1.328 2	1.365 0	1.404 1	1.445 4	1.359 1	1.396 8
41	48	43	1.116 3	1.297 3	1.333 3	1.371 5	1.411 8	1.327 5	1.364 3
42	48	44	1.090 9	1.267 9	1.303 0	1.340 3	1.379 7	1.297 3	1.333 3
43	48	45	1.066 7	1.239 7	1.274 0	1.310 5	1.349 0	1.268 5	1.303 7
44	48	46	1.043 5	1.212 7	1.246 3	1.282 0	1.319 7	1.240 9	1.275 3
45	48	48	1.000 0	1.162 2	1.194 4	1.228 6	1.264 7	1.189 2	1.222 2
46	49	36	1.361 1	1.581 9	1.625 7	1.672 3	1.721 4	1.618 6	1.663 6
47	49	37	1.324 3	1.539 1	1.581 8	1.627 1	1.674 9	1.574 9	1.618 6
48	49	39	1.256 4	1.460 2	1.500 7	1.543 6	1.589 0	1.494 1	1.535 6
49	49	42	1.166 7	1.355 9	1.393 5	1.433 4	1.475 5	1.387 4	1.425 9
50	49	43	1.139 5	1.324 4	1.361 1	1.400 0	1.441 2	1.355 1	1.392 7
51	49	44	1.113 6	1.294 3	1.330 1	1.368 2	1.408 4	1.324 3	1.361 1
52	49	45	1.088 9	1.265 5	1.300 6	1.337 8	1.377 1	1.294 9	1.330 8
53	49	46	1.065 2	1.238 0	1.272 3	1.308 7	1.347 2	1.266 8	1.301 9
54	49	48	1.020 8	1.186 4	1.219 3	1.254 2	1.291 0	1.214 0	1.247 7
55	50	36	1.388 9	1.614 2	1.658 9	1.706 4	1.756 5	1.651 7	1.697 5
56	50	37	1.351 4	1.570 5	1.614 1	1.660 3	1.709 1	1.607 0	1.651 6
57	50	39	1.282 1	1.490 0	1.531 3	1.575 1	1.621 4	1.524 6	1.566 9
58	50	42	1.190 5	1.383 6	1.421 9	1.462 6	1.505 6	1.415 7	1.455 0
59	50	43	1.162 8	1.351 4	1.388 8	1.428 6	1.470 6	1.382 8	1.421 2
60	50	44	1.136 4	1.320 7	1.357 3	1.396 1	1.437 2	1.351 4	1.388 9
61	50	45	1.111 1	1.291 3	1.327 1	1.365 1	1.405 2	1.321 3	1.358 0
62	50	46	1.087 0	1.263 3	1.298 3	1.335 4	1.374 7	1.292 6	1.328 5
63	50	48	1.041 7	1.210 6	1.244 2	1.279 8	1.317 4	1.238 8	1.273 1

表 2-10　16 锭捻线机捻度齿轮系数（四）

序号	Z_3	Z_4	Z_1 44	44	46	46	46	46
			Z_2 35	34	37	36	35	34
			Z_1/Z_2 1.257 1	1.294 1	1.243 2	1.277 8	1.314 3	1.352 9
			Z_3/Z_4 ↓			捻系数		
1	38	36	1.055 6	1.326 9	1.366 0	1.312 3	1.348 8	1.387 3	1.428 1
2	38	37	1.027 0	1.291 1	1.329 1	1.276 8	1.312 3	1.349 8	1.389 5
3	38	39	0.974 4	1.224 9	1.260 9	1.211 3	1.245 0	1.280 6	1.318 2
4	38	42	0.904 8	1.137 4	1.170 9	1.124 8	1.156 1	1.189 1	1.224 1
5	38	43	0.883 7	1.110 9	1.143 6	1.098 6	1.129 2	1.161 5	1.195 6
6	38	44	0.863 6	1.085 7	1.117 6	1.073 7	1.103 6	1.135 1	1.168 4
7	38	45	0.844 4	1.061 6	1.092 8	1.049 8	1.079 0	1.109 9	1.142 4
8	38	46	0.826 1	1.038 5	1.069 0	1.027 0	1.055 6	1.085 7	1.117 6
9	38	48	0.791 7	0.995 2	1.024 5	0.984 2	1.011 6	1.040 5	1.071 0
10	43	36	1.194 4	1.501 5	1.545 7	1.484 9	1.526 3	1.569 9	1.616 0
11	43	37	1.162 2	1.461 0	1.504 0	1.444 8	1.485 0	1.527 4	1.572 3
12	43	39	1.102 6	1.386 0	1.426 8	1.370 7	1.408 9	1.449 1	1.491 7
13	43	42	1.023 8	1.287 0	1.324 9	1.272 8	1.308 2	1.345 6	1.385 1
14	43	43	1.000 0	1.257 1	1.294 1	1.243 2	1.277 8	1.314 3	1.352 9
15	43	44	0.977 3	1.228 5	1.264 7	1.214 9	1.248 8	1.284 4	1.322 2
16	43	45	0.955 6	1.201 2	1.236 6	1.187 9	1.221 0	1.255 9	1.292 8
17	43	46	0.934 8	1.175 1	1.209 7	1.162 1	1.194 5	1.228 6	1.264 7
18	43	48	0.895 8	1.126 2	1.159 3	1.113 7	1.144 7	1.177 4	1.212 0
19	45	36	1.250 0	1.571 4	1.617 6	1.554 0	1.597 3	1.642 9	1.691 1
20	45	37	1.216 2	1.528 9	1.573 9	1.512 0	1.554 1	1.598 5	1.645 4
21	45	39	1.153 8	1.450 5	1.493 2	1.434 5	1.474 4	1.516 5	1.561 0
22	45	42	1.071 4	1.346 9	1.386 5	1.332 0	1.369 1	1.408 2	1.449 5
23	45	43	1.046 5	1.315 6	1.354 3	1.301 0	1.337 2	1.375 4	1.415 8
24	45	44	1.022 7	1.285 7	1.323 5	1.271 5	1.306 8	1.344 2	1.383 6
25	45	45	1.000 0	1.257 1	1.294 1	1.243 2	1.277 8	1.314 3	1.352 9
26	45	46	0.978 3	1.229 8	1.266 0	1.216 2	1.250 0	1.285 7	1.323 5
27	45	48	0.937 5	1.178 5	1.213 2	1.165 5	1.197 9	1.232 2	1.268 3
28	46	36	1.277 8	1.606 3	1.653 6	1.588 5	1.632 7	1.679 4	1.728 7
29	46	37	1.243 2	1.562 9	1.608 9	1.545 6	1.588 6	1.634 0	1.682 0
30	46	39	1.179 5	1.482 7	1.526 4	1.466 3	1.507 1	1.550 2	1.595 7
31	46	42	1.095 2	1.376 8	1.417 3	1.361 6	1.399 5	1.439 5	1.481 7
32	46	43	1.069 8	1.344 8	1.384 4	1.329 9	1.366 9	1.406 0	1.447 3

序号	Z_3	Z_4	Z_1	44	44	46	46	46	46
			Z_2	35	34	37	36	35	34
			Z_1/Z_2	1.257 1	1.294 1	1.243 2	1.277 8	1.314 3	1.352 9
			$Z_3/Z_4\downarrow$	捻系数					
33	46	44	1.045 5	1.314 2	1.352 9	1.299 7	1.335 9	1.374 0	1.414 4
34	46	45	1.022 2	1.285 0	1.322 9	1.270 8	1.306 2	1.343 5	1.383 0
35	46	46	1.000 0	1.257 1	1.294 1	1.243 2	1.277 8	1.314 3	1.352 9
36	46	48	0.958 3	1.204 7	1.240 2	1.191 4	1.224 6	1.259 5	1.296 5
37	48	36	1.333 3	1.676 1	1.725 5	1.657 6	1.703 7	1.752 4	1.803 9
38	48	37	1.297 3	1.630 8	1.678 8	1.612 8	1.657 7	1.705 0	1.755 1
39	48	39	1.230 8	1.547 2	1.592 7	1.530 1	1.572 7	1.617 6	1.665 1
40	48	42	1.142 9	1.436 7	1.479 0	1.420 8	1.460 3	1.502 1	1.546 2
41	48	43	1.116 3	1.403 3	1.444 6	1.387 8	1.426 4	1.467 1	1.510 2
42	48	44	1.090 9	1.371 4	1.411 7	1.356 2	1.394 0	1.433 8	1.475 9
43	48	45	1.066 7	1.340 9	1.380 4	1.326 1	1.363 0	1.401 9	1.443 1
44	48	46	1.043 5	1.311 8	1.350 4	1.297 3	1.333 4	1.371 4	1.411 7
45	48	48	1.000 0	1.257 1	1.294 1	1.243 2	1.277 8	1.314 3	1.352 9
46	49	36	1.361 1	1.711 1	1.761 4	1.692 1	1.739 2	1.788 9	1.841 4
47	49	37	1.324 3	1.664 8	1.713 8	1.646 4	1.692 2	1.740 6	1.791 7
48	49	39	1.256 4	1.579 4	1.625 9	1.562 0	1.605 4	1.651 3	1.699 8
49	49	42	1.166 7	1.466 6	1.509 8	1.450 4	1.490 8	1.533 4	1.578 4
50	49	43	1.139 5	1.432 5	1.474 7	1.416 7	1.456 1	1.497 7	1.541 7
51	49	44	1.113 6	1.400 0	1.441 2	1.384 5	1.423 0	1.463 7	1.506 6
52	49	45	1.088 9	1.368 8	1.409 1	1.353 7	1.391 4	1.431 1	1.473 2
53	49	46	1.065 2	1.339 1	1.378 5	1.324 3	1.361 1	1.400 0	1.441 1
54	49	48	1.020 8	1.283 3	1.321 1	1.269 1	1.304 4	1.341 7	1.381 1
55	50	36	1.388 9	1.746 0	1.797 4	1.726 7	1.774 7	1.825 4	1.879 0
56	50	37	1.351 4	1.698 8	1.748 8	1.680 0	1.726 8	1.776 1	1.828 2
57	50	39	1.282 1	1.611 7	1.659 1	1.593 8	1.638 2	1.685 0	1.734 5
58	50	42	1.190 5	1.496 5	1.540 6	1.480 0	1.521 2	1.564 6	1.610 6
59	50	43	1.162 8	1.461 7	1.504 8	1.445 6	1.485 8	1.528 3	1.573 1
60	50	44	1.136 4	1.428 5	1.470 6	1.412 7	1.452 0	1.493 5	1.537 4
61	50	45	1.111 1	1.396 8	1.437 9	1.381 3	1.419 8	1.460 3	1.503 2
62	50	46	1.087 0	1.366 4	1.406 6	1.351 3	1.388 9	1.428 6	1.470 5
63	50	48	1.041 7	1.309 5	1.348 0	1.295 0	1.331 0	1.369 1	1.409 3

表 2-11　16 锭捻线机捻度齿轮系数（五）

序号	Z_3	Z_4	Z_1	47	47	47	47
			Z_2	37	36	35	34
			Z_1/Z_2	1.270 3	1.305 6	1.342 9	1.382 4
			Z_3/Z_4 ↓	捻系数			
1	38	36	1.055 6	1.340 9	1.378 1	1.417 5	1.459 2
2	38	37	1.027 0	1.304 6	1.340 9	1.379 2	1.419 8
3	38	39	0.974 4	1.237 7	1.272 1	1.308 5	1.347 0
4	38	42	0.904 8	1.149 3	1.181 3	1.215 0	1.250 7
5	38	43	0.883 7	1.122 6	1.153 8	1.186 7	1.221 7
6	38	44	0.863 6	1.097 1	1.127 6	1.159 8	1.193 9
7	38	45	0.844 4	1.072 7	1.102 5	1.134 0	1.167 4
8	38	46	0.826 1	1.049 4	1.078 5	1.109 4	1.142 0
9	38	48	0.791 7	1.005 7	1.033 6	1.063 1	1.094 4
10	43	36	1.194 4	1.517 3	1.559 5	1.604 0	1.651 2
11	43	37	1.162 2	1.476 3	1.517 3	1.560 7	1.606 6
12	43	39	1.102 6	1.400 6	1.439 5	1.480 6	1.524 2
13	43	42	1.023 8	1.300 5	1.336 7	1.374 9	1.415 3
14	43	43	1.000 0	1.270 3	1.305 6	1.342 9	1.382 4
15	43	44	0.977 3	1.241 4	1.275 9	1.312 4	1.351 0
16	43	45	0.955 6	1.213 8	1.247 6	1.283 2	1.321 0
17	43	46	0.934 8	1.187 5	1.220 5	1.255 3	1.292 2
18	43	48	0.895 8	1.138 0	1.169 6	1.203 0	1.238 4
19	45	36	1.250 0	1.587 9	1.632 0	1.678 6	1.728 0
20	45	37	1.216 2	1.545 0	1.587 9	1.633 3	1.681 3
21	45	39	1.153 8	1.465 7	1.506 9	1.549 5	1.595 1
22	45	42	1.071 4	1.361 0	1.398 9	1.438 8	1.481 1
23	45	43	1.046 5	1.329 4	1.366 3	1.405 4	1.446 7
24	45	44	1.022 7	1.299 2	1.335 3	1.373 4	1.413 8
25	45	45	1.000 0	1.270 3	1.305 6	1.342 9	1.382 4
26	45	46	0.978 3	1.242 7	1.277 2	1.313 7	1.352 3
27	45	48	0.937 5	1.190 9	1.224 0	1.259 0	1.296 0
28	46	36	1.277 8	1.623 2	1.668 3	1.715 9	1.766 4
29	46	37	1.243 2	1.579 3	1.623 2	1.669 6	1.718 7
30	46	39	1.179 5	1.498 3	1.539 9	1.583 9	1.630 5
31	46	42	1.095 2	1.391 3	1.429 9	1.470 8	1.514 1
32	46	43	1.069 8	1.358 9	1.396 7	1.436 6	1.478 8

序号	Z_3	Z_4	Z_1	47	47	47	47
			Z_2	37	36	35	34
			Z_1/Z_2	1.270 3	1.305 6	1.342 9	1.382 4
			$Z_3/Z_4\downarrow$		捻系数		
33	46	44	1.045 5	1.328 0	1.364 9	1.403 9	1.445 2
34	46	45	1.022 2	1.298 5	1.334 6	1.372 7	1.413 1
35	46	46	1.000 0	1.270 3	1.305 6	1.342 9	1.382 4
36	46	48	0.958 3	1.217 4	1.251 2	1.286 9	1.324 8
37	48	36	1.333 3	1.693 7	1.740 8	1.790 5	1.843 2
38	48	37	1.297 3	1.648 0	1.693 8	1.742 1	1.793 4
39	48	39	1.230 8	1.563 4	1.606 9	1.652 8	1.701 4
40	48	42	1.142 9	1.451 8	1.492 1	1.534 7	1.579 9
41	48	43	1.116 3	1.418 0	1.457 4	1.499 1	1.543 1
42	48	44	1.090 9	1.385 8	1.424 3	1.465 0	1.508 1
43	48	45	1.066 7	1.355 0	1.392 6	1.432 4	1.474 6
44	48	46	1.043 5	1.325 5	1.362 4	1.401 3	1.442 5
45	48	48	1.000 0	1.270 3	1.305 6	1.342 9	1.382 4
46	49	36	1.361 1	1.729 0	1.777 1	1.827 8	1.881 6
47	49	37	1.324 3	1.682 3	1.729 0	1.778 4	1.830 7
48	49	39	1.256 4	1.596 0	1.640 4	1.687 2	1.736 9
49	49	42	1.166 7	1.482 0	1.523 2	1.566 7	1.612 8
50	49	43	1.139 5	1.447 6	1.487 8	1.530 3	1.575 3
51	49	44	1.113 6	1.414 7	1.454 0	1.495 5	1.539 5
52	49	45	1.088 9	1.383 2	1.421 7	1.462 3	1.505 3
53	49	46	1.065 2	1.353 1	1.390 7	1.430 5	1.472 6
54	49	48	1.020 8	1.296 8	1.332 8	1.370 9	1.411 2
55	50	36	1.388 9	1.764 3	1.813 3	1.865 1	1.920 0
56	50	37	1.351 4	1.716 6	1.764 3	1.814 7	1.868 1
57	50	39	1.282 1	1.628 6	1.673 8	1.721 7	1.772 3
58	50	42	1.190 5	1.512 3	1.554 3	1.598 7	1.645 7
59	50	43	1.162 8	1.477 1	1.518 1	1.561 5	1.607 4
60	50	44	1.136 4	1.443 5	1.483 6	1.526 0	1.570 9
61	50	45	1.111 1	1.411 4	1.450 7	1.492 1	1.536 0
62	50	46	1.087 0	1.380 8	1.419 1	1.459 7	1.502 6
63	50	48	1.041 7	1.323 2	1.360 0	1.398 9	1.440 0

为了方便读者找到 Z_1、Z_2、Z_3、Z_4，将 16 锭吊锭捻线机捻线范围限定在 2~5 mm，并分成 7 个规格挡（即 2.0 mm、2.5 mm、3.0 mm、3.5 mm、4.0 mm、4.5 mm、5.0 mm）。捻度范围为 110~40 T/m，每隔 2 个捻为一组，按公式（2-6）计算 $Z_1 \times Z_3/Z_2 \times Z_4$ 值：

$$\frac{Z_1 \times Z_3}{Z_2 \times Z_4} = \frac{1 - \dfrac{l}{(45 + d) \times 3.14}}{0.666\,667} \qquad (2\text{-}6)$$

$Z_1 \times Z_3/Z_2 \times Z_4$ 计算值如表 2-12 所示。根据 $Z_1 \times Z_3/Z_2 \times Z_4$ 的值到前面表内查得齿轮 Z_1、Z_3、Z_2、Z_4 的齿数（部分是近似值）。

表 2-12　按预设捻度、捻距值求捻度齿轮

序号	捻距（mm）	捻度（T/m）	预计直径（mm）	$\dfrac{Z_1 \times Z_3}{Z_2 \times Z_4}$	Z_1	Z_2	Z_3	Z_4
1	9.09	110	2	0.907 6	36	35	38	43
2	9.26	108	2	0.905 9	38	37	38	43
3	9.43	106	2	0.904 1	36	36	38	42
4	9.62	104	2	0.902 3	37	36	38	43
5	9.80	102	2	0.900 4	36	37	43	46
6	10.00	100	2.5	0.899 4	37	34	38	46
7	10.20	98	2.5	0.897 4	36	34	38	45
8	10.42	96	2.5	0.895 2	37	35	38	45
9	10.64	94	2.5	0.893 0	38	36	38	45
10	10.87	92	2.5	0.890 7	38	35	38	46
11	11.11	90	3	0.889 4	38	34	38	48
12	11.36	88	3	0.886 9	38	37	38	44
13	11.63	86	3	0.884 3	37	37	38	43
14	11.90	84	3	0.881 5	37	36	38	44
15	12.20	82	3	0.878 6	38	34	38	46
16	12.50	80	3.5	0.876 9	38	36	36	46
17	12.82	78	3.5	0.873 7	37	35	38	46
18	13.16	76	3.5	0.870 4	36	35	38	45
19	13.51	74	3.5	0.866 9	38	37	38	45
20	13.89	72	3.5	0.863 2	37	37	38	44
21	14.29	70	4	0.860 7	37	34	38	48
22	14.71	68	4	0.856 6	38	35	38	48
23	15.15	66	4	0.852 3	36	35	38	48
24	15.63	64	4	0.847 7	35	37	38	44

序号	捻距 (mm)	捻度 (T/m)	预计直径 (mm)	$\dfrac{Z_1 \times Z_3}{Z_2 \times Z_4}$	Z_1	Z_2	Z_3	Z_4
25	16.13	62	4	0.842 8	38	37	38	46
26	16.67	60	4.5	0.839 2	37	35	38	48
27	17.24	58	4.5	0.833 6	38	36	38	48
28	17.86	56	4.5	0.827 7	36	36	38	46
29	18.52	54	4.5	0.821 3	36	37	38	45
30	19.23	52	4.5	0.814 4	36	35	38	48
31	20.00	50	5	0.808 9	36	37	38	46
32	20.83	48	5	0.801 0	36	37	38	46
33	21.74	46	5	0.792 3	36	36	38	48
34	22.73	44	5	0.782 9	36	36	38	48
35	23.81	42	5	0.772 5	36	37	38	48
36	25.00	40	5	0.761 1	36	37	38	48

值得注意的是，计算式 $(Z_1 \times Z_3) / (Z_2 \times Z_4) = \left[1 - \dfrac{l}{(45+d) \times 3.14}\right] / 0.666\ 667$ 中 d 为估算值，因此，在实际生产中读者要根据实际生产情况进行分析调整。在捻线生产中为了使每个绕线筒子绕线长度基本一致，16 锭捻线机安装了长度表。从锭帽转动，通过齿轮 54 齿对 54 齿、32 齿对 48 齿、45 齿对 45 齿到主轴，主轴上 $\phi 35$ 皮带盘带动 $\phi 140$ 皮带盘转动。$\phi 140$ 皮带盘上有个信号发生器，$\phi 140$ 皮带盘转一转，给信号接收器发一个信号，长度表随之发生变化。

锭帽转一转，长度表走字按公式（2-7）计算：

$$\tau = 1 \times \frac{54 \times 32 \times 45 \times 35}{54 \times 48 \times 45 \times 140} \tag{2-7}$$

由公式（2-7）可以计算得出 $\tau = 0.166\ 666\ 7$（r）。上述计算结果表明，锭帽转 100 r，长度表仅走了 16.6 个字。

另外一只电动机驱动成型部分原理和其他捻线机大同小异。限于篇幅，这里不再重复。

六、吊锭捻线机机架部分

以前国产吊锭捻线机因为不是批量生产或为了帮助网线企业节约成本，吊锭捻线机的机架一般以铁板做墙板，墙板与墙板间采用槽钢、角铁、螺栓等进行连接；各部件可安装在槽钢、角铁或墙板上。引进的国外吊锭捻线机机身一般为铸铁，各部件安装在铸铁龙筋、铸铁墙板上，因此，国外吊锭捻线机比国产吊锭捻线机重一些，吊锭捻线机机身相对比较稳固。目前有些型号的国产吊锭捻线机也已实现批量生产，其机身较重、设备的稳固性可与国外吊锭捻线机媲美。

第四节　翼锭捻线机

翼锭捻线机（也称卧式捻线机）加捻过程是通过锭子的锭翼牵动着线股旋转完成加捻，将 3 根线股并合、加捻后捻成为捻线。在捕捞与渔业工程装备技术领域，采用翼锭捻线机可以捻制直径 2.0~4.0 mm 的网线（不包括直径 4.0 mm）。如果将翼锭捻线机的后半部分舍去不用，翼锭捻线机将成为单纯的线股加捻机（行业内称之为喇叭车）。韧皮纤维纺纱机通过改造制成韧皮纤维捻线机，然后再由韧皮纤维捻线机演变成翼锭捻线机。翼锭捻线机规格较多，有些企业甚至将翼锭捻线机升级改造为小型制绳机（可用于直径 4.0~8.0 mm 小规格绳索的加工制作）。下面对翼锭捻线机概况、翼锭捻线机系统构成及其工作原理进行概述，供读者参考。

一、翼锭捻线机概况

翼锭式捻线机在结构上是双锭杆连接两个法兰盘组成锭子，双锭杆在锭子旋转时如翼，故称之为翼锭。翼锭式捻线机一般是横卧转动，因此人们也称之为卧式捻线机。翼锭式捻线机不仅具有加捻捻度大、力量大等特点，适合于捕捞与渔业工程装备等领域粗线的初捻、复捻；而且具有在复捻时对初捻股继续进行加捻的追捻结构。因此，翼锭式捻线机产出的捻线结构具有紧密、光滑、捻度紧、直径偏小等特点，且捻线吸水量少、耐磨性和抗冲击性较好，可满足捕捞渔具与渔业工程装备设施用捻线的特殊要求，因此称之为硬性捻线。由于翼锭式捻线机每台机只有两只锭子，其机械结构庞大（如某型号翼锭式捻线机机高 1 200 mm、宽 1 016 mm、长 3 326 mm），因此翼锭式捻线机占地面积较大。翼锭式捻线机每台机一般配备一台功率为 2.8 kW 电动机，其耗电量较大。再者，翼锭式捻线机转速高，其部件加工粗糙、精密度差；翼锭式捻线机震动大、噪音严重超标，亟待通过设备技术升级、装备技术创新来提高其综合性能。

二、翼锭捻线机系统构成及其工作原理

翼锭式捻线机主要结构如图 2-11 所示。按工作原理区分，翼锭式捻线机系统构成分成加捻部分、卷绕成型部分、储纱追捻部分、动力传动部分和机架部分 5 个部分。

1. 加捻部分

如图 2-11 所示，翼锭式捻线机加捻部分由线模（夹板）、翼锭、输线盘、导线葫芦、传动齿轮等部件组成。

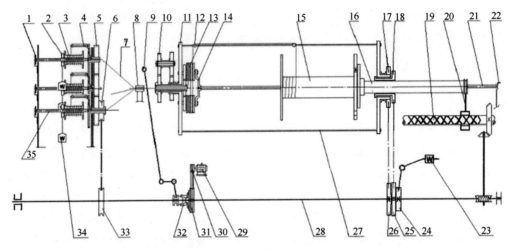

图 2-11　翼锭捻线机结构

1. 小筒子后门关闸；2. 小筒子法兰；3. 小筒子；4. 导线杆与旋转法兰；5. 传动齿轮；6. 小筒子皮带盘；7. 线股；8. 线模（夹板）；9. 开关手柄；10. 差动齿轮；11. 大法兰；12. 导线葫芦；13. 输线盘、输线盘齿轮；14. 中心轴搁脚；15. 筒子；16. 筒子移动轴；17. 锭子被动皮带盘；18. 卷绕被动皮带盘；19. 来回螺杆；20. 移动臂；21. 中心轴；22. 中心轴后门关闸；23. 重锤；24. 摩擦器；25. 卷绕主动皮带盘；26. 锭子主动皮带盘；27. 锭翼；28. 主轴；29. 电动机；30. 电动机皮带盘；31. 主轴皮带盘；32. 离合器；33. 小筒子主动皮带盘；34. 重锤；35. 小筒子

（1）线模

线模是用来控制被加捻线的部件，是自由端加捻的一个固定端，它有整体模和夹板模两种形式（图 2-12）。整体模的材料一般选用铸铁、元钢钢材等，整体模的模孔直径等于线直径或比线直径偏小 3%~5%，其长度需要保持 3 个捻距。夹板模由两块硬质木板组成，夹板外表面要求平整、光滑，表面各有一个半圆弧形槽，两夹板合起来成椭圆形槽拼成一个扁圆形模孔，二夹板加工扁圆形模孔时先取其线股、捻线的直径，然后将两夹板表面各去除直径的 5%，使二夹板合起的圆形槽变成扁圆形槽；夹板长度至少保持在 5 个捻距以上。首先，板模要放在夹板模框内使用，上面用螺栓固定，夹板与螺栓之间需要有一段弹簧支撑作缓冲，在线股有结节时，上夹板推动弹簧扩大模孔，便于有结节的线股通过，减少断头产品产生，这非常适合线股捻合成线时使用。其次，两夹板合成的模孔大了，只要修一下夹板模内平面又可以继续使用，因此线股捻合成线时一般使用夹板模。

（2）锭翼

锭翼是对线股、捻线加捻的主体部件，是自由端加捻的一个加捻转动端，它由两个翼臂连接两个法兰组成，形成转动框架（图 2-13）。法兰材料采用铸钢或钢板等，铸钢或钢板做的法兰在高速度转动中不易损坏。有的设备制造企业选用铸铁做法兰，当其使用转速约 1 000 r/min 时，经常会把法兰边上的翼臂连接孔给甩坏。两个法兰用两个翼臂连接后成翼锭，法兰两端套上轴承，放在轴承座内，翼锭可以自由转动；

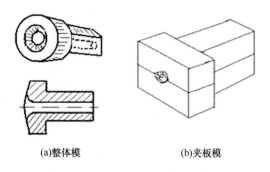

(a)整体模 　　　　　　　(b)夹板模

图 2-12 线模

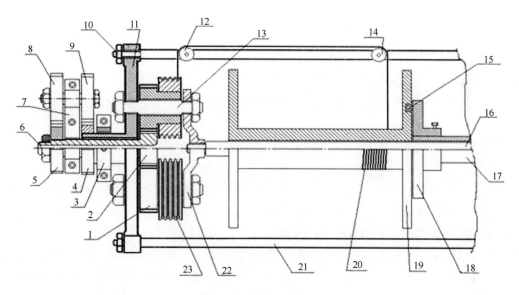

图 2-13 翼锭及其传动

1. 输线盘齿轮 F，38 齿；2. 中心孔齿轮 E，22 齿；3. 翼锭前轴承座；4. 差动齿轮 A，42 齿；5. 差动齿轮 D，39 齿；6. 中心孔；7. 差动齿轮轴承座；8. 差动齿轮 C，38 齿；9. 差动齿轮 B，35 齿；10. 翼臂固定螺栓；11. 前法兰；12. 前导线葫芦；13. 固定轴；14. 后导线葫芦；15. 筒子固定钩；16. 中心轴；17. 空心套轴；18. 筒子法兰；19. 绕线筒子；20. 线股、捻线；21. 翼臂；22. 中心轴搁脚；23. 输线盘

翼锭转动要求同心度很高，不然翼锭转起来振动很大，造成极大噪声，既不安全，又对人体健康造成伤害；设备制造企业应通过技术创新来改进锭翼部件。

（3）导线葫芦

导线葫芦为翼锭式捻线机加捻部件之一，在翼臂一端和中间装一个导线葫芦［图 2-13 中的（12）和（14）］。导线葫芦既是线股、捻线移动的导向和转向，又是翼锭牵着线股、捻线转动的牵手，翼锭每转一转，翼锭上的导线葫芦牵着线股、捻线转一转，即在线股、捻线上同时形成一个捻。

（4）输线盘

输线盘为翼锭式捻线机加捻部件之一，输线盘为输送线股、捻线的转盘，加捻完了的线股、捻线通过输线盘的转动输出，让后面的单纱、股继续加捻。输线盘一般由铸铁加工而成，一个翼锭装两个输线盘（图2-13）；两个输线盘直径、沟槽深度要求相同。由于翼锭捻线机是加捻在先，输线盘转动在后，因此，输线盘的沟槽要求"上宽下窄"（呈"V"字形），其特点是卷绕力大，线股、捻线在沟槽内不易打滑。如果输线盘的沟槽变成"上下同宽"（呈"一"字形），其卷线效果就没有"V"字形沟槽好。输线盘转动线速度快慢是决定线股、捻线加捻多少（即捻度大小）的关键，在同样转速的前提下，输线盘直径越大、单位长度上加捻越少（即捻度越小）；输线盘直径越小，单位长度上加捻越多（即捻度越大）。因此，翼锭捻线机变换规格捻度主要是通过变换输线盘大小来实现。输线盘与输线盘齿轮相连，它跟着输线盘齿轮在其固定轴上转动。因为输线盘和输线盘齿轮 F 安装在法兰上，由于法兰位置有限，输线盘和输线盘齿轮体积必须做得很小。输线盘和输线盘齿轮与其固定轴间无法置入轴承，只能衬入铜衬和油毡，以提高输线盘和输线盘齿轮的耐磨性。

（5）传动齿轮

传动齿轮为翼锭式捻线机加捻部件之一。传动齿轮是将翼锭的转动传递给输线盘的部件。如图2-13所示，A、B、C、D 4个齿轮称为差动齿轮，E 称为中心空轴齿轮，F 称为输线盘齿轮。齿轮 A、B、C、D 和 E 要求用铸钢或圆钢等材料加工并进行热处理，以增加耐磨性、保证齿轮在高速转动中不易损坏。为什么前人习惯将 A、B、C、D 4个齿轮称为差动齿轮？这需要研究一下传动齿轮几种特殊状态下的转动。

①第一种特殊状态下的传动齿轮转动：当法兰以 n_A 转速做顺时针方向转动，中心孔轴齿轮 E 没有安装，输线盘齿轮 F 因为不与中心孔轴齿轮 E 啮合，因此输线盘齿轮 F 只跟着法兰转，但是输线盘齿轮 F 本体不转动。

②第二种特殊状态下的传动齿轮转动：假设法兰不转动，安装中心孔轴齿轮 E 与输线盘齿轮 F 啮合。若中心孔轴齿轮 E 做顺时针方向转动，输线盘齿轮 F 在中心孔轴齿轮 E 推动下做逆时针方向转动；若中心孔轴齿轮 E 做逆时针方向转动，输线盘齿轮 F 在中心孔轴齿轮 E 推动下做顺时针方向转动。

③第三种特殊状态下的传动齿轮转动：假设输线盘齿轮 F 与中心孔轴齿轮 E 啮合，但是控制中心孔轴齿轮 E 不让其转动，让法兰以 n_A 转速做顺时针方向转动，输线盘齿轮 F 在法兰推动下必须转动，不然法兰将被卡住，不能转动。法兰以 n_A 转速做顺时针方向转动，且输线盘齿轮 F 必须做逆时针方向转动；如果法兰以 n_A 转速做逆时针方向转动，输线盘齿轮 F 必须做顺时针方向转动。

④第四种特殊状态下的传动齿轮转动：假设法兰以 n_A 转速做顺时针方向转动，输线盘齿轮 F 与中心孔轴齿轮 E 啮合，中心孔轴齿轮 E 在齿轮 A、B、C、D 的传动下转动。如果中心孔轴齿轮 E 转速与法兰转速相同，输线盘齿轮 F 既做顺时针方向转动又做逆时针方向转动，输线盘齿轮 F 又回到原来位置，没有发生转动，输线盘

齿轮 F 没有发生转动就没有输出。因此，中心孔轴齿轮 E 在齿轮 A、B、C、D 的传动下转动，中心孔轴齿轮 E 转速比法兰转速慢，发生法兰牵着输线盘齿轮 F 转的第三种特殊状态下的转动。中心孔轴齿轮 E 在齿轮 A、B、C、D 的传动下转动，中心孔轴齿轮 E 转速比法兰转速快，发生中心孔轴牵着输线盘齿轮 F 转的第二种特殊状态下的转动。齿轮 A、B、C、D 的传动使中心孔轴齿轮 E 发生转动快慢的效果机械原理称为差动效果，对产生差动效果的齿轮 A、B、C、D 称为差动齿轮。

中心孔轴齿轮 E 转动时的转速 n_E 按公式（2-8）计算：

$$n_E = n_A \frac{A \times C}{B \times D} \tag{2-8}$$

假如齿轮 $A=D$、$B=C$，按公式（2-8）计算计算 $n_E = n_A$。假设中心空轴齿轮固定不转，法兰带着输线盘齿轮沿中心空轴齿轮转动了一周，输线盘齿轮转动了中心空轴齿轮齿数（$E=22$ 牙）的角度；同时，中心空轴齿轮在刚才法兰转动时通过 A、B、C、D 的传动也转动一周，中心空轴齿轮带着输线盘齿轮退回了中心空轴齿轮齿数（$E=22$ 牙）的角度，输线盘实质上没有转动，举例说明如下。

［示例 2-1］当 $A=42$ T、$B=35$ T、$C=38$ T、$D=39$ T 时，计算中心空轴在法兰转动一周（360°）时转动角度。

解：根据公式（2-8）计算中心空轴在法兰转动一周（360°）时转动角度：

$$n_E = n_A \frac{A \times C}{B \times D} = 360° \frac{42 \times 38}{35 \times 39} = 360° \times 1.169\,23 = 420.922\,8°$$

由此可见，中心空轴转动比法兰快（相对法兰来说，中心空轴转动的角度为 60.922 8°）。

两个转动的差引起第三方"输线盘齿轮"的转动，这种结构在机械中叫差动结构。通过以上分析，输线盘的差动线速度按公式（2-9）计算：

$$V = \frac{\pi \times \phi \times E}{1\,000 F} \left(n_A \frac{A \times C}{B \times D} - n_A \right) \tag{2-9}$$

式中：V——输线盘的线速度（m/min）；

　　　ϕ——输线盘直径（mm）；

　　　A、B、C、D——差动齿轮组的各齿轮的齿数；

　　　E——中心空轴齿轮齿数；

　　　F——输线盘齿轮齿数；

　　　n_A——法兰转速（r/min）。

输线盘转动产生的捻度按公式（2-10）计算：

$$T = \frac{n_A}{V} \tag{2-10}$$

式中：T——捻度（T/m）；

　　　n_A——法兰转速（r/min）；

　　　V——输线盘的线速度（m/min）。

捻度变换主要通过变换输线盘的大小，很少变换差动齿轮 A、B 或、C、D 的齿数。表 2-13 和表 2-14 是在 $A=42$ T、$B=35$ T、$C=38$ T、$D=39$ T、$E=22$ T、$F=38$ T 和 $A=42$ T、$B=35$ T、$C=37$ T、$D=40$ T、$E=22$ T、$F=38$ T，锭速 $=1\,300$ r/min 时，不同输线盘直径产生对应的输线盘速度和对应的捻度值（如表 2-13 和表 2-14 所示）。

表 2-13　输线盘直径与捻度值对照（一）

序号	输线盘直径 ϕ（mm）	输线盘速度 V（m/min）	捻度 T（T/m）
1	50. 8	20. 3	64. 0
2	54. 0	21. 6	60. 2
3	57. 3	22. 9	56. 8
4	60. 5	24. 2	53. 7
5	63. 7	25. 5	51. 0
6	66. 9	26. 8	48. 6
7	70. 2	28. 1	46. 3
8	73. 4	29. 3	44. 3
9	76. 2	30. 5	42. 7
10	79. 4	31. 8	40. 9
11	82. 7	33. 1	39. 3
12	85. 9	34. 3	37. 9
13	89. 1	35. 6	36. 5
14	92. 3	36. 9	35. 2
15	95. 6	38. 2	34. 0
16	98. 8	39. 5	32. 9
17	101. 6	40. 6	32. 0
18	104. 8	41. 9	31. 0
19	108. 1	43. 2	30. 1
20	111. 3	44. 5	29. 2
21	114. 5	45. 8	28. 4
22	117. 7	47. 1	27. 6
23	121. 0	48. 4	26. 9
24	124. 2	49. 7	26. 2

注：锭速 $=1\,300$ r/min、$A=42$ T、$B=35$ T、$C=38$ T、$D=39$ T、$E=22$ T、$F=38$ T。

表 2-14　不同输线盘对应捻度值（二）

序号	输线盘直径 ϕ（mm）	输线盘速度 V（m/min）	捻度 T（T/m）
1	50.8	13.2	98.7
2	54.0	14.0	92.9
3	57.3	14.9	87.5
4	60.5	15.7	82.9
5	63.7	16.5	78.7
6	66.9	17.3	75.0
7	70.2	18.2	71.4
8	73.4	19.0	68.3
9	76.2	19.8	65.8
10	79.4	20.6	63.2
11	82.7	21.4	60.6
12	85.9	22.3	58.4
13	89.1	23.1	56.3
14	92.3	23.9	54.3
15	95.6	24.8	52.5
16	98.8	25.6	50.8
17	101.6	26.3	49.4
18	104.8	27.2	47.9
19	108.1	28.0	46.4
20	111.3	28.9	45.1
21	114.5	29.7	43.8
22	117.7	30.5	42.6
23	121.0	31.4	41.4
24	124.2	32.2	40.4

注：锭速 = 1 300 r/min、A = 42 T、B = 35 T、C = 37 T、D = 40 T、E = 22 T、F = 38 T。

2. 卷绕成型部分

如图 2-13 所示，翼锭式捻线机卷绕成型部分由筒子、中心轴、筒子移动轴、卷绕被动皮带盘、卷绕主动皮带盘、摩擦器、重锤、来回螺杆、移动臂等部件组成。

（1）筒子

筒子为翼锭式捻线机卷绕成型部分重要部件之一，它用来绕取已经加捻完的线股、捻线。筒子原系硬质木材加工而成，后来改用 PE 等材料注塑、滚塑成型而成，目前用 PA 材料热注塑成型。某企业用筒子外径 220 mm、高度 300 mm、筒子内档宽度 254 mm、筒子轴径 80 mm、筒子中心孔直径 17 mm。为防止筒子中心孔磨大以及筒子的固定，筒子两边用 2 mm 铁板加固（图 2-14）。

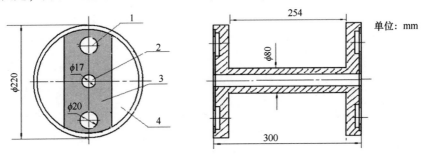

图 2-14　筒子
1. 固定孔；2. 中心孔；3. 加固铁板；4. 筒子边

（2）筒子移动轴

筒子移动轴为翼锭式捻线机卷绕成型部分重要部件之一，它用来带着筒子一边不断转动绕线，一边做轴向来回移动进行排线，让线均匀排布在筒子上，不让线集中绕在一处。筒子移动轴是用铸铁车制的空心轴，在中心轴上转动和移动。

（3）卷绕被动皮带

卷绕被动皮带盘为翼锭式捻线机卷绕成型部分重要部件之一，它套在锭子被动皮带盘（17）内，并与筒子移动轴滑键相连，带动筒子移动轴转动。筒子移动轴在卷绕被动皮带盘可以移动。卷绕被动皮带传递卷绕线股、捻线的动力。

（4）卷绕主动皮带盘

卷绕主动皮带盘为翼锭式捻线机卷绕成型部分重要部件之一，它套在主轴上，通过皮带拖动卷绕被动皮带盘转动，把主轴动力传递给被动皮带盘。

（5）摩擦器

摩擦器为翼锭式捻线机卷绕成型部分重要部件之一，它与主轴连接，通过摩擦器使卷绕主动皮带盘跟着主轴转动。摩擦器离开卷绕主动皮带盘，卷绕主动皮带盘即停止转动。

（6）重锤

重锤为翼锭式捻线机卷绕成型部分重要部件之一，重锤迫使摩擦器与卷绕主动皮带盘接触，从而达到卷绕主动皮带盘转动的效果。如果重锤把摩擦器压紧，卷绕主动皮带盘跟着主轴运转；如果重锤不能把摩擦器压紧，卷绕主动皮带盘就易打滑，卷绕主动皮带盘就不跟着主轴运转。因此，用重锤调节给予摩擦器一个适当的压力，让卷绕主动皮带盘跟着主轴匀速转动。通过摩擦器让卷绕主动皮带盘跟着主轴匀速转动，卷绕主动皮带盘经过皮带使卷绕被动皮带盘转动；筒子移动轴被卷绕被动皮带盘带转，筒子移动轴带着筒子转动；筒子转动的转速大于锭子转速，筒子通过快转进行线的卷绕（筒子卷绕速度永远大于输线盘输出速度）。当输线盘输出线卷完时，筒子被线拉住不能快转，卷绕被动皮带盘、卷绕主动皮带盘也不能快转；在卷绕主动皮带盘与主轴间产生速度差，摩擦器利用摩擦打滑解决速度差；这种速度差反映到线上，线受到一定的卷绕张力。在整个工作过程中就是"卷绕→张力→卷绕→张力"循环反复。这种卷绕在筒子直径小时张力小，筒子绕线后直径变大张力也随之增大；特别在绕线直径到筒子外径时，线接受张力大于线的强度时会发生断线情况。

（7）来回螺杆

来回螺杆为翼锭式捻线机卷绕成型部分重要部件之一，它是两个螺纹方向混合（S 向螺纹结束进入 Z 向螺纹，Z 向螺纹结束进入 S 向螺纹）的螺杆（代表性尺寸为螺距 25.4 mm，螺纹总长度为 254 mm），即一个筒子内档宽度，来回螺杆的转动是通过涡轮涡杆把主轴的转动传来。

（8）移动臂

移动臂为翼锭式捻线机卷绕成型部分重要部件之一，它是把来回螺杆转动变成往返运动并传给筒子移动轴，让筒子移动轴带着筒子在中心轴上做循环往返运动，使线均匀地绕在筒子上，完成捻线成型目的。

（9）中心轴

中心轴为翼锭式捻线机卷绕成型部分重要部件之一，它是用来支持筒子移动轴和筒子运转。中心轴的材料一般用 45 号钢元（代表性尺寸为直径 $\phi16$ mm，全长 1.8 m），保证从中心轴搁脚到中心轴后门关闸的全部长度。

筒子在筒子移动轴驱动下完成卷绕和成型，但是它们始终在中心轴上进行；当筒子卷绕绕满需要拿下时，必须先开启中心轴后门关闸，把中心轴移出；中心轴搁脚与中心轴间产生空档，满筒子才能拿出来；然后换上空筒子，再关闭中心轴后门关闸。关闭中心轴后门关闸是翼锭式捻线机操作重要步骤，因此，中心轴后门关闸与锭翼间加了联锁，保证中心轴后门关闸不关上，锭翼不能转动，中心轴上的筒子在开始运转和运转中肯定不会飞出，确保捻线生产安全。

3. 储纱追捻部分

如图 2-13 所示，储纱追捻部分由小筒子、小筒子中心轴、小筒子法兰、导线杆、旋转法兰、传动齿轮与后门关闸等部件组成。

（1）小筒子

小筒子为翼锭式捻线机储纱追捻部分重要部件之一，它用来盛装线股。翼锭捻线机如果是生产三股线，有 3 只小筒子；如果生产四股线，就要有 4 只小筒子（需要重新改造小筒子装置位置），以此类推。小筒子一般用环锭捻线机筒子，这样可以直接使用环锭捻线机生产线股。3 只小筒子的线股输送到翼锭内，经翼锭旋转加捻，使 3

根线股并成三股线。小筒子原系硬质木材加工而成，后来用 PE 注塑或滚塑加工成型而成（小筒子代表性尺寸如：外径 160 mm、高度 180 mm，内档宽度 150 mm，轴径 40 mm，中心孔直径 17 mm）。为防止筒子中心孔磨大以及筒子的固定，筒子两边用 2 mm 厚的铁板加固。

（2）小筒子中心轴

小筒子中心轴为翼锭式捻线机储纱追捻部分重要部件之一，它是用来放置小筒子的，让小筒子以小筒子中心轴为中心进行转动。小筒子中心轴材料采用 45 号钢元（代表性尺寸为直径 $\phi 16$ mm，长度 450 mm）。从中心轴搁脚到中心轴后门关闸，用来安放小筒子和小筒子法兰，让小筒子以中心轴为中心进行转动并进行线股退绕。

（3）小筒子法兰

小筒子法兰为翼锭式捻线机储纱追捻部分重要部件之一，它是用来限制小筒子以中心轴为中心进行转动，并通过其身上的钩挂钉钩挂小筒子一起转动。小筒子法兰上有道槽，槽内挂个绳圈，绳圈下部挂个重锤。加重锤的作用是增加绳圈与法兰的摩擦力，达到阻止法兰跟随小筒子转动的目的，其结果是使线股上始终保持一定的张力。因此，加重锤越重，线股上的张力越大。需要注意的是，3 只小筒子法兰上挂的重锤重量要控制均匀，使 3 只小筒子法兰与绳圈产生的摩擦力保持一致，否则因 3 根线股张力不一致会使产出的捻线发生背股情况，影响产品整体质量。

（4）导线杆

导线杆为翼锭式捻线机储纱追捻部分重要部件之一，它是线股从小筒子上退绕的支点。导线杆是空心的，导线杆一端安装一个滑轮，小筒子上的线股经滑轮从小筒子上退绕、转向并从空心的导线杆内进入旋转法兰。

（5）旋转法兰

旋转法兰为翼锭式捻线机储纱追捻部分重要部件之一，它既是导线杆固定点，又是牵着小筒子进行追捻的转动体。首先，旋转法兰牵着小筒子进行转动，旋转方向与小筒子绕线股方向相同（小筒子始终是在绕线股，但是没有线股可绕，只有线股从小筒子上拉出来的一股张力）；其次，旋转法兰转动，它再次给线股加捻，旋转法兰转动成为线股自由端加捻（线股追捻）的一个转动端。线模是线股自由端加捻（线股追捻）的一个固定端，这种给已经加捻的线股再加捻称为追捻。一般情况下翼锭锭子转一圈（加一个捻），通过传动齿轮传动旋转法兰、导线杆也转一圈（加一个捻），加捻方向与线股的捻向一致。由于追捻原因，翼锭式捻线机等追捻类捻线机可以加工捻度紧的捻线。翼锭捻线的线股捻度，由于有追捻原因，其线股预先加捻捻度要比设计时的捻线线股捻度要减少"线的外捻捻度值的 95%"。不然线股捻度完全按设计时的捻线线股捻度加捻，再到翼锭捻线机上复捻并合，复捻时加上线股的追捻，这样的捻线线股捻度大大超过设计时的捻线线股捻度，生产出来的线非常硬，而且线会严重打扭不平衡，影响产品的外观质量和使用效果。

（6）传动齿轮

传动齿轮为翼锭式捻线机储纱追捻部分重要部件之一，它与旋转法兰是一个连接体，传动齿轮转动带动旋转法兰、导线杆转动；导线杆转动通过线股拉着小筒子一起转动。生产时要保证 3 个旋转法兰、导线杆同时转动。线股从小筒子引出经导线杆的滑轮后进入旋转法兰，又从旋转法兰、传动齿轮中心引出到线模。因此，小筒子具有储藏捻线用的线股储藏功能。

4. 动力传动部分

如图 2-13 所示，当合上电源开关，电动机转动，主轴皮带盘在主轴上转动，但主轴不转动，其他各部分都不转动，通过开关手柄将主轴离合器合上，主轴开始转动；开关手柄将主轴离合器离开，主轴转动停止。主轴转动后分四路向目的部分进行传动，简介如下。

（1）第一路动力传动

主轴上的翼锭主动皮带盘转动，通过皮带传动，翼锭被动皮带盘转动，翼锭即转动。翼锭转动通过差动齿轮和中心孔轴齿轮传动，使输线盘转动。翼锭的转动和输线盘转动完成加捻。

（2）第二路动力传动

主轴上的卷绕主动皮带盘转动，通过摩擦轮带动皮带传动卷绕被动皮带盘转动，卷绕被动皮带盘转动带动筒子移动轴转动，筒子移动轴转动带动完成卷绕。

（3）第三路动力传动

主轴上的涡杆转动传动涡轮，涡轮传动主动伞齿轮，主动伞齿轮传动被动伞齿轮，被动伞齿轮传动来回螺杆，来回螺杆的转动促使移动臂来回移动，移动臂来回移动牵着筒子移动轴来回移动，筒子移动轴来回移动牵着筒子来回移动，完成卷绕成型。

（4）第四路动力传动

主轴上的小筒子主动皮带盘转动，通过皮带传动，小筒子皮带盘转动。小筒子皮带盘带动传动齿轮转动，传动齿轮转动带动旋转法兰和导线杆旋转，完成给小筒子转动，小筒子转动给出来线股的加捻。

推动操纵手柄，让主轴上的离合器与主轴皮带盘啮合，主轴才转动，其他各部分也开始转动反之；拉开操纵手柄，主轴上的离合器与主轴皮带盘分离，主轴转动逐步停下来，其他各部分转动也逐步停下来。因此，在需要换筒子、小筒子时要提前拉开操纵手柄，让各部分转动逐步停下来。特别值得注意的是，小筒子上线股不要在用完后或将完时才拉开操纵手柄停机（这样的操作完全是为了避免产生缺股），应在筒子卷绕将满时提前拉开操纵手柄进行停机，目的是筒子卷绕不要到卷绕过度，发生线溢出现象，影响后续生产和生产效率。

5. 机架部分

如图 2-13 所示，机架是安装全部零部件的地方，因此机架一般用铸铁件构建

（代表性尺寸如长 3 326 mm、宽 1 016 mm、高 900 mm）。为保证捻线机运转时的安全，机架上方还装有移动式安全罩。建成后的×××型号捻线机高度可达 1 200 mm、整机重量可达 1 500 kg。

第五节　环锭捻线机

环锭捻线机是一种机械结构紧密、工作原理比较先进的捻线机，其特点是一台环锭捻线机可以实现几个到几百个锭子同时工作。图 2-15 是一台 148 锭双面工作环锭捻线机（148 锭环锭捻线机目前是捻线制造行业生产捕捞与渔业工程装备等领域细线普遍使用的设备），图 2-16 是一台单面工作 14 锭环锭捻线机（14 锭环锭捻线机是捻线制造行业目前生产捕捞与渔业工程装备等领域粗线普遍使用的设备）。环锭捻线机上线股筒子安装在转动锭子上，随锭子一起转动，线股筒子上的线股牵着钢令钩在钢令环上旋转，使线股在罗拉输出口完成加捻。因为线股牵着钢令钩环绕钢令转动完成加捻，所以，环锭捻线机也称为钢令捻线机。本节对环锭捻线机的分类、环锭捻线机系统构成及其工作原理进行概述，方便读者更好地了解环锭捻线机。

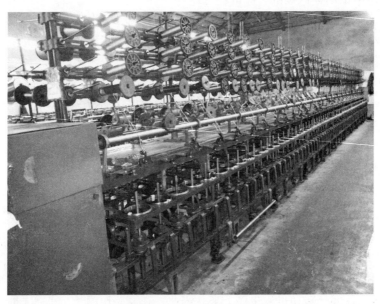

图 2-15　148 锭环锭捻线机

一、环锭捻线机的分类

环锭捻线机有锭子数分类法、钢令环大小分类法和型号分类法等多种方法，现概述如下。

图 2-16　单面 14 锭环锭捻线机

1. 锭子数分类法

环锭捻线机产量高、效益高、质量好、操作方便，一台环锭捻线机有几个到几百个锭子不等，所以环锭捻线机名称可根据捻线机安装的锭子数进行命名和分类，如：12 锭捻线机、14 锭捻线机、24 锭捻线机、48 锭捻线机、64 锭捻线机、108 锭捻线机、144 锭捻线机、168 锭捻线机等。通常对于 100 锭以上的环锭捻线机，因为锭子小，不再用锭子数作为捻线机规格名称。环锭捻线机的锭子分单边安装和两边安装两种，因此，相应的捻线机又被称之为"单边 12 锭捻线机""双边 48 锭捻线机"，等等。

2. 钢令环大小分类法

环锭捻线机使用的钢令环是加捻时钢令钩钩着线股环绕锭子转动的跑道，不同的环锭捻线机，其钢令环有大小之分，并以其内径大小来表示。钢令环的内径大小过去是以英制单位尺寸表示，如 2 in①、3.5 in、4 in、5.5 in、8 in 和 10 in 等，经过国家计量单位的改革，现在统一使用公制单位尺寸，钢令环大小以毫米（mm）表示，如 50 mm、90 mm、100 mm、140 mm、200 mm 和 250 mm 等。如用 4 in 钢令环的环锭捻线机过去称之为"4 in 环锭捻线机"，现在称之为"100 mm 环锭捻线机"。

3. 型号分类法

环锭捻线机机型是生产企业出厂型号，直接称呼型号非常方便实用。通常用于棉纺捻线的环锭捻线机有 1391 型、1392 型、1393 型；用于合成纤维捻线的有 R811 型、R812 型；专用捕捞渔具与渔业工程装备设施领域的有 N200 型、N250 型，等等。部分环锭捻线机机型的简况如下：

---

① 英寸旧也作吋，英寸为我国非法定计量单位，1 英寸（in）= 2.54 厘米（cm）。

（1）1391 型环锭捻线机的钢令环内径是 2 in，整台机有 380 锭，双面操作。

（2）1392 型环锭捻线机钢令环内径是 3.5 in，整台机有 188 锭，双面操作。

（3）1393 型环锭捻线机钢令环内径是 5.5 in、整台机有 148 锭，双面操作。

（4）R811 型环锭捻线机钢令环内径是 100 mm、整台机有 188 锭，双面操作；它可以使用 1392 型环锭捻线机的绕线筒管。

（5）R812 型环锭捻线机钢令环内径是 140 mm、整台机有 148 锭，双面操作；它与 1393 型环锭捻线机的绕线筒管可以互通使用。

（6）N200 型环锭捻线机钢令环内径是 200 mm、整台机 48 锭单面操作。

（7）N250 型环锭捻线机钢令环内径是 250 mm。整台机 12 锭单面操作。

选用上述适当的环锭捻线机机型可以完成 3~90 股单丝捻线（如 PE 单丝捻线、MMWPE 及其改性单丝捻线、融纺 UHMWPE 及其改性单丝捻线等）的初捻和复捻。一般我们将 1391 型、1392 型、R811 型、N200 型环锭捻线机作为捻线生产的初捻机；将 1393 型、R812 型、N250 型环锭捻线机作为捻线生产的复捻机。初捻机、复捻机并不是一成不变的，可根据实际生产需要进行调整，例如 R811 型环锭捻线机不仅可以作为初捻机，而且可以作为复捻机。几种初捻机与复捻机主要技术参数比较见表 2-15 至表 2-17。

表 2-15 1392 初捻机及 1393 复捻机主要技术参数比较

型号	1392 初捻机	1393 复捻机
型式	环锭、双面式、干捻	环锭、双面式、干捻
锭数	188	148
锭距	140.8 mm	176 mm
钢令型式	SG6-90 型钢令：内径 3.5 in（90 mm）、高度 16.8 mm，适用耳型钩。	SG8-140 型钢令：内径 5.5 in（140 mm）、高度 25.4 mm，适用耳型钩
升降全程	203 mm	203 mm
捻度范围	107~1 055 T/m	60.7~597 T/m
锭子型式	D2404 型；锭盘 ϕ50 mm	D2503 型；锭盘 ϕ90 mm
锭速范围	1 650~8 550 r/min	1 440~4 800 r/min
罗拉型式	双列下罗拉：ϕ50 mm 上罗拉：ϕ60 mm（包胶 ϕ80 mm）	双列下罗拉：ϕ50 mm 上罗拉：ϕ60 mm（包胶 ϕ80 mm）
机面高度	1 020 mm	1 020 mm
占地面积	14 700 mm×1 180 mm	14 500 mm×1 180 mm
重量	7 500 kg	7 500 kg
电机	17 kW	22 kW

表 2-16　R811 初捻机及 R812 复捻机主要技术参数比较

型号	R811 初捻机	R812 复捻机
型式	环锭、双面式、干捻	环锭、双面式、干捻
锭数	188	148
锭距	140.8 mm	176 mm
钢令型式	SG6-100 型钢令：内径 100 mm、高度 16.8 mm，适用耳型钩。	SG8-140 型钢令：内径 140 mm、高度 25.4 mm，适用耳型钩。
升降全程	203 mm	203 mm
捻度范围	107~1 055 T/m	60.7~597 T/m
锭子型式	D2404 型；锭盘 ϕ50 mm	D2503 型；锭盘 ϕ90 mm
锭速范围	1 650~8 550 r/min	1 440~4 800 r/min
罗拉型式	双列下罗拉：ϕ50 mm 上罗拉：ϕ60 mm（包胶 ϕ80 mm）	双列下罗拉：ϕ50 mm 上罗拉：ϕ60 mm（包胶 ϕ80 mm）
机面高度	1 020 mm	1 020 mm
占地面积	14 700 mm×1 180 mm	14 500 mm×1 180 mm
重量	7 500 kg	7 500 kg
电机	17 kW	22 kW

表 2-17　N250 钢令捻线机主要技术参数比较

型号	N250
钢令内径（mm）	250
钢令与钢令中心距离（mm）	340
钢令板上下升降动程（mm）	305
锭子数	12
锭盘外径（mm）	90
锭子转速（r/min）	2 070
捻度范围（T/m）	52~180
捻度方向	S、Z 向均可
电源电压（V）	三相 380
电动机转速（r/min）	1 440
电动机功率（kW）	7.5
外形尺寸（mm）（不包括插纱架尺寸）	长 5 570、宽 1 042、高 1 370

二、环锭捻线机系统构成及其工作原理

环锭捻线机是应用比较广泛的一种捻线机，捕捞渔具与渔业工程装备设施用线一般采用 1391 型、1392 型、1393 型、R811 型、R812 型、N200 型和 N250 型等型号的捻线机加工生产。R811 型、R812 型等型号的环锭捻线机与 1391 型、1392 型、1393 型的工作原理相同，设备构造上（如用钢令直径大小、钢令板长短有差异，筒管直径大小、长度尺寸及锭子、罗拉、插纱架等机件大小）有所区别，但它们的外形和作用相同。根据工作原理将环锭捻线机从构成上分为喂纱部分、加捻与卷绕部分、成型部分、动力传动部分和机架部分 5 个部分。本节主要概述 1392 型环锭捻线机，通过它，读者可间接了解和掌握其他环锭捻线机的构造及工作原理。

1. 喂纱部分

喂纱部分是环锭捻线机关键部分。环锭捻线机喂纱部分是通过罗拉转动牵引单纱、线股进入加捻部分，并完成单纱、线股在筒子上的退绕；控制单纱、线股输出长度（也就是控制单纱、线股加捻的数量）。喂纱部分由插纱架、张力棒、上罗拉、下罗拉及罗拉座、吊纱钩、横移杆等部件组成（图 2-17）。

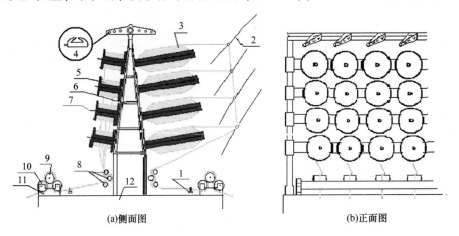

(a)侧面图　　　　　　　　　　　　(b)正面图

图 2-17　喂纱部分

1. 横移杆；2. 拐弯铁丝；3. 长抱并筒子；4. 吊纱钩；5. 塑料筒子；6. 插纱架；7. 插纱杆；8. 张力棒；9. 上罗拉；10. 下罗拉；11. 罗拉座；12. 机架

（1）插纱架

插纱架为喂纱部分重要部件之一。插纱架固定在机面上方，从机面到插纱架顶高一般为 1 150 mm，有 6~7 道横扁铁，横扁铁上备有插纱杆，插纱杆用以插纱筒子、线筒子等筒子。插纱杆让单纱筒子、线筒子等筒子在插纱杆上可以灵活转动退绕。可以拉出捻线的属于径向退纱架。不让单纱筒子、线筒子等筒子在插纱杆上转动，将单纱从纱筒子上以轴向方向拉出退绕的属于轴向退纱架（图 2-18）。当前，不少企业采用大卷装长抱并筒子。长抱并筒子系铁质，直径 50 mm，筒壁厚 1 mm，长度 500 mm

或 700 mm 等。长抱并筒子不能像塑料筒子能在插纱杆上转动，因此，凡用长抱并筒子的，插纱杆都比以前的插纱杆加粗、加长，并在插纱杆的前面离开 20~30 cm 处加装一道拐弯铁丝，使单纱（丝）沿长抱并筒子轴向退绕，经拐弯铁丝引向张力棒。

图 2-18 轴装筒子轴向退纱架

（2）张力棒

张力棒为喂纱部分重要部件之一，在插纱架最下部、近机面板处横着 3 根镀铬铁梗，称为张力棒，其直径一般为 10 mm。捻线经过 3 根位置不同的铁梗，铁梗对捻线产生张力。正是通过改变 3 根铁梗的高度，来调整改变喂入捻线的张力大小（图 2-19）。

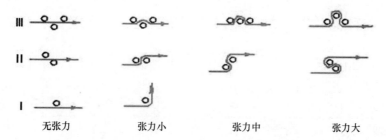

图 2-19 不同数量张力杆的张力效果

有的捻线机只有 2 根铁梗，其作用也是调节张力，但是效果要小许多；有的捻线机只有 1 根铁梗，当单纱、线股直行时铁梗无张力作用；当单纱、线股依着铁梗改变走向时，铁梗只有很小的张力效果。

（3）上罗拉、下罗拉与罗拉座

上罗拉、下罗拉与罗拉座是喂纱的主要部件。罗拉是喂纱的动力源。环锭捻线机喂纱部分的罗拉由上罗拉、下罗拉组成。上罗拉、下罗拉配合转动，握持单纱、线股输出，将单纱、线股从纱筒子上退出，送到加捻部分。下罗拉一般采用碳钢加工而成，表面作淬火硬化处理和镀铬作耐磨处理。为提高罗拉的握持能力，有些环锭捻线机的下罗拉设成前后两排，并让上罗拉压在两排下罗拉之间。两排下罗拉直径均为50 mm。下罗拉不是一根到底，它由一小节一小节罗拉拼接而成，每一节下罗拉上可以放5~6只上罗拉（对应5~6只锭子）。每一节下罗拉的一端为螺栓结构，而另一端为螺母结构；两段罗拉以螺栓螺母进行连接（图2-20，因此称之为罗拉节头连接）。捻线机两边罗拉转动方向不同，所以罗拉节头内的连接螺纹的螺纹旋转方向也不相同；这样的螺纹结构可以保证两边的罗拉与罗拉都是越转越紧，所以捻线机两边的罗拉不能互换。每一节下罗拉一端的罗拉接头形成一个罗拉颈，罗拉颈与罗拉座间有一个铜衬，作为罗拉的转动轴座并控制两个下罗拉前后之间的间距。

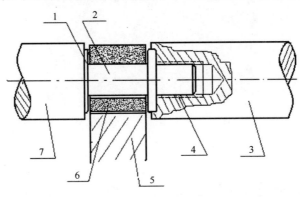

图 2-20　罗拉连接

1. 连接节头；2. 罗拉颈；3. 罗拉；4. 连接内螺纹；5. 罗拉座；

6. 铜衬；7. 罗拉

　　罗拉的表面速度按公式（2-11）进行计算：

$$v = \frac{\pi d n}{1\ 000} \tag{2-11}$$

式中：v——罗拉表面速度（m/min）；

　　　d——罗拉直径（mm）；

　　　n——罗拉转速（r/min）。

　　上罗拉采用碳钢加工而成，淬火后表面要经磨光和镀铬等耐磨处理。上罗拉放在两排下罗拉上面，直径等于或大于下罗拉直径，长度一般为90 mm，适应棉捻线股、捻线生产。在聚烯烃类纤维、PA类纤维线股、捻线生产时，为了进一步提高罗拉的握持能力，防止线股、捻线在罗拉上打滑，上罗拉外套10 mm厚的丁腈橡胶圈，上罗拉外表直径加大不影响罗拉输出速度。后罗拉上方、上罗拉后方的位置还有罗拉座的延伸部分作为上罗拉搁脚，用来放置不运转的上罗拉；当上罗拉搁在上罗拉搁脚上时，上罗拉离开了下罗拉的摩擦牵引，上罗拉即停止转动，罗拉也就停止喂纱工作。上罗拉从上罗拉搁脚上推下，马上跟着下罗拉转动继续进行喂纱工作。罗拉座采用铸铁等材料加工而成，安装在机台面上，下罗拉搁在罗拉座内自由转动；罗拉座卡住下罗拉颈，使下罗拉不能发生轴向移动。为了能使罗拉自由转动时没有径向跳动，要求罗拉座及其安放铜衬的沟槽高度一致；否则罗拉会发生径向跳动，长期较大的罗拉颈径向跳动会造成罗拉颈弯曲疲劳使罗拉颈断裂，从而进一步影响正常生产。

（4）长度表

长度表为喂纱部分辅助部件之一。每台捻线机的左侧或右侧的罗拉末端装有一只长度计数表，用来测定和记录捻线机在一个生产班（或一个生产周期）内加捻了多少长度的线股。我们知道了一个班加捻线股的长度，就可以根据换算系数计算出捻线机的产量（重量）。在国产捻线机上，装有分别记录三班产量的长度表（图2-21）。长度表上一般都有三行并排的阿拉伯数字，分别记录三班的产量。每一排共有6个阿拉伯数字，从左到右反映百万位、十万位、万位、千位、百位、十位。当长度表上最后一位数字前进一个字时，实际上前罗拉输出的线股是10 m，百位数字走一个字，实际上代表罗拉转了100 m，千位数字走一个字，实际上代表1 000 m，以此类推。比如：看到长度表上的数字是132 568，说明罗拉已经输出长度是1 325 680 m。长度表的一种用途为记录当班生产量（工人上班时，首先要把长度表上的数字记录下来，同时把长度表上的插销插在本班生产对应的位置上。例如上班时长度表上的数字是132 568，下班时长度表上的数字是138 321，则把下班时的数字减去上班时的数字，就得到本班生产的生产量为57 530 m）；另一种用途是用来控制落纱时间（长度表指示到某一个数值应该进行落纱。捻线机运转多少时间进行落纱有了参考目标。比如在132 568时落纱，一落纱生产长度是750 m，即75个字，那么下次落纱时间应该是长度表数字显示为132 643时，再下次落纱时间应该是长度表数字显示为132 718时，以此类推）。

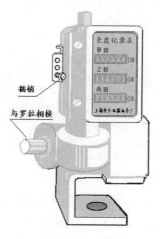

图2-21　长度表

有的企业捻线机由棉纺细纱机改装而成，机尾罗拉末端安装一种表（如亨司表，图2-22）。亨司表属于英制的一种长度表，不过它的长度单位是"亨司"。在亨司表上只安排一排阿拉伯数字，表上只有4个数字，2个数字间有个小数点，小数点左面表示十亨司、个亨司；小数点右面分别表示分亨司、厘亨司。一个"亨司"单位的长度在英制中等于 840 yd（相当 768.1 m）。因为罗拉跑一个"亨司"长度（840 yd）要很长时间，为了使产量计算方便且正确，把一个"亨司"再划分成几个较小单位，即分亨司、厘亨司（1 亨司 = 10 分亨司 = 100 厘亨司 = 840 yd = 768.1 m。1 个分亨司长度 = 84 yd = 76.81 m。1 个厘亨司长度 = 8.4 yd = 7.681 m）。例如亨司表上的 4 个数字是 28.76，表示捻线机罗拉已经输出长度 28.76 亨司，即表示为 28 个亨司、7 分亨司、6 厘亨司。折合长度是 24 158.4 yd（22 090.44 m）。亨司表的使用方法同长度表使用方法，这里不再重复。

图 2-22　亨司表

（5）吊纱钩

吊纱钩为喂纱部分的部件之一。在复捻捻线机的插纱架顶部，安装 3 只白色瓷质纱钩（图 2-23）；这 3 只白色瓷质纱钩叫吊纱钩。捻线复捻时，吊纱钩用来吊挂从筒子出来到张力杆的单捻线，使每股单捻线增加张力，减少不同线股单捻线之间的差异，保证了线股捻合中线股均匀性，提高了捻线产品质量，举例说明如下。

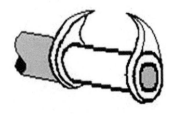

图 2-23　吊纱钩

［示例 2-2］已知线股 a、b、c 因筒管绕单纱、线股大小不一以及筒管与插纱杆的摩擦不同产生的张力分别是 $F_a = 0.2$ N、$F_b = 0.3$ N、$F_c = 0.4$ N。它们的平均张力 F_x 为 0.3 N。它们的相对误差 β_a、β_b、β_c 分别为 -33.3%、0、33.3%。β_a 与 β_c 的极限误差是 66.6%。

［示例 2-3］捻线复捻时，当单捻线吊挂到吊纱钩上后，假设单捻线上平均增加张力 3 N，那么线股 a、b、c 的张力分别是 $F_a = 3.3$ N、$F_b = 3.4$ N、$F_c = 3.5$ N；它们的平均张力 F_x 为 3.4 N，它们的相对误差 β_a、β_b、β_c 分别为 -2.94%、0、2.94%，其中 β_a 与 β_c 的极限误差是 5.88%。

通过上述示例 2-2、示例 2-3 的计算比较可以看到，单捻线吊挂到纱钩上后，它们的张力最大误差从 66.6% 大幅度下降到 5.88%，不同线股间的差异有很大的调整。如果加上张力棒的张力调整，张力误差将更小，这保证了线股捻合中线股均匀的一致性，确保生产中不生产背股线，从而进一步提高捻线的拉伸强度和外观质量。

（6）横移杆

横移杆为喂纱部分重要部件之一，在捻线机的插纱架下部、下罗拉的后面，搁在罗拉座座外，有一根能左右移动扁铁杆。扁铁杆上装有导纱瓷牙，此扁铁杆称为横移杆（图 2-24）。不过，单纱、线股如果长期固定在一个位置进入罗拉，时间长久后，罗拉在这一个位置必然会磨损严重，罗拉上逐步形成沟槽（特别是上罗拉的磨损严重），使罗拉握持能力减弱、甚至失去对单纱、线股的控制。为了让单纱、线股多个位置进入罗拉，使罗拉不集中在一个位置磨损，人们采用横移杆移动。横移杆左右横动的距离叫作横动动程，横动动程不宜太小，太小不能充分起到横移作用；但是横动动程也不宜太大，太大容易使捻线股、捻线滑出上罗拉，使单纱、捻线股失去控制。横动动程大小可以进行适当调节，一般以上罗拉宽度的 1/3 距离为宜。

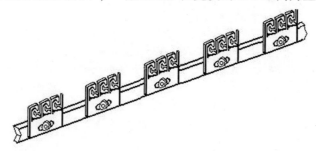

图 2-24　横移杆与导纱瓷牙

（7）水槽

水槽为喂纱部分部件之一。在机面板上面，张力杆与下罗拉之间需要安装一个用来给单纱、复丝沾水的水槽。水槽一般宽 235 mm、深 80 mm，水槽内一般放 2/3 容量的水。用玻璃杆控制单纱、复丝浸水深度，水槽在机头有供水龙头，在机尾有溢水排放口。水槽仅在生产专用棉线时采用，其他不易产生静电捻线生产不使用水槽。现在的捻线机大都没有水槽，但是如果生产某种容易产生静电的捻线产品，仍建议使用水槽。

综上所述，喂纱部分工作流程为：单纱、线股从插纱架的筒子出来，经过吊纱钩（初捻不经过）、张力棒、横移杆、后下罗拉、上罗拉、前下罗拉出来，一直到加捻部分的导纱钩。下罗拉的转动，单纱、线股在上罗拉压持下输出。下罗拉的转动快，单纱、线股输出快；下罗拉的转动慢，单纱、线股输出慢，单纱、线股输出快慢完全接受下罗拉的控制。当把上罗拉搁起，下罗拉失去压持，罗拉就停止喂纱工作。

2. 加捻与卷绕部分

加捻与卷绕部分是环锭捻线机关键部分。单纱、线股从罗拉出来，经过导纱钩、钢令钩、最后绕在线股筒子上。单纱、线股在锭子的作用，完成对单纱、线股加捻和卷绕任务。加捻和卷绕部分由导纱钩、叶子板、锭子、钢令、钢令板、钢令钩及筒子等部件组成（图2-25）。

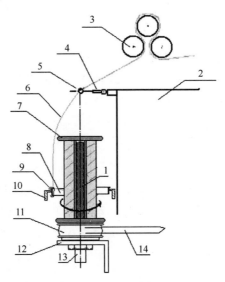

图 2-25　加捻卷绕结构

1. 锭杆；2. 机架；3. 罗拉；4. 叶子板；5. 导纱钩；6. 单纱、线股弧；7. 筒子；8. 钢令；9. 耳钩；10. 钢令板；11. 锭盘；12. 锭子安装角铁；13. 锭座；14. 锭带

（1）导纱钩与叶子板

导纱钩与叶子板为加捻与卷绕部分部件之一。导纱钩由直径3~5 mm的钢丝加工而成。导纱钩的圈状部分表面镀铬或镀搪瓷珐琅或喷涂阿科玛 PA11 耐海水粉末涂料等表面处理，用于增加防锈抗磨能力。导纱钩的圈状部分要求表面圆滑，因此，导纱钩的圈状部分表面不能有缺口、毛刺。导纱钩用螺钉固定在叶子板上。松开固定螺钉，可伸缩调整导纱钩的长度，使导纱钩圈状孔眼的中心位置对准锭子、钢令中心（图2-26）。叶子板另一端用螺钉固定在机面两侧的机面角铁上。叶子板中间有铰链，能使导纱钩连同叶子板翻起90°，方便筒子取出。导纱钩作用是把罗拉送出来的单纱、线股引导到锭子上方，让单纱、线股在加捻时产生弧圈限制在导纱钩的中心，使加捻时产生的弧圈大小一致，张力均匀。导纱钩上方、叶子板前端横着一段玻璃杆（玻璃杆直径一般为10 mm，长度与叶子板同宽），玻璃杆两端被叶子板上伸出的两条铁皮包着。使用玻璃杆的目的是防止单纱、线股从罗拉出来进入导纱钩时被叶子板的铁皮碰着，确保生产正常进行。

（2）筒子

筒子为加捻与卷绕部分部件之一。筒子是用来卷装加完捻的线股、单捻线和复捻线（筒子外形见图2-14中的4）等。早期的筒子都是用干燥坚固优质木材（如桦木、

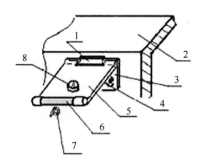

图 2-26 叶子板结构

1. 铰链；2. 机面板角铁；3. 叶子板后端；4. 固定螺丝；
5. 叶子板前段；6. 玻璃杆；7. 导纱钩；8. 固定导纱钩螺丝

榉木和枣木等树木）制作，人们称之为木筒管。现在筒子大多以 PA6 及其改性材料、PA1010 及其改性材料、助剂等为原料，通过注塑、滚塑等成型方式加工制作，称为尼龙筒管。人们也可用其他材料（如钢管等）制作筒管（如在 MMWPE 网线用 MM-WPE 单丝新材料生产中，东海所石建高课题组采用了钢管、尼龙筒管等，技术效果较好）。尼龙筒管强度大于木筒管，特别是生产 PE 线股、PE 捻线、PA 线股、PA 线不易因线股、捻线的收缩张力将筒管压缩紧固在锭子的锭杆上，或者将筒管两端胀坏。尼龙筒管重量比木筒管轻，其中心孔精确、外表光滑、经久耐用，但初次投资成本要比木筒管高。某企业捻线筒子外形尺寸如表 2-18 所示，数据供读者参考。

表 2-18 捻线筒子外形尺寸

型号	顶盖直径（mm）	底盖直径（mm）	筒子高度（mm）	内挡高度（mm）	轴直径（mm）	重量（PA 筒管）（g）
1391 型	38	40	215	180	20	—
1392 型、R811 型	83	89	235	210	33	265
1393 型、R812 型	125	127	240	210	48	580
HDN25 型	220	225	345	305	80	2 000

（3）锭子

锭子为带动筒子转动进行加捻的主要部件（图 2-27），要求其结构简单、加油方便、耗油耗电少，以实现生产的节能降耗。锭子工作时转速很高（一般锭子转速为 4 000~10 000 r/min），因此，高速转动的锭子要求转动轻便灵活、无跳动、摇头和噪音。一套锭子由锭杆、锭盘、锭胆、锭座、锭钩和刹脚组成，如图 2-27 所示。

①锭杆：如图 2-27 所示，锭杆作为锭子中高速回转轴，必须十分挺直、坚韧而有弹性，其偏心应不超出允许范围。锭杆一般用质地优良的高碳钢加工而成，整体淬火，外表高度磨光。锭杆中间略粗，两边各有不同的锥度。锭杆的上锥度用以与筒管的天眼相配合。锭杆的次上锥度则用来压配锭盘，既保证锭盘压配牢固，又确保每个

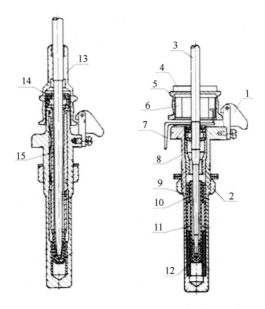

图 2-27　锭子

1. 锭钩；2. 固定螺母；3. 锭杆；4. 搁挡；5. 锭盘；6. 刹车块；
7. 刹脚；8. 锭脚；9. 锭胆；10. 弹性圈；11. 中心套管；12. 锭底；
13. 锭盘；14. 滚珠轴承；15. 弓形弹簧

锭子的锭盘位置高低一致。锭杆的次上锥度下面是圆柱体，作为配合滚柱轴承的轴承挡。锭杆次下锥度与下锥度的大小应使锭子在转动时锭胆内润滑油能适量上升润滑上轴承。锭杆底部做成60°的锥形，其尖端（锭尖）有一个很小的圆球面，使锭杆有一定的支承面来承受锭杆轴向载荷，减少磨损，以延长锭杆使用寿命，实现捻线生产的提质增效、节能降耗。

②锭盘：如图2-27所示，锭盘是锭子转动的传动件，一般由铸铁加工而成。锭盘中心有孔，以便紧套在锭杆上。锭盘上下有边缘，可以防止锭带滑出锭盘。锭盘上下边缘中间直径较大，近边缘直径较小，呈鼓状圆弧，这样可以将锭带维持在锭盘中部大直径处（既不至于锭带滑脱，又不至于锭带和上下边缘发生摩擦而损伤），以延长锭盘使用寿命。图2-27左边的锭子使用无边捻线筒管；图2-27右边的锭子使用有边捻线筒管，因此，两者的锭盘外形有所区别（无边捻线筒管用的是锥形接触锭盘，而有边捻线筒管用的是有嵌式搁挡接触锭盘）。

③锭胆：如图2-27所示，锭胆是锭杆在锭座内的支撑，一般由弹性钢皮等材料加工而成。锭胆内通过轴承与锭杆刚性连接使锭杆在锭胆内转动。锭胆外侧面有锭胆弓形弹簧，锭胆插入锭座时，弹簧即对准锭座上的沟槽插入。锭胆弓形弹簧能使锭胆在锭座内固定，既稳定锭子的回转，又给锭座内存放润滑油留有空隙。

④锭座：如图2-27所示，锭座是整个锭子的支撑座，同时具有贮油器的作用。锭座一般由铸铁等材料加工而成。锭座的外径比龙筋上的孔眼略小，因此，在安装锭

子时可向各个方向做调整移动，让锭子非常正确地安装在钢令的中心。

⑤锭钩：如图 2-27 所示，锭钩可防止锭子高速回转时上窜，并保证落线股、捻线时线股、捻线筒子拔出而锭杆、锭盘不被拔出锭座，锭杆、锭盘永远被锭钩钩住。除非需要拔出锭杆、锭盘时（如锭子内加油等），专门拨开锭钩才能拔出锭杆、锭盘。

⑥刹脚：如图 2-27 所示，刹脚也称膝掣子。当需要锭子停止回转时，操作工只需用膝盖将掣子顶住，掣子上的皮革就压住锭盘，使锭子停止转动。一旦操作工放开掣子，锭子又可自由转动。随着智能农机装备技术的发展，人们已开发出（智能型）电子刹脚等新型刹脚。

（4）钢令钩

如图 2-27 所示，钢令钩是环锭捻线机加捻的主要机配件，它用于完成捻线加捻、控制和稳定加捻张力，以达到良好成型、降低捻线断头的目的。钢令钩因其使用场所不同或材质不同也被称之为钢丝圈、钢丝钩、铜丝钩和尼龙钩等（图 2-28）。钢丝圈属于圈形钩，分"O"形、"G"形、"GS"形等多种形状。耳形钩包括钢丝钩、铜丝钩和尼龙钩等品种。小规格钢令捻线机采用钢丝圈；中、大规格钢令捻线机采用钢丝钩、铜丝钩和尼龙钩（不用钢丝圈）。捻线机带水工作的使用铜丝钩（不使用钢丝钩）。铜丝钩系铜质耳形钩子［由电解铜（95%）和电解锌（5%）的合金加工而成，质地较软］。铜丝钩根据重量大小分为 1~20 个型号（其中，1~10 号适宜 25.4 mm 高的钢令，11~20 号适宜 16.7 mm 高的钢令）。铜丝钩号数越大，钩子重量越轻。某企业用铜丝钩型号与重量如表 2-17 所示，数据供读者参考。

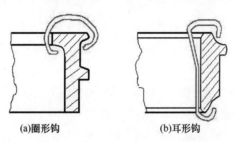

(a)圈形钩　　　　　(b)耳形钩

图 2-28　钢令钩

尼龙钩是替代铜丝钩的一种新产品。尼龙钩以聚酰胺材料（PA6 及其改性材料、PA66 及其改性材料、PA1010 及其改性材料等）为原料滚塑、注塑等成型加工而成，其表面光滑耐磨。尼龙钩的型号是按尼龙钩每只重量毫克数为其号数（例如 300 号尼龙钩，即该尼龙钩的每只重量是 300 毫克数；800 号尼龙钩，即该尼龙钩的每只重量是 800 毫克数，等等），因此尼龙钩的号数越大，其重量就越重。适宜 40 mm 高的钢令用的尼龙钩有 1000 号、3000 号、5000 号、7500 号、10000 号等号数。适宜 25.4 mm 高的钢令用的尼龙钩有 450 号、500 号、750 号、800 号、1000 号、1100 号、1300 号、1500 号等号数。适宜 16.7 mm 高钢令用的尼龙钩有 200 号、250

号、290 号、300 号、320 号、340 号、350 号、360 号、370 号、390 号、400 号、450 号、500 号、750 号等号数（表 2-19）。

表 2-19　铜丝钩的型号与重量

型号	100 只重量（g）	型号	100 只重量（g）	型号	100 只重量（g）
1	498.96	8	239.76	15	68.04
2	460.10	9	207.36	16	51.84
3	421.20	10	174.96	17	42.12
4	382.32	11	139.32	18	32.40
5	343.44	12	103.68	19	26.57
6	304.56	13	87.38	20	19.82
7	272.16	14	77.76	—	—

（5）钢令

如图 2-27 所示，钢令也称钢令圈。钢令是钢令钩做圆周运动的跑道，钢令固定在钢令板上。钢令一般先由高碳钢等材料热锻成型，然后经车削、淬火处理，最后作表面磨光、耐磨处理（如镀铬或喷涂特种型号尼龙粉等）。因此，钢令外表非常光滑、耐磨。HDN25 捻线机钢令内径尺寸一般为 254 mm、钢令高度为 40 mm。1393 捻线机钢令内径尺寸一般为 139 mm；R812 型捻线机钢令内径尺寸一般为 140 mm；它们的高度均为 25.4 mm。1391 捻线机的钢令内径尺寸一般为 50.8 mm，1392 捻线机钢令内径尺寸一般为 89 mm，R811 型捻线机钢令内径尺寸一般为 100 mm；它们的高度均为 16.7 mm。人们可根据捻线机的型号配备合适的钢令，实现提质增效目标。

（6）钢令板

如图 2-27 所示，钢令板主要用于固定钢令；此外，钢令板上下来回运动，可完成加捻后的丝、纱、线股在筒子上的排列（成型）。钢令板一般用铸铁等材料加工而成，具有一定的重量，以保证丝、纱、线股加捻时不被丝、纱、线股拎起而发生晃动。有的钢令板边上附设油槽和油路，通过油线给钢令加油，减少钢令发热与磨损，提高钢令使用寿命。有的钢令板上还有隔纱板。隔纱板用于防止捻线时丝、纱、线股形成的弧圈过大，导致相邻丝、纱、线股弧圈相碰，进一步产生丝、纱、线股擦伤情况严重时会造成丝、纱、线股互打断头，影响正常生产。钢令板上安装钢令，要求钢令、锭子和导纱钩三者的中心同一，确保三者之间高效联动。

钢令、锭子和导纱钩三者的中心同一方法简介如下：

①在钢令板上放入钢令，要求钢令安装后，调整钢令前后，钢令四边都要达到水平要求，最后用顶紧螺栓把钢令固定。

②放松锭子的固定螺母，用钢令专用定位板的中心孔套住锭杆，然后将定位板放入钢令圈内，通过定位板确定锭子中心；只要锭杆在定位板中心孔内能自由转动

（没有锭杆碰定位板中心情况），说明锭子中心确定（如果锭杆碰定位板中心，要松动锭子，重新调整锭子在定位板中心内位置，最后固定锭子）。摇动手柄，让钢令板正常上下运动，看锭杆在定位板中心孔内上下是否相碰（如果锭杆与定位板中心孔相碰，说明锭子中心不垂直，必须调整锭子中心垂直度。如果锭杆与定位板中心孔不碰，表示钢令、锭子二者中心已经同一）。

　　③调整导纱钩位置，从导纱钩中心下挂重心重锤，使重心重锤中心对准锭杆中心。如果重心重锤中心未能对准锭杆中心，必须调整导纱钩位置，保证重心重锤中心对准锭杆中心；如果重心重锤中心对准锭杆中心，表明钢令、锭子和导纱钩三者的中心同一。

　　综上所述，加捻卷绕部分工作流程及其工作原理如下：

　　①丝、纱、线股从罗拉出来，经过导纱钩、钢令钩，绕在筒子上，筒子插在锭子上。当锭子转动，筒子跟着锭子转，筒子绕着的丝、纱、线股以张紧状态牵着钢令钩在钢令上滑转；丝、纱、线股牵着钢令钩在钢令上滑转一圈，输出的丝、纱、线股上就加上一个捻，丝、纱、线股牵着钢令钩在钢令上不断旋转，丝、纱、线股上就不断加捻，整个过程完成了加捻工作；加捻多少要根据罗拉输出的丝、纱、线股速度而定。

　　②当罗拉一有转动便输出丝、纱、线股，丝、纱、线股即失去张紧状态，此时钢令钩在与钢令的摩擦阻力和自身重量作用下，停止在钢令上滑转，钢令钩停止滑转与筒子转动产生速度差，筒子利用速度差将罗拉输出的丝、纱、线股卷进筒子。罗拉输出的丝、纱、线股被卷进筒子后，丝、纱、线股又以张紧状态牵着钢令钩在钢令上滑转；罗拉不断输出，钢令钩牵着丝、纱、线股在"转→停→转→停→转→停"的过程中循环往复，筒子也循环往复地进行"牵→卷→牵→卷→牵→卷"。上述"牵"的工序完成加捻、而"卷"的工序完成卷绕，丝、纱、线股在加捻中克服钢令钩与钢令的摩擦阻力和钢令钩自身重量作用，形成的张紧状态的卷绕力即为加捻张力。加捻张力与钢令钩大小成正比关系，加捻张力与锭子转速成正比关系。我们既可以通过加捻时的弧圈大小看出（弧圈大，则张力小，弧圈小，则张力大，图2-29），又可以用手提罗拉输出单纱、线股的轻重来估测张力大小。弧圈大、张力小或用手提时感觉张力小，则应该把钢令钩调大，反之弧圈小、张力大或用手提时感觉张力大，则应该把钢令钩调小；在实际生产中应灵活调整。

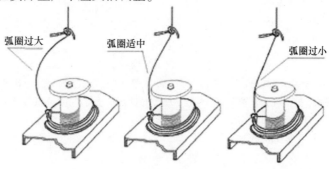

图2-29　加捻张力大小

3. 成型部分

成型部分是环锭捻线机关键部分。成型即把加捻完的线股、捻线按一定规则排列卷绕在捻线筒子上。

（1）R811 型、R812 型钢令捻线机的成型结构

R811、R812 钢令捻线机的成型部分由成型凸轮、成型杠杆、牵引链条、牵引链轮、摆轴、羊脚、羊脚套筒、重锤等部件组成（图 2-30），现概述如下。

①成型凸轮：成型凸轮是成型部分的重要组成部件。凸轮是一个由高碳锻钢等材料加工而成的不同半径的轮子，其外形如同桃子的形状，因此成型凸轮在网线技术领域俗称桃子。捻线机成型凸轮一半设计成从最小半径变化到最大半径（成型凸轮）均匀地转 180°，另外一半设计成从最大半径变化到最小半径（成型凸轮）均匀地转 180°。少数捻线机制造企业把凸轮设计成从最小半径变化到最大半径（成型凸轮）转动范围从 180° 改为 200°（目的是让筒子绕单纱、线股，从下向上时慢一点，让单纱、线股间排列紧密，图 2-31）；另外一半是从最大半径变化到最小半径均匀地转 160°（目的是让筒子绕单纱、线股，从上向下时快一点，目的让筒子绕单纱、线股排列结构松一点）；这样一层紧一层松地绕线，不要让绕的单纱、线股收缩挤压太大，避免把筒子挤坏。成型凸轮通过轴的另一端传动齿轮与机头箱内传动齿轮啮合得到传动，成型凸轮转得快慢可以通过成型变换齿轮变换，在实际生产中根据需要灵活掌握调整。

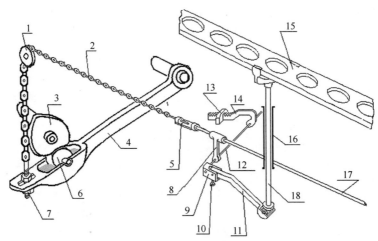

图 2-30　成型结构示意

1. 牵引链条转向轮；2. 牵引链条；3. 成型凸轮；4. 成型杠杆；5. 高低调节螺栓；6. 滚轮；7. 高低调节螺栓；8. 牵拉臂；9. 小臂；10. 高低微调调节螺栓；11. 托臂；12. 摆轴；13. 重锤；14. 重锤钩；15. 钢令板；16. 羊脚套筒；17. 拉筋；18. 羊脚

②成型杠杆：成型杠杆（俗称琵琶架）是成型部分的重要组成部件，它的一端

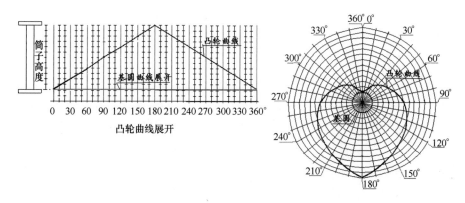

图 2-31　成型凸轮曲线、曲线展开与筒子高度关系

以支点形式与机架连接，使成型杠杆能以支点作上下摆动；另一端用链条与链轮连接，成型杠杆摆动通过链条使链轮来回转动。在成型杠杆近链条支点处有油槽，油槽上放一个滚轮，滚轮下面放润滑油，成型凸轮压在滚轮上，滚轮随成型凸轮转动而转动，使成型凸轮转动时能沾上油，减少成型凸轮磨损。以上三点形成一个摆动杠杆。成型凸轮从最小半径变化到最大半径，成型杠杆下压，通过链条拉着链轮正转；成型凸轮从最大半径变化到最小半径，成型杠杆上抬，可通过链条拉着链轮倒转。

③牵引链轮：牵引链轮是成型部分的重要组成部件。牵引链轮作为链条转向使用，将成型杠杆上下摆动变为水平运动。有的捻线机牵引链轮由两个大小轮子合在一根轴上，小轮子上固定成型杠杆来的链条，大轮子上固定摆轴来的链条。牵引链轮可完成行程转向和放大任务。

④摆轴：摆轴是成型部分的组成部件。摆轴和机架一样宽，搁在机架上。摆轴两边各有一个可与托臂相连的小臂，一边还有一个与小臂垂直的牵拉臂，牵拉臂通过链条、牵筋把整台机上的摆轴连在一起同时动作，使整台捻线机钢令板同时上下运动。摆轴中间有一个卡口，用来卡重锤钩。

⑤托臂：托臂是成型部分的组成部件。托臂在羊脚下面，与摆轴的小臂相连。托臂将摆轴的摆动转变成上下运动，并传递给羊脚。托臂与小臂连接处有一个螺栓，既可以用来微调托臂的上翘位置，又可以微量调节钢令板位置，使钢令板完全保持同一水平状态。

⑥羊脚：羊脚是成型部分的组成部件。羊脚是根粗的钢元，可通过托臂托顶着钢令板做上下运动。

⑦羊脚套筒：羊脚套筒是成型部分的组成部件。羊脚套筒与机架固定，在羊脚套筒中间放着羊脚，作为羊脚上下运动的轨道，确保羊脚只能在套筒内做上下运动。

⑧重锤钩与重锤：重锤钩与重锤是成型部分的组成部件，它类似一个铁钩，钩卡在摆轴上。重锤挂在重锤钩上，用来平衡钢令板重量。重锤可以在重锤钩上以调整位置来调整对钢令板重量的平衡，重锤距摆轴越远，平衡重量越大；重锤距摆轴越近，

平衡重量越小。一旦重锤位置调节好，一般不再随意调动（值得注意的是，一旦重锤因故从重锤钩落下，必须及时扶正，不然，重锤下落处的羊脚下落，钢令板此处也下陷，钢令板不能保持水平状态）。

综上所述，成型部分工作流程及其工作原理为：成型凸轮转动后凸轮推动成型杠杆向下摆动，杠杆通过链条和链轮拉动摆轴，摆轴摆动托臂托着羊脚做向上运动，搁在钢令板托内的钢令板也做向上运动，钢令板缓缓上升到筒子顶边；成型凸轮的转动过最大半径后，成型杠杆压力减小，成型杠杆向上摆动，摆轴摆动托臂托着羊脚做向下运动，钢令板在重力作用下，再缓缓下降到筒子底边，这样反复进行，让捻线均匀绕在筒子上（成品捻线有一个良好形状）；为了减轻钢令板上升的推力，用重锤来平衡钢令板重量。

（2）N250 钢令捻线机的成型结构

N250 钢令捻线机的成型结构与一般捻线机的凸轮成型结构不同，它是由"间隙正反转动"装置控制。N250 钢令捻线机结构由传动结构、行星齿轮转动结构、转动方向控制装置、链条、链轮、羊脚、羊脚套筒、弹簧、钢令板等部件组成（图2-32）。

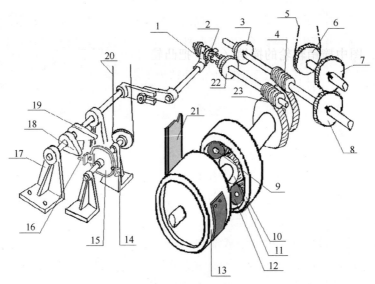

图 2-32　控制装置和行星齿轮结构

1. 拨叉；2. 离合器；3. 传动轮；4. 涡杆涡轮；5. 从罗拉轴传动下来的传动链；6. 传动链轮；7. 传动轮；8. 传动轮；9. 行星齿轮轴；10. 内齿轮；11. 中心齿轮；12. 行星齿轮；13. 升降带盘；14. 撞销1；15. 撞销转盘；16. 撞销2；17. 支架；18. 凸轮；19. 凸轮；20. 钢令板上下运动传动牵引链；21. 钢令板升降拖动带；22. 传动轮；23. 涡杆涡轮

N250 钢令捻线机的成型工作原理如下：

N250 钢令捻线机的传动链（5）将罗拉上的转动传给传动链齿轮（6），传动链齿轮（6）与传动齿轮（7）同轴，因此，传动齿轮（7）随之转动，同时又把转动传给传动齿轮（8），因为传动齿轮（8）与涡杆涡轮（4）的涡杆同轴，所以，传动齿轮（8）转动，涡杆涡轮（4）的涡轮转动；涡轮（4）的转动通过内轴将两个套在内轴头上的行星齿轮（12）转动，由于行星齿轮（12）夹在内齿轮和中心齿轮之间，内齿轮被涡杆涡轮（23）自锁，行星齿轮（12）只能带着与中心齿轮同轴的升降带盘转动，升降带盘转动带动钢令板升降拖动带使钢令板上升；因为传动齿轮（8）也与传动轮（3）同轴，所以传动齿轮（8）转动，传动轮（3）也随之转动；传动轮（3）又传动传动轮（22）；传动轮（22）因为是活套在涡杆涡轮（23）的轴上，要把涡杆涡轮（23）转起来，必须将涡杆涡轮（23）的轴上的离合器（2）合上；［涡杆涡轮（23）的涡轮与内齿轮同轴并且活套在涡轮（4）的内轴上，行星齿轮挂在行星齿轮臂上（图2-33），因此］内齿轮（外壳）转动，加上行星齿轮转动，产生差动，使中心齿轮转动，但是转向相反（反转），造成升降带盘反向转动，放出升降带，使钢令板下降；根据前面所述，钢令板上升、下降运动要通过涡杆涡轮（23）轴上的离合器（2）的作用［离合器的离与合是通过以下动作得到：钢令板上下运动牵引链（20）带动牵引链轮，牵引链轮带动撞销转盘转动］。当钢令板下降到筒子底部时（图2-32），图中撞销转轮的撞销（16）顶开凸轮（18），凸轮（18）带动拨叉（1）使离合器（2）合上；钢令板即由下降转为上升，当钢令板上升到筒子顶部时（图2-32），图中撞销转轮的撞销（14）把凸轮（19）压下，凸轮（19）带动拨叉（1）使离合器（2）打开，钢令板即由上升转为下降；离合器"离开→合上→离开→合上"并重复上面动作，钢令板跟着上下交替运动，完成筒子绕线成型过程。

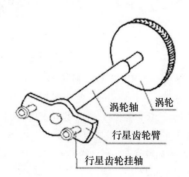

图2-33　行星齿轮臂与行星齿轮挂轴

　　N250钢令捻线机的钢令板上升是依靠升降带盘拉动，钢令板下降是依靠钢令板自身重量下压。弹簧力量可平衡钢令板重量、减小升降带盘拉动时力量。如果钢令板上下转换位置不正确，则会造成筒子卷绕成型不良，成型严重不良的可以通过撞销（14）和撞销（16）的位置调整进行解决；成型少有不良的可以通过微量调节升降带与钢令板连接带间的连接螺栓位置进行解决。企业在实际生产中根据需要灵活掌握调整。

4. 动力传动部分

动力传动部分是环锭捻线机关键核心部分。捻线机的动力传动部分如图 2-34 所示、捻线机的动力传动路线如图 2-35 所示。

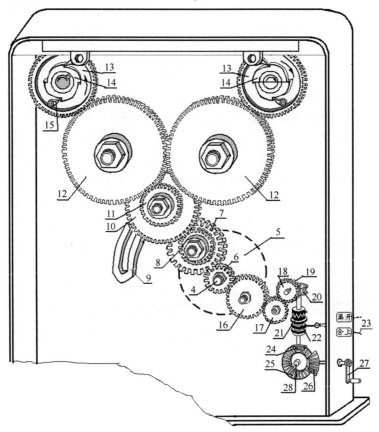

图 2-34　R812 捻线机传动示意

4. 滚筒轴（主轴）；5. 滚筒；6. 滚筒齿轮；7. 过桥齿轮；8.（主动）阶段齿轮；9. 中心齿轮固定槽；10.（被动）阶段齿轮；11. 中心齿轮；12. 大介齿轮；13. 捻度齿轮；14. 防倒轮；15. 防倒撑牙；16. 价齿轮；17. 成型主动齿轮；18. 成型被动齿轮；19. 成型涡杆；20. 成型涡轮；21. 成型离合器；22. 离合器拨叉；23. 拨叉手柄；24. 换向伞齿轮；25. 换向伞齿轮；26. 换向伞齿轮；27. 摇手柄；28. 换向伞齿轮轴

老式捻线机的电动机、电动机皮带盘、滚筒皮带盘安装在设备机头部分，捻线机锭子速度是通过更换电动机皮带盘或滚筒皮带盘来实现。新型捻线机使用变频电动机，通过变换供给电动机的电源频率实现变换锭子速度（不需要多个笨重的皮带盘，而且变换简单、方便）。罗拉转动是通过一系列齿轮传动得到［如 R812 型捻线机，通过滚筒齿轮 $Z_1 = 30$ T、滚筒过桥齿轮 $Z_2 = 99$ T、阶段齿轮有 4 组（$Z_A : Z_B$）=（105∶21）、（93∶33）、（77∶49）、（59∶67）T、中心齿轮 Z_C =（30~52）T、大介齿轮 $Z_3 = 108$ T、罗拉齿轮 $Z_4 = 62$ T 的传动得到罗拉转动，罗拉转动快慢通过调节中

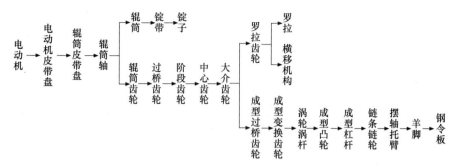

图 2-35　捻线机的动力传动路线

心齿轮 Z_C、阶段齿轮 $Z_A : Z_B$ 来实现]。罗拉齿轮空套在罗拉上，它通过罗拉上止退装置进行连接。在罗拉齿轮正转时，罗拉齿轮上的两个防倒转掣撑住罗拉上的防倒转装置，罗拉跟罗拉齿轮正转输出线股、捻线；如果电动机发生逆转，罗拉齿轮也随之逆转时，罗拉齿轮上的两个防倒转掣不能撑住罗拉上的防倒转装置（反向打滑），结果是罗拉齿轮不能带着罗拉逆转，罗拉停止转动。罗拉止退装置后面系一个涡杆，它转动时带动涡轮，涡轮上有一个固定柱，固定柱与横移杆相连（图 2-36）。由于涡轮转动，蜗轮上的固定柱因为偏心运动，所以与固定柱相连的横移杆发生横移。横动动程的大小以调节固定柱在涡轮上的位置，偏心位置越大，横动动程越大。

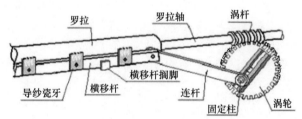

图 2-36　横移装置

钢令板上下运动是由成型变换齿轮 Z_5（26~52 T）、成型过桥齿轮 Z_6（42 T）、成型涡杆 Z_7（1 T）、涡轮 Z_8（59 T）传动得到。手摇成型齿轮 Z_9（30 T）：Z_{10}（30 T）是捻线机停机落线股、捻线时驱动钢令板上下运动的齿轮。老式捻线机的滚筒齿轮、过桥齿轮、阶段齿轮、中心齿轮、大介齿轮、罗拉齿轮、成型过桥齿轮、成型变换齿轮都装在机头中的齿轮箱内；新型捻线机将装载上述齿轮的齿轮箱装在机尾，并实现完全密封，以减少齿轮噪声，为操作工创造舒适的工作环境。

（1）滚筒

滚筒是动力传动部分的组成部件，它安装在捻线机机架内滚筒轴上。滚筒一般由 1 mm 厚高级镀锌铁皮等材料卷成圆筒焊接而成，直径一般选用 250 mm（到现在还有少数企业使用 10 in 直径滚筒），滚筒长度和机器长度相同。为了便于装卸及防止滚筒因本身结构原因弯曲，人们把整个滚筒分成4~5节（每节4 300~4 500 mm，占两个机架间距）。每节滚筒两端装有铁闷盖等材料，铁闷盖中间有轴孔，用作两滚筒连接（图2-37）。两滚筒中间安排一个滚珠轴承和轴承座用作滚筒轴固定。滚筒一般由1 mm厚、400 mm长高档镀锌铁皮等材料卷成并用焊锡焊接成圆筒。圆筒与圆筒接头有两种方法：①用焊锡方法将圆筒与圆筒焊接；②用铆接方法将圆筒与圆筒接头（图2-38）。圆筒与圆筒接头多采用第一种方法（焊接方法），该方法圆筒直径正确、操作方便。圆筒与圆筒接头要求焊接处必须非常光滑，以免损伤锭带。为了加强滚筒强度，每一小段圆筒中间加焊一个支撑圈，然后将若干个小段圆筒通过焊接，接长到滚筒要求长度（一般为4 000~4 500 mm）。特殊要求的滚筒按需要设计加工，应根据生产实际情况灵活掌握调整。

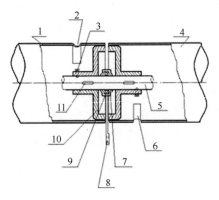

图2-37　滚筒与滚筒连接

1. 滚筒1；2. 工艺孔；3. 固定螺栓；4. 滚筒2；5. 连接轴；6. 工艺孔；

7. 轴承座；8. 轴承座固定板；9. 轴承；10. 闷盖；11. 键

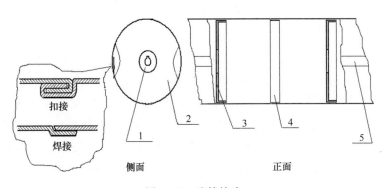

图2-38　滚筒接头

1. 滚筒连接法兰；2. 滚筒撑圈；3. 滚筒撑圈；4. 滚筒与滚筒焊接；5. 滚筒纵向接口

圆筒接长时需要注意调整中心径向跳动偏差（如长度 4 000~4 500 mm 的滚筒其径向跳动容许偏差±0.15 mm），加工时不容许超过上述偏差。滚筒焊接完成以后还要调整"滚筒重量平衡"（即滚筒两端用尖端顶针顶着，用手推动后滚筒自由转动，滚筒自动停止转动，在其外表低部作标记，要求滚筒 5 次自由转动停下，不能有 3 次标记同时停在一个位置）。

调整重量平衡的方法为：

①每一节圆筒纵向焊缝都要错开，要保持相对对称，确保滚筒重量平衡；

②若滚筒微量不平衡，则在滚筒两头铁法兰内侧、标记对面一边上堆焊一些焊锡，用以增重；或者在铁法兰内侧边上钻孔减重，进行微量调节，确保滚筒重量平衡。

现在许多新型捻线机已经不用滚筒（特别是单面捻线机，它们采用长轴上加铸铁锭带盘），这样既不需定期更换铁皮滚筒进行保养，又不会发生断铁皮滚筒故障，减少滚筒维修保养费用。使用铸铁锭带盘的捻线机电动机的启动电流大，所以捻线机配置时要选用功率大一些的电动机。

（2）锭带

锭带是动力传动部分的组成部件，它将滚筒的转动传递给锭子，并可以通过锭带不同绕转方向，使锭子作顺时针或逆时针方向转动（也就是给单纱、线股加上 S 捻或 Z 捻）。老式锭带一般用棉纱织成，R811 型捻线机用锭带宽度一般为 19 mm，R812 型捻线机用锭带宽度一般为 25 mm。随着合成纤维的开发与创新应用，现在人们已经大量采用新型锭带（如外涂橡胶 PA 长丝平织带等）。锭带要连成圈才能使用，棉纱锭带用缝纫机缝接，缝迹如图 2-39 所示；PA 用橡胶胶水等方法进行连接；锭带连接方法可根据现有农机装备工程技术进行筛选使用。

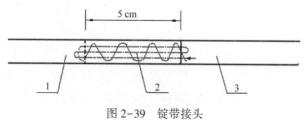

图 2-39　锭带接头
1. 上锭带；2. 缝线；3. 下锭带

（3）导向盘

导向盘是动力传动部分的组成部件。导向盘的作用包括：①改变锭带运转方向，使捻线机两边锭子转动方向一致（图 2-40）；②张紧锭带，使锭带保持一定的张力。四只锭子一组向同一个方向转动；如果要锭子改变旋转方向，只要移动导向盘位置，变换锭带绕法［N250 钢令捻线机因为是单边锭子，所以锭带的导向盘有两个，其中一个固定导向（图 2-41）；另一个用来调节张力］。

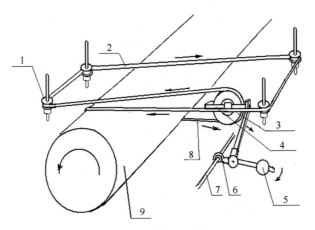

图 2-40 导向盘导向

1. 锭子；2. 锭带；3. 导向盘；4. 导向盘搁脚；5. 张紧重
锤；6. 张紧架搁脚；7. 张紧架搁脚固定杆；8. 锭带；9. 滚筒

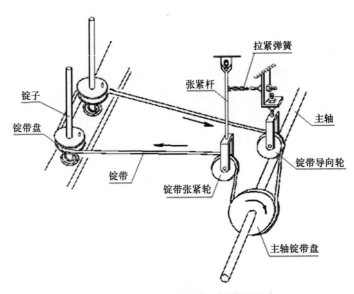

图 2-41 N250 钢令捻线机锭带的导向

R811 型捻线机锭速按公式（2-12）进行计算：

$$\text{R811 捻线机锭速} = \text{电机转速} \times \frac{\text{电机带盘直径}}{\text{滚筒带盘直径}} \times \frac{\text{滚筒直径 250 mm} + \text{锭带厚 2 mm}}{\text{锭盘直径 50 mm} + \text{锭带厚 2 mm}}$$

（2-12）

R812 型捻线机锭速按公式（2-13）进行计算：

$$\text{R812 捻线机锭速} = \text{电机转速} \times \frac{\text{电机带盘直径}}{\text{滚筒带盘直径}} \times \frac{\text{滚筒直径 250 mm} + \text{锭带厚 2 mm}}{\text{锭盘直径 50 mm} + \text{锭带厚 2 mm}}$$

（2-13）

R811 型捻线机锭子速度如表 2-20 所示。

表 2-20 R811 型捻线机锭子速度

锭速 （r/min）	电动机带盘直径（mm）				
	115	125	140	155	175
145	5 802	6 306	7 063	7 820	8 829
165	5 098	5 542	6 207	6 872	7 759
200	4 206	4 572	5 121	5 669	6 401
220	3 824	4 156	4 655	5 154	5 819
滚筒带盘 240	3 505	3 810	4 267	4 724	5 334
直径 260	3 236	3 517	3 939	4 361	4 924
（mm） 280	3 004	3 266	3 658	4 049	4 572
300	2 804	3 048	3 414	3 780	4 267
315	2 671	2 903	3 251	3 600	4 064

注：电动机转速为 1 440 r/min。

R822 型捻线机锭子速度如表 2-21 所示。

表 2-21 R812 型捻线机锭子速度

锭速 （r/min）	电动机带盘直径（mm）				
	115	125	140	155	175
145	3 223	3 503	3 924	4 344	4 905
165	2 832	3 079	3 448	3 818	4 310
200	2 337	2 540	2 845	3 150	3 556
220	2 124	2 309	2 586	2 863	3 233
滚筒带盘 240	1 947	2 117	2 371	2 625	2 963
直径 260	1 798	1 954	2 188	2 423	2 735
（mm） 280	1 669	1 814	2 032	2 250	2 540
300	1 558	1 693	1 897	2 100	2 371
1 484	1 613	1 806	2 000	2 258	2 258

注：电动机转速为 1 440 r/min。

捻线机捻度按公式（2-14）进行计算：

$$T = \frac{1\,000 \times 罗拉齿轮齿数 \times 阶段齿轮齿数\,B \times 过桥齿轮齿数 \times 滚筒直径}{\pi \times 罗拉直径 \times 阶段齿轮齿数\,A \times 中心齿轮齿数\,C \times 滚筒齿轮齿数 \times 锭盘直径}\ (\text{T/m})$$

（2-14）

如果 R811 型捻线机的罗拉齿轮齿数为 62、过桥齿轮齿数为 99、滚筒直径为 250 mm、罗拉直径为 50 mm、滚筒齿轮齿数为 30、锭盘直径为 50 mm，则 R811 型捻线机捻度可按公式（2-15）进行计算：

$$T = \frac{1\,000 \times 62 \times B \times 99 \times 250}{3.14 \times 50 \times A \times C \times 30 \times 50} = 6\,364\,\frac{B}{A \times C} \tag{2-15}$$

如果 R812 型捻线机的罗拉齿轮齿数为 62、过桥齿轮齿数为 99、滚筒直径为 250 mm、罗拉直径为 50 mm、滚筒齿轮齿数为 30、锭盘直径为 90 mm，则 R812 型捻线机捻度可按公式（2-16）进行计算：

$$T = \frac{1\,000 \times 62 \times B \times 99 \times 250}{3.14 \times 50 \times A \times C \times 30 \times 90} = 3\,582\,\frac{B}{A \times C} \tag{2-16}$$

按上述公式计算结果如表 2-22 所示。

表 2-22　R811 初捻机、R812 复捻机捻度　　　　　　单位：T/m

机型	R811				R812			
B	105	93	77	59	105	93	77	59
A	21	33	49	67	21	33	49	67
常数	31 820/c	17 935/c	10 001/c	5 604/c	17 910/c	10 095/c	5 629/c	3 154/c
C	捻度							
25	1 273	717	400	224	716	404	225	126
26	1 224	690	385	246	689	388	217	121
27	1 179	664	370	208	663	374	208	117
28	1 136	641	357	200	640	361	201	113
29	1 097	618	345	193	618	348	194	109
30	1 061	598	333	187	597	337	188	105
31	1 026	579	323	181	578	326	182	102
32	994	560	313	175	560	315	176	99
33	964	543	303	170	543	306	171	96
34	936	528	294	165	527	297	166	93
35	909	512	286	160	512	288	161	90
36	884	496	278	156	498	280	156	88
37	860	485	270	151	484	273	152	85
38	837	472	263	147	471	266	148	83
39	816	460	256	144	459	259	144	81
40	796	448	250	140	448	252	141	79

续表

机型	R811				R812			
B	105	93	77	59	105	93	77	59
A	21	33	49	67	21	33	49	67
常数	31 820/c	17 935/c	10 001/c	5 604/c	17 910/c	10 095/c	5 629/c	3 154/c
C	捻度							
41	776	437	244	137	437	246	137	77
42	758	427	238	133	426	240	134	75
43	740	417	233	130	417	235	131	73
44	723	408	227	127	407	229	128	72
45	707	399	222	125	398	224	125	70
46	692	390	217	122	389	219	122	69
47	677	382	213	119	381	215	120	67
48	663	374	208	117	373	210	117	66
49	649	366	204	114	366	206	115	64
50	636	359	200	112	358	202	113	63
51	624	352	196	110	351	198	110	62
52	612	345	192	108	344	194	108	61
53	600	338	189	106	338	190	106	60
54	589	332	185	104	332	187	104	58
55	579	326	182	102	326	184	102	57
56	568	320	179	100	320	180	101	57
57	558	315	175	98	314	177	99	55
58	549	309	172	97	309	174	97	54
59	539	304	170	95	304	171	95	53
60	530	299	167	93	299	168	94	53

N250 型捻线机捻度按公式（2-17）进行计算：

$$T=\frac{254\times140\times22\times C\times A\times1\,000}{90\times30\times17\times30\times B\times60\times3.14}=3.015\times\frac{C\times A}{B}\ (\text{T/m}) \tag{2-17}$$

按公式（2-17）进行计算的结果如表 2-23 所示。

表 2-23 N250 型捻线机捻度　　　　　　　　　　　　单位：T/m

C	A/B			
	40/60	45/55	55/45	60/40
40	80.4	98.6	147.4	180.8
39	78.4	96.2	143.7	176.3
38	76.4	93.7	140.0	173.8
37	74.5	91.2	136.2	167.3
36	72.5	88.8	132.6	162.8
35	70.5	86.3	128.9	158.2
34	68..5	83.8	125.3	155.7
33	66.3	81.4	121.6	149.2
32	64.3	78.9	117.9	144.7
31	62.5	76.4	114.2	140.2
30	60.3	74.0	110.5	135.6
29	58.3	71.5	106.8	131.1
28	56.3	69.0	103.1	126.6
27	54.4	66.6	99.5	122.1
26	52.2	64.1	95.8	117.5

注：表中数据仅供企业生产时参考使用。每次变换捻度齿轮后要测试生产的线股、捻线的实际捻度，看实际捻度是否达到质量要求。

5. 机架部分

机架部分是环锭捻线机的有机组成部分，直接关系到设备的稳性等。机架由机头箱、墙板、台面和龙筋等部件组成，它们都是铸铁件经刨铣加工而成。墙板与墙板间用角铁和龙筋连接，两边的角铁组成台面，用以安装插纱架和罗拉；两边的角铁间铺上木板（俗称机面板），用来摆放备用的单纱、线股筒子。龙筋上钻孔安装锭子和羊脚套筒。墙板中间安装滚筒轴承座（用于安装滚筒）。整台捻线机所有墙板的脚与地面不直接接触，墙板的脚下一般要垫硬质木板或其他刚性板状材料。加垫硬质木板等刚性板状材料的目的既为了方便校正捻线机的水平，又可以吸收机器的震动、减小机器的震动发出的声音，为操作工创造舒适的工作环境。在网线技术领域中，整台捻线机中装电动机的一端称为机头，另一端称为机尾。两面生产的捻线机，机头与机尾就分不清了，称呼也较混乱。参考纺织装备机械有关标准或行业习惯，以操作工站在捻线机机尾，面对机头，操作工的右手一边称为捻线机右边，操作工的左手一边称为捻线机左边。不过，机头与机尾称呼在企业管理中可根据实际情况灵活掌握。为提高捻线机设备的稳性，可适当增加机架部分重量。

第六节 卧式双捻捻线机与三捻机

随着智能农机装备技术的发展，线企开始追求并采购生产能力更高、生产周期更短、生产更灵活方便、产品质量更好的捻线设备。为适应线企的高效生产要求，人们设计开发了双捻捻线机与三捻机，如瑞士 Hamel 公司等单位开发生产了三捻机等先进捻线设备。双捻捻线机（也称倍捻捻线机）按自由端纺纱原理转一圈、网线上加两个捻回加工设计，因此，双捻捻线机产量可以较环锭捻线机等捻线机增加一倍（转锭捻线机、吊锭捻线机、翼锭捻线机和环锭捻线机均是按自由端纺纱原理转一圈、网线上加一个捻回加工设计）。双捻捻线机是大规格捻线生产的发展方向，是对传统捻线技术的一次改革。双捻捻线机有立式、卧式等多种形式，在网线（尤其是大规格捻线）生产中多采用卧式双捻捻线机。卧式双捻捻线机结构上分为插纱部分、加捻部分、卷绕成型部分、动力传动部分和机架部分5个部分。三捻机生产时，当锭子旋转一周，线将获得3个捻度。三捻机的发明，是线生产设备的一次革命，极大地提高了线的生产效率。本节主要对卧式双捻捻线机、三捻机进行概述。

一、双捻捻线机工作原理及其插纱部分

卧式双捻捻线机如图 2-42 所示。

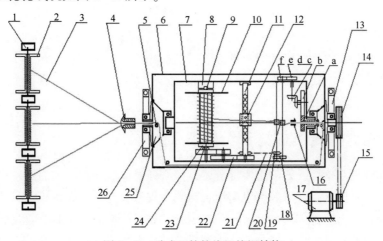

图 2-42 卧式双捻捻线机俯视结构

1. 插纱架；2. 纱、股线筒子；3. 股线；4. 第一控制模；5. 导向轮；6. 翼锭；7. 衡锭；8. 筒子座；9. 筒子轴；10. 股线、线筒子；11. 来回螺杆；12. 排线器；13. 翼锭后支架；14. 翼锭皮带盘；15. 电动机皮带盘；16. 第二控制模；17. 电动机；18. 输线盘传动齿轮；19. 链轮；20. 输线盘；21. 链；22. 传动齿轮；23. 传动齿轮；24. 筒子摩擦轮；25. 衡锭搁脚；26. 翼锭前支架

a. 翼锭主动齿轮；b. 被动齿轮；c. 换向主动伞齿轮；d. 换向被动伞齿轮；e. 主动捻度齿轮；

f. 被动捻度齿轮

前面章节我们概述过假捻的加捻原理——两端固定、中间加捻，形成"上是 S 捻，下是 Z 捻"或"上是 Z 捻，下是 S 捻"的结果（因为这种加捻方式中上面加的捻到下面就没有了，所以称之为假捻）。图 2-43 是双捻产生的原理图，从图中看到 a、e 是自由端纺纱的两个固定点，b、c、d 在加捻器上随加捻器转动。纱、线从 e 出来，d 随加捻器转动对 e 做了第一次加捻，de 是自转；纱、线从 b 到 a，随加捻器转动做了第二次加捻，ba 对应 de 是公转。如果把纱、线上的 c 点断开，b 和 d 各自成为对应 a、e 两固定点的加捻点各自加捻，加捻方向也相同，所以，它们是二组自由端纺纱组合。

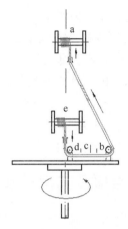

图 2-43　双捻原理

插纱部分是双捻捻线机的组成部分。插纱部分结构简单，它仅是一个铁架，用来搁放纱、线股筒子，初捻插纱部分要保证能插 30 只纱；复捻插纱部分要保证能插 4 只纱。铁架一般落地安装固定。

二、双捻捻线机加捻部分及其工作原理

加捻部分是双捻捻线机的重要部分，其核心为翼锭。翼锭以前后法兰用 3 根联杆连接成笼状，它搁在前、后翼锭支架上，与翼锭皮带盘连接，翼锭皮带盘转动，翼锭也随之转动，成为双捻加捻原理中的加捻器，通过导向轮勾着单纱、线股转动。单纱、线股从插纱架过来集中通过第一控制模。第一控制模孔径等于加捻的线股、捻线的直径加 0.2~0.3 mm。控制模孔径长度在加捻的线股、捻线的捻距的 3 倍以上。插纱架到第一控制模的距离为 1~1.5 m。翼锭转动，单纱、线股对于第一控制模自转进行第一次加捻；单纱、线股对于第二控制模公转进行第二次加捻，从而完成加捻工序。凡是加捻超过 6 根单纱或丝（束），加捻股将发生分层。因为，6 根以内的单纱或丝（束）加捻，它们聚合在一起，超过 6 根单纱或丝（束）加捻，单纱或丝（束）形成 2 层；超过 18 根单纱或丝（束），单纱或丝（束）形成 3 层，以此类推。若干根单纱或丝（束）在股中排列如表 2-24 所示。

表 2-24　若干根单纱或丝（束）排列

纱或丝总根数	芯子纱或丝根数	二层纱或丝根数	三层纱或丝根数
1~6	1~6		
7	1	6	
8	1	7	
9	1	8	
10	2	8	
11	2	9	
12	3	9	
13	3	10	
14	4	11	
15	4	11	
16	5	11	
17	5	12	
18	6	12	
19	1	6	12
20	1	6	13
21	1	7	13
22	1	7	14
23	1	8	14
24	2	8	14
25	2	8	15
26	2	9	15
27	2	9	16
28	3	9	16
29	3	10	16
30	3	10	17

多层单纱或丝（束）在第一次加捻、捻距为 h，单纱使用长度为 L_0（图 2-44）。在双捻机内经过几十个捻的距离后开始第二次加捻，结果捻距变为 h_1，表面的单纱或丝（束）的使用长度为 L_1，多出多余量 L_2。表面层多余量以扩大直径消耗掉，但经第二控制模压迫多余量退向后面。第二层在第二次加捻后产生的多余量只能以扩大直径消耗掉，无法后退。扩大直径实际是让多余量拥挤在内部，但是一有机会多余量就会挤开外表，单纱或丝（束）跑到外表形成浮纱结点［即线股表面有一点点结点

（捻线生产中称之为翻芯）]。浮纱结点影响外观，但是对捻线的强力影响不大。这是由于双捻捻线机二次加捻的原因（是双捻捻线机加捻所特有），因此，一般双捻捻线机都选做复捻机；在选做初捻机时，单纱或丝（束）的根数最好少于 6 根，确保捻线产品外观质量和使用要求，满足产业的需要。

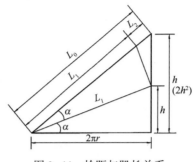

图 2-44　捻距与股长关系

三、双捻捻线机卷绕成型部分及其工作原理

卷绕成型部分是双捻捻线机的重要核心部分，它由卷绕和成型两部分组成。卷绕部分由翼锭主动齿轮 a、被动齿轮 b、换向主动伞齿轮 c、换向被动伞齿轮 d、主动捻度齿轮 e、被动捻度齿轮 f、输线盘、筒子、筒子摩擦轮等部件组成。输线盘的转动是通过翼锭主动齿轮 a 带动，经被动齿轮 b、换向主动伞齿轮 c、换向被动伞齿轮 d、主动捻度齿轮 e、被动捻度齿轮 f 传递，并将已加捻的线股、捻线主动输送给筒子。翼锭转一转产生两个捻，与输线盘输出的长度构成捻距。卷绕除了输线盘的主动输送外，还需要筒子的收取。输线盘主动输送时，与输线盘同轴的链轮通过链向以后的链轮及两组传动齿轮传递转动，使筒子摩擦轮转动。摩擦轮与筒子没有刚性连接，筒子利用弹簧的作用与摩擦轮发生摩擦连接（图 2-42）。输线盘转动，摩擦轮也随之转动，摩擦轮再带动筒子转动。当输线盘输出线股、捻线，筒子同时也随之转动卷取，因为摩擦轮摩擦带动筒子转动的线速度大于输线盘速度。因此，筒子在有捻线时卷取线股、捻线，筒子上无捻线时，筒子与摩擦轮间克服摩擦力打滑，这种克服摩擦力打滑过程反映在线股、捻线上就是线股、捻线受到卷绕张力作用。筒子卷绕到外侧的卷绕张力比筒子卷绕在内侧的卷绕张力大，因此，筒子卷绕到外侧容易发生断头。实际生产中如筒子卷绕到外侧连续发生断头，那么应考虑减小摩擦轮间的摩擦力，以减少捻线断头发生几率，提高捻线产品整体质量，满足生产需要。

筒子卷绕满时要换新筒子；将筒子向摩擦轮反方向推动离开摩擦轮，筒子固定轴的中心活塞轴被压缩（图 2-45）。固定轴的总长度收缩到小于筒子的搁挡距离，线股及捻线筒子从搁挡中取出。空筒子放下去，因固定轴的长度大于搁挡距离，空筒子无法放到底，必须用专用工具推动中心活塞轴，让其压缩内部弹簧，收缩固定轴长度，直到空筒子能放下为止。在运转中空筒子因为仅受重力和横向拉力作用，筒子固定轴不受轴向力作用，固定轴长度不发生缩短，因此，运转中筒子一般不会飞出来，但为了安全万一，固定轴的安全保险销还得坚持销好，确保人身生产安全。

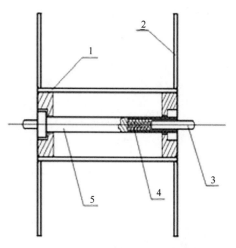

图2-45　线股及捻线筒子与固定轴

1. 线股及捻线筒子的轴；2. 筒子的外围
铁板；3. 中心活塞轴；4. 弹簧；5. 固定轴

成型控制是由来回螺杆、排线器来完成（图2-46）。代表性来回螺杆规格为直径25 mm、螺距25 mm（螺距总长度等于筒子的宽度，而且是螺距的整倍数，如250 mm、300 mm、325 mm等）、螺纹槽宽5 mm、槽深5 mm。

图2-46　来回螺杆

来回螺杆转动，推动套在来回螺杆上的排线器运动，使线股、捻线筒子卷绕不在一个地方重复卷绕，平均地卷绕在线股、捻线筒子芯子上。排线器运动主要依靠藏在排线器内的拨叉作用（图2-47）。拨叉一般由黄铜等材料加工而成。拨叉安装在排线器内，它的圆弧部分卡在来回螺杆的螺纹中，来回螺杆的转动推动拨叉向前运动，拨叉到了螺杆螺纹的尽头处，利用螺纹接口的变形，拨叉自行改变方向，又沿反向螺纹方向往回运动。拨叉的圆弧部分的两个尖角是导向的关键，因此两个尖角非常重要（拨叉的尖角一旦碰坏，排线器就随便换向，导致卷绕形状不正常，影响正常生产）。

目前，成型方面除用来回螺杆排线器来完成外，比较先进的成型采用光杆排线器等装备。对光杆排线器而言，工作时它利用光杆上的轴承位置变向，在转动时产生横向推力，使排线器移动。光杆排线器排线力量小，结构比较复杂，目前机械设备企业已研发出多种新型排线器，实现排线的无级调速、排线均匀、排线推力大、换向灵活、使用方便。卷绕和成型部分所有的零件组合后全部安装在船形衡锭内。衡锭外形似一只船，悬挂在翼锭内，因此衡锭亦称船形衡锭（图2-48）。翼锭转动时，悬挂在翼锭内的衡锭在偏芯重力作用下，衡锭只会产生摇晃，不会引起转动。卧式双捻捻线机就是利用这一特点作为自由端纺纱第二次加捻的第二固定点，进行第二次加捻。

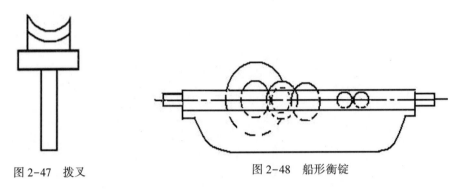

图2-47　拨叉　　　　　　　　　　　　　　图2-48　船形衡锭

四、双捻捻线动力传动部分及其工作原理

卷绕成型部分是双捻捻线机的重要核心部分，如图2-42所示。双捻捻线机的动力传动用一个电动机驱动，双捻捻线机驱动过程简单，这里不作具体说明。有兴趣的读者或企业可参见相关农机装备技术文献资料或咨询机械设备企业。

五、三捻机

随着智能农机装备技术的发展，网线生产企业开始追求并采购生产能力更高、生产周期更短、生产更灵活方便、产品质量更好的捻线设备。适应网线生产企业的要求，瑞士Hamel公司等单位开发生产了三捻机等先进捻线设备。根据方园、李志祥在《纺织机械》期刊上发表的论文《新型三捻机的工作原理及特点介绍》，编者将论文涉及的三捻机的工作原理摘录如下，供读者参考（有兴趣的读者可研读上述论文及其他三捻机装备技术资料）。三捻机主要工作元件是一个由内外两部分组成的锭子（这就是内部导纱装置和外部导纱装置）；高密度的喂入卷装就放置在内部导纱装置内，而内外导纱装置各向相反的方向旋转。高密度的喂入卷装由于其本身的旋转而产生的离心力使纱从卷装上沿着内部导纱装置退绕下来。退绕出来的单纱具有自我调节作用。为了取得最佳加捻效果，喂给的筒子需有特殊要求，必须使两根平行的纤维牢固地粘着，以防止高速回转的加捻纱线产生松散现象，影响加捻工艺的正常进行，为此三捻机配套的喷气络筒机上安装了一套假捻装置。三捻机中的假捻装置能在设定的间距上，喷出一个空气脉冲，使纱线中的纤维形成一个交错点，这样就能防止纱线在加捻过程中发生纤维分离现象（如有张力的变化，该机有自动调节装置，起到自找调节的作用），然后单纱被引入一中空的锭子及外部导纱装置，其结果使单纱有了两个固定点。上部固定点位于内部导纱装置进纱口a上，而下部固定点位于外部导纱装置 b 上（图 2-49）。这两个固定点以相反的方向回转，使得在这两个固定点之间的纱线在锭子的一个回转时就受到了两个捻度。纱线然后沿着外部导纱装置向上，通过上部导纱钩，上部开放式导纱部分被引向卷绕部分。由于外部导纱装置的回转，使纱线在从外部导纱装置与固定导纱钩之间又受到了一个捻度，而三捻机在锭子每转一转的情况下，使纱线产生了 3 个捻度。新型三捻机具有高产、能耗低、噪声小、生产具有灵活性、无需任何纱线上油装置、设备具有自动穿线装置等特点，今后将是网线领域值得深入研究的新型网线装备。

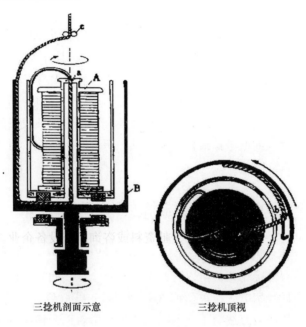

三捻机剖面示意　　　　　　　三捻机顶视

图 2-49　三捻机

第三章 捕捞与渔业工程装备领域用
捻线设备操作及维护技术

捻线在捕捞与渔业工程装备领域量大面广，且要求普通捻线产品价格适中、特种捻线产品性能突出等，导致本领域用捻线设备操作维护技术具有特殊性（与纺织等其他领域区别较大）。捻线设备操作维护技术直接关系到人身安全、生产效率、产品质量、生产环境和经济效益。本章对环锭捻线机、转锭捻线机、吊锭捻线机、翼锭捻线机、双捻捻线机等捻线设备操作技术进行概述，以便为捻线设备的操作、维护和保养提供参考。其他领域或型号捻线机的操作维护保养技术，读者可参考农机装备技术文献资料或咨询农机装备企业。

第一节 环锭捻线机操作技术

环锭捻线机（也称钢令捻线机）是一种机械结构紧密、工作原理比较先进的捻线机，其特点是一台环锭捻线机可以有几个到几百个锭子同时工作。环锭捻线机上单丝或线股筒子插在插纱架上，拉单丝或线股到罗拉；线股或股线筒子安装在锭子上，随锭子一起转动，线股或股线筒子上的线股或股线牵着钢令钩在钢令环上旋转，使单丝或线股在罗拉输出口完成加捻。环锭捻线机系统构成及其工作原理参见本书第二章。环锭捻线机的捻线加工流程分成并丝、初捻、复捻等。每个加工流程虽然用环锭捻线机型号不同，但它们的操作技术却大同小异。本节以 R811 捻线机的操作技术为例，对环锭捻线机的打结方法、生头与换纱方法、落线方法、清洁与保养方法、交班与接班方法、规格变换方法等操作技术进行概述。

一、打结方法

打结是环锭捻线机操作中基本技能之一。当换筒子时，单丝、单纱连接时要打结；线股、捻线发生断头后接起来时要打结，一个操作工有时一天要打几百个结，打结是捻线操作中最重要的操作。打结一般打单死结（也叫蚊子结、蛙股结、死结、织布结）；很少打和把结；对于光滑、硬挺的纤维材料，为了防滑，往往采用双死结；少数采用自紧结（也叫双套结）。各种结的外形如图 3-1 所示（读者也可以根据习惯或需要采用其他合适的打结方法）。

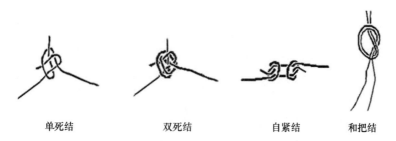

单死结　　　　双死结　　　　自紧结　　　和把结

图 3-1　捻线生产中的几种线结

捻线用单死结打结方法如下：

（1）左手拇、食二指捏拿单纱、线股①，右手拇、食二指捏拿单纱、线股②；左手的单纱、线股①压在右手的单纱、线股②上，两单纱、线股交叉后被捏于左手拇、食二指间［图 3-2（a）］；

（2）右手拿单纱、线股②后部依顺时针方向绕单纱、线股①、②一圈，但要从单纱、线股①、②下面绕过［图 3-2（b）］；

（3）右手拿单纱、线股②依顺时针方向再绕单纱、线股①、②一圈，但不要从单纱、线股①、②下面绕过，只需要从单纱、线股①、②上面绕过［图 3-2（c）］。这个圈比前一个圈小一点更好。然后左手拇指压住两个圈；

（4）右手无名指和小指压住单纱、线股②后部，右手拇指推单纱、线股②头端进入两个圈内，左手拇指让一让，又把单纱、线股②头端压住［图 3-2（d）］；

（5）左手拇、食二指继续压住，右手无名指和小指压住单纱、线股②后部收紧［图 3-2（e）］，单纱、线股②绕两个圈，此时收成一个圈；

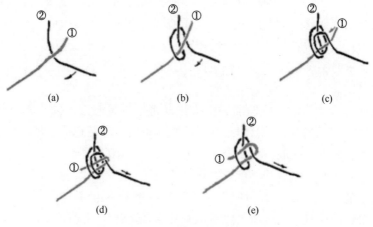

（a）　　　　　　　　（b）　　　　　　　　（c）

（d）　　　　　　　　（e）

图 3-2　单死结打结方法

（6）右手继续收紧单纱、线股②后部，单死结形成，左手拇、食二指最后放松。有些工人习惯在打第一个圈时只走②线下面，后立即跳上来，把①线压下，然后把①线进入第一个圈，抽紧②线，使结变小［类似图 3-2（d）］，最后继续抽紧②线，使结变小抽紧［类似图 3-2（e）］。整个过程看似简单，但是由于动作不连贯，打结速度较慢。每个操作工上机前都要学会、掌握、熟练地打结（有些企业规定：学徒工、练习生每分钟打不满 20 个结的，不能上机操作。要求初级操作工必须每分钟打 40 个结以上，中级操作工必须每分钟打 55 个结以上，高级操作工必须每分钟打 65 个结以上）。上面所有的操作技术都是以右手为主、左手为辅的情况下进行，称为右手打结；但也有个别操作工以左手为主、右手为辅的方法打结，称为左手打结，虽然用左手打结不影响操作，可是进行打结培训时，我们不提倡用左手打结。

二、生头与换纱方法

1. 生头方法

生头是环锭捻线机刚开始生产时的第一步。环锭捻线机在第一次投入生产、大修理以后投入生产、变换规格需要全部撤下原有的单纱、线股并放上新的规格单纱、线股时所需进行的操作。开始生产前，首先把单纱、线股插在插纱架上，插满后，把插纱架上的单丝、单纱或线股从筒子中拉出，几根并合在一起，穿过张力杆、罗拉、导纱钩、纲令钩，然后绕在待加捻的空筒子上，最后再把空筒子插到锭子上准备运转。

环锭捻线机上生头方法包括全面铺展生头法、阶梯铺展生头法（也叫阶段铺展生头法）和宝塔式铺展生头法等方法。

（1）全面铺展生头法：全面铺展生头法即一次性将所有加捻锭子全部接上单丝、单纱或线股后再投入运转。具体做法：环锭捻线机停机，由一人或几个人将插纱架上布满单丝、单纱或线股，然后把单丝、单纱或线股经张力杆、罗拉、导纱钩、纲令钩绕在加捻空筒子上，然后把绕在单丝、单纱或线股的加捻空筒子插上整台机的所有锭子上，最后开动环锭捻线机加捻生产。全面铺展生头法让整台机能生产出一样大小的线股筒子。缺点是以后要换插纱架上的单丝、单纱或线股时会整个设备集中在一个短时间一起换，这时一个操作工来不及更换，会造成大量的缺股，必须集中 6 个或 8 个操作工一起更换。

（2）阶梯铺展生头法：阶梯铺展生头法即将整台环锭捻线机分成 10~12 段，一段一段地将加捻筒子接上单丝、单纱或线股投入运转。环锭捻线机停着，首先在插纱架上布满单丝、单纱或线股，再把整台机的 1/12~1/10 锭子位置上的加捻空筒子绕好单丝、单纱或线股，然后开环锭捻线机生产运转。生产运转一段时间如 15~30 min后或捻线筒子的 1/12~1/10 容量时，在不停机的情况下再将 1/12~1/10 加捻空筒子绕上单丝、单纱或线股投入生产。以后以同样生产运转一段时间如 15~30 min 后或捻线筒子的 1/12~1/10 容量时再投入 1/12~1/10 加捻空筒子绕好单丝、单纱或线股投入生产，直到全部投入为止。这种生头方法主要解决以后换单丝、单纱或线股的问题。在生产中比较常用。实际生产中，如果库存有大小不同的单丝、单纱或线股，可以按宝塔式铺展生头法把大小不同的单丝、单纱或线股从小到大排在插纱架上，然后按全面铺展生头法一次性生头。实际生产中企业可灵活选用合适的生头方法。

（3）宝塔式铺展生头法：宝塔式铺展生头法类似阶梯铺展生头法，不同的是把阶段分得更多，如 3~5 个锭子为一个阶段。待环锭捻线机开始运转后，开始把单丝、单纱或线股绕在加捻空筒子上投入 3~5 只锭子的生产，以后每过一段时间如 10~15 min 再插上 3~5 只单丝、单纱或线股，并把它们绕在加捻空筒子上，插入锭子投入生产，一直到插完锭子为止。锭子上生产的单丝、单纱或线股从大到小好似一个卧倒的宝塔。这种生头方法主要解决以后换单丝、单纱或线股问题，在生产中比较常用。

2. 换纱方法

管纱、线股筒子上的管纱、线股将完时换上新的满的管纱、线股筒子。环锭捻线机换纱方法有 3 种情况，简述如下。

（1）当环锭捻线机上管纱、线股筒子将要走完时的换纱方法：当环锭捻线机上管纱、线股筒子（复捻是线股、捻线）将要走完时（尚未完全要走完，纱管上还有几圈纱时）的换纱方法如下：以右手食、中指快速钩起还在输送走动的管纱上的纱交给左手；到管纱将全部退出纱管时，右手食、拇指（拿纱剪剪断管纱）快速捏住纱头，交给左手；然后左手食、拇指捏住纱头，右手食、拇指去捏住备用满筒纱的纱头与左手纱头相碰，并进行打结；最后，左手再提单纱、线股，让右手取下空筒子；再把满筒纱插到取走空筒子后的空位置上，让其继续转动输送单纱、线股。

（2）管纱、线股筒子上的管纱、线股筒子已经脱落后的换纱方法：管纱、线股筒子上的管纱（复捻是股、线）、线股筒子已经脱落后的换纱方法如下：当机上管纱上的单纱、线股已经从筒管走完，单纱尾还没有越过罗拉，已无法打结接头，这时应迅速用右脚膝盖顶起锭子上的膝掣子，使锭子停止转动，同时右手推动上罗拉到罗拉搁脚上，使上罗拉停止转动，然后左右手拉单纱、线股退出，找到走完的纱尾左手拎起，右手换上新的单纱、线股筒子，捏住新的单纱、线股筒子的纱头，与左手拎起的纱尾打结。最后理顺单纱、线股，右手提起罗拉前股、线，右脚膝盖松开膝掣子，使锭子转动，单纱、线股逐步进入线股筒子，最后放下上罗拉（注意：右脚膝盖顶起锭子上的膝掣子，短时间完不成接头的，应将线股筒子拔出，待接完头后，右脚膝盖再次顶起锭子上的膝掣子，待锭子停下，插上线股筒子再按上面步骤做。放回上罗拉时要注意单纱、线股加捻松紧。上罗拉放得早，单纱、线股加捻少，造成松捻线；上罗拉放得慢，单纱、线股加捻紧，造成紧捻线）。

（3）管纱、线股筒子上的管纱、线股筒子已经脱落，造成缺股时的换纱方法：当环锭捻线机上的管纱（复捻是股、线）、线股筒子上的管纱、线股筒子已经脱落，造成缺股时的换纱方法如下：管纱上的单纱、线股已经走完，纱尾已经越过罗拉、导纱钩、甚至已经进入股、线筒子的。这时必须急速用右脚膝盖顶起锭子上的膝掣子，使锭子停止转动，同时右手推动上罗拉到罗拉搁脚上，上罗拉也停止转动，此时右手再拔起线股筒子。然后右脚膝盖放松锭子上的膝掣子，使锭子转动，接着拔下机上空单丝纱管，换上满纱管，引纱头经张力杆、罗拉、导纱钩到纱尾处，剪断线股，剪去已经加捻的单纱、线股，再与引过来的纱头合并打结，最后再用右脚膝盖顶起锭子上的膝掣子，使锭子停止转动，插下线股筒子，挂上钢令钩，右手提起罗拉与导纱钩间的线股，放松右脚膝盖顶起锭子上的膝掣子，使锭子转动，右手慢慢地放下股、线，最后拨下上罗拉，股、线便继续生产。在此提示，当环锭捻线机上的管纱（复捻是股、线）上的单纱、线股已经走完，纱尾已经越过罗拉、导纱钩、甚至已经进入股、线筒子的，应马上拨下机上空单丝纱管，换上满纱管，引纱头打结固定在其他单纱、线股上，一同进入张力杆、罗拉、导纱钩，到达钢令钩。然后，再用右脚膝盖顶起锭子上的膝掣子，使锭子停止转动，拉出线股筒子上的全部缺股纱，剪去所有缺股纱，再将线股接头；最后右手提线股同时放松右脚膝盖顶起锭子上的膝掣子，锭子转动，线股加捻进入线股筒子，放下上罗拉，股、线便继续生产。实际生产中企业可灵活选用合适的换纱方法。

三、落线方法

在捻线生产过程中，环锭捻线机上的筒子卷绕纱线已达到规定长度数量时（或即捻线筒管绕满时），就需要立即落线（通常也叫落纱），换上空筒子，以方便其继续生产。落线必须以熟练的动作操作，尽可能缩短落线时间，提高设备的运转率，同时落线操作技术是否正确熟练，对产品质量好坏也有很大影响。落线既有操作工自落，又有专职落线（纱）队落。落线（纱）队一般由 3~5 人组成，环锭捻线机的操作工自然也是落线（纱）队成员之一，因此，落线（纱）队共有 4~6 人。落线（纱）队长在机头开关处，落线（纱）队员均布在环锭捻线机四周，由落线（纱）队长组织队员进行落线（纱）操作。环锭捻线机落线方法如下：

（1）准备：落线（纱）前，全体落线（纱）队员一起先把要用的空筒子插在插纱架上或者放在罗拉下方机台面上；准备好盛线的空箩筐、揩车回丝（布）、钢令圈用油等辅助工具或材料。

（2）关机：一旦落线队长发出落线（纱）信号，全体落线（纱）队员应就位等待。当钢令板自上而下，下降至近 2/3 位置时由落线队长关机，关机时钢令板宜停在自上而下的 2/3 处。如果钢令板没有到达规定位置，站在摇手把位置处的落线（纱）队员，要用摇手把去摇动机头处的钢令板升降齿轮，把钢令板停止位置调整到 2/3 处（上述操作技术需要通过长期实践才能实现。若环锭捻线机关机后钢令板停的位置不对，那么将影响后工序工作，影响产品的质量）。环锭捻线机停下来，钢令板必须停在自上而下 2/3 处的原因包括：落线时方便筒子的拿出放入。如果停得过高，落线时，筒管拔出时要与导纱钩、叶子板相碰，不容易拔筒管；环锭捻线机停机时，随着锭子速度的逐渐降低，罗拉到铜丝钩之间一段纱线的张力逐步变小，纱线显得松弛，线股因此容易扭结成小辫子，开机时容易造成断头；如果钢令板停在自上而下 2/3 处，那么开机时利用钢令板向下压的条件，使线股稍为伸直，把小辫子拉直，避免开机时断头情况的发生；开机时，利用钢令板自重下压，电动机的启动负荷相对比较轻，启动电流小，不容易引起电动机大电流跳闸；落线时，一般将剪断的单纱、线股绕在筒管的下部，落线以后开机，利用钢令板向下运动，筒子卷绕也向下，把初绕的单纱、线股压住，使筒管卷绕不松散、不掉线头。

（3）落线方法：全队落线（纱）队员各自站到自己的岗位位置等待环锭捻线机停机。环锭捻线机一停，各自进行落线。

首先，左手提起罗拉与导纱钩之间的股、线约1 m，右手按住线筒子，左手随之用力拉股线、线，使股线、线嵌进筒子上的股线、线内；其次，用右手捏的纱剪把钢令钩前将股线、线剪断，股线、线头交给左手，然后右手拔出绕满的股线、线筒子，放在盛线箩筐等器具内，再拿空筒子让左手把股线、线线绕上（此时应注意绕线方向，如果方向搞反，环锭捻线机开机时股线、线将退出绕线筒子）；最后，把绕了股线、线的空筒子插在插纱架上。落线（纱）队员将各自范围内的满筒子全部拔完后，右手拿清洁回丝（或揩机布）包住钢令圈揩擦钢令圈、平擦钢令板正反两面。揩擦完毕，把绕了股线、线的空筒子拿下，插到锭子上；把空筒子前的股线、线挂进钢令钩，转动空筒子收紧线股线、线。筒子插齐后，进行钢令圈上加油；加油完毕落线（纱）队员各自工整地站立在自己的岗位位置上等待开机。落线队长见全队落线（纱）队员都工整地站立在自己的岗位位置上，再次吹哨发信号，关照全体落线（纱）队员，最后开机。环锭捻线机开机后，落线（纱）队员注视自己范围内每只锭子运转情况（如有不正常的锭子，应及时处理）；然后注视左右范围内每只锭子运转情况，有不正常的也应及时处理；待自己范围的、左右范围内的锭子都运转正常，落线（纱）即告结束；运走落下的线筒子，转入下一台环锭捻线机准备落线（纱）工作。操作工自落也按以上步骤方法进行（这里不再重复），落线（纱）队长、落线（纱）队员工作由操作工一人兼顾。

四、清洁保养与加油方法

清洁工作的好坏，直接影响网线产品质量、生产效率和设备的正常保养，每个捻线操作工都必须重视清洁工作。环锭捻线机清洁工作分小清洁、大清洁两种清洁方法。环锭捻线机清洁保养与加油方法如下。

1. 小清洁方法

小清洁是每班操作工随时进行的经常性工作。操作工巡回中用毛刷清洁罗拉搁脚、锭带导向盘、平衡重锤上的灰尘或纤维；用回丝揩上、下罗拉、机面板、龙筋及锭座、机头齿轮箱外表上的灰尘、纤维或油污。停机落纱时用回丝、揩机布等揩擦钢令圈、钢令板、导纱钩、隔纱板等部件上的油污。操作工下班前清扫地面，扫除灰尘、纤维及其他垃圾。

2. 大清洁方法

每周停机半小时，开展一次大清洁。环锭捻线机大清洁方法按下列步骤进行：

（1）插纱架清洁：用毛刷自左至右（或自右至左）由上至下清除插纱架上的灰尘（注意不要让灰尘粘在单纱、线股上和筒子上，以免造成产品品质不良、影响外观）。

（2）机面板清洁：用毛刷、回丝等自机头至机尾逐渐揩清机面板上的灰尘、纤维或其他垃圾。

（3）导纱钩叶子板清洁：用毛刷、回丝等揩擦叶子板正面和反面灰尘、油污。

（4）钢令板清洁：依次逐节拿下钢令板揩擦，重点是清除钢令板反面的钢令沟槽内的油污（揩擦中要注意钢令板位置不得弄错，以免影响后续生产）。

（5）下罗拉清洁：重点是清除罗拉上、罗拉颈内的回丝和油污。

（6）锭子及其刹脚（膝掣子）清洁：用回丝揩擦锭子及其刹脚（膝掣子）上的油污。

（7）龙筋、摆轴、托臂、牵筋、平衡重锤、锭带导向盘清洁：用毛刷清洁灰尘、回丝和油污（注意不能使平衡重锤掉下来，若平衡重锤掉下来，要及时进行安装）。

（8）地面清洁：清扫地面全部垃圾（重点是机肚内的垃圾要搞清、筒管要拾掉等），保持地面整洁卫生。

3. 加油方法

（1）钢令加油方法：由于钢令钩在钢令上高速度周转摩擦（3 000~10 000 r/min），钢令钩需要润滑和散热，所以，每次落纱、清洁钢令后要给钢令抹油。钢令用油配方示例如表3-1所示。加油时左手拿油盒，右手食指沾油，抹在钢令内侧，涂抹在钢令的1/5~1/4弧度内（油只需薄薄1层，不要过多）。加油要求"三不碰"（油不碰钢令钩；油不碰线股、线；油不碰筒子）、"二不掉"（油不掉在钢令板上；油不掉在地上）。每落纱1次，要加1次油；落纱运行时间如果超过4 h，其中途应增加一次加油。线股、捻线断头后，重新生头时要视情况给该钢令圈内适度添加一点油，以补偿断头时油的损失。

（2）锭子加油方法：锭子长期高速转动，应定期添加锭子油（一般运行500 h加油1次，平时操作工如发现锭座发热，要进行原因检查，并适当给锭子补油）。

（3）罗拉颈加油方法：罗拉颈长期转动，应定期在罗拉颈上部加牛油（一般运行2 000 h加油1次）。

（4）运动件处加油方法：运动件处（主要是羊脚与其套管、摆轴两端、托臂与羊脚处）每3天滴注机油1次。

（5）机头齿轮箱加油方法：机头齿轮箱内的齿轮上加油（一般是采用自动滴加机油，因此，只要运动件加油时，检查油槽不断油就可以）。

（6）滚筒轴承加油方法：用牛油注射枪向滚筒轴承座内加注牛油，每3个月补充1次牛油（平时经常检查滚筒轴承座是否发热，遇滚筒轴承座发热、发烫要及时补充牛油；短期内如果经常补充牛油，应该适时打开滚筒轴承座，检查轴承好坏）。

表 3-1　钢令用油配方示例

捻线种类	冬季		夏季		春秋季	
白色线用	白色凡士林	白油	白色凡士林	白油	白色凡士林	白油
（尼龙捻线）	40%	60%	70%	30%	50%	50%
深色线用	4 号牛油	30 号锭子油	4 号牛油	30 号锭子油	4 号牛油	3 号锭子油
（乙纶捻线）	35%	65%	70%	30%	55%	45%

注：按以上配方配制，百分比可以按实际情况适当调节；两种油混合要充分搅拌，搅拌时间看数量多少和气温高低而定。

五、钢令钩使用方法

钢令钩是环锭捻线机捻线必不可少的零件（如果加工材料是铜，钢令钩也称之为铜丝钩；如果材料是尼龙，钢令钩也称之为尼龙钩）。由于筒管的旋转强迫线股、线拖动钢令钩随同回转，完成加捻作用；利用筒管的旋转速度与钢令钩回转速度的差异使线股、线绕到筒管上，完成卷绕作用，它们之间的关系用公式（3-1）进行计算：

$$V_1 = \pi d_t(n_d - n_g)/1\,000 \qquad (3-1)$$

式中：V_1——筒管卷绕线速度（m/min）；

d_t——筒管卷绕直径（筒管直径+2 倍线股、捻线厚度）；

n_d——锭子转速（r/min）；

n_g——钢丝钩转速（r/min）。

钢丝钩转速很难测定，但罗拉输出速度可以测定和计算，罗拉输出速度可以用公式（3-2）进行计算：

$$V_2 = \pi d_L n/1\,000 \qquad (3-2)$$

式中：V_2——罗拉输出速度（m/min）；

d_L——罗拉直径（mm）；

n——罗拉转动速度（r/min）。

因为筒管卷绕线速度是等于罗拉输出速度，所以钢丝钩转速可以用公式（3-3）进行计算：

$$n_g = \frac{d_t n_d - d_L n}{d_t} \qquad (3-3)$$

式中：n_g——钢丝钩转速（r/min）

d_t——筒管卷绕直径（筒管直径+2 倍线股、捻线厚度）；

n_d——锭子转速（r/min）；

d_L——罗拉直径（mm）；

n——罗拉转动速度（r/min）。

利用筒管强迫拖曳线股、线使钢令钩回转，使线股、线上产生一定的张力，完成线股、线受张力作用（张力大小首先决定于筒管的旋转速度，速度快，张力大；速度慢，张力小；其次决定于钢令钩大小，钢令钩大，张力大；钢令钩小，张力小）。为了保证线股、线经受适当的张力，在一定锭速条件时要配适当的钢令钩（也就是铜丝钩、尼龙钩选号恰当）。选配适当的钢令钩大都依靠实践经验，钢令钩重量可以用公式（3-4）进行计算：

$$G_g = K\frac{1\ 000Q}{\phi n_d^2} \tag{3-4}$$

式中：G_g——钢令钩重量（g）；

K——常数（加油钢令使用铜丝钩常数为 0.6 ~ 0.8，使用尼龙钩常数为 0.5 ~ 0.7）。

Q——线股、线强力（g）；

ϕ——钢令直径（mm）；

n_d——锭子转速（r/min）；

生产中当其他条件不变，只改变钢令直径，钢令钩重量可以用公式（3-5）进行计算：

$$\frac{2R_0}{2R_1} = \frac{G_{g0}}{G_{g1}} \tag{3-5}$$

式中：R_0——原来环锭捻线机钢令半径（mm）；

R_1——拟用环锭捻线机钢令半径（mm）；

G_{g0}——原来环锭捻线机钢令钩重量（g）；

G_{g1}——拟用环锭捻线机钢令钩重量（g）。

生产中当其他条件不变，改变锭子速度，钢令钩重量可以用公式（3-6）进行计算：

$$\frac{G_{g1}}{G_{g0}} = \frac{n_{d0}^2}{n_{d1}^2} \tag{3-6}$$

式中：n_{d0}——原来环锭捻线机锭子转速（r/min）；

n_{d1}——拟用环锭捻线机锭子转速（r/min）；

G_{g0}——原来环锭捻线机钢令钩重量（g）；

G_{g1}——拟用环锭捻线机钢令钩重量（g）。

在日常生产中，如果观察到捻线气圈太小，手提罗拉到叶子板之间的线股、线的重量好重，表示捻线过程中张力过大，容易断头，钢令钩要改小；如果捻线气圈过大，气圈过大造成相邻气圈相互打架，会发生大量断头，就是每个锭子间有隔纱板，大气圈打隔纱板也会线股、线受损，造成毛线或大量断头，因此钢令钩要改大一些。一般要求气圈外不打架（不打隔纱板、内不碰筒管盖）、断头数量控制在千锭小时 5 根以内就可以了。

钢令钩有一定形状和角度，一般 15 号以下的钢令钩难以用手挂上钢令。15 号以下的钢令钩要挂到钢令上去，挂法有两种：一种方法是用尖嘴钳钳上去，即先把钢令钩下口钩住钢令下沿，用左手食指托住，右手拿尖嘴钳夹住钢令钩上口，尖嘴顶住钢令，用杠杆原理将钢令钩上口撬进钢令，然后钳正钢令钩角度；另一种方法是用线拉上去，先把钢令钩下口钩住钢令下沿，用左手食指托住，右手拿一根相当的粗线穿过钢令钩上口，用劲拉线让钢令钩上口张开滑进钢令。钢令上有时需要挂 2 只、3 只或者甚至更多，以达到重量要求。钢令钩挂线要顺着筒管的绕线方向，不能反方向挂线。但是线股、线只能挂其中一只钩，不可以几只钩同时挂，否则，线股、线不容易通过（特别是线股上有结节时不容易通过，容易增加断头率）。

六、锭带使用方法

环锭捻线机锭带使用方法如下：

1. 准备新锭带

环锭捻线机型号不同，所使用的锭带规格、长度一般也不一样。锭带使用规格如表 3-2 所示。根据环锭捻线机型号，可以剪下所需要的锭带长度备用。

表 3-2　环锭捻线机型号及其锭带规格

环锭捻线机型号	锭带宽度（mm）	锭带厚度（mm）	锭带长度（mm）
1391 型	15	1	3 200
1392 型、1393 型、R811 型、R812 型	25	1	3 450
HDN25 型	25	1	2 080

2. 取下断锭带

环锭捻线机上一旦有锭带断了，第一步要立即将已经断掉锭带的 4 只锭子所对应的上罗拉全部搁起，不让罗拉继续为这 4 只锭子输送单纱、线股，并将捻线筒子从无锭带的 4 只锭子上拔出，插到插纱架上或者放在罗拉下面的机台台面上。第二步立即关停机，将环锭捻线机上的断锭带拉掉，取下断锭带后要做好清洁工作，然后准备重新安装新锭带。注意：环锭捻线机锭带一旦破断，且断锭带被卷到滚筒上时，应立即关停环锭捻线机，取下断锭带后重新开机。上述情况下，如果不立即关停环锭捻线机，环锭捻线机的滚筒有可能在断锭带摩擦作用下发热，结果发生滚筒的焊接处焊锡熔融，滚筒断裂。

3. 安装新锭带

安装新锭带有两种情况，一种是在环锭捻线机停机状态安装（停机状态安装新锭带肯定安全，但是影响生产），另一种是在环锭捻线机运转状态安装（只要按照操作规程安装新锭带，运转状态安装新锭带也很安全，而且它不影响生产）。下面概述环锭捻线机运转状态下安装新锭带方法（环锭捻线机停机状态安装可以参照运转状态安装）。

①操作工取已经准备好的备用锭带一根。将锭带一端拉在手上，站在环锭捻线机的锭带盘一侧（图 3-3），将锭带另一端从 1#、4#锭子之间伸入，越过滚筒，让大部分锭带在滚筒后下垂，然后用铅丝钩把锭带另一端从滚筒下钩回，在 1#、4#锭子之间把锭带二端平直（不打扭）合拢，并暂时缚在一锭脚上（注意：锭带下垂时不能让其卷到滚筒上，一旦锭带卷到滚筒上不能硬拉，应该立即关机，等机停后再拿掉锭带；如果硬拉锭带不仅拉不出来，反而使锭带与滚筒摩擦发热，造成滚筒发热焊锡熔化而断掉）。

②将锭带两端对迭合拢 5 cm，用手摇缝纫机以 PA 210 D×3 股或 PA 210 D×6 股的锦纶线对迭合拢处进行缝合。要求缝合处以来回 3 道再加 1 道波浪线的缝合方法缝合锭带接头（图 3-3），缝合后锭带形成一个圈状。

③先套入 1#锭子，再从锭脚上解开锭带，用铅丝钩把滚筒下方来的锭带叉到对方 2#、3#锭子之间搁住，然后操作工绕到环锭捻线机的对面，把锭带从铅丝钩上取下，套入 2#、3#锭子；操作工再回过来，取出铅丝钩把锭带套入 4#（如果是整台环锭捻线机新装锭带，锭带安装要看一下锭子回转方向）。

④放松锭带盘搁脚螺栓将锭带盘前倾，拉锭带套入锭带盘，摆正锭带盘位置（注意：锭带盘一定要固定在锭带交叉换向一边）。

⑤将锭带盘后仰，锭带盘张紧锭带，锭带盘在锭带作用下跟随滚筒转动，4 个锭子也开始转动。锭带盘张紧程度通过调节锭带盘张力重锤位置解决。锭带盘位置不对或锭带盘角度不对都会使锭带从锭带盘上滑落，应对症调整；最后固定锭带盘上的定位螺栓。

⑥锭带更换好后，挨个将捻线筒子插入锭子、放下上罗拉恢复加捻运转。

⑦捻向不同，安装锭带的方法也有区别［因为滚筒转动的方向是固定的，它依靠锭带传动方向改变来改变锭子转动方向。Z、S 方向锭带安装见图 3-3（a）、（b）。图 3-3（c）的锭带安装方法是一种特殊情况，即如果一台机要搞两个方向捻向］。

HDN25 型捻线机是单边安装加捻锭子，其锭子转动不使用铁皮滚筒带动锭带，它用单个铸铁锭带盘通过锭带带动。电动机转动通过皮带盘、皮带传动，主轴转动，主轴通过锭带带动锭子转动，因此，机器设计改变捻向不需要改变锭带走向来改变锭子转动方向，改变锭子转动方向只要变换电动机转动方向就可以，它的传动路线如图 3-4 所示。但是由于电动机改变转动方向，解决加捻方向，产生了罗拉倒转的问题，因此，设备增加了"捻向换向齿轮"装置（图 3-4，S 捻向换向齿轮，Z 捻向换向齿轮是指两个齿轮安装位置）。在使用时，这两个位置并不是同时安装使用两只齿轮，而是一只安装"捻向换向齿轮"，一只必须安放一只"垫圈"，即加捻方向需要 S 捻向时，将"捻向换向齿轮"放在 S 捻向换向齿轮位置上，将"垫圈"放在 Z 捻向换向齿轮，这时，电动机转动，主轴（20）转动，锭带盘（19）也转动，通过锭

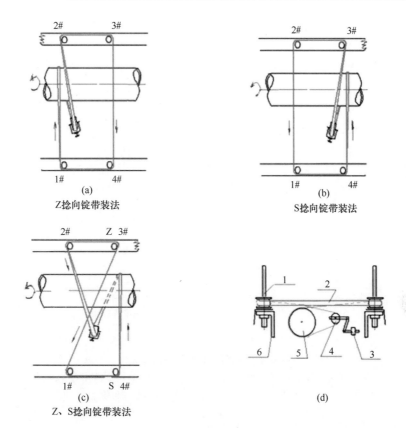

图 3-3 S、Z 捻向锭带安装

1. 锭子；2. 锭带；3. 重锤；4. 锭带盘；5. 滚筒；6. 龙筋

带传动，锭子按 S 捻向加捻方向转动。同时主轴（20）转动，通过主轴主动齿轮
（11）、被动齿轮（10）、主动链轮（9）、传动链（8）、被动链轮（6）、S 捻向换向齿
轮（7）、过桥齿轮（5）、中心齿轮（3）、主动阶段齿轮（2）、罗拉齿轮（被动阶段
齿轮）（1）、使罗拉（16）转动，罗拉转动输出要加捻的纱、股。当环锭捻线机要改
变捻向，即需要加捻方向从 S 捻向变成 Z 捻向时，首先将环锭捻线机停下，将 S 捻向
换向齿轮位置上的"捻向换向齿轮"换放到 Z 捻向换向齿轮位置上，然后将 Z 捻向
换向齿轮位置上"垫圈"放到 S 捻向换向齿轮位置，全部固定好；按电动机按钮，
电动机转动，电动机转动方向反转，主轴（20）转动也反转，锭带盘（19）也反转
动，锭子按 Z 捻向加捻方向转动；同时主轴（20）转动反转，通过主轴主动齿轮
（11）、被动齿轮（10）、主动链轮（9）、传动链（8）、被动链轮（6）转动，此时 S
捻向换向齿轮（7）已经换成垫圈，不再与过桥齿轮（5）发生作用，但由于 S 捻向
换向齿轮（7）、被动链轮（6）与换向主动齿轮（18）同轴，换向主动齿轮（18）
传动换向被动齿轮（17），又因为传动换向被动齿轮（17）与 Z 捻向换向齿轮（12）
同轴，而且 Z 捻向换向齿轮（12）已经换上齿轮，所以 Z 捻向换向齿轮（12）传动
中心齿轮（3）并保证传动中心齿轮（3）仍按原来方向转动、并继续传动主动阶段

129

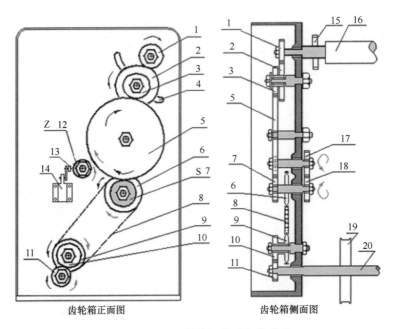

齿轮箱正面图　　　　　　　齿轮箱侧面图

图 3-4　HDN25 捻线机传动齿轮示意

1. 罗拉齿轮（被动阶段齿轮）；2. 主动阶段齿轮；3. 中心齿轮；4. 阶段
齿轮移动固定槽；5. 过桥齿轮；6. 被动链轮；7. 捻向齿轮（S）；8. 传动链；
9. 主动链轮；10. 被动齿轮；11. 主轴主动齿轮；12. 捻向齿轮（Z）；13. 换向
开关按钮；14. 换向开关；15. 钢令板上下运动传动主齿轮；16. 罗拉；17. 换
向被动齿轮；18. 换向主动齿轮；19. 锭带盘；20. 主轴

齿轮（2）、被动阶段齿轮（罗拉齿轮）（1）、罗拉（16）转动，罗拉转动输出要加
捻的纱、股［为什么 Z 捻向换向齿轮（12）位置上换上"捻向换向齿轮"后按电动
机按钮，电动机就反转？这是因为 Z 捻向换向齿轮（12）附近安装一个换向开关
（14），"捻向换向齿轮"装上 Z 捻向换向齿轮（12），将换向开关按钮（13）压下
去，接通了电动机反转电气线路，因此电动机按钮一按，电动机就反转了。如果 Z 捻
向换向齿轮换成"垫圈"，因为"垫圈"小，换向开关按钮（13）没有被"垫圈"
压迫，换向开关按钮（13）弹上来，切断电动机反转电气线路，接通电动机正转电
气线路，电动机按钮一按，电动机就正转了］。

七、变换规格方法

变换规格是环锭捻线机生产过程要进行的一项工作。变换规格前首先要明确如下
几个项目，也就是单位技术部门预先制定的技术工艺单说明的项目：①新规格线股的
捻合单丝、单纱的根数；②新规格线股的捻向；③新规格线股的捻度要求及其范围；
④电动机主动、被动皮带盘尺寸及运转锭速；环锭捻线机对应的捻度变换齿轮；⑤应
用钢令钩的型号及其数量。⑥操作工配备及人员定额。

为了工作方便，企业一般都有自己的施工技术工艺单；使用施工技术工艺单有以下好处：①有利于下级正确贯彻上级的指令，防止口传产生误解；一旦发生错误，便于查找原因和责任。②有利于生产单位定期进行检查、分析，积累经验，进行标准化生产，形成优化工艺和质量标准体系。③有利于企业开发新产品、新工艺参考，有前车之鉴。④有利于企业 ISO 9000 质量体系工作的开展，使用施工工艺单是开展 ISO 9000 质量体系工作的基础工作。⑤企业捻线施工工艺单各企业并没有统一规定。图 3-5 是一个企业使用的捻线施工工艺单，供参考使用。

×××企业捻线车间

捻线施工工艺单

编号（年号）×××

年　月　日

规格	tex/　×	环锭捻线机编号	
加捻形式	初捻/复捻	用纱规格及数量	
捻度要求（T/25 cm）		捻向	
电动机皮带盘直径（mm）		滚筒皮带盘直径　mm	
锭速（r/min）		介齿轮　×　齿	
中心齿轮（齿）		钩子型号及数量	
罗拉转速（r/min）		生产锭数	
每落纱生产字数		班定额生产字数	
定员		生产产量（kg）	

制表　　　　　审核　　　　　批准

图 3-5　捻线施工工艺单

企业制定了工艺表就可以按下列步骤进行工作：

（1）变换插纱架上的单纱、线股筒子。查看环锭捻线机的插纱架上的单纱、线股与新规格用单纱、线股规格是否相同［如果规格相同，根据新规格捻合数量增加或减少单纱、线股根数；如果规格不相同，卸下插纱架上的全部单纱、线股，按大小不同分别装箱（袋），挂上标签，在指定的地方堆放。如果企业要求该规格用单纱、线股必须全部用完，换规格时必须等到插纱架上的单纱、线股全部做完（也叫刮筒脚）。不然卸下的单纱、线股会派不上用处，造成积压］。

（2）对环锭捻线机进行一次清洁工作（清除插纱架上的灰尘。清除钢令板正、反方向上具有的油污。清除环锭捻线机内部、滚筒上的灰尘、油污）。

（3）插上新规格单纱、线股并引头（引头即将单纱、线股引经张力杆、横向移动杆、罗拉到导纱钩处，打结扣在导纱钩上。上罗拉搁起，使下罗拉转动时不输出单纱、线股）。

（4）按新规格线股生产工艺要求调换电动机皮带盘或滚筒皮带盘（粗规格锭速一般要调慢，细规格锭速可以适当调快），调换阶段齿轮、捻度齿轮，变换锭带运转方向（如果新规格线股捻向同原来生产规格捻向，就不要变换捻向）。

（5）先在环锭捻线机尾部一边插 3 只空筒子、调换铜丝钩（或尼龙钩），引单纱、线股绕在空筒子上，然后试开环锭捻线机 3~5 min，检验一下铜丝钩（或尼龙钩）轻重是否合适。最后停机，拔出捻线筒管，复核一下线的捻度是否正确。确认无误后，在全部钢令上换上新铜丝钩（或尼龙钩）、加油、换上空筒子，按生头规定方法生头后可以正式生产［生头一般要按宝塔式方法进行即每隔 0.5~1 h 生 1 段，一台机器分 6~8 段生（或者按一落纱的时间分 6~8 段生），目的是让插纱架上的单纱、线股分成大小阶段状，方便以后单纱、线股用完时的更换］。

八、钢令板与重锤之间的重量平衡调节方法

环锭捻线机在修理保养以后要进行钢令板与重锤之间的重量平衡调节。在环锭捻线机运转过程中发现钢令板上升困难的现象也要进行钢令板与重锤之间的重量平衡调节。钢令板上升困难，环锭捻线机运转过程中要多耗电，而且成型凸轮容易损坏（只有钢令板与重锤之间的重量平衡时最省电，成型凸轮也不容易损坏）。钢令板与重锤之间的重量平衡具体调节方法如下：

环锭捻线机停下，将摇手柄装上，脱开钢令板升降离合器，摇动摇手柄，使钢令板升降，在摇手柄摇动中感受重量大小（如感受到上升重量非常大，那么用木板抬起重锤钩的平衡重锤向重锤钩外移动一格，要求所有的平衡重锤都要移动一格或所有的平衡重锤间隔移动一格，再摇动摇手柄感受到上升重量轻了就可以了，如果还感受到不够轻，应该继续将平衡重锤向外移，可以一个重锤隔一个重锤向外移。如果还感受到重量过轻，应该将平衡重锤向内移）。

九、钢令板高低调节方法

新安装的环锭捻线机在投入生产前必须对钢令板上下运动高低进行调节，也就是看看钢令板上升到最高时，捻线筒子绕线位置是否也达到最高处，同样当钢令板下降到最低时，捻线筒子绕线位置是否也达到最低位置。如果钢令板上下位置超过捻线筒子绕线位置或者不到捻线筒子绕线最高、最低位置就要产生冒顶、毛脚或者产生葫芦形绕线筒子。环锭捻线机在使用中因为机械磨损使钢令板高低发生变化，因此，我们要及时进行调整。钢令板高低调整分为行程调整、偏行程调整、个别调整。

1. 行程调整方法

当钢令板上下运动的动程大于或小于捻线筒子绕线位置，需要进行钢令板高低调整。其调整方法如下：将环锭捻线机的电动机停下，在成型杠杆前的高低调节螺栓处做位置标记，然后放松高低调节螺栓，根据钢令板上下运动的动程误差调节高低调节螺栓的位置。动程偏大，将高低调节螺栓移向凸轮少许；动程偏小，将高低调节螺栓向凸轮移离少许。移动后即将并紧高低调节螺栓，最后手摇摇手柄或启动电动机，看钢令板上下运动的动程是否合适，反复几次直至满意为止。

2. 偏行程调整方法

当钢令板上下运动，出现整台环锭捻线机的绕线筒子绕线上面冒顶、下面不到位

或者上面不到位、下面毛脚，这种不是钢令板上下运动的动程引起的毛病，它是动程的偏移。其调整方法如下：在环锭捻线机工作期间，调整牵引链条前后的高低调节螺栓的螺母位置；目的是调整牵引链条的长度（牵引链条长度加长，钢令板向下，解决筒子绕线上面冒顶、下面不到位的毛病；牵引链条长度缩短，钢令板向上，解决筒子绕线上不到位、下面毛脚的毛病）。

3. 个别调整方法

个别羊脚托起地方在整个钢令板中凸起或者凹下，引起钢令板凸起或者凹下地方的筒子绕线产生上面冒顶、下面不到位或者上面不到位、下面毛脚的毛病。其调整方法如下：在环锭捻线机工作期间，找到钢令板中凸起或者凹下处托起羊脚的小臂，调整小臂下的高低微调调节螺栓，旋紧高低微调调节螺栓，托臂抬起，钢令板凹下毛病可以解决；旋松高低微调调节螺栓，托臂落下，钢令板凸起毛病可以解决（注意：高低微调调节螺栓调节以后，必须锁紧高低微调调节螺栓上的螺母，防止未锁紧，此类问题会经常发生）。

十、交班与接班方法

1. 交班方法

交班操作工应及早做好交班的准备工作（例如处理完自己班内产生的废次品、下脚料，收清自己的工具、材料，清扫地面），并且要把锭子全部开齐，环锭捻线机有毛病的要给予修理。向接班操作工讲清楚生产规格、技术要求，工艺变动情况和本班生产情况、注意事项、交接材料和工具及其他事项。在接班操作工同意交班操作工交班情况下，在交班铃响后或到点后交班操作工才能离开岗位。如果没有人接班的也要按上列要求进行交班，必要时以纸条、短信、电话、微信和 QQ 等方式告知接班操作工，并确认接班操作工接到交班通知。交班操作工在交班铃响后或到点后无人接班的要负责停机、断电、关灯、关门。

2. 接班方法

接班操作工应在规定上班时间之前 10~15 min 到岗，以便做好接班准备工作，了解上一班工作情况和机器运转状态。准备好单纱、线股原料和空筒管等，领取尖嘴钳、钩刀、钢令钩等工具。帮交班操作工把锭子全部收拾整齐。发现交班不妥之处应与交班人协商共同解决，或会同组长向上一级领导汇报研究解决，确保生产安全、提质增效，以满足捕捞与渔业工程装备技术可持续健康发展需要。

第二节　转锭捻线机操作技术

转锭捻线机是一种初级、简单的捻线机，大多以 10 台并排放置为一个机组，该设备具有占地面积大、制造工艺粗糙、加工精度低、设备运转速度慢、操作劳动强度大、生产效率低等特点。转锭捻线机系统的构成、工作原理与工作流程参见第二章。转锭捻线机的操作技术如下：

（1）在转锭内插纱筒子立杆上插上单纱筒子，单纱筒子数量根据生产规格要求确定（例如生产规格为 MMWPE—36 tex×8 的节能降耗型远洋渔具用 MMWPE 捻线新材料，那么转锭内应插上线密度为 36tex 的 MMWPE 单纱筒子 8 只）；

（2）从转锭内单纱筒子上引出单纱，到线股输出第一主动盘，经过线股输出第一主动盘到线股输出第二被动盘，最后绕在收线筒子上；

（3）根据捻线规格和工艺要求变换捻度变换齿轮组；

（4）以点动方式启动电动机，转锭捻线机转动，线股输出卷入收线筒子内；检查线股捻度是否正常及捻向是否正确（如果正常，按动电动机开关，转锭捻线机即正常转动生产）；

（5）正常生产后，当转锭捻线机中的收线筒子绕满时，停下转锭捻线机，取下满收线筒子，换上空收线筒子继续生产；

（6）如果生产工序是初捻，转锭内应插单纱筒子；如果生产工序是复捻，转锭内应插收线筒子；进行复捻生产时，转锭捻线机转动方向应该与初捻方向的反方向转动，收线筒子转动方向也要改变方向；

（7）本班生产结束后，做好清洁和交接班工作，确保捻线生产持续开展以及生产安全。

第三节　吊锭捻线机操作技术

吊锭捻线机（也称立式捻线机）主要用于中、粗规格线的生产，其加捻通过吊锭的带动来完成，噪声小、效益高。12 锭吊锭捻线机根据功能分成喂给、加捻、卷绕、成型、动力传动和机架 6 个部分，吊锭捻线机系统构成部分及其工作原理参见第二章。吊锭捻线机的操作方法和步骤与翼锭捻线机、环锭加捻机操作基本相似（如打结、清洁工作、交接班等）；但在生头、落线、变换规格等方面有所不同。现将吊锭捻线机操作中的生头方法、落线方法、变换规格方法和巡回方法等操作技术概述如下。

一、生头方法

生头是吊锭捻线机第一次开始生产或者生产中处理断头故障以后或者重新变换规格必然会遇到的操作技术。吊锭捻线机生头方法如下：

（1）生头前必须进行全面检查，用手拨动锭帽转动（若锭帽能转动，则可以进行电动试验。然后以点动方式让电动机启动，锭帽转动。如果锭帽不转动或转动中有异常声响，应该立即关机，检查产生异常的原因并进行排除）当机器空运转 5 min 以上无异常，表明设备正常。

（2）将线股筒子放在插纱架上，引线股穿过导线杆，然后将 3 根线股头合在一起，用手捻成线一段，捻向和线股捻向相反即符合线的捻向要求。

（3）按工艺要求准备捻度变换齿轮或输线盘。用扳手旋下捻度变换齿轮或输线盘上的固定螺母，取下原有齿轮、输线盘，放上准备好的捻度变换齿轮或新输线盘，在捻度变换齿轮上、新输线盘与新输线盘转动轴间加注润滑油，最后旋上固定螺母（固定螺母必须旋紧）。

（4）如果输线是罗拉，把线穿过罗拉，再穿过吊锭中心空轴；如果输线是输线盘，把线直接穿过吊锭中心空轴，然后绕输线盘 3 道。

（5）把线引入吊锭锭帽肩上的导线孔内，通过吊锭锭帽下的帽臂引出，然后绕到筒子上，绕 3~4 道以上，把线头压住（不允许线在筒子上打结固定，因为打结固定后，下工序使用到最后无法处理，造成拉断线或拉坏机械设备）。

（6）最后点动电动机，让吊锭锭帽转几圈，检查设备是否正常（即检查加捻方向是否正确；检查是否正常输送已加捻的线；检查绕线筒子是否正常绕线），若设备全部正常，按动电动机运转按钮运转。绕输线盘时要注意：加捻 S 形与加捻 Z 形的绕输线盘方向不同；绕筒子的方向也不相同。如果绕输线盘和绕筒子方向搞错，线会从输线盘和筒子上反向退出来（因此，实际生产中用手盘动翼锭转几圈，检查方向是否正确非常必要）。按电动机按钮，吊锭捻线机转动，此时还需做好以下两个工作：一是检查电动机转动方向是否与捻线方向要求一致；二是检查卷绕筒子的摩擦力大小；此外，根据收线张力大小检查结果来调整摩擦力大小；检查确认上述工作完全正确或更正错误后再打开吊锭捻线机。

二、落线方法

吊锭捻线生产和其他捻线机一样，当一个筒子绕满线或者绕到规定长度时，需停机取下满筒子，放上空筒子，上述生产工艺过程称为落线。吊锭捻线机落线方法如下：

（1）当筒子绕满进入落线阶段时，在筒子下降到离最低位置还有 1/3 筒子高度时停机；在电动机惯性作用下筒子下降到离最低位置还有 1/4 筒子高度时完全停下；停下的位置必须保证筒子拔出不被锭座中心轴阻挡。

（2）倒转筒子数转，通过吊锭锭帽下的帽臂引出口出的线松弛，然后用手拉线出来近 1 m，剪断；在筒子一端的线头在筒子上打活结固定。

（3）拔下满筒子，插上空筒子，并把（吊锭锭帽下）帽臂引出口出的线端绕到空筒子上。此时应注意线端绕到空筒子上的方向，如果方向绕反了，开机后必然发生线端断头情况。在吊锭捻线生产中，有些企业捻线操作工把线引入吊锭锭帽肩上的导线孔内，通过吊锭锭帽下的帽臂引出后，留下 1 m 左右的线段，不把线段绕到筒子上去，直接开电动机，让锭帽转动，锭帽的转动使留下 1 m 左右的线段利用锭帽转动与筒子转动的速度差产生线段与筒子的摩擦力，让线段自行绕到筒子上去。编者不支持这种操作法，因为这种操作会造成该线段松捻、头端松散。

三、变换规格方法

吊锭捻线机生产中变换规格方法如下：

（1）根据生产工艺准备好生产新规格用的捻度齿轮、输线盘；

（2）停机，换上新规格线股筒子，线股接头统一在插纱架前的某处；然后开机，让线股结头开到吊锭锭帽口处再停下，也可以让线股开到输线盘出口；

（3）用扳手松开捻度齿轮或输线盘的固定螺母，更换新的齿轮或输线盘；再旋上固定螺母，然后开机，让线股结头开到筒子内绕上5~6圈，再停下；

（4）拿下绕线筒子，用捻度机测试新规格线的加捻程度是否合乎工艺要求，合乎工艺要求的可以开机；不合乎工艺要求的需要重新调换捻度齿轮或输线盘。

值得注意的是，每次开机前必须转动吊锭锭帽若干转，检查绕线筒子卷绕是否正常，确认绕线筒子卷绕正常后方可拉上安全罩开机。

四、收线张力调整方法

吊锭捻线机的收线张力实际上是吊锭帽臂引出的线拉动筒子转动的力。吊锭捻线机的收线张力将调整、阻止筒子转动。

吊锭捻线机收线张力调整方法如下：

（1）皮夹头阻尼。皮夹头阻尼是利用皮夹头内的皮与金属盘之间的摩擦，两者产生摩擦阻力转变成阻尼作用；吊锭通过线股拉动筒子，筒子座在锭盘上受阻尼作用影响线股收线张力大小。一般只要旋紧或放松皮夹头的调节螺栓，皮夹头阻尼就会发生变化。调紧调节螺栓，收线张力加大；放松调节螺栓，收线张力减小。若旋紧或放松皮夹头均对调节螺栓不起作用，可能是皮夹头内的"皮"已经失效；此时，必须将皮夹头内的"皮"拿出来重新打磨，把表面一层打滑层磨掉或者换上新皮。

（2）摩擦片阻尼。摩擦片阻尼是利用锭盘、锭盘下面的摩擦片与锭盘底座三者之间摩擦产生的摩擦阻力转变成阻尼作用影响收线张力大小；一般只要将锭座内的摩擦片拿出来，用清洁的回丝或者擦车布等清洁摩擦片、锭座、筒子座的摩擦面；如果摩擦片、锭座、筒子座捻油污严重，需用煤油、汽油或乙醇等试剂清洗、风干（不允许摩擦片沾油）；如果摩擦力不够，应增加摩擦片。调整重量虽然能调节张力，但因增加或减少重量操作复杂，在实际生产中一般不采用该方法调节张力。

（3）电磁力阻尼。电磁力阻尼是锭盘内的线圈通电，产生磁场吸铁引力，吸铁引力与筒子座产生电磁力阻尼，阻尼作用影响收线张力大小。通常，影响收线张力因素比较少，一般只要调节直流电的电压，电压调大，收线张力增大；电压下降，收线张力减小。如果反复调节直流电流的电压不起作用，应该测量电压值或调换电阻器。

五、巡回方法

企业用吊锭捻线机机台比较少，一般一个操作工看管一台吊锭捻线机。如果吊锭捻线机是单面操作的巡回路线，需要采用左右往返来回的简单巡回路线，平时只是某点站立观察即可；如果吊锭捻线机是双面操作的巡回路线，需要采用两点轮流站立观察方法，采用顺时针转或逆时针转逗圈巡回路线。

吊锭捻线机巡回操作坚持以看为主，发现异常情况应及时处理，听到异样声响立即停机检查（停机检查线股是否拉断、线股滑出筒子或卷绕发生问题），确保人身安全和正常生产。

第四节　翼锭捻线机操作技术

翼锭捻线机（也称卧式捻线机）可以捻制直径 2.0~4.0 mm 的线，其加捻过程是通过锭子的锭翼牵动着线股旋转完成加捻，将 3 根线股并合、加捻后制成捻线。翼锭捻线机系统构成及其工作原理参见第二章。翼锭捻线机操作其方法与环锭加捻机操作基本相似（如打结方法完全相同），但是在生头方法、落线方法、变换规格方法等方面有所不同。我们将翼锭捻线机的操作步骤分成生头方法、换小筒子方法、落线方法、变换规格方法、清洁方法、交接班方法等部分。由于翼锭捻线机的结构是卧式平面结构，每台机只有 2 只锭子，因此，一名操作工人需要管理 4~6 台翼锭捻线机。

一、生头方法

生头是翼锭捻线机第一次开始生产或者生产中断头故障以后或者重新变换规格后必然会遇到的操作技术。翼锭捻线机生头方法如下：

（1）分别打开 3 只小筒子后门关闸，将中心轴拉出，套上绕满线股的小筒子，小筒子与小筒子法兰钩牢，推进中心轴，关上小筒子后门关闸。

（2）分别将 3 只小筒子上的线股穿过导线杆葫芦与旋转法兰，从传动齿轮中心孔内穿出，然后将 3 根线股头合在一起，用手捻成线一段（线捻向和线股捻向相反）。

（3）按捻线工艺要求准备输线盘；用扳手旋下中心轴搁脚上的固定螺母，取下中心轴搁脚，再取下原有的输线盘，放上准备好的新输线盘，在新输线盘与新输线盘转动轴间加注润滑油，最后盖上中心轴搁脚，旋上固定螺母（固定螺母必须旋紧）。

（4）把线穿过线模，再穿过中心空轴，绕输线盘 3 道，然后把线引过锭翼上的 2 只导线葫芦，绕在筒子上，绕 3~4 道以上，把线头压住（不容许线在筒子上打结固定）。

（5）最后用手盘动翼锭锭翼转几圈（检查加捻方向是否正确，输线盘是否正常输送已加捻的线出输线盘，绕线筒子是否正常绕线），所有工艺经检查全部正常后拉上安全防护罩。

（6）加捻 S 形与加捻 Z 形的绕输线盘方向不同，绕筒子方向也不相同，如果绕输线盘和绕筒子方向搞错，线会从输线盘和筒子上反向退出来。因此，用手盘动翼锭转几圈，检查方向是否正确非常必要。

（7）按电钮启动电动机，推上离合器开关手柄，翼锭捻线机的一个锭子正常运转。如果运转不正常，运转应立即停止。此时，还需做好以下两个工作：一是检查电动机转动方向是否与捻线方向要求一致；二是检查卷绕主动皮带盘的摩擦力大小，根据收线张力大小调整重锤的位置或重锤的重量；检查确认上述工作完全正确或更正错误后再打开翼锭捻线机。

二、换小筒子方法

翼锭捻线机换小筒子方法如下：

（1）当小筒子上的线股退绕到仅留十余圈时，拉下离合器开关手柄，让翼锭停止转动，切不可按电源开关"关"。如果按电源开关"关"，翼锭捻线机两个翼锭中的另一个不应该停的翼锭也停止转动。

（2）翼锭停止转动后，要确保小筒子上的线股仅剩 3~4 圈。

（3）选择要换的小筒子，把小筒子上的所剩几圈线股拉出来，一手打开小筒子后门关闸，另一手把小筒子从小筒子中心轴上推出，取下空小筒子，装上满小筒子，把小筒子中心轴复位，让小筒子后门关闸关闭。

（4）将拉下的线股头与满小筒子的线股头打结，一般打单死结，粗线打分股单死结，因为分股单死结在线上凸出比较小，方便今后的织网工作。

（5）转动小筒子收紧线股，把小筒子钩挂在小法兰盘上，再转动小筒子直到线股收紧。

（6）3 只小筒子都换好后，拉上防护罩，就可以推上离合器开关手柄，让翼锭转动。

值得注意的是，装小筒子的方向、出线股的方向一定与导线杆转动方向相同，导线杆转动后线股绕到小筒子上去（因为没有线股可绕，只能牵着小筒子转动，形成对线股的张力）。

三、落线方法

绕线筒子绕线满了要及时落下，不然容易打头出乱。翼锭捻线机落线方法如下：

（1）绕线筒子绕线满了后及时拉下离合器开关手柄，待翼锭停止转动，推开翼锭安全罩。

（2）一手拉绕线筒子前端的线，另一手推动绕线筒子，使绕线筒子倒转几转；横移绕线筒子与空心轴法兰脱钩，在绕线筒子前面剪断绕线；绕线筒子的线头在绕线筒子上打个抽结等活结固定。

（3）一手打开中心轴后门关闸，另一手推出中心轴，取下绕线筒子。

（4）换上空绕线筒子，推进中心轴，随手关上中心轴后门关闸。

（5）将线头绕在绕线筒子上，绕线筒子钩住空心轴，转动绕线筒子收紧线（不能让线从输线盘上掉下来）。

（6）用手转动翼锭若干转，绕线筒子卷绕正常，输线盘输线正常，拉上安全罩即可推上离合器开关手柄开机。

（7）落下的满绕线筒子应堆放在指定的地方，按规格型号分类、摆放整齐。筒子单独堆高一般不得超过 4 只，聚堆堆高一般不得超过 8 只，最上面 2 只要求与邻堆筒子相互交错堆放，确保捻线生产人身安全。

四、变换规格方法

翼锭捻线机变换规格方法如下：

（1）根据生产工艺要求准备好生产新规格用的线模、输线盘。

（2）停机，按换小筒子的方法换上新规格线股小筒子；线股接头统一在导线杆葫芦前 5 cm 左右的地方；然后开机，让线股结头开到线模口再停下。

（3）用扳手松开线模的固定螺母，更换新的线模；然后开机，让线股结头开出输线盘，到达绕线筒子前再停下，再用扳手拧紧线模的固定螺母。

（4）倒转绕线筒子，让在输线盘上的线松弛；用扳手扳松中心轴搁脚上的 2 个螺帽，拿下中心轴搁脚；然后拿下输线盘，换上新规格用的输线盘（注意，装新输线盘前要给新输线盘轴孔内加注润滑油）；最后盖上中心轴搁脚，用扳手拧上螺帽（要求螺帽拧紧，输线盘不被卡死）。

（5）输线盘装好后试开机，看生产的线是否正常；如正常可再开 5~6 m 停机；按落线方法卸下绕线筒子，装上空绕线筒子（注意清洁卫生，不要让油污手碰脏了线。弄脏的线要及时剪去，确保产品外观质量，避免生产油污线）。

（6）拿下绕线筒子，用捻度机测试新规格线的加捻程度是否合乎工艺技术要求，如果合乎捻线工艺技术要求，就可以开机操作；如果不合乎捻线工艺技术要求，则需要重新调换输线盘。

值得注意的是，每次开机前必须转动翼锭若干转，检查绕线筒子卷绕是否正常；确认正常后再拉上安全罩，然后推上离合器开关手柄、开机生产，确保人身生产安全。

五、清洁方法

翼锭捻线机转速高、震动大、经常需要在各转动处加注润滑油，导致翼锭捻线机上油渍多，因此，做好翼锭捻线清洁工作特别重要。每天下班前都要停机进行清洁工作。翼锭捻线机清洁方法如下：

（1）停机，关掉翼锭捻线机电动机电源开关，用长柄毛刷刷清防护罩上、机内挡板和机架上的灰尘。

（2）用抹布或回丝等擦干净齿轮、锭翼、小筒子导线杆、皮带盘和主轴上的油污及灰尘。

（3）用细铅丝等工具疏通、清除所有油眼内的杂质，并重新加注润滑油。

（4）如果生产场地地面有油污淤积，则需要采用撒木屑等方法吸油去污，并用铲刀等工具铲去淤积，最后扫除地面垃圾，确保生产场所整洁干净，创造舒适的生产环境。

六、巡回方法

因为一名操作工人需要管理4~8台翼锭捻线机，所以操作工在生产中不能随便走动，要根据翼锭捻线机布局安排，按规定的巡回路线（如顺时针巡回路线、逆时针巡回路线、"一"字形往返巡回路线、"S"形巡回路线、"Z"形巡回路线、"m"形巡回路线、"口"字形巡回路线等）。巡回的目的是及时处理生产故障，合理安排落线时间和更换小筒子时间、合理安排体力做好各项工作，以提高产品质量、确保生产安全；正确的翼锭捻线机巡回方法为提质增效提供有力保障。

第五节　卧式双捻捻线机与三捻机操作技术

随着智能农机装备技术的发展，线企开始追求并采购生产能力更高、生产周期更短、生产更灵活方便、产品质量更好的捻线设备。适应线企的高效生产要求，人们设计开发了双捻捻线机与三捻机。双捻捻线机（也称倍捻捻线机）按自由端纺纱原理转一圈、网线上加两个捻回加工设计，因此，双捻捻线机产量可以较环锭捻线机等捻线机增加一倍。三捻机生产时，当锭子旋转一周，线将获得3个捻度。双捻捻线机与三捻机的成功是对传统捻线技术的一次改进。双捻捻线机有立式、卧式等多种形式，在网线（尤其是大规格捻线）生产中多采用卧式双捻捻线机。卧式双捻捻线机结构上分为插纱、加捻、卷绕成型、动力传动和机架5个部分。双捻捻线机与三捻机的操作技术参见产品设备说明书或咨询设备生产企业，这里不再赘述。

第六节　捻线机维护保养技术

在捻线生产中，全面系统地维护保养捻线机是确保操作工人身安全、提高捻线生产效率、产品质量和经济效益的重要环节。捻线机维护保养贯彻的是预防为主的方针，把操作、维护和保养三者有效结合起来。捻线机维护分保全、保养和小修理三级。个别网线企业因设备少、任务忙，往往忽视捻线机的上述三级维护保养技术工作，直到捻线机坏了再去修理，导致捻线机损坏严重、修理停机时间长，情况严重时直接影响生产、贸易的正常进行。本节概述捻线机维护保全项目、维护保养项目、维护小修理项目、捻线机常见机械故障、捻线机的安全生产。

一、捻线机维护保全项目

捻线机维护保全项目包括大修理、小修理、校滚筒和校锭子等。

1. 大修理

大修理需要停机 5~7 天。将捻线机全部或大部机件如机头部分机件、所有滚筒、所有羊脚等拆下（也可根据视修理目的需要而定），彻底清洁、修理、替换磨损超过限度的零件，然后正确平正、装配、调整。经大修理后的捻线机生产性能显著好转，对捻线企业起到提质增效的效果，因此，企业在实际生产中一定要注重捻线机的大修理工作。

2. 小修理

小修理需要停机 3~4 天。只将捻线机的机头部分、部分滚筒、部分羊脚等机件拆下，然后进行检修、调换已损零件，同时进行机械生产性能调整。小修理对捻线产品品质提高有帮助，企业在实际生产中一定要注重捻线机的小机修工作。

3. 校滚筒

校滚筒需要停机 1~2 天。更换已磨损滚筒，为轴承清洗添加润滑油；校正滚筒偏心，调整滚筒轴，使滚筒运转灵活，消除滚筒振动。校滚筒既能免除因振动产生的噪声，又能实现企业生产的节能降耗，还能为操作工创造舒适的工作环境。

4. 校锭子

校锭子需要停机 1~2 天。对捻线机上的所有锭子，逐只进行锭胆清洗、加油；调整锭子中心，使锭子中心、钢令中心、导纱钩（虾米螺丝钩）中心三心重合，消除锭子摇头现象，减小股线张力变化波动，降低断头率，提高产品整体质量。

二、捻线机维护保养项目

捻线机维护保养项目包括运转检修、揩车和加油等。

1. 运转检修

定期停机一个班实施运转检修，也可以在每年的劳动节、国庆节、中秋节、春节等企业放假期间进行。主动对一些易损或易发生故障的零件进行定期的检查、修理或更换，以预防为主，发现问题及时处理，提高设备的运转率，保障生产高效安全。

2. 揩车

定期停机 1~2 h，清除机器运转时不易揩擦部分的灰尘、回丝，并视需要加注润滑油，减少机器磨损、节约用电。揩车保养可为操作工创造舒适的工作环境，减少外观疵品发生率。

3. 加油

定期检查机件容易磨损部分，对摩擦部分加注适量的润滑油，减少机件不应有的磨损和发热现象。加油保养可延长设备及其备件使用寿命、保障生产高效安全，实际生产中一定要重视该保养工作。

三、捻线机维护小修理项目

捻线机维护小修理项目如下：

（1）机修工或操作工负责当班发生捻线机的零部件的校正、更换，确保生产正常进行。

（2）机修工或操作工负责当班产品变换时的皮带盘、齿轮的更换，确保生产正常进行。

根据编著人员及其合作单位的长期经验，捻线机维护保养周期如表 3-3 所示，供网线企业参考。企业实际生产中，捻线机的新旧和规格型号不同、使用频率不同、所处作业环境不同、操作人员技能不同等，因此，影响捻线机维护保养周期因素很多，企业应灵活调整捻线机的维护保养周期。

表 3-3　捻线机维护保养周期

项目	加油	锭子加油	揩车	校钢令板	运转检修	校罗拉	校锭子	校滚筒	小修理	大修理
周期	1 周	1 个月	1 周	3 个月	4 个月	6 个月	6 个月	2 年	3 年	6 年

注：企业应根据设备情况、使用频率和作业环境等灵活调整保全和保养周期。

四、捻线机常见机械故障

捻线机长期使用后，难免会因磨损、震动等原因出现一些机械故障。捻线机操作工对使用设备的常见机械故障应该非常熟悉。机械故障一旦发生，操作工自己能排除的抓紧自己解决，不能解决的马上通知机修工及时修复，保证产品质量，减少空锭、停机造成生产损失，影响产能。现将捻线机常见机械故障（如罗拉跳动、锭子摇头、传动齿轮有噪声和全台钢令板不动等）及其产生原因分析如下。

1. 罗拉跳动

罗拉跳动的原因为：①罗拉座与罗拉颈内有异物阻塞；②罗拉颈长期缺油，磨损；③罗拉本身弯曲；④罗拉颈偏心，等等。

2. 锭子摇头

锭子摇头的原因为：①筒子损坏，某部分重量不对称；②筒子中心孔扩大；③锭座内长期缺油，磨损锭杆；④锭胆弹簧松弛或断裂；⑤锭杆弯曲。

3. 传动齿轮有噪声

传动齿轮有噪声的原因为：①传动齿轮啮合过紧；②传动齿轮是第一次使用的新齿轮或加工毛糙的齿轮；③传动齿轮上无油；④齿轮轴弯曲或磨损，等等。

4. 钢令板上升到顶端或下降到底端有停顿现象

钢令板上升到顶端或下降到底端有停顿现象的原因为：①成型凸轮的最大半径或最小半径处磨损过大，使小转子接触时间过多；②涡轮涡杆磨损过大；③牵引链条盘的轴孔空隙偏大；④平衡重锤落地造成重量不足或平衡重锤与地面接触，等等。

5. 全台钢令板不动

全台钢令板不动的原因为：①成型传动齿轮没有啮合；②涡轮涡杆没有啮合；③成型凸轮的键销脱落；④琵琶架上的链条断掉，等等。

6. 钢令板升降抖动

钢令板升降抖动的原因为：①羊脚与羊脚套筒间空隙超过允许公差，羊脚在羊脚套筒内引起抖动；②羊脚套筒的固定螺母松动，使羊脚套筒位置不正，产生抖动；③生产规格过大，超过机器负荷，表现在钢令板抖动，等等。

7. 捻线机工作中一处的两块钢令板接口凸起

捻线机工作中一处的两块钢令板接口凸起的原因为：①羊脚托臂下有异物；②平衡重锤下有异物，等等。

8. 钢令板升降快慢不规则

钢令板升降快慢不规则的原因为：①平衡重锤放置位置不正确、或重锤重量配比不合适，使钢令板与平衡重锤重量不平衡；②羊脚套筒内有异物或缺油，使羊脚上下运动不通畅；③成型凸轮不圆滑，与小转子接触不良；④羊脚杆弯曲；⑤琵琶架支承轴磨损；⑥成型传动中的传动齿轮、涡轮涡杆的固定螺栓松动，等等。

9. 捻线机工作中半台机的锭子断头

捻线机工作中半台机的锭子断头的原因为：①罗拉齿轮的键销脱落；②罗拉断裂，等等。

10. 捻线机工作中整台机的所有锭子断头

捻线机工作中整台机的所有锭子断头的原因为：①琵琶架上的链条断掉，整台机的钢令板突然掉下；②滚筒齿轮、捻度齿轮、罗拉齿轮等传动齿轮中某个齿轮的键销脱落，使罗拉停转不能喂纱、喂股线，等等。

11. 捻线机工作中钢令板突然下跌

捻线机工作中钢令板突然下跌的原因为：①工作中琵琶架上的链条断掉；②链条搁脚架断裂；③羊脚托臂被外来异物顶断，等等。

12. 线过多不规律断头

线过多不规律断头的原因为：①钢令板表面不清洁、油污多；②铜丝钩（尼龙钩）规格不统一；③钢令板内少油或加油不匀；④钢令板磨损毛糙；⑤插纱架位置排列不合适，互相勾挂；⑥导纱钩磨损起槽割线，等等。

上述是捻线机的几种主要常见机械故障及其原因，操作工要根据不同情况加强预防或采取有效措施，如及时关机，不要让故障扩大；关机后立即检查原因，有异物的拿掉、螺栓松动的给予旋紧、位置变动的给予调整，操作工自己解决不了的机械故障需要请机修工及时解决。操作工在工作中应随时注意设备操作台面（即机面）和地面清洁，防止杂物、纱线等转进罗拉颈内；防止筒管等其他杂物滚入设备底部，防止碰到平衡重锤、羊脚托臂造成损坏。经常检查捻线机的油盒内是否缺油（油盒不缺油可以保证传动齿轮和部分转动轴与轴承不缺油），保证捻线机正常运转，有效延长设备稳定工作时间。

五、捻线机的安全生产

所谓"安全生产"，是指在生产经营活动中，为了避免造成人员伤害和财产损失的事故而采取相应的事故预防和控制措施，使生产过程在符合规定的条件下进行，以保证从业人员的人身安全与健康，设备和设施免受损坏，环境免遭破坏，保证生产经营活动得以顺利进行的相关活动。保护劳动者的生命安全和职业健康是安全生产最根本、最深刻的内涵，是安全生产本质的核心，因此，捻线企业一定要建立安全生产长效管理机制，以保障人身财产安全、保证生产经营活动得以顺利进行。

1. 捻线机安全生产的重要性

因捻线生产涉及捻线机的操作维护保养等各项工作，因确保捻线机生产安全非常重要，捻线企业为此应建立安全组织机构、明确安全职责分工、抓好安全落实工作、保障安全监督畅通。捻线机操作生产中必须做到："不伤害自己；不伤害别人；不被别人伤害"。企业应建立安全制度体系（包括安全管理基本制度、安全保障制度、安全责任制度、安全资金制度、安全推进制度、安全异常问责制度、安全效果评估制度）。捻线机是通过电动机带动进行不停息运转的机械，如操作不慎，随时有发生机械或人身事故的危险（由于捻线车间存放化纤原料，捻线车间到处有纤维上分离的短纤维，机器上容易堆积短纤维、油污，如机械故障发热或烟火带入车间极易引起火灾）。一旦发生机械或人身事故、发生火灾既会给企业造成巨大损失，又会给个人带来损失和痛苦，因此，重视安全生产是企业生产第一要点，重视安全生产是百年大计，切不可掉以轻心。

2. 环锭捻线机和吊锭捻线机安全操作

捻线机型不同、生产网线的规格型号不同，其安全操作要求也不相同，现将环锭捻线机和吊锭捻线机安全操作要求概述如下。

（1）危险部位

吊锭捻线机和环锭捻线机的危险部位为：①滚筒；②锭子；③罗拉；④筒管；⑤吊锭；⑥电器控制箱；⑦锭带盘与锭带；⑧钢令与钢令钩；⑨电动机皮带盘与传动皮带；⑩机头齿轮箱内传动齿轮，等等。

（2）安全操作措施

吊锭捻线机和环锭捻线机安全操作应采取的措施为：①进线模口不能用手去触摸；②凡是转动部分都不容许用手去触摸；③有毛刺边、损坏的筒管及时剔除，以免手被割伤；④皮带传动处、齿轮外表、锭翼外必须安装防护罩，皮带、齿轮、锭翼转动时不能打开防护罩；⑤机头齿轮箱在运转时一般不能打开，必须打开时也只能看，不可用手去触摸齿轮等转动部件，以免发生伤害；⑥凡需要处理转动部分（如罗拉）的单纱、线股、线，要用专用钩刀去勾，不能用手去拉扯。没有把握的必须停机处理；⑦安全使用钩刀很重要；钩刀一定要锋利，迟钝的钩刀容易出事，不能使用；右手使用钩刀时，左手一定要让开，防止钩刀滑到左手上被伤害；钩刀钩筒子上的单纱、线股、线时，左手一定不能在刀前捏筒子，要在刀后捏筒子；操作时必须做到"刀在前，手在后，思想集中，用力适当"。

（3）安全操作规则

除采取上述安全操作措施外，为保证操作工安全，在吊锭捻线机和环锭捻线机运转中，操作工还必须切实执行下列各项安全操作规则：①机器运转时，如突然有异常声响、异常焦臭味，必须立即关机检查；②电气发生故障，一定要让持证电工处理，不得自行修理，以免触电；③上锭带时，要注意脱着锭带盘收紧；不能用手硬拉，以免锭带伤手；④纱、线缠绕到下罗拉上时，不可用手去拉扯，应以专用的钩刀钩除；⑤挡车时，应随时注意机肚内（设备内部）有否杂物进入，如筒管进入，会轧断升降的羊脚托脚；会碰掉平衡重锤；⑥锭子运转时，不准用手指接触筒管、钢令钩；不允许面对锭子下蹲，以免钢令钩飞出打中眼睛或脸部；⑦捻线机运转时揩擦设备，只可揩擦筒子架、固定不动的外罩、机架等；罗拉、锭子、齿轮、锭带、滚筒、锭带盘搁脚等转动部分只能在机器停下以后方可进行揩擦；⑧进车间前，操作工都应戴工作帽，特别是女操作工不得让松散的长发外露在工作帽外，以免头发与纱、线发生缠绕伤害。操作工需穿工作服、工作鞋，不允许赤膊，不允许穿背心、衬衫、裙子和拖鞋进入车间；⑨开机前，应先检查机械是否有故障，开机时首先要通知靠近机旁的有关人员，不能任意突然开机，以免伤害他人（最好是先点动一下，如无反应，才能开机，以防万一）；⑩锭带断裂，必须立即抽取断锭带，以免断锭带卷到滚筒上造成断滚筒；如果断锭带已经卷到滚筒上，应立即关机（抽取断锭带可确保滚筒不发热断裂），避免抽取断锭带时发热起火。

3. 翼锭捻线机安全操作

翼锭捻线机安全操作涉及危险部位和安全操作规则，现将相关内容概述如下。

（1）翼锭捻线机危险部位

翼锭捻线机危险部位为：①进线模口；②差动齿轮；③筒子轴后门关闸；④锭翼及外面的防护罩；⑤电动机皮带盘、翼锭皮带盘与传动皮带。

（2）翼锭捻线机安全操作规则

翼锭捻线机安全操作规则为：①进车间前，操作工都应戴好工作帽；特别是女操作工不得使松散的长发外露在工作帽外，以免头发与纱、线发生缠绕伤害；操作工还要穿工作服、工作鞋，不允许赤膊，不允许穿背心、衬衫、裙子和拖鞋进入车间。②调换股线筒子后要检查筒子轴后门是否关好。③调换股线筒子后必须拉上防护罩才能开机。④捻线机运转后，除必须的巡回检查外，操作工不要站在车弄内，以防筒子飞出。⑤不能用手去摸进线模口，防止模口进线吸引力将手指吸入（要将送线头入模口，必须两指捏线，线头与捏线两指必须保持 10 cm 以上距离）。

4. 防火措施

捻线车间的防火措施为：①建立捻线车间防火安全制度；②企业与同捻线车间各班组签订防火安全责任协议书；③汽油、煤油及其他易燃物必须放置在指定安全地点；④严格遵守加油制度，发现有不正常发热现象应立即停机修理；⑤建立一支由企业负责人、车间主任、班组长、操作工、工人组成的义务消防队；⑥严格控制捻线车间火源，禁止明火进入车间，严禁在生产车间内吸烟，严禁乱拉乱接电源电器，严防电器线路引起火灾；⑦定期学习消防知识和检查消防器材，工人应熟悉车间消防器材位置和使用方法，在宣传黑板上宣传发生火灾事故的教训；⑧捻线车间按防火平面布置图，落实消防器材，挂设防火标志；如果必须在车间进行明火操作，需要配备灭火器材，灭火器材需有专人看管；⑨捻线车间施工现场明确划分用火作业区域，施工现场夜间配有照明设备，并保持消防通道畅通，安排义务消防队值班，严格执行《施工现场电气安全管理规定》，加强电源管理，防止发生电气火灾，等等。

第四章 捕捞与渔业工程装备用捻线
工艺设计技术

捻线在远洋拖网渔具、深远海养殖网箱、离岸养殖藻类等领域中广泛使用,且要求普通产品价格适中、特种产品性能突出等,导致本领域用捻线工艺与质量具有特殊性(与纺织等其他领域区别较大)。捻线工艺与质量直接关系到产品质量、生产效率和经济效益。本章对捻线工艺优化设计与理论计算、捻线生产流程进行介绍,以便为捕捞与渔业工程装备领域捻线工艺优化设计提供参考。其他领域捻线工艺优化设计技术可参考装备机械领域的文献资料。

第一节 捻线工艺优化设计与理论计算

捻线工艺通常包括产品的名称、规格、组织结构、工艺流程、生产设备调整变化要求,如用什么型号的捻线机、捻线机的阶段牙、捻度牙、辊筒速度、锭子速度、罗拉速度及尼龙钩或者输线盘尺寸规定,生产操作注意事项等。捕捞与渔业工程装备等领域中捻线工艺直接关系到产品质量、生产效率、经济效益及其生产安全性,因此,捻线工艺优化设计及其理论计算非常重要。捻线工艺是人们长期生产实践和理论技术的总结,它随着捻线产品规格型号、基体纤维种类、捻线机型号规格、产品使用环境以及产品质量要求等综合因素而改变。每个捻线企业一般都有自己独特的生产工艺,捻线工艺标志着一个捻线产品生产的开始,捻线工艺可根据实际生产情况进行调整、优化。在研制捻线新产品时,一般根据理论或实践经验预先设计好新产品工艺方案,然后一边生产、一边调整、一边优化,直至生产工艺熟化、完善和完美为止。捻线工艺是企业经验的总结和智慧的结晶,技术人员受领导或委托方等委托,针对特定产品制定捻线工艺方案,然后企业以书面、短信、微信和告示等形式告知捻线操作工优化设计及其理论计算结果。捻线工艺方案明确规定加工捻线产品工艺技术参数、规格型号、所用基体纤维种类、捻线机的型号种类、捻线产品潜在使用环境以及产品质量要求等,以保证成批产品质量的统一,满足合同或产业通用技术要求。

一、线密度设计及其理论计算

捻线由(基体)纤维、单纱及线股等加工而成,纤维、单纱及线股的粗度通常用支数或线密度来表示。粗度的广义为粗细以及粗度，即包括相对粗细的"粗度"和绝对粗细的几何形态尺寸（直径或截面积）。纤维、单纱及线股的粗、细程度称为粗度，以单位长度的重量或单位重量的长度以及直径、横截面积等表示，表示粗度的常用单位有支数、旦和特。在纺织材料学中，线（或纤维）的粗度又称为线（或纤维）的细度，捻线的粗度直接决定着后续网片的规格、品种、用途和物理机械性能等。若捻线的粗度用单位质量所具有的长度来表达（支数），则值越大线越细，值越小线越粗。捻线粗度指标是描写捻线粗细的指标，有直接和间接两种，直接指标是捻线粗细的指标，一般用捻线直径或截面积表示；间接指标以捻线质量或长度确定，分为定长制线密度［特（克斯），tex］、纤度［旦（尼尔），D］和定重制的公制支数（公支）与英制支数（英支），间接指标无界面形态限制。单丝粗度还可以直径来表示。线密度使用公制单位，是国际标准化组织（ISO）建议各国采用的单位，我国已将线密度作为常用法定计量单位中一个量的名称。在渔具及渔具材料上，线密度用来表示纤维、单纱的粗度。纤维、单纱单位长度的质量称为线密度，线密度又称纤度。纤维、单纱及线股在公定回潮率时的质量称为标准质量，符号 G_k，单位为 g。纤维、单纱及线股单位长度的重量称为线密度，单位用"特""千特"或"旦"表示，符号 ρ，线密度计算按公式（4-1）进行：

$$\rho = \frac{G_k}{L} \tag{4-1}$$

式中：ρ——纤维、单纱及线股的线密度（g/m）；
G_k——纤维、单纱及线股的标准质量（g）；
L——纤维、单纱及线股的长度（m）。

当纤维、单纱及线股每 1 000 m 长度的重量克数称为特克斯（tex），特克斯简称特，它是特克斯制时的线密度单位，符号 tex。线密度与标准质量、长度的关系可用公式（4-2）来计算：

$$\rho_x = 1\ 000\ \frac{G_k}{L} \tag{4-2}$$

式中：ρ_x——纤维、单纱及线股的线密度（tex）；
G_k——纤维、单纱及线股的标准质量（g）；
L——纤维、单纱及线股的长度（m）。

纤维、单纱及线股长度为 1 000 m，其质量为 1 g，则线密度 ρ_x 为 1 tex。如果 1 000 m 其质量为 36 g，则线密度 ρ_x 为 36 tex，其余类推。"tex"的倍数或约数称"毫特"（mtex）、"分特"（dtex）、"千特"（ktex），即换算关系如下：

1 mtex = 1 mg/km；1 dtex = 1 dg/km；1 ktex = 1 kg/km。

在渔具及渔具材料的进出口贸易中，线密度单位有时还用"旦（尼尔）"。西方国家以纤维、单纱及线股每 9 000 m 长度的重量克数称为旦尼尔，符号 D，以公式（4-3）表示。纤维、单纱及线股 9 000 m 的质量为 1 g，则线密度 ρ_d 为 1 D。如 9 000 m

的质量为 380 g，则线密度 ρ_d 为 380 D，其余类推；相关线密度与标准质量、长度的关系可用公式（4-3）来计算：

$$\rho_d = \frac{9\,000G_k}{L} \qquad (4-3)$$

式中：ρ_d——纤维、单纱及线股的线密度（D）；

G_k——为纤维、单纱及线股在公定回潮率时的质量，即标准质量（g）；

L——为纤维、单纱及线股的长度（m）。

由公式（4-2）和公式（4-3）可得线密度 ρ_x 和 ρ_d 的换算关系式：

$1\rho_d = 9\rho_x$；$1\rho_x = 0.111\rho_d$。

如果 $\rho_x = 1$ tex，则 $\rho_d = 9$ D，即 1 tex 与 9 D 相当。又如 $\rho_d = 380$ D，则 $\rho_x = 0.111 \times 210 = 42$ tex，即线密度 380 D 与 42 tex 相当。纤维、单纱每克重量的长度米数称为公制支数，简称公支，符号 N_m，以公式（4-4）进行计算：

$$N_m = \frac{L}{G_k} \qquad (4-4)$$

式中：N_m——公制支数（m/g）；

L——纤维、单纱及线股的长度（m）；

G_k——纤维、单纱及线股的标准质量（g）。

公制支数与特克斯数、旦（尼尔）数的转换关系，以公式（4-5）进行计算。

$$N_m = \frac{1\,000}{\rho_x} = \frac{9\,000}{\rho_d} \qquad (4-5)$$

式中：N_m——公制支数（m/g）；

ρ_x——纤维、单纱及线股的线密度（tex）；

ρ_d——纤维、单纱及线股的线密度（D）。

如果单纱 N_m 为 6 m/g，那么 1 g 质量的单纱长度为 6 m。如果 N_m 为 66 m/g，那么 1 g 质量的单纱长度为 66 m，以此类推。由此可知，同种材料的纤维或单纱，其支数越大，表示材料越细；支数越小，表示材料越粗。利用公式（4-2）可进行公制支数与特克斯数、旦（尼尔）数的转换，如 PVA 短纤纱 N_m 为 50 m/g，则由公式（4-2）可计算出 PVA 短纤纱的特克斯数为 $\rho_x = 1\,000/50 = 20$ tex，旦（尼尔）数为 $\rho_d = 9\,000/20 = 450$ D。需要指出，用线密度或公制支数来比较纤维、单纱及线股的粗度，仅适用于比较同种材料（即密度相同）的纤维、单纱及线股的粗度才是正确的。密度相同的材料，线密度越小，单纱越细；支数越大，单纱越细。对于不同材料，由于密度不同，即使线密度或支数相同，但因横截面不同，密度小的纤维、单纱及线股则较粗，密度大的纤维、单纱及线股则较细。

捻线生产工艺中规格一项，要列出所用纤维名称、规格。纤维名称一定要按国家标准规定的名称统一使用，如聚乙烯、聚丙烯、聚酰胺、聚乙烯醇等；不使用民间使用的商品名称，如乙纶、丙纶、尼龙、锦纶、维尼龙，等等。纤维规格一般用"线密度"表示规格单位，称为"号"（例如聚乙烯单丝线密度为 36 tex，读作

"36 号聚乙烯单丝"。表示该单丝是聚乙烯纤维，规格是 36 tex，表示 1 000 m 长的该单丝重 36 g）。以往纤维规格单位有"英支（S）""公支（N）""旦（尼尔）（D）""直径（mm）"，等等，现在不少企业还在使用，它们之间的相互关系如表 4-1 所示。

表 4-1 公支、号数、纤度、英支相互转换关系

已知	定义	转换为			
		公支 N =	号数 tex =	纤度 D =	英支 S =
密度（号数）（tex）	1 g/1 000 m	1 000/tex	1	tex×9	590.6/tex
细度（公支数）（N）	1 m/g	1	1 000/N	9 000/N	0.590 6N
纤度（旦数）（D）	1 g/9 000 m	9 000/D	D/9	1	5 319/D
细度（英支数）（S）	1×840yd/lb	1.693 2/S	590.6/S	5 319/S	1

[示例 4-1] 已知聚酰胺复丝规格是 210 D，问它合多少公支？多少号数？

解：由表 4-1 可见，聚酰胺复丝规格的由旦数换算成公支：

聚酰胺复丝的公支数 = 9 000/D = 9 000/210 = 42.8（公支）

由表 4-1 可见，聚酰胺复丝规格的由旦数换算成号数：

聚酰胺复丝的号数 = D/9 = 210/9 = 23.3（号）。

综上，210 D 的聚酰胺复丝合 42.8 公支、23.3 号。

在捻线生产工艺中，股或线的规格用丝、纱的号数（tex）加"/"或"×"再加丝、纱根数表示，不用总线密度表示（如用"PE 36 tex/5×3"或"PE 36 tex×5×3"表示，不用"PE 540 tex"表示）。在混合捻线生产工艺中，混合线的规格号数（tex）也用上述方法表示，（如用"PE 36 tex/15+PVA 20 tex/3×3"或"PE 36 tex×15+PVA 20 tex×3×3"表示。值得注意的是，在混合捻线生产工艺中，混合线规格名称排列上按多少顺序排列，即不论捻线用基体纤维有多少品种，均是以用纱、丝根数多的品种名称排在前面，用纱、丝根数少的品种名称排在后面）。

线股的号数由于合股、加捻后存在并合、捻伸或捻缩的影响，使线股的号数（或支数）发生改变，下面就相关理论计算简述如下：

（1）如以相同号数（y）的单纱、丝加工成线股，不考虑单纱、丝的捻缩率，那么粗略计算加捻后线股的号数 α，以公式（4-6）进行计算：

$$\alpha = ny \tag{4-6}$$

式中：α——（不考虑单纱、丝的捻缩率时）加捻后线股的号数（tex）；

y——单纱、丝的号数（tex）；

n——线股所用单纱、丝的根数。

（2）如以相同号数（y）的单纱、丝加工成线股，考虑单纱、丝的捻缩率，那么

计算加捻后线股的号数 α_1，以公式（4-7）进行计算：

$$\alpha_1 = \frac{ny}{1-\varphi_0} = \frac{nyL_0}{L} \tag{4-7}$$

式中：α_1——（考虑单纱、丝的捻缩率时）加捻后线股的号数（tex）；

y——单纱、丝的号数（tex）；

n——线股所用单纱、丝的根数；

φ_0——单纱、丝的捻缩率；

L_0——线股加捻前单纱、丝的原长（mm）；

L——单纱、丝加捻后的线股长度（mm）。

（3）如以不同号数（y_1，y_2，$\cdots$，y_n）的单纱、丝加工成线股，不考虑单纱、丝的捻缩率，那么粗略计算加捻后线股的号数 α_2，以公式（4-8）进行计算：

$$\alpha_2 = y_1 + y_2 + \cdots + y_n \tag{4-8}$$

式中：α_2——（不考虑单纱、丝的捻缩率时）加捻后线股的号数（tex）；

y_1，y_2，$\cdots$，y_n——不同规格单纱、丝的号数（tex）；

n——线股所用单纱、丝的数量。

（4）如以不同号数（y_1，y_2，$\cdots$，y_n）的单纱、丝加工成线股，考虑单纱、丝的捻缩率，那么计算加捻后线股的号数 α_3，以公式（4-9）进行计算：

$$\alpha_3 = \frac{y_1}{1-\varphi_1} + \frac{y_2}{1-\varphi_2} + \frac{y_3}{1-\varphi_3} + \cdots + \frac{y_n}{1-\varphi_n}$$
$$= \frac{y_1 L_0}{L_1} + \frac{y_2 L_0}{L_2} + \frac{y_3 L_0}{L_3} + \cdots + \frac{y_n L_0}{L_n} \tag{4-9}$$

式中：α_3——（考虑单纱、丝的捻缩率时）加捻后线股的号数（tex）；

y_1，y_2，$\cdots$，y_n——不同单纱、丝的号数（tex）；

n——线股所用单纱、丝的数量；

φ_1，φ_2，$\cdots$，φ_n——不同单纱、丝的捻缩率；

L_0——线股加捻前单纱、丝的原长（mm）；

L_1，L_2，$\cdots$，L_n——不同单纱、丝加捻后的线股长度（mm）。

根据线股加捻前不同单纱、丝的原长（L_0）、单纱、丝加捻后的线股长度（L_1、L_2、$\cdots L_n$），由

$$\varphi = \frac{L_0 - L}{L_0} \times 100\%$$

计算出不同单纱、丝的捻缩率（φ_1，φ_2，$\cdots$，φ_n），然后按公式（4-5）计算出加捻后线股的号数 α_3。

（5）当单纱、丝或线股均以支数表示时，如以不同支数（N_1，N_2，$\cdots$，N_n）的单纱、丝加工成线股，不考虑单纱、丝的捻缩率，那么粗略计算加捻后线股支数 N，以公式（4-10）进行计算：

$$N = \cfrac{1}{\cfrac{1}{N_1} + \cfrac{1}{N_2} + \cdots + \cfrac{1}{N_n}} \qquad (4-10)$$

式中：N——（不考虑单纱、丝的捻缩率时）加捻后线股的支数（支）；

N_1，N_2，…，N_n——不同规格单纱、丝的支数（支）；

n——线股所用单纱、丝的数量。

（6）当单纱、丝或线股均以支数表示时，如以相同支数（N_0）的单纱、丝加工成线股，不考虑单纱、丝的捻缩率，那么粗略计算加捻后线股支数 N_1，以公式（4-11）进行计算：

$$N_1 = \frac{N_0}{n} \qquad (4-11)$$

式中：N_1——（不考虑单纱、丝的捻缩率时）加捻后线股的支数（支）；

N_0——单纱、丝的支数（支）；

n——线股所用单纱、丝的数量。

（7）如以不同支数（N_1，N_2，…，N_n）的单纱、丝加工成线股，考虑单纱、丝的捻缩率，那么计算加捻后线股的支数 N_2，以公式（4-12）进行计算：

$$N_2 = \cfrac{1}{\cfrac{1}{N_1(1 - \varphi_1)}} + \cfrac{1}{\cfrac{1}{N_2(1 - \varphi_2)}} + \cdots + \cfrac{1}{\cfrac{1}{N_n(1 - \varphi_n)}} \qquad (4-12)$$

式中：N_2——（考虑单纱、丝的捻缩率时）加捻后线股的支数（支）；

N_1，N_2，…，N_n——不同规格单纱、丝的支数（支）；

n——线股所用单纱、丝的数量；

φ_1，φ_2，…，φ_n——不同单纱、丝的捻缩率。

根据线股加捻前不同单纱、丝的原长（L_0）、单纱、丝加捻后的线股长度（L_1，L_2，…，L_n），由

$$\varphi = \frac{L_0 - L}{L_0} \times 100\%$$

计算出不同单纱、丝的捻缩率（φ_1，φ_2，…，φ_n），然后按公式（4-12）计算出加捻后线股的支数 N_2。企业生产中如果是粗略估算，可以不考虑捻缩率；如果是理论估算，需要考虑捻缩率。

二、捻线号数、综合线密度和直径设计及其理论计算

第二章曾对网线的粗度进行过简单介绍。捻线号数、综合线密度和直径均是表征捻线粗度的指标，现简介如下。

1. 捻线号数设计及其理论计算

表示捻线粗度和结构的号数称为结构号数，结构号数以"$N_m \times n / S$""$\rho_x \times S \times n$"

两种方法表示，其中 N_m 为纤维、单纱及线股公制支数，单位 m/g；ρ_x 为纤维、单纱及线股的线密度，单位 tex 或 D；S 为每股中所含纤维、单纱及线股的根数；n 为股的数量。例如结构号数为 36 tex×6×3 的聚乙烯单丝捻线，即表示该聚乙烯单丝捻线由粗度为 36 tex 的聚乙烯单丝 6 根捻合成 1 股，再由 3 股加捻而成，捻线所含单丝总数为 18 根。结构号数不仅表明了捻线粗度，同时也表征了捻线结构。捻线粗度一般用结构号数表示，并在捻线产品标准中将结构号数列入其中［值得注意的是，结构号数仅适用于比较同种捻线粗度。例如有 $30N_m/2×3$ 和 $30N_m/3×3$ 两种 PVA 捻线，其单纱支数相同（均为 30 m/g），显然前一种捻线比后一种捻线细。又如 $27N_m/3×3$ 和 $37N_m/3×3$ 两种 PE 单丝捻线，两者单纱根数相同（均为 9 根），但前者单纱支数小于后者，因此，后者捻线粗度比前者细］。当两种同类捻线，其单纱粗度和总根数都不相等时，如结构号数用"tex×S×n"（或"D×S×n"）表示，就用三项的乘积来判别粗细，乘积越大，表示线越粗；如结构号数用"$N_m/S×n$"表示时，就用分子除以分母的商数来判别粗细，商数越大表示捻线越细。例如 380 D×3×3 和 210 D×6×3 两种 PA 复丝捻线，两者"D×S×n"的乘积分别为 3 420 和 3 780，则后一种捻线较粗。又如 $36N_m/2×3$ 和 $45N_m/3×3$ 两种 PVA 捻线，两者"$N_m/S×n$"商数各为 6 和 5，则后一种捻线较粗。实测条件下捻线单位重量的长度称为实际号数，单位为"m/g"，符号 H_s，以公式（4-13）表示。在涉及捻线实际号数 H_s 时，宜说明捻线长度 L、实测重量 G_c 的实测条件。实际号数以公式（4-13）进行计算：

$$H_s = \frac{L}{G_c} \tag{4-13}$$

式中：H_s——实际号数（m/g）；

　　　L——捻线长度（m）；

　　　G_c——捻线实测重量（g）。

如在标准大气条件［温度（20±2）℃，相对湿度（65±2）%］下测得捻线重量 G_b（称标准重量），则单位重量的长度称为标准号数，单位为"m/g"，符号 H_b。标准号数以公式（4-14）进行计算：

$$H_b = \frac{L}{G_b} \tag{4-14}$$

式中：H_b——标准号数（m/g）；

　　　L——捻线长度（m）；

　　　G_b——捻线标准重量（g）。

对重量相同的捻线而言，捻线实际号数越大，表示线越细；捻线实际号数越小，表示线越粗。捻线实际号数的定义与单纱支数定义相同，但含义不同，实际号数是指线的质量和长度，而支数是指单纱的质量和长度，两者不能混淆。在日本，单丝捻线粗度是用单丝粗度和构成线的单丝根数表示，如 PA210D，36 根单丝构成的单丝捻线即用 210D/36 表示；又如 PVA30 英支数，27 根纱构成的捻线即用 30′/27 或 30S/27

表示。另外，有时用号数表示组成根数，除两线股以外，三线股的每线股中所含单丝数用号数表示，如 6 号线即为 3×6＝18 根单丝例如 PVA 30 支数 6 号线即为 PVA 30′/18 或 30S/18。捻线粗度也有用多少支数的几根单丝、几线股或总单丝数等来表示。企业在向客户提供号数等粗度表示方法务必跟客户确认其含义，确保产品粗度符合客户的使用要求。

2. 综合线密度设计及其理论计算

捻线 1 000 m 长度的质量克数称为综合线密度，符号 ρ_z，单位为"特"（tex）。为表示与纤维、单纱及线线股密度的区别，在 tex 数值前加字母 R。捻线综合线密度以公式（4-15）进行计算：

$$\rho_z = 1\ 000 \times \frac{G_c}{L} \tag{4-15}$$

式中：ρ_z——捻线综合线密度（Rtex）；

L——捻线长度（m）；

G_c——捻线实测重量（g）。

例如一根规格为 36 tex×10×3 的聚乙烯单丝捻线综合线密度 R 1 188 tex，即表示该聚乙烯单丝捻线 1 000 m 质量为 1 188 g。

将公式（4-14）代入公式（4-15）可得综合线密度与实际号数的关系，捻线综合线密度以公式（4-16）进行计算：

$$\rho_z = \frac{1\ 000}{H_s} \tag{4-16}$$

式中：ρ_z——捻线综合线密度（Rtex）；

H_s——捻线实际号数（m/g）。

值得注意的是，捻线加捻前各根纤维线密度的总和称为总线密度。捻线总线密度值往往小于综合线密度值，这主要由于纤维加捻所引起。捻线综合线密度值可以精确测得，对捻线来说，在很大程度上决定于捻系数。表 4-2 列出了由 PA 长丝捻线捻系数与综合线密度的关系。

表 4-2 PA 长丝捻线捻系数对综合线密度的影响

捻线结构	总特克斯值 ＝每根单纱 tex×根数	捻线的捻系数 α	Rtex 实测值	增加的百分数 $=\frac{(c)-(a)}{(a)}\times100\%$
23 tex×2×3	138	118	149	8.0
		136	152	10.1
		168	172	24.6
23 tex×4×3	276	129	299	8.3
		145	309	12.0
		166	332	20.3

续表

捻线结构	总特克斯值 =每根单纱 tex×根数	捻线的捻系数 α	Rtex 实测值	增加的百分数 $=\dfrac{(c)-(a)}{(a)}\times100\%$
23 tex×5×3	345	127	368	6.7
		189	423	22.6
		238	460	30.4
23 tex×6×3	414	126	456	10.1
		176	489	18.1
		218	510	23.2
23 tex×7×3	483	122	529	9.5
		162	558	15.5
		216	618	28.0

注：本表取自 G. Klust, 1982. Netting materials for fishing gear. P. 57。

由表 4-2 可见，不同结构捻线综合线密度值随捻系数增加而增加；捻线由于加捻导致其综合线密度值大于总线密度值。加捻影响捻线质量，同结构捻线随捻系数增加质量随之增加。参照石建高研究员主持制定的（SC 110）《合成纤维渔网线试验方法》《渔网　网线直径和线密度的测定》（SC/T 4028）、标准，捻线综合线密度可在测长仪上用称重法测定（图 4-1），其方法简述如下：①在测长仪上随意量取 1 m 长试样 10 根，称重后换算成 250 m 试样的重力 G_f；②以 G_f 作为暂定预力张力，再量取 1 m 长试样 10 根，采用感量不大于 0.001 g 的天平称取质量，然后换算成 250 m 的重力 M；③以 M 作为预加张力，量取 1 m 长试样 10 根称重（精确至 0.01 g），其值的 100 倍，即为捻线 1 000 m 长度的质量克数，以 Rtex 表示；本测试方法下捻线综合线密度以公式 $\rho_z = M\times100$ 进行计算 [其中，ρ_z 为网线综合线密度（Rtex）；M 为预加张力下所测得 1 m 长试样 10 根的质量（g）]。

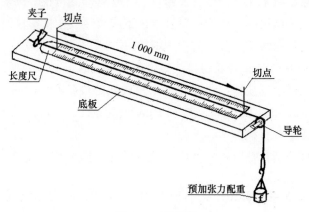

图 4-1　测长仪

3. 直径设计及其理论计算

直径是捻线的重要技术指标，既可用来表示捻线的粗度，又可作为计算和分析渔业装备与工程性能的一个重要参数。例如流刺网渔具的渔获率、拖网渔具的水阻力、网箱或养殖围网的容积保持率和水体交换率都与捻线直径有关，因此，精确测定捻线直径十分必要。捻线截面大多为圆形，不像纤维那样有许多变化，但捻线是柔性体，捻线的边界因存在毛羽而不清楚（所谓毛羽是指伸出捻线体表面的纤维，如在聚乙烯/聚乙烯醇捻线表面可见到毛羽；人们通常所说的直径只是表观不计毛羽的直径），并且直径与纤维种类、结构、捻度及干湿状态等因素密切有关，有时号数相同的线，由于加捻松紧差异，就会有不同的直径，又由于柔软物体会因测量方法不同致使测试结果不同，因此，要精确测定捻线直径比较困难。捻线直径可以用直接测量和理论估计方法获得，直接测量捻线直径通常最适用而简便的方法是圆棒法，参见石建高研究员主持修订的《合成纤维渔网线试验方法》（SC 110）标准，在预加张力的作用下，将试样卷绕在直径约为 50 mm 的圆棒上，至少 20 圈以上，用分辨力不大于 0.02 mm 的游标卡尺测量其中 10 圈的宽度（精确到 0.02 mm），取其直径的算术平均值，试验结果取所有试样的算术平均值，以 mm 表示，如图 4-2 所示。

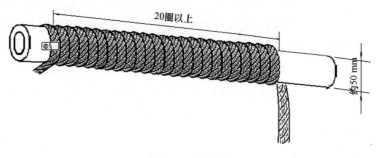

图 4-2　圆棒法

捻线直径测量也可采用显微镜、投影仪、光学自动测量仪等测量。显微镜测量是将捻线置于装有目测微尺的 100 倍左右显微镜下或直接放在投影仪的载物台上，加预加张力，随机地测量捻线的宽度。每个试样在不同片段测量 300 次以上，取平均值。光学自动测量是采用 CCD 摄像获得捻线宽度的信号曲线经微分处理得到捻线的宽度，或直接成像进行图像处理获得捻线宽度，比较成熟的设备有 Lawson-Hemphill 公司的 EIB（Electronic Inspection Board）系统和 Uster 公司的 Uster Tester Ⅳ。比较柔挺的单丝可用千分尺直接量取直径。

捻线直径的理论估计值（ϕ）也可用捻线的综合线密度（ρ_z）、密度（δ_n）进行理论换算，以公式 $\phi = 0.035\ 68\sqrt{\dfrac{\rho_z}{\delta_n}}$ 进行计算，其中，ϕ 为捻线直径的理论估计值（mm）；ρ_z 为特克斯制下捻线综合线密度（Rtex）；δ_n 为捻线的密度（g/cm³）。

捻线重量与捻线截面积、长度、密度和理论估计值之间的关系以公式（4-17）表示：

$$G = S \cdot L \cdot \delta_n = \frac{\pi d^2}{4} \cdot L \cdot \delta_n \qquad (4-17)$$

式中：G——捻线重量（mg）；

S——捻线截面积（mm²）；

L——捻线长度（mm）；

δ_n——捻线的密度（g/cm³）；

ϕ——捻线直径的理论估计值（mm）。

由公式（4-17）则可间接换算出捻线直径的理论估计值（ϕ），以公式（4-18）表示：

$$\phi = \sqrt{\frac{4G}{\pi \delta_n L}} = 11.3\sqrt{\frac{\rho_z}{\delta_n}} \qquad (4-18)$$

式中：ϕ——捻线直径的理论估计值（mm）；

G——捻线重量（mg）；

δ_n——捻线的密度（g/cm³）；

L——捻线长度（mm）；

ρ_z——特克斯制下捻线综合线密度（Rtex）。

在试验和研究上，捻线粗度主要用直径（mm）表示。日本学者本多胜司对各类单丝捻线的直径 ϕ 与 $\sqrt{n/N_m}$ 或 $\sqrt{n \cdot \rho_{xd}}$ 之间的关系进行了测试，在给出捻线直径公式（4-19）和公式（4-20）的同时，求出了比例系数 k_1 和 k_2（表4-3）：

$$\phi = k_1\sqrt{\frac{n}{N_m}} \qquad (4-19)$$

式中：ϕ——捻线直径的理论估计值（mm）；

k_1——比例系数；

N_m——捻线的公制支数（m/g）。

$$\phi = k_2\sqrt{n\rho_{zd}} \qquad (4-20)$$

式中：ϕ——捻线直径的理论估计值（mm）；

k_2——比例系数；

n——捻线的单丝根数；

ρ_{zd}——旦尼尔制下捻线综合线密度（D）。

表 4-3　网线直径的比例系数

网线种类	网线粗度	比例系数 k_1 或 k_2	网线直径 d 的理论估计值（mm）
PE	200 D	$k_2 = 0.016\ 3$	
	380 D	$k_2 = 0.017\ 2$	
	400 D	$k_2 = 0.017\ 4$	
PVA	1 000 D	$k_2 = 0.012\ 9$	
	380 D	$k_2 = 0.012\ 3$	
	180 D	$k_2 = 0.019\ 1$	$d = k_2 \sqrt{n \cdot \rho_{xd}}$
	120 D	$k_2 = 0.023\ 0$	
PA	210 D	$k_2 = 0.013\ 6$	
	220 D	$k_2 = 0.011\ 1$	
PET	250 D	$k_2 = 0.014\ 7$	
PVC	300 D	$k_2 = 0.015\ 3$	
PVA	500 D	$k_2 = 0.013\ 0$	
	33.86 m/g	$k_1 = 1.899$	$d = k_1 \sqrt{\dfrac{n}{N_m}}$
棉线	33.86 m/g	$k_1 = 1.743$	

注：表中 d 为网线直径的理论估计值，单位为 mm；k_1、k_2 分别为比例系数；n 为网线的单丝根数；ρ_{xd} 为网线旦尼尔制下的线密度，单位为 D；N_m 为网线的公制支数，单位为 m/g。

三、捻度与捻度比设计及其理论计算

捻度大小、内外捻度配比（捻度比）直接决定了网线的质量和使用效果，并进一步关系到渔具、网箱、大型养殖围网等渔具与装备工程设施的安全性和抗风浪性能，因此，深入研究捻度与捻度比非常重要。捻线俗称合股线，它通过内外捻度的配合使组成线的单丝或复丝相互抱合而成。

1. 捻度设计及其理论计算

让纤维、单纱、线股在线股、线的表面上呈螺旋线形状的排列称为加捻。单纱、网线上一定长度内的捻回数称为捻度（T_m），捻度单位以 T/m 表示。随着组成合股线的单丝或复丝数量的多少，其外捻度呈递增或递减关系（即合股线规格由小到大，捻度由大道小，呈递减趋势）；这是由直径与捻回角的乘积关系决定的。《聚酰胺网线》（SC/T 5006）、《聚乙烯网线》（SC/T 5007）等网线标准规定了网线的捻度指标，但在渔业装备与工程等领域实际生产中可以根据不同使用要求及不同使用习惯等来确定具体的外捻度指标，如松捻线可以选择较小的外捻度指标；紧捻线可以选择较大的外捻度指标。同规格聚酰胺捻线的捻度比聚乙烯捻线的捻度高出约 60%，这是因为聚酰胺复丝在合股时需要更大的内外捻度才能使其有效地抱合，确保聚酰胺捻线的外观和质量。

2. 捻度比设计及其理论计算

合股网线内捻与外捻的比值称为捻度比（简称捻比）。自然状况下合股线不打绞，是合股线外观质量的基本要求。要达到合股线不打绞这一外观要求，必须确定合股线内外捻配比的平衡点。合股线内、外捻方向相反（当内捻为 S 捻时外捻为 Z 捻；当内捻为 Z 捻时外捻为 S 捻）。合股线在进行外捻捻合时，内捻处于退捻状态，此时内捻减退值等于外捻增加值。从理论上讲，合股线内捻数为外捻数的两倍时，即可保持不打绞平衡状态，但因为合股线外捻结构直径大于其内捻结构直径，所以实际上内捻捻回数与外捻捻回数的比值通常为 1.75∶1。合股线实际生产过程中随着规格的加大，内捻捻回数与外捻捻回数将逐步减小，如规格为 PE—36 tex×40×3 的聚乙烯网线线股的内、外捻度比为 1.45∶1，等等。在双捻捻线机或翼锭捻线机等捻线机生产时，要注意捻线设备对股是否有加捻（即追捻）功能，如捻线设备对股有加捻功能，在股加捻时要预先减去捻线时对股的加捻数，以确保网线有好的外观质量和使用性能。

四、捻向与线股股数设计及其理论计算

单纱或网线上捻回的扭转方向称为捻向。渔业装备与工程等领域中捻线的捻向一般分为 Z 捻和 S 捻两种（见图 1-7）。使网线处于垂直状态，纱或股围绕轴向形成的螺旋与字母 Z 中间部分相同方向时则为 Z 捻；纱或股围绕轴向形成的螺旋与字母 S 中间部分相同方向时则为 S 捻。初捻与复捻的捻向相同的捻合称为同向捻，例如：Z/Z。初捻与复捻的捻向相反的捻合称为交互捻，例如：Z/S。网线中的单纱、股线之间的配合方式是保证网线结构稳定、综合性能优越的前提，为了平衡两者之间的退捻，多数情况下单纱采用 Z 捻、（线）股采用 S 捻、网线采用 Z 捻，互为反向（以平衡其退捻转距），纤维排列方向与网线轴平行，这样网线柔软、光泽好，捻回和结构稳定。聚乙烯单丝本身没有加捻，所以聚乙烯单丝捻线的捻向可以选择 Z 向或 S 向；实际生产中主要根据用户需要、合同要求等。聚酰胺复丝大多是 Z 向低捻，所以聚酰胺复丝捻线的捻向可以选择 Z 向或 S 向。Z 向线在我国渔业装备与工程等领域应用广泛，但浙江地区渔民偏好 S 向线。综上，企业应因地制宜地选择捻向，以适应渔业装备与工程等领域不同需求。

合股线加捻的捻向对线股性质影响很大，初捻加捻与单纱或束丝的加捻方向相反，可使（单纱或束丝中的）不同纤维变形差异减小，即使网线的强力、光泽与手感较好，又使网线捻回稳定、捻缩减小。合股线的初次加捻多采用 S 加捻。初捻采用同向加捻，即使网线相对坚硬、光泽与捻回稳定性相对较差，又使网线伸长变大、线股外紧内松，使成型后的网线具有回挺性高、渗透性差等缺点。同向加捻线股的强力增加很快，所以，该工艺情况下宜使用较小的捻系数、适当减低锭速。在渔业装备与工程等领域中，对要求不高的线股可采用同向加捻方法。一般棉单纱为 Z 捻，所以，棉线初捻大多采用 ZS 这种捻向配置方法。在渔业装备与工程等领域中，捻线捻向配置基本上采用 ZZS 和 ZSZ 两种方法。根据编者及其合作单位的长期实践经验，在复捻捻度较小时，捻线捻向采用 ZZS 捻向配置方式，以提高基体纤维的强力利用系数和网线的断裂长度；在复捻捻度较大时，捻线捻向采用 ZSZ 捻向配置方式，以提高捻线的综合性能。

网线所采用线股的数量称为线股股数。线股股数多少需根据产品用途、性能要求或客户要求等进行确定。在渔业装备与工程等领域，小规格捻线规格以 3 的倍数递增（即逢 3 进挡，捻线规格如 1×3、2×3、…13×3 等）；中规格捻线规格以 15 进挡（如 15×3、20×3、25×3、30×3、35×3、40×3、45×3、50×3、60×3、70×3、80×3、90×3、10×3、110×3、120×3 等；也有个别中规格捻线规格采用 18×3、22×3、28×3、32×3 等）。线股成型结构一般以 $\nu×\xi$ 表示，其中 ν 表示组成捻线（大）线股所用的单丝或单纱的根数，ξ 表示组成捻线（大）线股的股数［捻线（大）线股的股数一般采用 3 股、特殊要求。例如，拖网渔具模型试验用两捻线时采用 2 股（如 1×2、2×2、3×2 等），很少采用 4 股或 5 股的，因为 4 股、5 股或者更多股的捻线，并合后中心留有较大空隙，捻线外观容易变形成背股线，这样的捻线综合性能不好。如果网线所采用线股由两种材料不同股数组成，每种材料用丝根数在线股成型结构中应分别标明，如规格为（PE36 tex×6+PVA29.5 tex×9）×3 混捻型聚乙烯–聚乙烯醇网线表示先以 6 根聚乙烯单丝、9 根聚乙烯醇单纱混合成（大）线股，再以 3 根（大）线股合成公称直径为 3.5 mm 的混捻型聚乙烯–聚乙烯醇网线。"（PE36 tex×6+PVA29.5 tex×9）×3"表示 6 根聚乙烯单丝外面包上 9 根聚乙烯醇单纱组成包纱线股，3 大包纱线股再合成网线。组成混合股的两种材料或多种材料是混合在一起一同经罗拉输出加捻而成。组成包纱股的两种材料中一种主材料经罗拉输出加捻，而外包材料越过罗拉输出直接绕包在主材料外面成（大）线股，然后（大）线股合成网线。为了让客户更清楚地了解网线的结构，线股成型结构有时采用（$\Psi×P$）×ξ 详细的结构表达形式，其中 Ψ 表示单纱用纱根数或束丝用单丝根数（单纱或束丝用少量捻或无捻），P 表示单纱或束丝的根数，ξ 表示组成捻线（大）线股的股数。例如，规格为 PE36 tex×（5×3）×3 聚乙烯网线表示先以 5 根线密度为 36 tex 的聚乙烯单丝并合成无捻或含有少量捻度的束丝，再将上述 3 根束丝捻成线股，最后以 3 个线股合成公称直径为 2.20 mm 的三股聚乙烯网线；规格为 PA23 tex×（7×5）×3 聚酰胺网线表示先获取 7 根线密度为 23 tex 的聚酰胺单纱并合成含有少量捻度的初捻纱，再将上述 5 根初捻纱捻成线股，最后以 3 个线股合成公称直径为 2.20 mm 的三股聚乙烯网线。为确保捻线外观质量，捻线第一次并合捻向和第二次捻向（线）相反；捻线第二次并合捻向和第三次捻向（线）相反，等等。捻线用（大）线股的股数需根据产品用途、性能要求或客户要求等进行确定，在渔业装备与工程等领域，用户对捻线强力及外观圆整度等要求较高，线股多采用三股结构。初捻股最好不要超过 5 根单纱或束丝，因为初捻股用单纱或束丝过多，会使其中某些单纱或束丝形成芯股，使各根单纱或束丝受力不匀而降低了并捻效果。对特殊要求的粗线或大规格线，如 150 股线、210

股线、300 股线等，每股用丝数量可采用 50 根、70 根或 100 根等，用"一把抓"结构形式捻成线股，然后将 3 个线股再捻成网线，以减低生产工序和成本。诚然，采用"一把抓"成型结构的捻线，其外表、强力和柔软性等综合性能低于"小股多捻"成型结构的捻线。实践证明，150 股聚乙烯单丝捻线如果采用 PE36 tex×50×3 "一把抓"成型结构的捻线其综合性能低于 PE36 tex×（5×10）×3"小股多捻"成型结构的捻线。在渔业装备与工程等领域中，企业可根据用户需求、产品售价和地域习惯等因素灵活选择线股的成型结构。

五、捻幅与捻回角设计及其理论计算

第一章曾对捻幅与捻回角进行过简单介绍，现进一步叙述如下。单位长度网线加捻时，网线截面上任意一点相对转动的弧长，称为捻幅，符号 p，捻幅可用捻回角（β）的正切来计算（即 $p=\mathrm{tg}\beta$，图 4-3）。若要使合股线中纤维的强力得到最大的利用，则所有纤维应该有同样的捻幅值。

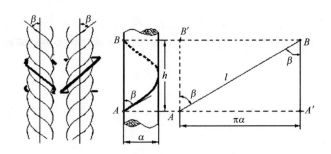

图 4-3　网线的捻回角、捻距及其线股展开

由线股与网线的轴线构成的夹角，称为捻回角，符号 β。网线上线股一个捻回的升距长度（图 4-4），称为捻距或螺距，符号 h。捻回角（β）的正切等于网线直径 d 乘 π 后对捻距（h）的比值（即 $\tan\beta=\pi d/h$）。捻距与捻度的相互关系可用公式（4-21）来计算：

$$h=\frac{1\ 000}{T_m} \tag{4-21}$$

式中：h——捻距（mm）；

　　　T_m——捻度（T/m）。

若将网线看作圆柱体展开（图 4-4），则网线的捻回角可以以公式（4-22）计算：

$$\tan\beta=\frac{\pi d}{h}=\frac{\pi d T_t}{100}=\frac{\pi d T_m}{1\ 000} \tag{4-22}$$

式中：β——网线的捻回角（°）；

d——网线直径（mm）；

h——捻距（mm）；

T_t——特克斯制时网线的捻度（T/10 cm）；

T_m——捻度（T/m）。

用捻回角可度量不同粗度和不同材料网线的加捻程度，捻回角越大表示加捻程度越高。由公式（4-22）可见，如果网线直径不变，则其捻度与捻回角的正切成正比，即捻回角越小，则捻度越小。如果捻回角不变，则网线捻度与直径成反比，即网线越粗，网线捻度越小。

六、捻系数设计及其理论计算

第一章曾对捻系数进行过简单介绍，现进一步叙述如下。纤维、单纱单位重量的长度称为支数，符号 N；实测条件下网线单位重量的长度称为网线实际号数，符号 H_s，单位 m/g。

用于不同粗度或线密度的加捻程度比较，为表示加捻的相对数值称为捻系数，符号 α；以公式（4-23）和公式（4-24）表示。捻系数等于捻度对支数（或网线的实际号数）平方根的比值，或捻度与线密度（特数）平方根的乘积，即：

$$\alpha = \frac{T_m}{\sqrt{H_s}} \tag{4-23}$$

或

$$\alpha = T_m \times \sqrt{\frac{\rho_x}{1\,000}} \tag{4-24}$$

式中：α——捻系数；

T_m——捻度（T/m）；

ρ_x——网线的线密度（mm）；

H_s——网线实际号数（m/g）。

纤维（单纱、网线）在公定回潮率时的质量称为标准质量，符号 G_k，单位为 g。网线截面大多为圆形，不像纤维那样有许多变化。网线的直径可由直接测量和理论估计方法获得。网线直径可用显微镜、投影仪、光学自动测量仪、"圆棒+游标卡尺"等直接测量；也可用网线线密度、密度进行理论换算。捻回角、特克斯制时网线的捻系数分别以公式（4-25）和公式（4-26）进行计算：

$$\tan\beta = \frac{T_t}{892}\sqrt{\frac{\rho_x}{\delta_n}} \tag{4-25}$$

式中：β——捻回角（°）；

T_t——特克斯制时网线的捻度（T/10 cm）；

ρ_x——网线的线密度（tex）；

δ_n——网线的密度（g/cm³）。

162

$$\alpha_t = T_t \sqrt{\rho_x} = 892 \times \tan\beta \sqrt{\delta_n} = 3.162\alpha_m \qquad (4-26)$$

式中：α_t——特克斯制时网线的捻系数；

T——特克斯制时网线的捻度（T/10 cm）；

ρ_x——网线的线密度（tex）；

β——捻回角（°）；

δ_n——网线的密度（g/cm³）；

α_m——公制时网线的捻系数。

从公式（4-26）可知，捻系数（α_t）的实际意义是当网线的密度（δ_n）视作相等时，捻系数（α_t）与捻回角（β）的正切值（$\tan\beta$）成正比，而与网线的粗细无关，因此，捻系数可以用来比较同体积质量、不同粗度网线的加捻程度。捻系数越大，加捻程度越大。根据捻系数的大小，网线的加捻程度可分为松捻、中捻、紧捻三种。松捻网线 $\alpha = 120 \sim 135$；中捻网线 $\alpha = 150 \sim 160$；紧捻网线 $\alpha = 190$ 以上。但需注意，在评定不同种类网线的加捻程度时，由于材料密度不同，就不能以捻系数大小来单一判定网线的加捻程度，而应根据捻回角来进行综合比较。表 4-4 列出了捻系数 $\alpha = 150$ 时，各种粗度 PA 网线的捻度（T/m）的计算值。常用的 PA 网线捻系数近似于这一数值。网线捻系数的选择，主要取决于纤维的性能和网线的用途。较粗短纤维纺纱时，捻系数要适当大些；较细长短纤维纺纱时，捻系数要适当小些。网线粗度不同时，捻系数也应有所不同，如细线的捻系数应稍大些。网线捻系数的详细资料请参照相关文献资料。

表 4-4　捻系数 α 为 150 时 PA 网线的捻度值

Rtex	T/m	Rtex	T/m	Rtex	T/m
75	548	800	168	2 600	93
100	474	900	158	3 180	84
155	380	1 000	˙150	3 400	81
240	306	1 100	143	4 000	75
320	266	1 200	134	5 000	67
400	237	1 300	132	5 700	63
480	216	1 500	122	6 800	58
550	202	1 600	119	8 350	52
650	186	2 000	106	11 200	45
720	177				

注：本表取自 G. Klust, 1982. Netting materials for fishing gear. P. 41。

七、内捻、外捻设计及其理论计算

在农机装备与增养殖设施等流域生产中企业经常遇到以前没有生产过规格捻线，或者用户对捻线的捻度有新要求等情况，因此，企业需要重新根据要求进行捻线工艺优化与捻度设计计算。企业或技术人员应根据捻线生产经验与农机装备与增养殖设施等流域使用要求（如松紧要求、伸长要求等）对捻线工艺进行优化设计、验证调整。捻线工艺优化与捻度设计计算是捻线生产前必须考虑的工艺流程项目，线（外捻）捻度、股内捻可按公式（4-27）进行计算（捻线捻度简称外捻、线股捻度简称内捻）：

$$T_m = \alpha_m \times \frac{1}{\sqrt{\rho_x}} \tag{4-27}$$

式中：T_m——捻度（T/m）；

α_m——捻系数；

ρ_x——捻线的线密度（号数）或（束）丝、单纱的线密度（号数）×根数。

[示例 4-2] 企业按合同要求需生产规格为 PA—210D×9 的聚酰胺网线，请设计计算该网线的外捻、内捻。

解：9 股聚酰胺网线属于细线，其捻系数范围为 4 200～4 700，因此，假设其外捻捻系数、内捻捻系数均为 4 500。聚酰胺网线用单纱线密度为 210 D，其特克斯制下的线密度为 23.333 tex。

根据公式（4-27），聚酰胺网线的外捻 T_{m1} 设计计算如下：

$$T_{m1} = \alpha_m \times \frac{1}{\sqrt{\rho_{x1}}} = 4\,500 \times \frac{1}{\sqrt{23.333 \times 9}} = 310(\text{T/m}) 。$$

根据公式（4-27）聚酰胺网线的内捻 T_{m2} 设计计算如下：

$$T_{m2} = \alpha_m \times \frac{1}{\sqrt{\rho_{x2}}} = 4\,500 \times \frac{1}{\sqrt{23.333 \times 3}} = 538(\text{T/m}) 。$$

综上，规格为 PA—210D×9 的聚酰胺网线的外捻、内捻分别为 310 T/m、538 T/m。

[示例 4-3] 企业现有规格为 PE—36 tex×3×3 的聚乙烯网线的外捻、内捻分别为 176 T/m、380 T/m，参照企业现有的现网线工艺设计分别计算规格为 PE—36 tex×5×3、PE—600 D×5×3 两种规格聚乙烯网线的外捻和内捻。

解：

（1）计算企业现有网线的外捻捻系数 α_{mw}、内捻捻系数 α_{mn}

根据企业现有规格为 PE—36 tex×3×3 的聚乙烯网线的外捻、内捻，根据公式（4-27）先计算该网线的外捻捻系数 α_{mw}、内捻捻系数 α_{mn}。

$$\alpha_{mw} = T_{mwt} \times \sqrt{\rho_{xm}} = 176 \times \sqrt{36 \times 3 \times 3} = 2\,816 。$$

$$\alpha_{mn} = T_{mnt} \times \sqrt{\rho_{xn}} = 380 \times \sqrt{36 \times 3} = 3\,949 。$$

（2）设计计算规格为 PE—36 tex×5×3 聚乙烯网线的外捻、内捻

根据公式（4-27），规格为 PE—36 tex×5×3 聚乙烯网线的外捻 T_{m1} 设计计算如下：

$$T_{m1} = \alpha_m \times \frac{1}{\sqrt{\rho_{x1}}} = 2\,816 \times \frac{1}{\sqrt{36 \times 5 \times 3}} = 121(\text{T/m})。$$

根据公式（4-27），规格为 PE—36 tex×5×3 聚乙烯网线的内捻 T_{m2} 设计计算如下：

$$T_{m2} = \alpha_m \times \frac{1}{\sqrt{\rho_{x2}}} = 3\,949 \times \frac{1}{\sqrt{36 \times 5}} = 294(\text{T/m})。$$

综上，规格为 PE—36 tex×5×3 聚乙烯网线的外捻、内捻分别为 121 T/m、294 T/m。

（3）设计计算规格为 PE—600 D×5×3 聚乙烯网线的外捻、内捻

聚乙烯网线用（束）丝线密度为 600 D，其特克斯制下的线密度为 66.667 tex。

根据公式（4-27），规格为 PE—600 D×5×3 聚乙烯网线的外捻 T_{m1} 设计计算如下：

$$T_{m1} = \alpha_m \times \frac{1}{\sqrt{\rho_{x1}}} = 2\,816 \times \frac{1}{\sqrt{66.667 \times 5 \times 3}} = 89(\text{T/m})。$$

根据公式（4-27），规格为 PE—600 D×5×3 聚乙烯网线的内捻 T_{m2} 设计计算如下：

$$T_{m2} = \alpha_m \times \frac{1}{\sqrt{\rho_{x2}}} = 3\,949 \times \frac{1}{\sqrt{66.667 \times 5}} = 216(\text{T/m})。$$

综上，规格为 PE—600 D×5×3 聚乙烯网线的外捻、内捻分别为 89 T/m、216 T/m。

在农机装备与增养殖设施等流域生产中，企业在捻线捻度设计理论计算后一般要进行捻线（实物）小试试验验证。通过小试试验验证（实物）捻线外表捻度花纹、松紧等是否符合要求（即捻线外观、松紧程度等是否合适）；验证（实物）捻线是否平衡（即捻线内、外捻配合是否合适）。

（实物）捻线是否平衡验证方法如下：

①取 1 m 左右长的小试捻线试样，两端捏住不给力或微给力轻拉，然后将两端合拢成环状（图 4-4）。

②如果环状小试捻线试样不发生起捻现象，证明捻线平衡（即捻线内、外捻配合合适），内、外捻搭配合理。

③如果环状小试捻线试样发生两线抱合扭在一起（有起捻现象）且捻数较多，证明捻线不平衡（即捻线内、外捻搭配合不合适）。如果两线抱合扭转、打捻方向与捻线捻向相同，表明捻线的外捻不足或内捻过大；如果两线抱合扭转、打捻方向与捻线捻向相反，表明捻线的外捻过多或内捻过少。

④纤维之间相互存在摩擦阻力会逐步消除，如果环状小试捻线试样发生两线抱合扭在一起（有起捻现象）、打捻方向与线的捻向相反且打捻仅在 3 转以内，这种工艺的捻线符合设计要求，其内、外捻搭配合适，内、外捻搭配合理。

⑤（实物）捻线试样是否平衡问题既可通过捻线外观来判断，又可根据捻度测试来判断，操作工可结合审查经验和捻线理论进行调整，确保捻线产品质量。

⑥（实物）捻线试样平衡测试后，再对它进行拉伸力学性能测试验证。如果（实物）捻线试样拉伸力学性能达到或超过标准指标或合同条款等技术要求，捻线的内、外捻搭配合理；如果达不到标准指标或合同条款等技术要求，需重新设计调整捻线工艺，确保产品质量和客户要求。

⑦编者及其合作单位的长期捻线经验表明，捻线捻度是股捻度的 0.5～0.6 倍时，捻线内、外捻搭配基本平衡，捻线外观比较稳定，读者可结合企业的实际情况灵活设计调整，如生产企业存在捻线工艺设计技术问题可咨询专业捻线企业或农机装备与增养殖设施专业课题组（如东海所石建高课题组等）。

⑧聚乙烯单丝捻线（乙纶单丝捻线）、聚酰胺捻线（锦纶捻线）、聚乙烯醇捻线（维尼纶捻线）的内外捻度与捻系数参见表 4-5 至表 4-7。

⑨聚乙烯单丝捻线（乙纶单丝捻线）外捻度可参见标准《聚乙烯网线》（SC/T 5007）；聚酰胺捻线（锦纶捻线）初捻、复捻可参见标准《聚酰胺网线》（SC/T 5006）。

图 4-4　捻线平衡试验示意

表 4-5　聚乙烯单丝捻线（乙纶单丝捻线）内外捻度与捻系数

规格	直径（mm）	内捻		外捻	
		捻度（T/m）	公制捻系数	捻度（T/m）	公制捻系数
36 tex×1×2	0.40	533	82.62	240	64.40
36 tex×2×2	0.60	498	109.06	224	85.00
36 tex×1×3	0.50	502	95.29	226	74.27
36 tex×2×3	0.75	427	114.49	192	89.23
36 tex×3×3	0.90	373	122.69	168	95.63
36 tex×4×3	1.00	320	121.43	144	94.65
36 tex×5×3	1.15	302	128.22	136	99.94
36 tex×6×3	1.30	284	132.2	128	103.04
36 tex×7×3	1.40	267	133.87	120	104.34
36 tex×8×3	1.55	249	133.57	112	104.11
36 tex×9×3	1.65	240	136.61	108	106.48
36 tex×10×3	1.75	231	138.67	104	108.08
36 tex×11×3	1.85	222	139.84	100	109.00
36 tex×12×3	1.95	213	140.22	96	109.29
36 tex×13×3	2.05	204	139.86	92	109.01
36 tex×14×3	2.15	196	138.83	88	108.21
36 tex×5×3×3	2.20	187	137.17	84	106.91
36 tex×4×4×3	2.25	182	138.3	82	107.79
36 tex×17×3	2.30	178	139.08	80	108.40
36 tex×6×3×3	2.35	173	139.53	78	108.75
36 tex×5×4×3	2.50	164	139.54	74	108.76
36 tex×5×5×3	2.85	156	147.57	70	115.02
36 tex×5×6×3	3.20	133	138.56	60	108.00
36 tex×5×7×3	3.45	124	139.69	56	108.88
36 tex×5×8×3	3.65	116	138.67	52	108.08

注：①从 45 股捻线开始，用 4 根、5 根或 6 根聚乙烯单丝先进行初捻并丝（捻度为 20 T/m）；②数据源自某企业数据，仅供读者参考。

表 4-6 聚酰胺捻线（锦纶捻线）内外捻度与捻系数

规格	直径（mm）	内捻		外捻	
		捻度（T/m）	公制捻系数	捻度（T/m）	公制捻系数
210 D/1×2	0.290	760	116.033 9	512	110.549 4
210 D×2×2	0.410	720	155.460 1	460	140.462 1
210 D×1×3	0.340	696	106.262 6	404	106.834 9
210 D×2×3	0.490	620	133.868 4	360	134.632 4
210 D×3×3	0.610	516	136.452 6	300	137.408 6
210 D×4×3	0.710	476	145.347 7	276	145.972 5
210 D×5×3	0.830	444	151.579 1	256	151.376 0
210 D×6×3	0.910	416	155.575 2	236	152.869 1
210 D×7×3	0.980	392	158.345 8	224	156.721 7
210 D×8×3	1.050	372	160.642 1	208	155.575 2
210 D×9×3	1.130	360	164.890 3	196	155.492 5
210 D×10×3	1.200	344	166.084 8	188	157.213 5
210 D×11×3	1.280	332	168.114 7	180	157.870 4
210 D×12×3	1.330	316	167.127 9	172	157.561 8
210 D×13×3	1.390	304	167.346 5	164	156.367 9
210 D×14×3	1.450	292	166.808 5	156	154.355 0
210 D×5×3×3	1.520	284	167.932 7	148	151.579 1
210 D×4×4×3	1.550	280	170.997 3	144	152.319 1
210 D×17×3	1.610	276	173.742 0	144	157.007 0
210 D×6×3×3	1.670	272	176.188 1	140	157.071 1
210 D×5×4×3	1.760	264	180.256 2	132	156.106 5
210 D×5×5×3	1.940	248	189.318 5	124	163.954 6
210 D×5×6×3	2.130	224	187.318 2	116	168.016 0
210 D×5×7×3	2.300	208	187.874 9	108	168.962 3
210 D×5×8×3	2.450	196	189.259 4	100	167.248 4
210 D×5×10×3	2.630	176	190.006 7	92	172.030 2
210 D×5×12×3	2.880	160	189.220 0	76	155.675 8
210 D×5×14×3	3.110	148	189.052 4	68	150.449 2
210 D×5×16×3	3.320	136	185.718 5	64	151.376 0
210 D×5×20×3	3.720	124	189.318 5	56	148.088 0
210 D×5×24×3	4.070	112	187.318 2	52	150.635 0
210 D×5×28×3	4.400	104	187.874 9	48	150.188 7
210 D×5×32×3	4.700	96	185.396 9	44	147.178 6
210 D×5×36×3	4.990	88	180.256 2	40	141.915 0

注：①从 45 股捻线开始，用 4 根、5 根或 6 根聚酰胺单纱先进行初捻（捻度 20 T/m）；②数据源自某企业数据，仅供读者参考。

表4-7　聚乙烯醇捻线（维尼纶捻线）内外捻度与捻系数

规格	直径（mm）	内捻		外捻	
		捻度（T/m）	公制捻系数	捻度（T/m）	公制捻系数
20 S×1×2	0.26	720	209.42	480	197.45
20 S×2×2	0.42	1 000	411.35	548	318.79
20 S×3×2	0.68	860	433.26	472	336.29
20 S×1×3	0.35	672	195.46	392	197.49
20 S×2×3	0.63	920	378.44	332	236.54
20 S×3×3	0.76	800	403.03	288	251.31
20 S×4×3	0.83	716	416.52	256	257.94
20 S×5×3	0.95	640	416.25	232	261.35
20 S×6×3	1.03	584	416.08	212	261.62
20 S×7×3	1.20	540	415.56	196	261.25
20 S×8×3	1.33	504	414.64	180	256.49
20 S×9×3	1.40	476	415.36	172	259.96
20 S×10×3	1.45	452	415.75	164	261.27
20 S×11×3	1.50	424	409.03	156	260.66
20 S×12×3	1.55	404	407.06	148	258.29
20 S×13×3	1.59	344	360.76	132	239.77
20 S×14×3	1.64	328	356.97	128	241.28
20 S×15×3	1.68	320	360.48	128	249.75
20 S×16×3	1.72	312	363.00	124	249.88
20 S× 17×3	1.76	304	364.58	124	257.57
20 S×18×3	1.81	296	365.27	120	256.49
20 S×19×3	1.87	292	370.21	120	263.52
20 S×20×3	1.93	284	369.42	116	261.35
20 S×22×3	2.00	272	371.08	112	264.66
20 S×24×3	2.15	260	370.48	108	266.55
20 S×25×3	2.19	252	366.49	104	261.97
20 S×28×3	2.30	240	369.39	100	266.58
20 S×32×3	2.44	220	361.98	92	262.19
20 S×35×3	2.55	212	364.81	88	262.28
20 S×40×3	2.74	204	375.28	84	267.65
20 S×45×3	2.93	188	366.82	76	256.85
20 S×50×3	3.10	176	361.98	72	256.49
20 S×55×3	3.27	168	362.39	68	254.06
20 S×60×3	3.45	164	369.50	68	265.36
20 S×65×3	3.61	156	365.82	64	259.95
20 S×70×3	3.78	144	350.43	60	252.90
20 S×75×3	3.94	140	352.65	56	244.33
20 S×80×3	4.10	136	353.81	56	252.34
20 S×88×3	4.40	128	349.25	52	245.75

注：①捻线用聚乙烯醇20S纱系牵切纱；②数据源自某企业数据，仅供读者参考。

八、捻线工艺的理论计算

适应渔业装备与工程等流域的需要，捻线机有环锭捻线机、转锭捻线机、吊锭捻线机、翼锭捻线机和双捻捻线机等多种类型，以便加工生产或设计开发出高质量的捻线产品。捻线机种类不同，其生产工艺一般也存在差别，需要对捻线生产工艺进行优化。下面以环锭捻线机为例介绍捻线生产工艺优化与计算，供读者参考。

1. 滚筒速度理论计算

R811 型捻线机滚筒速度可按公式（4-28）进行计算：

$$n_1 = n_0 \times \frac{\phi_0}{\phi_1} \tag{4-28}$$

式中：n_0——电动机的转动速度（r/min）；

n_1——滚筒速度（r/min）；

ϕ_0——电动机皮带盘直径（mm）；

ϕ_1——滚筒皮带盘直径（mm）。

［示例 4-4］R811 型捻线机电动机皮带盘直径为 177 mm，电动机转动速度 1 440 r/min，滚筒皮带盘直径 280 mm，求滚筒转速。

解：根据公式（4-28），滚筒转速 n_1 计算如下：

$$n_1 = n_0 \times \frac{\phi_0}{\phi_1} = 1\,440 \times \frac{177}{280} = 910 (\text{r/min})。$$

综上，该 R811 型捻线机滚筒转速为 910 r/min。

2. 罗拉速度理论计算

（1）罗拉转速理论计算

R811 型捻线机罗拉转速可按公式（4-29）进行计算。

$$n_3 = n_1 \times \frac{Z_1 \times Z_A \times Z_C}{Z_2 \times Z_B \times Z_D} = n_1 \times \frac{30 \times Z_A \times Z_C}{99 \times Z_B \times 62}$$

$$= 0.004\,887\,585\,5 \times n_1 \times \frac{Z_A \times Z_C}{Z_B} (\text{r/min}) \tag{4-29}$$

式中：n_3——罗拉转速（r/min）；

n_1——滚筒速度（r/min）；

Z_A、Z_B——阶段齿轮（齿）；

Z_C——中心齿轮（齿）。

从公式（4-29）可见，①罗拉转速 n_3 与滚筒速度 n_1 成正比，滚筒速度越快，罗拉转速越快；②罗拉转速与齿轮 Z_A、Z_C 成正比，Z_A、Z_C 调大则罗拉转速变快，Z_A、Z_C 调小则罗拉转速变慢；③罗拉转速与齿轮 Z_B 成反比关系，Z_B 调大则罗拉转速减慢，Z_B 调小则罗拉转速变快。值得注意的是：Z_A 与 Z_B 按（105：21）、（93：33）、

（77∶49）、（59∶67）等配对使用（即 Z_A 用 105 齿，Z_B 必须用 21 齿，因为 Z_A 与 Z_B 的齿数之和必须是 126）；此外，安装齿轮时必须注意齿轮 Z_A 与 Z_B 不要互换或放错位置，确保设备正常运转。

（2）罗拉线速度理论计算

R811 型捻线机罗拉线速度按公式（4-30）进行计算。

$$V_L = n_3 \times \pi \times d \times \frac{1}{1\,000} = 0.004\,887\,585\,5 \times \pi \times d \times n_1 \times \frac{Z_A \times Z_C}{Z_B} \times \frac{1}{1\,000}\ (\text{r/min})$$

(4-30)

式中：V_L——罗拉线速度（m/min）；

n_3——罗拉转速（r/min）；

d——罗拉直径（mm）；

n_1——滚筒速度（r/min）；

Z_A、Z_B——阶段齿轮（齿）；

Z_C——中心齿轮（齿）。

［示例 4-5］R811 型捻线机滚筒转速为 910 r/min，选用阶段齿轮 Z_A105 齿，Z_B21 齿，中心齿轮 Z_C39 齿，罗拉直径 50 mm，问该机罗拉线速度是多少？

解：根据公式（4-30），该机罗拉线速度 V_L 计算如下：

$$V_L = 0.004\,887\,585\,5 \times \pi \times d \times n_1 \times \frac{Z_A \times Z_C}{Z_B} \times \frac{1}{1\,000}$$

$$= 0.004\,887\,585\,5 \times 3.14 \times 50 \times 910 \times \frac{105 \times 39}{21} \times \frac{1}{1\,000}$$

$$\approx 136.2(\text{m/min})。$$

综上，该 R811 型捻线机罗拉线速度 V_L 为 136.2 m/min。

（3）输线盘的线速度理论计算

输线盘是翼锭捻线机的专有结构部件，它负责将加完捻的股、线输送出去。由于输线盘转动速度通过翼锭与中心轴的差动结果而产生，因此，输线盘的线速度按公式（4-31）进行计算。

$$V = \frac{\pi \times \phi \times E}{1\,000F}\left(n_A - n_A \frac{A \times C}{B \times D}\right)$$

(4-31)

式中：V——输线盘的线速度（m/min）；

n_A——翼锭转速（r/min）；

ϕ——输线盘直径（mm）；

A、B、C、D、E、F——齿轮（齿）。

［示例 4-6］已知翼锭捻线机齿轮 $A=27$ 齿、$B=21$ 齿、$C=23$ 齿、$D=25$ 齿、$E=14$ 齿、$F=24$ 齿，翼锭转速为 n_A，求翼锭捻线机输线盘的线速度？

解：根据公式（4-31），翼锭捻线机输线盘的线速度计算如下：

$$V = \frac{\pi \times \phi \times E}{1\,000F}\left(n_A - n_A\frac{A \times C}{B \times D}\right) = \frac{3.14 \times \phi \times 14}{1\,000 \times 24}\left(n_A - n_A\frac{27 \times 23}{21 \times 25}\right)$$

$$= 0.001\,831\,67 \times \phi \times (n_A - 1.182\,857n_A)$$

$$= 0.001\,831\,67 \times \phi \times (-0.182\,857n_A)(\text{m/min})_\circ$$

综上，该翼锭捻线机输线盘的线速度为 $0.001\,831\,67 \times \phi \times (-0.182\,857n_A)$ m/min。

为方便叙述，我们将上述［示例4-6］计算结果中的"$-0.182\,857n_A$"称为翼锭锭子锭翼与中心空轴的速度差。如果翼锭锭子锭翼与中心空轴的速度差为0，输线盘的线速度 V 为0（输线盘无所谓正转反转）。如果翼锭锭子锭翼与中心空轴的速度差为正值，就表示中心空轴比锭翼转得慢；此时，输线盘转动方向对应锭翼转动方向相同［如图4-5（c）］。如果翼锭锭子锭翼与中心空轴的速度差为负值，就表示中心空轴比锭翼转得快；此时，输线盘转动方向对应锭翼转动方向相反［如图4-5（a）］。输线盘转动方向与捻线捻向无关，但它与线股、捻线从中心空轴出来绕输线盘方向有关。

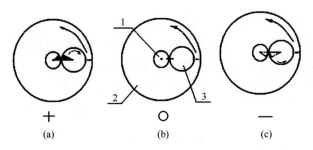

图4-5　输线盘转动方向示意
1. 中心空轴齿轮；2. 锭翼法兰；3. 输线盘齿轮（输线盘）

因为翼锭捻线机的输线盘是依靠锭翼的转动带动，所以，我们在理论计算上可以将翼锭转速（n_A）假设为1（这种情况下应对上述假设加以备注或说明），以便对公式（4-31）进行进一步简化。

［示例4-7］已知翼锭捻线机齿轮 $A=27$ 齿、$B=21$ 齿、$C=23$ 齿、$D=25$ 齿、$E=14$ 齿、$F=24$ 齿，翼锭转速（n_A）假设为1 r/min，求翼锭捻线机输线盘的线速度？

解：根据公式（4-31），翼锭捻线机输线盘的线速度计算如下：

$$V = \frac{\pi \times \phi \times E}{1\,000F}\left(n_A - n_A\frac{A \times C}{B \times D}\right) = \frac{3.14 \times \phi \times 14}{1\,000 \times 24}\left(n_A - n_A\frac{27 \times 23}{21 \times 25}\right)$$

$$= 0.001\,831\,67 \times \phi \times (1 - 1.182\,857)$$

$$= 0.001\,831\,67 \times \phi \times (-0.182\,857)$$

$$= -0.000\,345\,9\phi(\text{m/min})$$

综上，该翼锭捻线机输线盘的线速度为 $-0.000\,345\,9$ m/min。

在翼锭捻线机实际生产中，当换上各种直径的输线盘时，就可以获得不同的输线

盘速度 V。翼锭捻线机的锭翼每转一转，其输线盘输出长度在数值上等于一个捻距 (h)。

3. 锭子速度理论计算

锭子速度按公式（4-32）进行计算：

$$n_2 = n_1 \frac{\phi_2}{\phi_1} \tag{4-32}$$

式中：n_2——锭子速度（r/min）；

n_1——滚筒转速（r/min）；

ϕ_2——滚筒直径（mm）；

ϕ_1——锭带盘直径（mm）。

[示例 4-8] 已知 R811 型捻线机滚筒直径 254 mm，滚筒转速 910 r/min，锭带盘直径 50 mm，锭带厚度是 1.2 mm，求 R811 型捻线机锭子速度？

解：根据公式（4-32），R811 型捻线机锭子速度计算如下：

$$n_2 = n_1 \frac{\phi_2}{\phi_1} = 910 \times \frac{254 + 1.2}{50 + 1.2} = 4\,535\,(\text{r/min})$$

综上，该 R811 型捻线机锭子速度为 4 535 r/min。

[示例 4-9] 已知吊锭捻线机电动机转动速度 1 440 r/min，电动机皮带盘直径 160 mm，锭子皮带盘直径 110 mm，求吊锭捻线机锭子速度？

解：根据公式（4-32），吊锭捻线机锭子速度计算如下：

$$n_2 = n_1 \frac{\phi_2}{\phi_1} = 1\,440 \times \frac{160}{110} = 2\,094\,(\text{r/min})$$

综上，该吊锭捻线机锭子速度为 2 094 r/min。

4. 捻度理论计算

捻度是捻线的重要工艺之一，单纱、网线上一定长度内的捻回数称为捻度（amount of twist）。捻度单位通常用捻/米（T/m）表示。现以 R811 型捻线机捻度设计计算、翼锭捻线机的捻度计算为例，对单纱、线股和网线捻度设计计算进行说明，其他设备的捻度设计计算读者可参考相关资料。

（1）R811 型捻线机捻度理论计算

R811 型捻线机捻度在数值上等于锭子速度与罗拉线速度的商。R811 型捻线机捻度按公式（4-33）进行计算：

$$T = \frac{n_2}{V_L} = \frac{n_1 \dfrac{\phi_2}{\phi_1}}{0.004\,887\,585\,5 \times \pi \times d \times n_1 \times \dfrac{Z_A \times Z_C}{Z_B} \times \dfrac{1}{1\,000}} \tag{4-33}$$

$$= \frac{\phi_2 \times 1\,000 \times Z_B}{0.004\,887\,585\,5 \times \pi \times d \times Z_A \times Z_C \times \phi_1}$$

式中：T——捻度（T/m）；

　　n_2——锭子速度（r/min）；

　　V_L——罗拉线速度（m/min）；

　　n_1——滚筒速度（r/min）；

　　ϕ_2——滚筒直径（mm）；

　　ϕ_1——锭带盘直径（mm）；

　　d——罗拉直径（mm）；

　　Z_A、Z_B——阶段齿轮（齿）；

　　Z_C——中心齿轮（齿）。

当 R811 型捻线机的滚筒直径 ϕ_2 为 254 mm，锭带盘直径 ϕ_1 为 350 mm，罗拉直径 d 为 50 mm 时，R811 型捻线机捻度按公式（4-34）进行计算：

$$\begin{aligned}T&=\frac{\phi_2\times1\,000\times Z_B}{0.004\,887\,585\,5\times\pi\times d\times Z_A\times Z_C\times\phi_1}\\&=\frac{254\times1\,000\times Z_B}{0.004\,887\,585\,5\times3.141\,6\times50\times Z_A\times Z_C\times50}\\&=6\,620\times\frac{Z_B}{Z_A\times Z_C}\end{aligned} \quad (4\text{-}34)$$

［示例4-10］已知 R811 型捻线机的阶段齿轮 Z_A 为 105 齿，阶段齿轮 Z_B 为 21 齿，中心齿轮 Z_C 为 39 齿，求 R811 型捻线机捻度？

解：根据公式（4-34），R811 型捻线机捻度计算如下：

$$T=6\,620\frac{Z_B}{Z_A\times Z_C}=6\,620\times\frac{21}{105\times39}=33.9(\text{T/m})$$

综上，该 R811 型捻线机捻度为 33.9 T/m。

值得注意的是：①公式（4-34）中的 6 620 是特定 R811 型捻线机技术参数下（滚筒直径 ϕ_2 为 254 mm，锭带盘直径 ϕ_1 为 350 mm，罗拉直径 d 为 50 mm）的计算常数，不同的技术参数对应不同的计算常数，读者应灵活设计调整；②从公式（4-34）可以看出，对同一规格型号的 R811 型捻线机，捻度（T）与阶段齿轮（Z_A、Z_B）、中心齿轮（Z_C）有关，车速快慢［如滚筒速度（n_1）快慢等］对捻度（T）变化没有直接联系。

（2）翼锭捻线机的捻度理论计算

翼锭捻线机捻度在数值上等于法兰转速与输线盘线速度的商。翼锭捻线机捻度按公式（4-35）进行计算：

$$T=\frac{n_A}{V} \quad (4\text{-}35)$$

式中：T——捻度（T/m）；

　　n_A——法兰转速（r/min）；

V——输线盘线速度（m/min）。

当翼锭捻线机的翼锭转一转时，输线盘输出线速度 V，实际就是捻线的捻距 h，此时，翼锭捻线机捻度按公式（4-36）进行计算：

$$T = \frac{1}{h} \tag{4-36}$$

式中：T——捻度（T/m）；

h——捻距（mm）。

针对某型号规格的翼锭捻线机，人们在购置翼锭捻线机的同时会根据实际生产经验或理论工艺计算结果等，配置系列直径（如输线盘直径自 50 mm 开始，每增加 5 mm 为一档，如表 4-8 所示）输线盘。在农机装备与增养殖设施等领域生产中，通过调整输线盘直径+输线盘线速度来获得所需的捻度。

表 4-8　某型号规格翼锭捻线机的输线盘线速度与捻度

序号	输线盘直径 （mm）	输线盘转速 （r/m）	产生捻度 （T/m）
1	50	0.017 29	57.8
2	55	0.019 02	52.6
3	60	0.020 75	48.2
4	65	0.022 48	44.5
5	70	0.024 21	41.3
6	75	0.025 94	38.5
7	80	0.027 67	36.1
8	85	0.029 40	34.0
9	90	0.031 13	32.1
10	95	0.032 86	30.4
11	100	0.034 54	28.9

（3）线股捻度设计及其理论计算

上述 R811 型捻线机捻度设计计算、翼锭捻线机的捻度计算中，捻度设计计算都是针对捻线而言，现将线股捻度设计计算简述如下。

先按本节介绍的 R811 型捻线机翼锭捻线机的捻度设计计算方法获得捻线的外捻捻度；然后，计算线股捻度设计值（通常取捻线外捻捻度值的 5%）。捻线在复捻时会有追捻，因此线股捻度不宜太大，否则生产的捻线产品柔性差且容易打扭，影响产品外观和后续渔网的加工等工序。对线股捻度，应结合实际生产经验、设备型号规格、基体纤维材料特性、使用对象、用户喜好等灵活调整、优化设计，以满足农机装备与增养殖设施等领域的生产需要。

5. 捻线机产量理论计算

捻线规格及其机器型号不同，其锭数一般也不相同。在计算捻线机产量之前需先了解捻线机的锭数、罗拉直径、罗拉转速、单纱或网线单位长度重量、捻合的丝或单纱的根数、生产效率（生产效率等于1-停车率；理想状态下捻线机产量可以不考虑停车率，此时生产效率为1），然后按公式（4-37）进行计算：

$$G = \pi \times d \times n_3 \times \psi \times g \times D_n \times h \times \eta \tag{4-37}$$

式中：G——捻线机产量（kg/台或kg/班）；

d——罗拉直径（m）；

n_3——罗拉转速（r/min）；

ψ——单纱、网线单位长度重量（kg/m）；

g——单纱、网线的股数；

D_n——锭子数；

h——生产时间（min）；

η——生产效率（%）。

[示例4-11] 采用811型捻线机生产规格为20 tex×6×3的聚乙烯醇线（维尼龙线）；捻线机锭子数 D_n 为204、罗拉直径 d 为50 mm、罗拉转速 n_3 为75 r/min，每班生产时间 h 为7.5 h、停车率为5%，求该机班产量？

解：根据公式（4-37），R811型捻线机班产量计算如下：

$$G = \pi \times d \times n_3 \times \psi \times g \times D_n \times h \times \eta$$
$$= 3.141\,6 \times (50/1\,000) \times 75 \times [(20 \div 1\,000) \div 1\,000]$$
$$\times 6 \times 204 \times 60 \times 7.5 \times (1 - 0.05)$$
$$= 123.3(\text{kg/ 台班})$$

综上，该R811型捻线机班产量为123.3 kg/台班。

6. 钢丝钩速度及其选用规格理论计算

环锭捻线机钢丝钩是由线股牵引下跟随筒子回转，因此，它的速度是筒子转速（即锭速）和卷绕速度的差值。钢丝钩的速度小于筒子转速（即锭速）。钢丝钩转速按公式（4-38）进行计算：

$$n_g = n_1 - \frac{V}{\pi \times \phi} = n_1 - \frac{d \times n_3}{\phi} \tag{4-38}$$

式中：n_g——钢丝钩的速度（r/min）；

n_1——筒子转速（r/min）；

V——罗拉的输出线速度（mm/min）；

ϕ——筒子的卷绕直径（mm）；

d——罗拉直径（m）；

n_3——罗拉转速（r/min）。

值得注意的是，筒子的卷绕直径（ϕ）是指筒子中心轴绕上线股后的直径（包括最初筒子中心轴未绕线股时的直径）。

[示例4-12] R811型捻线机采用锭速 n_1 为 4 520 r/min、罗拉转速为 35.18 r/min、罗拉直径为 50 mm、筒子的卷绕直径 ϕ 为 35.5 mm，求钢丝钩的转速？

解：根据公式（4-38），R811型捻线机钢丝钩的转速计算如下：

$$n_g = n_1 - \frac{d \times n_3}{\phi} = 4\ 520 - \frac{50 \times 35.18}{35.5} = 4\ 470.45 (\text{r/min})。$$

综上，该 R811 型捻线机钢丝钩的转速为 4 470.45 r/min。

在捻线生产中，选择合适的钢丝钩非常重要。如果钢丝钩选大，线或股在加捻时所受张力较大、捻线机运转负荷大、捻线生产耗电、捻线加工过程中线、股易擦伤、捻线产品的断头多甚至把筒子中心轴收缩得不能从锭杆上拔下来。如果钢丝钩选小，线或股在加捻时受到的张力较小、捻线生产的线或股松弛、加捻时气圈大、锭与锭之间的气圈相互打架造成毛线或断头；同时，线或股松弛还会造成筒子装线量减少。因此，在捻线生产中一定要选择合适的钢丝钩。捻线机用钢丝钩重量与钩的种类、线股强力（F_x）、锭子转速（n）、钢令半径（R）尺寸等因素有关。捻线机用钢丝钩重量（G_g）按公式（4-39）进行计算：

$$G_g = k \times \frac{1\ 000^3 \times R \times F_x}{2 \times L \times R \times n^2 \times 9.8} = k \times \frac{1\ 000^3 \times F_x}{19.6 \times L \times n^2} \tag{4-39}$$

式中：G_g——钢丝钩的重量（g）；

R——钢令半径（mm）；

F_x——线股强力（N）；

n——锭子转速（r/min）；

L——筒子高度（mm）；

k——常数（使用无油钢丝钩时 k 取 0.27、使用带油铜丝钩时 k 取 1、使用带油尼龙钩时 k 取 0.75）。

[示例4-13] 已知采用 R811 型捻线机生产规格为 PE—36 tex×3×3 的聚乙烯网线；线股强力为 49 N、锭速为 4 500 r/min、钢令半径为 45 mm、筒子高度为 220 mm，试计算 R811 型捻线机使用带油铜丝钩的规格？

解：由公式（4-39）可见，R811型捻线机使用带油铜丝钩时常数 k 取 1。

根据公式（4-39），R811型捻线机使用带油铜丝钩的规格计算如下：

$$G_g = k \times \frac{1\ 000^3 \times R \times F_x}{2 \times L \times R \times n^2 \times 9.8} = k \times \frac{1\ 000^3 \times F_x}{19.6 \times L \times n^2}$$

$$= 1 \times \frac{1\ 000^3 \times 49}{19.6 \times 220 \times 4\ 500^2} = 0.561 (\text{g})$$

根据上述计算获得的带油铜丝钩重量（0.561 g），我们可以查带油铜丝钩重量表，选用 16 号带油铜丝钩（16 号带油铜丝钩的重量为 0.518 4 g）。

综上，该 R811 型捻线机使用带油铜丝钩的规格为 16 号带油铜丝钩。

7. 捻线机升降变换齿轮理论计算

捻线机升降变换齿轮大小决定钢令板的升降速度，而钢令板升降速度又进一步决定线（股）在筒子上卷绕圈距大小（卷绕圈距大小关系到筒子卷绕量、筒子芯子受力大小，等等）。钢令板从上到下或下向上走了筒子的一个高度 H，如果线与线基本平行绕，筒子的一个高度 H 内所绕的圈数 X_q、线股长度 L_x 分别按公式（4-40）和公式（4-41）进行计算：

$$X_q = \frac{H}{y} \tag{4-40}$$

式中：X_q——筒子一个高度 H 内从上到下所绕的线（股）圈数；

H——筒子高度（mm）；

y——线（股）直径（mm）。

$$L_x = \pi \times \phi \times X_q = \pi \times \phi \times \frac{H}{y} \tag{4-41}$$

式中：L_x——筒子的一个高度 H 内所绕线（股）的长度（mm）；

ϕ——筒子绕线（股）时的底径（mm）；

X_q——筒子一个高度 H 内从上到下所绕的线（股）圈数；

H——筒子高度（mm）；

y——线（股）直径（mm）。

[示例 4-14] 已知 R811 型捻线机筒子绕线时的最大底径为 73 mm、筒子底径为 33 mm，顶盖直径为 83 mm、筒子高度（H）为 220 mm，试计算该捻线机筒子的一个高度 H 内所绕线（股）的长度是多少？

解：根据公式（4-41），R811 型捻线机筒子的一个高度 H 内所绕线（股）的长度计算如下：

$$L_{xmin} = \pi \times \phi \times X_q = 3.14 \times (33 \div 1\ 000) \times X_q$$

$$= 0.103\ 62\frac{H}{y} = 0.103\ 62\frac{220}{y} = \frac{22.8}{y}(\text{mm})$$

综上，该 R811 型捻线机筒子的一个高度 H 内所绕线（股）的长度为 $\frac{22.8}{y}$ mm。

N250 钢令捻线机成型部分的结构与一般捻线机的凸轮成型结构不同，它是由"间隙正反转动"装置控制；N250 钢令捻线机控制装置和行星齿轮结构如图 4-6 所示。

由图 4-6 可见，N250 钢令捻线机成型凸轮转半圈，钢令板从上到下或下向上走了筒子的一个高度 H，罗拉输出的长度（L_L）计算如下：

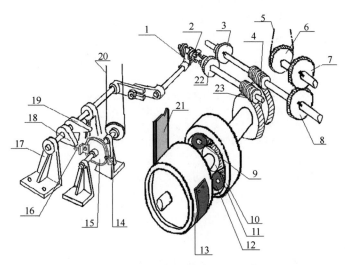

图 4-6 N250 钢令捻线机控制装置和行星齿轮结构

1. 拨叉；2. 离合器；3. 传动轮；4. 涡杆涡轮；5. 从罗拉轴传动下来的传动链；6. 传动链轮；7. 传动轮；8. 传动轮；9. 行星齿轮轴；10. 内齿轮；11. 中心齿轮；12. 行星齿轮；13. 升降带盘；14. 撞销1；15. 撞销转盘；16. 撞销2；17. 支架；18. 凸轮；19. 凸轮；20. 钢令板上下运动传动牵引链；21. 钢令板升降拖动带；22. 传动轮；23. 涡杆涡轮

$$L_L = \frac{0.5 \times Z_{10} \times Z_8 \times Z_5}{Z_9 \times Z_7 \times Z_4 \times 1\,000} \times \pi \times 50 = \frac{0.5 \times 19 \times 59 \times Z_5}{1 \times 2 \times 62 \times 1\,000} \times 3.14 \times 50$$

$$= 0.709\,665 \times Z_5 (\text{mm})$$

令罗拉输出的长度与一个高度 H 绕的圈数的长度相等，则它们之间的关系如下：

$$L_L = L_{x\min}$$

$$0.709\,665 \times Z_5 = \frac{22.8}{y}$$

$$Z_5 \times y = 32.13$$

$$y = 0.049 \times \frac{\sqrt{Rtex}}{\gamma}$$

$$Z_5 \times 0.049 \times \frac{\sqrt{Rtex}}{\gamma} = 32.13$$

综上，根据网线的密度、线股的规格，捻线用成型齿轮可以按公式（4-42）进行计算：

$$Z_5 = 32.13 \div (0.049 \times \frac{\sqrt{Rtex}}{\gamma}) = 655.714 \times \frac{\sqrt{Rtex}}{\gamma} \tag{4-42}$$

式中：Z_5——捻线用成型齿轮齿数（T）；

$Rtex$——线股的总线密度（tex）；

γ——捻线用基体纤维密度（g/cm³）。

[示例 4-15] 已知采用捻线机生产规格为 PE—36 tex×6×3 的聚乙烯捻线，试计算该捻线机捻线用成型齿轮齿数是多少？

解：根据公式（4-42），捻线机捻线用成型齿轮的齿数计算如下：

$$Z_5 = 32.13 \div (0.049 \times \frac{\sqrt{Rtex}}{\gamma}) = 655.714 \times \frac{\gamma}{\sqrt{Rtex}}$$

$$= 655.714 \times \frac{0.95}{\sqrt{36 \times 6}} = 42.38 \approx 42(\text{T})$$

综上，该捻线机捻线用成型齿轮的齿数为 42 T。

由公式（4-42）可以看出捻线的直径（y）与成型齿轮（Z_5）的关系，捻线直径越大，成型齿轮越小，以让凸轮加快转动，钢令板上下运动变快，捻线才能在筒子上排下。

第二节　捻线生产流程

单纱、线股等一般无法满足捕捞网具、增养殖设施和休闲防护等领域的使用要求，因此，需要通过捻线工序将单纱、线股制备成捻线。捻线工序主要包括基体纤维筛选、并丝或分丝、初捻、落纱、复捻或复合捻、绕绞或绕轴或绕线球、检验、打包等部分（特殊情况下，需要通过树脂等原料生产捻线用基体纤维），实际生产中捻线一般按上述流程操作。现将捻线主要生产流程简述如下。

一、基体纤维筛选

（捻线用）基体纤维［有企业简称为基体纤维或（捻线用）原料，等］生产工艺参照第一章或其他相关专著（如石建高研究员主编的《渔用网片与防污技术》专著第一章与第三章、孙满昌等人编写的《渔具材料与工艺学》专著第一章，等等），这里不再重复。在捕捞与渔业工程装备领域，捻线用基体纤维多种多样（除 PE 单丝外，还有 PA 复丝、PET 复丝、PVA 复丝、PP 复丝、UHMWPE 复丝和 MMWPE 单丝，等等），以满足不同产业或客户的需要。捻线用基体纤维要求（如价格、规格型号和性能要求等）按合同或产业通用技术要求，无合同规定的需与客户沟通协商［基体纤维性能原则上必须符合产业通用技术要求（如行业标准、团体标准或企业标准等）］。

二、分丝或并丝

分丝是将一束丝分成两根及两根以上的单丝或小规格束丝的加工过程。分丝的目的是通过分丝获得一定粗细的单纱、线股或复合线股，以方便后续捻线、织网或制绳等工序的操作，等等。分丝可通过手工、分丝机或分丝整经机等来完成。分丝时要严格把握好分丝张力，防止出现分丝后的单纱或线股或复合线股出现长短不一的现象，以利于下道工序使用。

　　并丝是将两根及两根以上的单丝合并成一根线股或一根单纱，或者将两根及两根以上的线股再合并成一根复合线股的加工过程。通过并丝工序合并后的单纱、线股或复合线股可以有捻或无捻。并丝的目的是通过并丝获得一定粗细的单纱、线股或复合线股，同时通过并丝，可提高单纱、线股或复合线股的均匀度，除去丝线表面的粗结，等等。传统的并丝工具非常简单，把需要并合的丝、单纱或线股筒子通过一个导丝钩将它们并合到一起，达到并丝的目的。并丝一般可分为有捻并丝和无捻并丝两大类，如要求并合单纱、线股或复合线股有所捻度，即一般作经线的单纱、线股或复合线股，则可采用有捻并丝（单纱、线股或复合线股轴向出丝，并合后的单纱、线股或复合线股间有一定的抱合）；如要求并合后单纱、线股或复合线股无捻，则采用无捻并丝。并丝时要严格把握好并丝张力，防止出现并合后的单纱、线股或复合线股出现长短不一的现象；在并丝过程中，特别是并丝根数较多时，应注意观察，发现断头现象应及时解决；并丝的单纱或线股或复合线股的成型要好，以利于下道工序使用。分丝或并丝工序根据实际生产情况灵活选用。

三、落纱

　　落纱是捻线工序之一，将分丝或并丝或初捻后的纱、线绕于筒管上定型、去除疵品等杂质的捻线工艺称为落纱。落纱工作是捻线生产的一个重要组成部分，落纱工作围绕优质、高产、节能降耗进行，初捻筒管达到规定重量或筒管基本满装（切勿溢出）时，即关机将筒管依次从锭杆上拔出，将初捻纱绕上空的初捻筒管再插到锭子上，并及时对钢令圈清洁、加油。落纱基本要点包括：①组织紧密、行动一致；②合理安排、相互协作；③加强清洁工作、提高产品质量；④提高操作水平、不断改进生产技术；⑤预防人为疵点（落纱生头时防止回丝附入，严禁再生头、绕生头、捻接头、清洁工作时防止飞花带入纱条，注意锭带是否在锭盘内，防止紧捻或弱捻纱）；⑥加强责任心，提高质量意识，不得无故离岗或脱岗，一旦发现纱存在疵品等质量问题，操作工应立即报告，认真执行操作规范要求，执行落纱时间，缩短落纱停台时间，提高生产效率，等等。落纱工序根据实际生产情况灵活选用。

四、初捻

　　在捻线生产或工艺设计上，人们将捻线用基体纤维的初次加捻（或将单纱并合加捻成线股）的捻合工艺称为初捻。在捕捞与渔业工程装备领域，按工艺结构要求，对单丝或复丝等捻线用基体纤维用进行初次加捻（以下简称"初捻"）。在初捻操作过程中操作工应加强机器巡回检查，及时更换用完的丝、单纱等基体纤维筒子，换管时应注意控制结头与留尾长度；及时发现排除单丝、复丝等基体纤维断头情况，以免形成缺股，影响捻线产品质量。巡回检查中需经常查看生产线股的张力是否一致，如张力之间有明显差异，则应采取措施进行调整，以免形成背股，影响捻线产品质量。

如果发现单纱、线股有绞罗拉现象，应及时进行故障处理；检查初捻成型情况，如果发现异常，要及时通知设备维修人员排除故障，确保捻线产品质量。

五、复捻或复合捻

将线股并合加捻成（复捻）线的捻合工艺称为复捻。将（复捻）线并合并捻成复合捻线的捻合工艺称为复合捻。复捻或复合捻时按工艺结构要求，将几个线股并合进行再次加捻，使之合股成线。操作工在操作过程中应加强机台巡回检查，尤其要调整好各线股间的张力，使所有线股受力都均匀一致，以免形成背股、影响产品质量。复捻生产中要及时发现排除初捻筒管上单纱、线股的断头现象，以免形成缺股线。如果生产中发现缠绕罗拉现象，应及时采取措施进行故障处理。换筒管时要控制结头用留尾长度，确保长度适宜；检查成品线的成型情况，如果发现情况异常，要及时通知机修工及时修理。捻线复合捻流程与复捻类似，复捻是将几个"线股"并合进行再次加捻，使之合股成线；而复合捻是将几个"线"并合后再次进行加捻，使之捻成复合捻线。复合捻线生产时将捻线筒管绕到规定重量或筒管基本满装（切勿溢出）后，及时关机落线（即将线管拔出，再插上空筒管，并将复合捻线绕上空筒管再插到锭子上继续生产，生产过程中要及时给钢令圈加油），确保设备正常运行。

六、绕绞或绕轴或绕线球

捻线机经过复捻、复合捻工序后形成捻线，捻线绕在筒子上，如果下一工序是本企业织网，可以直接拿筒子线去织网；生产的捻线还需要运输、储藏和使用，则一般需要将筒子线继续绕成绞状、轴状、球状等并打包，便于捻线的运输、储藏和使用。在编织线生产中，单纱、线股和线芯等经过编织工序后形成编织线，如果下一工序是本企业织网，也可以直接拿筒子线去织网；生产的编织线还需要运输、储藏和使用，则也需要进行上述同样的网线成型工序（绕绞、绕轴或绕线球等）。现将网线绕绞、绕轴或绕线球等网线成型工序简述如下，供企业或读者参考。

1. 绕绞

绕绞是重要的制线工艺流程之一，指生产中将各种管纱、管线或筒子线，按照工艺规定的长度绕成（或摇成）绞（框）状线，便于后道工序的加工（绞状线俗称绞线、绞子线，等等）。网线绕成绞（框）状线使用的设备称为绕绞机。合股后的线管除了直接供编织网片外，其余均要从筒管上退出绕成绞状、轴状、球状或管状等形状（然后直接用于网线、网具等的缝合装配）。绞状、轴状、球状或管状线包装要按有关规定分清规格，实现定长或定重。多数成品线计量是以长度［米（m）、码（yd）］为单位，通过成绞可在半制品时控制码长，有时摇成大扎绞（10 000 yd 的宝塔线，是由摇成 2 个 5 040 yd 的绞线组成，以减少缝线结头，提高产品的内在质量）；成绞包括直绞式、花绞式、大花绞式等种类。19 世纪 50 年代以前的摇绞机多为单面摇绞；单面绕绞机的三片撑架撑开成六边形框状，用固定带固定，代表性周长为 1 410 mm、绞线折径为 450 mm。单面绕绞机侧面放置 15 只筒子，引线绕成 15 绞；成绞后松开固定带，三片撑架合拢，线绞松动，每绞用线扎两道；扎绞后，让其滑到绕绞机顶端月亮弯内，撑架转过 1/4 转，月亮弯向外敞开，线绞可拿出；然后再把三片撑架撑开，装配固定带，重新挂线后继续绕绞；单面绕绞机使用比较方便，但是给 PE 单丝捻线等合成纤维网线绕绞使用，合成纤维网线收缩力大、线绞大，因此，撑架变形大、合拢撑架劳动强度大、劳动生产率低。19 世纪 60 年代初开始，企业普遍采用双面四框绕绞机（图 4-7），该种绕绞机有 4 个框架供绕绞用，每一个框可以绕 12 绞线。每个框架有 6 根撑档，6 根撑档通过 6 根撑臂撑起成框状，代表性绞周长为 1 410 mm、绞线折径为 700 mm，通过手轮转动推动撑臂轴套实现 6 根撑臂收下。由于有多档撑臂支持，结构坚固，撑架变形小，手轮转动推动撑臂轴套比较省力；每一个框下面有一个筒子架，可以放 12 只线筒子；机架箱两边各装有一个计数器，计数器与框架主轴相连，框架每转一圈，机架箱上的计数器走一个字；该种绕绞机 4 个框架由一台电动机带动，两边不仅各有电动机开关按钮，而且还各有一个离合器，这样可以供两边绕绞机各自操作。

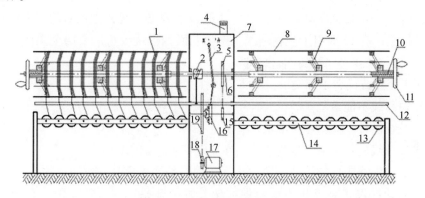

图 4-7　双面四框绕绞机正面

1. 绞线；2. 移动凸轮；3. 开关手柄；4. 长度计数表；5. 绕绞框皮带盘；6. 绕绞框轴；7. 机架箱；8. 绕绞框；9. 框架收撑臂；10. 框架收撑丝杆；11. 框架收撑手轮；12. 来回导线杆；13. 线筒子；14. 线筒子搁架；15. 绕绞框主皮带盘；16. 离合器；17. 电动机；18. 电动机皮带盘；19. 被动皮带盘

绕绞机设备及其操作方法比较简单，绕绞步骤为：

（1）装线筒子：左手推开筒子架边沿的压铁棒销子，右手拿出空筒子及铁棒，弃空筒子；左手托起准备进行绕绞的装满线的筒子，右手拿铁棒插入筒子，然后左手再推开筒子架边沿的压铁棒销子，右手把连着筒子的铁棒按下，关上压铁棒销子；这样依次分别装完 24 只满线筒子。

（2）撑紧框架：用手以顺时针方向盘旋撑架收撑手轮，使框架收撑臂逐渐撑紧框架，达到规定的周长（代表性周长为 1 410 mm、绞线折径为 700 mm）。在正常操作时，在拿下绞线后随即盘旋撑架收撑手轮，使框架撑紧。

（3）嵌线头：将框架上附有嵌线钉的一边转到操作工面前，然后逐只从筒子中抽出线头，穿过来回导线杆上的导线钩，最后嵌进嵌线钉内。

（4）绕线：校正长度计数表至零位，即可开动电动机，然后慢慢推上开关手柄，使框架由慢到快旋转起来，把线有规律地绕到框架上；当绕到接近规定长度时，应将开关手柄拉开，使框架缓缓地停止转动并达到长度要求；最后剪断线尾（如果用电热器烫断线尾更好）。

（5）扎绞线：先把撑架收撑手轮逆时针方向转几圈，框架收撑臂收拢，框架周长缩小，使框架上的绞线稍松懈；逐绞抽出嵌线钉下的线头与剪下的线尾交错在绞线上扎 2~3 圈并打结扎牢；然后再将框架转半转，用事先准备的扎绞线在绞线上扎 2~3 圈并打结扎牢；也可以用扎绞线在扎绞处分前后两处分别扎 1 圈，再总地扎 1 圈，防止乱线。

（6）拿下绞线：当所有绞线扎好后，摇动撑架收撑手轮，使框架缩小，便于所有绞线从框架上拿下；然后重新摇动撑架收撑手轮，使框架恢复到正常大小，开始下一次摇绞；拿下的绞线堆放在相同规格的地方（不要把规格搞错）；正常操纵双面四框绕绞机所需人数由绕线规格确定［对 12 股以下规格网线，操纵双面四框绕绞机需要一个操作工；对 12 股以上规格网线，操纵双面四框绕绞机需要两个操作工（一个操作工负责一面的两个框架）］。

为便于企业或读者正确绕绞，现将绕绞注意事项简述如下：

（1）每绞线不能紊乱。

（2）绞线品种、规格不可混淆。

（3）每绞线的长度或重量均要统一在规定偏差范围内。

（4）成绞的线应保持清洁干净，扎（绞用）线要结实，扎绞用道数不能缺少。

（5）启动或停止绕绞机不可急促突然，否则容易造成线筒子的线蹦断或绞线紊乱。

（6）当绕绞机转动部件及其框架转动时不可用手触碰，以免伤手；如发生伤手等意外情况应立即停车处理。

（7）每次摇动撑架收撑手轮，一定要摇到撑架撑足，防止因撑架撑不足摇出小周长的绞线，影响产品整体质量或后序工艺应用。

（8）当采用电加热工具（如电烙铁、电剪刀和电锯条等）切割合成纤维网线时，一定要注意操作安全、用电安全；操作工要注意使用电压（一般不超过 12 V）、注意使用可靠绝缘和防火材料；电烙铁等电加热工具高温时不能随意乱放，以免发生火灾或人员烫伤等生产事故，影响正常工作生产，等等。

2. 绕轴

网线绕绞后使得用户使用起来很不方便（费时费力），容易把绞弄乱造成浪费或无法正常使用，因此，用户（特别是出口订单或国外用户）普遍要求提供轴装线。

把网线绕在纸轴或塑料轴等管轴上称为绕轴。把网线绕在管轴上的机器设备称为轴线机或制线卷绕成型机。轴线机根据需要既可生产管轴轴线长度为 100 mm、150 mm、200 mm 和 300 mm 等规格的轴装线，又可生产一轴长度为 500 m、1 000 m 和 2 000 m 等规格的轴装线，还可生产每轴重量为 100 g、200 g、500 g、1 000 g 和 2 000 g 等规格的轴装线。轴装线无论采用何种包装规格，但都必须在轴装线外包装上标明网线规格名称。先将纸轴等管轴套在轴线机主轴上，管轴随主轴一起转动，线绕在管轴上时通过"兔子头"移动进行排列［图 4-8（a）］；"兔子头"移动受来回螺杆控制，管轴上绕线是线挨着线，"兔子头"移动 1 个管轴长度，线在管轴上绕 2~4 圈，也就是推动"兔子头"移动来回螺杆是 2~4 个螺距，轴线机的传动结构示意图如图 4-8（a）所示。一种制线卷绕成型机如图 4-9 所示。

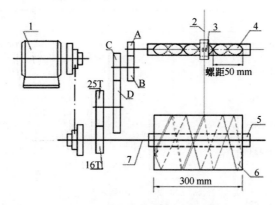

图 4-8　轴线机的传动结构示意

1. 力矩电动机；2. 线；3. 兔子头；4. 来回螺杆；5. 纸芯；6. 轴线；7. 主轴

图 4-9　一种轴线机

因为管轴绕线是线并线，为了上一圈线不与下一圈线重叠，不同粗细的线在绕轴时要变化齿轮 A、B、C、D。以 CZ-18 型轴线机为例，对不同规格直径网线，CZ-18 型轴线机选择齿轮计算按公式（4-43）进行：

$$d = 50 \times (6 \times \frac{16 \times D \times B}{25 \times C \times A} - 6) \qquad (4\text{-}43)$$

式中：d——网线直径（mm）；

A、B、C、D——轴线机的传动齿轮（T）。

16、25——图 4-8 所示的两个固定齿轮的齿数（分别为 16 齿、25 齿）；

50——来回螺杆的一个螺距长度；

6——线在管轴上绕一个来回，来回螺杆来回共移动 6 个螺距（即来回各 3 花）。

实际生产中，可参照上述公式和说明进行计算和调整。

当传动齿轮 $A/D = 67/102$ 时，网线直径 d 的计算结果如表 4-9 所示。

表 4-9　网线直径与传动齿轮关系

网线直径 d（mm）	传动齿轮 B/C
0.896	70/68
1.024	69/67
1.156	68/66
1.292	67/65
1.433	66/64
1.578	65/63
1.727	64/62
1.882	63/61
2.042	62/60

注：如果网线实际直径为 0.92 mm，齿轮一般不选 70/68 齿轮，而选用 69/67 齿轮（选择网线直径偏大一点的齿轮，绕线空隙大一点），以保证绕线不受挤压影响。

3. 绕线球

绕线球是重要的制线工艺流程之一，指生产中将各种管纱、管线或筒子线，按照工艺规定绕成球状（线），便于网线的运输、储藏以及加工使用（如渔具装配、网箱箱体缝合和养殖围网海上装配等）。球状线俗称线球或球线。在渔具和增养殖设施领域中，粗规格缝合、装配用网线多采用线球。

网线绕线球使用的设备称为绕球机（图 4-10）。绕球机主要由摇架（20）（代表性摇架的两根摇臂间距为 335 mm、摇臂长为 250 mm）、线球轴心柱（23）等部件组成。线球轴心柱中心线与摇架水平轴轴心线夹角呈 55°。通过系列传动，绕球机摇臂以水平轴为中心转动（公转），把线绕在线球轴心柱上 [因为线球轴心柱中心线与摇架水平轴轴心线夹角成 55°，所以绕在线球轴心柱上也按 55°角度（缠）绕]；摇臂转动时，线球轴心柱通过摇架传动带盘（11、12）、变速带盘（13、15）、涡轮涡杆

（21）和球芯涡轮涡杆（22）的传动慢慢转动（自转），使上、下圈线之间不发生重叠。当网线粗细影响排列时，可以变动变速带盘（13、15）位置［如果网线规格直径增加，调大变速带盘（13）规格；如果网线规格直径减小，减小变速带盘（13）规格］。在实际生产中发生网线排列不齐情况，可以通过离合器操纵手柄（17）推开离合器（16）、转动手轮（18）进行手工排列调整。在上述工作的基础上，网线最后可绕成特定规格的线球（代表性规格如线球直径为 250 mm、高为 200 mm；每只线球重量控制在 5 kg 左右）。

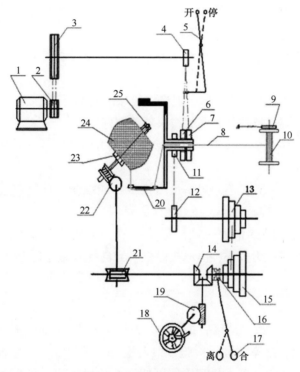

图 4-10　绕球机结构传动

1. 电动机；2. 主动皮带盘；3. 被动皮带盘；4. 主动传动带盘；5. 开关手柄；6. 空转带盘；7. 被动传动带盘；8. 线；9. 线筒子阻尼盘；10. 线筒子；11. 摇架传动带盘；12. 被动传动带盘；13. 主动变速带盘；14. 伞齿轮组；15. 被动变速带盘；16. 离合器；17. 离合器操纵手柄；18. 手轮；19. 手轮涡轮涡杆；20. 摇臂；21. 涡轮涡杆；22. 球芯涡轮涡杆；23. 线球轴心柱；24. 线球；25. 压线螺帽

绕球机设备及其操作方法比较简单，绕线球步骤为：

（1）开机前必须对绕球机进行检查，对油眼、齿轮等处加注适量的润滑油。

（2）将装满线的线筒子（10）装上筒子铁杆，并套好线筒子阻尼盘（9）；阻尼盘绕线球时，线筒子上有一定张力；当绕线球停下来，阻尼盘也要让线筒子迅速停下来，这可防止线从线筒子中大量退出而造成紊乱。

（3）引线筒子上的线头穿过摇架空心导线轴，经摇臂及摇臂上的导轮，到线球轴心柱（23）上绕上 3~5 圈，然后将线头夹在压线螺帽（25）下，旋紧压线螺帽，最后以手盘动摇架几转，使线紧紧裹绕在线球轴心柱上。

（4）开动电动机，慢慢推动开关手柄（5）至"开"位置，摇臂（20）带着线均匀地按一定角度绕在线球轴心柱（23）上。

（5）当绕线至一定长度（或重量）时，开关手柄（5）移至"停"位置，停机；将线球与摇臂的线拉出一些剪断（或用电热器烫断），用钩针把线头嵌入球面的线内，防止线球松散。

（6）旋松压线螺帽，脱下线球，在球芯线端上粘上规格标志并将标志和线端一起塞进球芯孔内，把线球运至仓库等规定地点保存。

（7）将摇臂上线头重新夹在压线螺帽下，旋紧压线螺帽，准备下一个线球的绕线球操作。

为便于读者或企业正确绕线球，现将绕线球注意事项简述如下：

（1）线球每层要保持均匀，两端线头要控制好。

（2）绕线球时注意生产安全，摇架转动时，手不可以触碰摇架、线球等部件或物品。

（3）线球外形要一致，不同规格型号网线不能混绕，且要剪去成品网线中的网线疵品。

（4）线筒子必须保持张力一致，转动自然。如果张力过大，线球将难以拔出（甚至拔不出）；如果张力过小，绕球机停机时会自行退绕造成乱线。

七、检测

生产企业在产品成绞、落线后必须按有关技术标准、合同指标等相关技术要求逐批、逐筒（箱、绞、盒等）进行检验，根据检验结果判定产品等级。捻线技术性能指标检验有困难的企业，可委托我国绳网线专业检验机构（如农业部绳索网具产品质量监督检验测试中心等）进行检验，以确保检测结果准确可靠、方便捻线工艺的进一步调整与优化。

八、打包入库

生产企业在技术性能指标检验结束后按批次、生产时间等对产品进行分类，同规格、同等级的捻线产品按重量、长度、体积等要求进行捆扎或包装，打包入库，并在包装外做好标识（标识一般需标注产品型号、规格、批次、生产日期和检验员编号等）。对外销售时，同样产品中先入库的捻线优先出库售出。

1. 打包入库简介

打包是网线生产的最后一道工序。企业生产中，轴装线、球状线（也称线球）都可采用盒装、袋装等包装形式打包入库；绞线（也称绞装线）可采用打捆、盒装、袋装等包装形式打包入库。绞线打包可采用手工打包或机械打包等形式，其中，采用机械打包可使网线包装紧凑坚硬占地少。机械打包机包括：①凸轮转动型打包机即以凸轮转动，推动打包架内的顶板向上压缩绞线，缩小体积，进行捆扎成压缩包（图4-10为一种凸轮打包机示意）；②螺母转动型打包机即以螺母转动，推动螺杆上升运动，推动打包架内的顶板向上压缩绞线，缩小体积，进行捆扎成压缩包；③活塞油压推动型打包机即以活塞油压推动［压力可达到1 t（甚至更高）］，推动打包架内的顶板向上压缩绞线，缩小体积，进行捆扎成压缩包。无论哪种打包机都是采用机械力对绞线进行压缩，因此，操作工只要熟悉其中一种操作，遇到其他打包机都可以触类旁通。网线打包一般采用25 kg/件的包装形式，棉纱线也采用5 kg/件的包装形式（图4-11）。

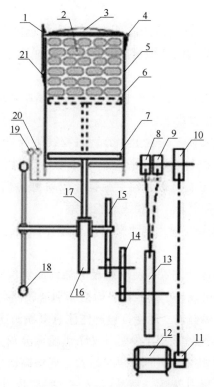

图4-11　机械打包机示意

1. 板钩；2. 绞线；3. 盖板；4. 盖板铰；5. 边框板；6. 顶板最高位置；
7. 顶板最低位置；8. 空转带轮；9. 带轮；10. 被动带轮；11. 电动机带轮；
12. 电动机；13. 被动带轮；14. A组减速齿轮组；15. B组减速齿轮组；
16. 压缩凸轮；17. 顶杆；18. 手轮；19. 操纵杆停位置；20. 操纵杆转位置；
21. 板勾铰链

为便于读者或企业正确打包，现将凸轮打包机打包前准备工作简述如下：

（1）绕绞机下来的绞子线按品种、规格型号等分别堆放，并进行质量检验。

（2）对 PA 网线、PVA 网线等吸湿性材料绞子线及其小样在打包前要放在车间里平衡（平衡时间为 12 h 以上）；12 h 以后对吸湿性材料绞子线小样进行回潮率测定，然后换算成标准回潮率（表 4-10），最后称重打包。

（3）PE 网线一般不测定回潮率（诚然，如果发现 PE 网线内含水高，应该测定回潮率，防止网线打包后缺重）。

（4）检查打包机的机械情况并加注润滑油，确保打包机正常工作。

表 4-10　网线标准回潮率（%）

网线种类	PVD	PET	PVC	PVA	PA	PE	PP
W	0.4	0.4	0.3	5	4.5	0.1	0

打包机设备及其操作方法比较简单，凸轮打包机打包操作步骤为：

（1）不同品种、规格的网线分别根据已经测定的回潮率，计算得出按标准回潮率下的每包重量。

（2）将顶板降到最低位置，脱开框板上的板钩，翻开盖板，把 4 根捆包线放进 5 块边框板的夹缝中，平铺在顶板上。

（3）将称重后的网线放在工作台上，分别将绞线逐绞理直（如果工作台上有牛角铁钩，宜用牛角铁钩上牵拉绞线），平放到框板内，要求所有绞线的两端平齐。

（4）全部绞线放完，盖上盖板，勾上板钩；按动电动机开关按钮，推动操纵杆至运转位置，使压缩板缓缓上升，将绞线逐步压紧。

（5）压缩板上升到最高位置，推动操纵杆至停止位置，分别用 4 根捆包线扎紧打结。

（6）再推动操纵杆至运转位置，使压缩板下降到最低位置；脱开框板上的板钩，翻开盖板，放上标签，取出线包；按品种、规格分别堆放储存。

为便于读者或企业正确打包，现将打包操作注意事项简述如下：

（1）包装重量正确（既防止缺斤少两，又防止超重浪费）。

（2）标签与线包规格相符（不能将网线品种、规格搞错）。

（3）外形尺寸一致，捆扎牢固，捆扎线统一，捆扎线重量不可计算在绞线重量范围内。

（4）标签内容齐全，需记载网线品种、规格、标准重量、回潮率、打包日期、批号、检验员工号等内容；有条件的企业还可增设操作工编号等内容，实现企业网线质量管理体系的追溯。

2. 打包前的回潮率测定与称重计算

网线打包前根据网线材料吸湿性以及含水高低、天气情况等进行回潮率测定，然后换算成标准回潮率，最后称重计算、打包。有经验的企业或技术人员可综合网线材料吸湿性、网线含水高低、天气情况、前期标准回潮率测试结果、标准回潮率表

（表 4-10）等进行打包前回潮率估算，然后称重打包；对一般企业或技术人员建议进行打包前回潮率测定，以确保包装重量正确，避免贸易纠纷。

为确保包装重量正确，现将网线打包前回潮率测定与称重计算简述如下：

（1）打包前制作网线小样（同品种、同规格网线 50~100 g）；

（2）网线小样放在车间里进行平衡（平衡时间为 12 h 以上）；

（3）平衡结束后将小样放在铝盒内密封带回实验室，小样放在铝盒内用天平称重，去皮重后为小样重量；

（4）烘箱预热到（105±2）℃后把小样放入烘箱，1 h 后用天平称重，以后每隔 10 min 称重 1 次，称重称到前后两次称重重量不变为止，此时认定小样已经干燥；

（5）根据烘前、烘后重量，实测回潮率按公式（4-44）进行计算。

$$W_s = \frac{G_1 - G_0}{G_0} \times 100\% \qquad (4-44)$$

式中：W_s——实际回潮率（%）；

G_1——烘前重量（g）；

G_0——烘后干燥重量（g）。

（6）称重重量计算按公式（4-45）进行计算：

$$G_s = G \times \frac{1+W_s}{1+W} \times 100\% \qquad (4-45)$$

式中：G_s——称重重量（kg）；

G——标准包重量（kg）；

W_s——实测回潮率（%）；

W——标准回潮率（%）。

［示例 4-16］某企业生产的一批 PA 网线需按 25 kg/包的要求打包；为确保网线重量准确，企业打包前进行了网线回潮率测定［企业在该批网线内放进同样规格的小样网线平衡了 16 h，然后取样测定测回潮率（小样网线烘前重量称重为 70 g，烘 2 h 后干燥重量为 66.66 g）］，问该批 PA 网线打包时实际称重是多少？

解：根据公式（4-44）计算实测回潮率：

$$W_s = \frac{G_1 - G_0}{G_0} \times 100\% = \frac{70 - 66.66}{66.66} \times 100\% = 5\%。$$

根据公式（4-45）计算称重重量：

$$G_s = G \times \frac{1 + W_s}{1 + W} \times 100\% = 25 \times \frac{1 + 0.05}{1 + 0.045} \times 100\% = 25.12\ \text{kg}。$$

答：该批 PA 网线打包时实际称重重量为 25.12 kg。

因为该批 PA 网线实测回潮率高于标准回潮率，说明其含水量偏高，因此，实际打包称重重量应达到 25.12 kg（否则天气干燥时该批 PA 网线会失去重量，达不到每包 25 kg 要求）。

第三节　捕捞与渔业工程装备用捻线设计开发示例

捻线在捕捞与渔业工程装备领域量大面广，且要求普通产品价格适中、特种产品性能突出等，导致本领域用捻线工艺具有特殊性。捻线工艺设计技术直接关系到产品的质量、生产效率和经济效益，为此选择几种捻线工艺优化设计作为示例，以便为捕捞与渔业工程装备等领域捻线工艺优化设计提供参考。

一、一种头足类拖网或超大围网用筒子线设计开发示例

卷装在筒子上的网线称为筒子线。东海所石建高课题组以高分子量聚乙烯等为原料设计开发了一种头足类拖网或超大围网用筒子线，其设计参数及实测数据如表4-11所示，创新工艺为：以高分子量聚乙烯等为原料采用特种纺丝技术开发出耐磨超强熔纺丝束；以初捻机将耐磨超强熔纺丝束以 10 T/m 的内捻度初捻后获得 Z 捻向的耐磨超强线股；通过复捻机将 3 根 Z 捻向的耐磨超强线股加工成捻距为 21 mm、捻向为 S 捻、股数为 3 股的耐磨超强型头足类拖网或超大围网用筒子线。该线断裂强力、耐磨性明显优于传统聚乙烯筒子线，在保持网线强力不变的前提下，可使网线规格降低、重量及其水阻力减小，实现捕捞与渔业工程装备生产的节能降耗或降耗减阻。

表4-11　一种头足类拖网或超大围网用筒子线设计参数及实测数据

序号	项目名称	实测数据
1	结构	3 股筒子线
2	捻向	S 向
3	捻距	21 mm
4	综合线密度	4 481 tex
5	内捻	10 T/m
6	断裂强力	2 007 N
7	断裂伸长率	34.5%

二、一种远洋渔业用熔纺线设计开发示例

将熔纺单丝制作生产的 3 股捻线简称为熔纺线。东海所石建高课题组以高分子量聚乙烯等为原料设计开发了一种远洋渔业用熔纺线，其设计参数及实测数据如表4-12所示，创新工艺为：课题组以高分子量聚乙烯为原料采用特殊的纺丝工艺生产出高强耐磨熔纺丝束；以初捻机将高强耐磨熔纺丝束以 6 T/m 的内捻度初捻后获得 Z

捻向的高强耐磨熔纺线股；通过复捻机将 3 根 S 捻向的高强耐磨熔纺线股生产成外捻度为 58 T/m、捻向为 Z 捻、股数为 3 股的高强耐磨型远洋渔业用熔纺线。该线断裂强力、耐磨性明显优于传统熔纺线且断裂伸长率适中，可实现远洋渔业生产中的节能减排，助力低碳渔业的发展。

表 4-12　一种远洋渔业用熔纺线设计参数及实测数据

序号	项目名称	实测数据
1	结构	3 股线
2	捻向	Z 向
3	直径	2.76 mm
4	内捻	6 T/m
5	外捻	58 T/m
6	断裂强力	1 418 N
7	断裂伸长率	15.6%

第五章　捕捞与渔业工程装备用
编织线技术

　　编织线（braided netting twine）是指由若干根偶数线股（如 6 根、8 根、12 根、16 根等）成对或单双股配合，相互交叉穿插编织而成的网线；编织线也称编织型网线、编线或编结线。编织线柔软性好、编织紧密且由于断裂强力、结节强力高于同品种、同股数的捻线，因此，在拖网渔具、深水网箱和养殖围网等捕捞渔具与装备工程设施方面使用较广，尤其是在远洋与极地渔业渔具（如南极磷虾拖网渔具等）上已经大量使用，目前编织线用量有逐步增加的趋势。电子技术、传动技术、机械仪器技术等智能农机装备技术的发展，促进了编织线技术的创新，人们不断开发新型编织设备（简称编织机），以节能降耗、减低噪声、提升智能化水平、提高编织线质量和生产效率，既实现了编织线生产的节能降耗、提质增效，又形成了独特的编织线生产技术。本章对编织机系统构成及其工作原理、编织机操作与维护技术、编织线工艺优化设计技术等内容进行概述，以帮助读者系统了解编织线技术。

第一节　编织机系统构成及其工作原理

　　编织线具有面广量大的特点，相关编织机明显不同于纺织等其他领域。编织线产品的能耗、质量、产能、效率等与编织机系统构成及其工作原理密切相关，现将编线工序、编织机的分类、轨道型编织机系统构成及其工作原理、摆杆编织机系统构成及其工作原理概述如下。

一、编线工序

　　单丝（PA 单丝除外）、单纱、线股等无法满足捕捞与渔业工程装备领域的直接使用要求，因此，需要通过编线工序将单丝、单纱、线股制备成编织线。编线工序主要包括分丝或并丝、编织等部分；对采用线芯的编织线有时还需要对线芯用丝、纱等纤维进行初捻和复捻。编线用纤维原料有束丝、单纱、单丝等，因此，在实际生产中需要根据编织线的规格及其成型结构对束丝、单纱、单丝等进行分丝或并丝。如果企业生产渔用 PE 单丝编织线用纤维原料为每束含 36 根的 PE 单丝丝束（PE 单丝线密度为 36 tex），企业生产规格为 "PE ρ_x（36×6×16+36×6）R3 800 B　SC/T 4027" 的渔用 PE 单丝编织线时，企业必须先对上述 PE 单丝丝束进行分丝、并丝，以获得

194

每束含 6 根的 PE 单丝丝束筒子，以方便编织线面子和线芯的编织；如果企业生产 UHMWPE 复丝编织线用纤维原料为 400 D 的 UHMWPE 复丝单纱（UHMWPE 复丝单纱线密度为 400 D），企业生产规格为"UHMWPE　ρ_x（800 D×7×16+1 200 D×3）R 97 800 D B"的 UHMWPE 复丝编织线时，企业必须先对上述 UHMWPE 复丝单纱进行并丝，以获得每束含 800 D、1 200 D 的 UHMWPE 复丝单纱筒子（它们分别用于编织线面子、线芯的编织）；然后进行编织生产。关于线芯用初捻和复捻工序，可参照第二章第一节，这里不再重复。

编织线加工完成后绕在筒子上，筒子可以直接送下道工序编织网片。也可以将筒子上的线摇成绞状、卷绕成轴状、卷绕成球状，以供不同要求捻线终端用户使用（上述工序分别称之为摇绞、成轴、成球）。在编织线的摇绞、成轴、成球生产过程中，每道工序的挡车工和专业检验人员要对半成品、成品进行质量检查。成品要经专职检验员或专业检验机构（如农业部绳索网具产品质量监督检验测试中心）进行检验，然后逐步完成包装、进库、出厂工序。

二、编织机的分类

根据编织线的规格要求、柔性要求、产量高低、设备投资额和产品质量要求等，人们可以选择合适的编织线生产设备（以下简称"编织机"）。编织机最初是从纺织行业的棉纺织设备引进而来，初始阶段该类设备只能生产棉纱类编织线。随着化学纤维不断发展，人们根据拖网渔具、养殖网箱和大型养殖围网等需求来创新生产纤维；原先的棉纺织设备已经不适应网线生产需要，因此，人们逐步在原来棉纺织设备基础上改进和发展网线生产设备。电子技术、传动技术、机械仪器技术等智能农机装备技术的发展，促进了编织机技术的创新，国外一些先进的编织机逐步进入我国，这进一步推动了我国编织机的改进、技术升级、自主创新。编织机分类方法很多，现简介如下。

1. 按机械化程度分类

按机械化程度分类，编织机分机械化编织机、全自动化编织机和智能化编织机等。

2. 按锭子数量分类

按锭子数量分类，编织机分 4 锭编织机、8 锭编织机、12 锭编织机、16 锭编织机、24 锭编织机、32 锭编织机、36 锭编织机和 48 锭编织机等。

3. 按编织机的基圆外形尺寸大小分类

按编织机的基圆外形尺寸大小分类，编织机分大 16 锭编织机、中 16 锭编织机、小 16 锭编织机或基圆直径分 300 mm、500 mm、750 mm、1 000 mm 编织机等。

4. 按编织机的机型分类

按编织机的机型分类，编织机分立式编织机、卧式编织机等。

5. 按编织机的速度分类

按编织机的速度分类，编织机分高速编织机、低速编织机等。轨道型编织机转速较低属于低速编织机，一般由多个圆形轨道组合的编织机，编织锭子沿着自行轨道运行，也称走马式编织机，如图 5-1 和图 5-2 所示。摆杆编织机属于高速编织机，这类编织机所有锭子（股）分成两组，两组锭子做相向圆周运动时，一组锭子在外圈做顺时针方向圆周运动，另一组锭子在内圈做逆时针方向圆周运动，做逆时针方向圆周运动的一组锭子的股在摆杆作用下，同时做波浪形摆动，让顺时针方向圆周运动的锭子在波浪中穿插，完成股与股的交叉编织，所以这种编织机叫摆杆式编织机（这类编织线因为是圆周运动，转速很高，因此也叫高速编织机，如图 5-3 所示）。轨道编织机所有锭子分为两组，两组锭子向两个方向运动，各自走自己的轨道，相互均匀地交织，线比较紧密匀称、质量稳定，但是生产效率很低。摆杆编织机不仅有轨道形编织机的优点，而且它的最大特点是转速快、生产效率高。编织机可生产各种直径的编织线，随着各种高强、高模、高韧纤维新材料（如高强涤纶、高强聚乙烯、超高分子量聚乙烯复丝等）的出现，人们不断开发应用新型编织线，有力地促进了渔业生产的可持续健康发展。

三、轨道型编织机

轨道型编织机是一种年代久远的编织机型，它具有结构简单、零件加工精度要求不高、维护保养方便等特点。轨道型编织机生产的编织线产品质量能满足捕捞与渔业工程装备等领域的普通用户需求，所以，目前行业内还在使用轨道型编织机。江苏金枪网业有限公司使用的轨道型编织机如图 5-1 所示，轨道型编织机结构示意图如图 5-2 所示。

图 5-1　轨道型编织机

轨道型编织机结构一般包括编织锭子部分、牵引部分和传动部分等部分，现简述如下。

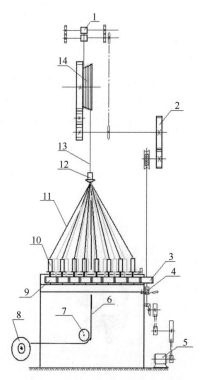

图 5-2　轨道型编织机结构示意

1. 张力牵引轮；2. 节距齿轮；3. 主传动齿轮；4. 离合器；5. 电动机；6. 芯纱；7. 拐弯轮；8. 芯纱筒子；9. 锭子转动齿轮；10. 锭子；11. 编织股纱；12. 控制模；13. 编织线；14. 牵引轮

1. 编织锭子部分

编织锭子部分作用包括：①用来安放单丝（纱）股筒子；②用来带着（纱）股筒子在轨道上移动走圈，完成编织交叉任务；③编织中调节单丝（纱）股的长度变化。编织锭子安放单丝（纱）股筒子形式分为立式锭子和卧式锭子两类。

（1）立式锭子

单丝（纱）股筒子在编织锭子中被立式安放（图 5-3）。锭子上有两根立柱，一根是重锤滑移立柱，用来安放重锤和止转楔块，并让重锤和止转楔块在立柱上能方便地滑上滑下。另一根是筒子转动立（纱）柱，单丝（纱）股筒子倒立安放在筒子转动立柱上并让筒子围绕立柱转动；由于筒子平滑一端向下与立柱底平面接触，拉动单丝（纱）股，筒子转动并有一定的摩擦阻力，使单丝（纱）股始终保持有张力、使筒子受力不会飞转。筒子另一端有止动齿，与止转楔块接触，止转楔块下落，止转楔块卡住筒子，筒子再受外力拉动也不能转动；当单丝（纱）股长度不足时将重锤上提，把存储的单丝（纱）股放出；当重锤继续上提到高位时，碰到止转楔块并将止转楔块上抬。在止转楔块上抬到与筒子脱离接触，单丝（纱）股在重锤的重力作用下拉动筒子放出单丝（纱）股，重锤即下降，止转楔块也跟随下降，重新止住筒子，筒子又不能转动。止转楔块是否上抬由重锤控制。当单丝（纱）股短了，单丝（纱）股拎起重锤，促使重锤上升，在重锤上升未能推动止转楔块上升离开筒子放出单丝（纱）股时；单丝（纱）股受重锤重力作用，也就是单丝（纱）股受到张力作用；当重锤上提抬起止转楔，筒子不受止转楔块限制，筒子受重锤重力作用发生转动放出单丝（纱）股，在筒子转动时单丝（纱）股张力作用减小。张力大小取决于重锤重量，一般轨道型编织机配两套重锤。生产小规格编织线时用小重锤，生产大规格编织线时用大重锤，读者在生产中灵活调整。

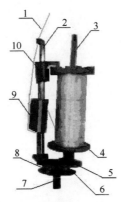

图 5-3　编织立式锭子

1. 股；2. 重锤滑移立柱；3. 筒子转动立柱；4. 筒子；5. 锭子转动上平面；6. 锭子转动下平面；7. 锭子下立柱；8. 导向块；9. 重锤；10. 止转楔块

图 5-4 为新型改进型编织立式锭子，它不用重锤上下移动来调节编织时的单丝（纱）股长度，同时用重锤上下移动来控制筒子转动，放出单丝（纱）股。新型改进型编织立式锭子通过摆动块的摆动来控制编织时的单丝（纱）股长度，以调节和筒子止转圈的转动，间接控制筒子转动输出单丝（纱）股。新型改进型编织立式锭子整个工作流程如下：

①推开锁定夹（2），抬起筒子控制压板（30），将绕满单丝（纱）股的筒子插到筒子轴（5）上，筒子与筒子止转圈（6）吻合，盖上筒子控制压板，锁定夹锁定。

②抬起摆动块尾钩（22），摆动块（9）前端压下楔块上下控制横轴（11），使止转楔块（7）离开筒子止转圈（6），拉单丝（纱）股端，筒子就能转动，放出单丝（纱）股。然后引单丝（纱）股端先后穿过锭子架导纱口（26）、钢丝导纱口（25）、锭子架横向导纱口（28）、从锭子架纵向导纱口（29）穿出，拉向控制模。

③转动编织机，锭子沿轨道转动，锭子走到轨道内侧，单丝（纱）股因为锭子与编织机中心距离缩短，摆动块下压立轴（15）；在内置弹簧的作用下通过摆动块下压横轴（14）将摆动块下压。摆动块下压，摆动块尾钩拉着摆动块上的上提钢丝向下，将多余的单丝（纱）股被收取；当锭子沿轨道转动，锭子走到轨道外侧，单丝（纱）股因为锭子与编织机中心距离加大，单丝（纱）股拉动摆动块上的上提钢丝向

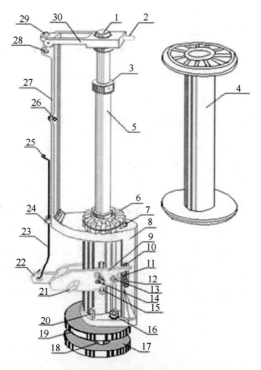

图 5-4　改进型编织立式锭子

1. 筒子轴顶；2. 锁定夹；3. 筒子轴内弹簧锁定螺母；4. 筒子；5. 筒子轴；6. 筒子止转圈；7. 止转楔块；8. 锭子架；9. 摆动块；10. 楔块上下控制轴；11. 楔块上下控制横轴；12. 弹簧；13. 摆动中心轴；14. 摆动块下压横轴；15. 摆动块下压立轴；16. 固定螺栓；17. 锭子转动下平面；18. 锭子转动移动轴；19. 锭子转动下平面；20. 摆动块搁脚；21. 摆动块提手；22. 摆动块尾钩；23. 摆动块上提钢丝；24. 上提钢丝控制；25. 钢丝导纱；26. 锭子架导纱；27. 锭子架立柱；28. 锭子架横向导纱；29. 锭子架纵向导纱；30. 筒子控制压板

上，将摆动块上提，摆动块上提钢丝向上，单丝（纱）股被放出，平衡了锭子走到轨道外侧，单丝（纱）股因为距离加大需要单丝（纱）股的长度加大。但是当单丝（纱）股因为距离加大需要单丝（纱）股的长度不足时，摆动块上提钢丝向上，摆动块围绕摆动中心轴（13）转动，摆动块前端下压楔块上下控制横轴，楔块上下控制横轴向下，楔块上下控制轴（10）也向下，止转楔块脱离筒子止转圈，筒子在单丝（纱）股张力作用下便可以自由转动，放出单丝（纱）股。放出单丝（纱）股后，摆动块上提钢丝向下，摆动块围绕摆动中心轴（13）转动向下，摆动块前端上抬，放弃下压楔块上下控制横轴下压，楔块上下控制轴（10）在弹簧作用下又向上，止转楔块又楔住筒子止转圈，筒子又不可以自由转动。编织锭子整个过程就是这样一个变动过程。

④摆动块下压立轴（15）在内置弹簧的作用下通过摆动块下压横轴（14）将摆动块下压，内置弹簧的弹力作用大小意味着单丝（纱）股的张力大小。

199

（2）卧式锭子

卧式锭子中股筒子为卧式安放。锭子上有个门框，门框下部有股筒子搁脚，搁脚用来摆放单丝（纱）股筒子，筒子的一边或两边都装有一个摩擦盘，摩擦盘外包有摩擦带，使筒子不能轻易转动，只能在用力拉动单丝（纱）股时转动。门框上部安放一个重锤，重锤根据单丝（纱）股长短做上下运动，调节单丝（纱）股的紧张程度。当单丝（纱）股绷紧，重锤碰到上限时推动连杆，单丝（纱）股筒子紧张拉动机构被推动连杆放松对摩擦盘控制，筒子在重锤重力作用下转动，放出单丝（纱）股。也有摩擦盘改成棘轮的，用重锤操纵棘爪来制止或放松棘轮以控制筒子转动，其原理与立式一样。中型或大型编织机大多采用卧式锭子结构。中型编织机、小型编织机一般没有考虑定向装置（也称追捻结构）。锭子下部是转动上平面和转动下平面，用来将锭子卡坐在轨道平面上；转动上平面和转动下平面之间是导向块，引导锭子始终按一个方向走动。锭子的最下部是锭子下立柱，用作锭子牵动柄。由于所有锭子分成顺时针转和逆时针转，企业为保证不同转向区别需要，将筒子做成多种颜色，当生产需要时可以选择两种颜色分别适应在顺时针转和逆时针转时使用，不致造成分辨不清。

2. 牵引部分

牵引部分是用来将已编织成线的编织线输送出去，让编织继续进行下去，并在输送过程中控制编织节距。牵引部分主要由牵引轮组成（图5-5）。

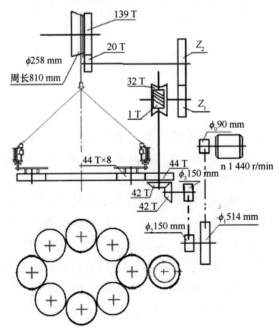

图5-5　轨道型编织机传动示意

　　牵引轮有两种形式：一种是锥形轮单轮牵引，编织线在锥形轮上绕 5~8 道，利用锥形轮转动与编织线摩擦产生的摩擦力牵引编织线；另一种是罗拉牵引，编织线在 2 个罗拉夹持下牵引编织线。牵引轮（14）的转动快慢由两个节距齿（Z_1、Z_2）配合控制。当某型号编织机锥形牵引轮小直径为 $\phi258$ mm 时，Z_1、Z_2 两个节距齿轮配合产生的对应节距如表 5-1 所示。

表 5-1　某型号编织机节距　　　　　　　单位：mm

Z_1	Z_2										
	15	18	20	24	25	30	31	36	40	50	60
15	14.57	12.14	10.93	9.11	8.74	7.28	7.05	6.07	5.46	4.37	3.64
18	17.48	14.57	13.11	10.93	10.49	8.74	8.46	7.28	6.56	5.24	4.37
21	20.40	17.00	15.30	12.75	12.24	10.20	9.87	8.50	7.65	6.12	5.10
24	23.31	19.42	17.48	14.57	13.99	11.65	11.28	9.71	8.74	6.99	5.83
27	26.22	21.85	19.67	16.39	15.73	13.11	12.69	10.93	9.83	7.87	6.56
30	29.14	24.28	21.85	18.21	17.48	14.57	14.10	12.14	10.93	8.74	7.28
31	30.11	25.09	22.58	18.82	18.16	15.05	14.57	12.54	11.29	9.03	7.53
33	32.05	26.71	24.04	20.03	19.23	16.03	15.51	13.35	12.02	9.62	8.01
36	34.96	29.14	26.22	21.85	20.98	17.48	16.92	14.57	13.11	10.49	8.74
39	37.88	31.56	28.41	23.67	22.73	18.94	18.33	15.78	14.20	11.36	9.47
40	38.85	32.37	29.14	24.30	23.31	19.42	18.80	16.19	14.57	11.65	9.71
42	40.79	33.99	30.59	25.49	24.47	20.40	19.74	17.00	15.30	12.24	10.20
45	43.71	36.42	32.78	27.32	26.22	21.85	21.15	18.21	16.39	13.11	10.93
48	46.62	38.85	34.96	29.14	27.97	23.31	22.56	19.42	17.48	14.57	11.65
50	48.56	40.47	36.42	30.35	29.14	24.28	23.50	20.23	18.21	14.57	12.14
51	49.53	41.28	37.15	30.96	29.72	24.77	23.97	20.64	18.57	14.86	12.38
54	52.45	43.71	39.33	32.78	31.47	26.22	25.38	21.85	19.67	15.73	13.11
57	55.36	46.13	41.52	34.60	33.22	27.68	26.79	23.07	20.76	16.61	13.84
60	58.27	48.56	43.71	36.42	34.96	29.14	28.20	24.28	21.85	17.48	14.57

　　注：表中某型号编织机锥形牵引轮小直径为 $\phi258$ mm。

　　为了帮助牵引轮牵引，在牵引轮前还安装一组张力牵引轮，如图 5-5 所示。张力牵引轮的牵引速度略大于牵引轮速度，确保牵引轮上的编织线不打滑。

3. 传动部分

传动部分是将电动机的转动传出，使所有的锭子运动、牵引轮转动牵引编织线，完成编织线的编织和输出。转动从电动机出来，由皮带轮、皮带、离合器传递使主传动齿轮转动。离合器在中间控制编织机是否将转动传出。轨道型编织机传动示意如图5-5所示。

主传动齿轮44 T将转动分两路传出：一路传给锭子转动齿轮，锭子转动齿轮通过十字拨叉带着锭子在轨道内转动（16锭编织机由8个齿轮组成一圈，每个齿轮上有一个十字拨叉，锭子就是通过十字拨叉带着转动，通过两对十字拨叉交叉将锭子从这个转动齿轮转到下一个齿轮；十字拨叉与转动齿轮如图5-6所示）；另一路传给涡杆、涡轮、牵引主动齿轮、过桥轮、牵引轮齿轮使牵引轮转动。锭子在轨道内转动一周与牵引轮转动同时输出的编织线长度为编织线的节距（ξ）。节距（ξ）按公式（5-1）计算：

$$\xi = 810 \frac{44 \times 16 \times 1 \times A \times 20}{44 \times 4 \times 32 \times B \times 139} = 14.568\,345 \frac{Z_1}{Z_2} \tag{5-1}$$

式中：ξ ——节距（mm）；

Z_1、Z_2——节距齿轮（T）。

图5-6　编织机用十字拨叉与转动齿轮

16锭编织机有8个相同的锭子转动齿轮啮合成一圈，每个锭子转动齿轮背一个十字拨叉。拨叉是用来叉住锭子的下立柱做圆周运动。左右拨叉向对方伸出，上下相差一个拨叉高度，也就是两拨叉相遇时，一个拨叉在下面，另一个拨叉在上面；拨叉相互交叉叉住锭子的下立柱互不干扰。编织机的所有锭子分成两组，（16锭编织机的16个锭分成两组，每组8个锭子）一组向右转动，编织线上的股成S向；另一组向左转动，编织线上的股成Z向。锭子放进轨道时如果是一只向右、一只向左地循环放，编织的编织线花纹如图5-7中的（c）图所示；锭子放进轨道时如果是连续两只同时向右、然后两只同时向左地循环放，如图5-7中的（a）所示编织线编织是将股的细丝（纱）在一个基圆上互相交叉变换位置形成交织状的线的一种工艺。当采用单根细丝（纱）编织网线时，不仅编织线密度小、直径细小，而且编织生产效率过低；而采用多根细丝（纱）多股编织网线，就可形成较大的直径，提高生产效率。

编织线多股互相交织的形式有多种，图5-7是其中的3种形式（图中假设每股有3根单丝）。

图5-7中的（a）图为每股盖住其他两股，本身又被另外两股盖住；图5-7中的（b）图为每股盖住其他一股，本身又被另外3股盖住；图5-7中的（c）图为每股盖住其他一股，本身又被另外两股盖住；在实际生产中图5-7中的（a）图最常用。编织线交织的形式与编织机所拥有锭子数量有关，与互相交叉变换位置的锭子走法有关联。

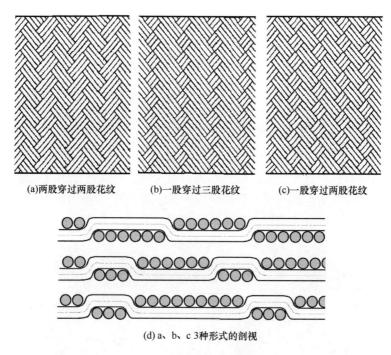

(a)两股穿过两股花纹　　　(b)一股穿过三股花纹　　　(c)一股穿过两股花纹

(d) a、b、c 3种形式的剖视

图5-7　编织线编织形式

平时锭子既放不进轨道，又拿不出轨道（因为锭子的锭子转动上平面和锭子转动下平面夹住轨道铁板，锭子被轨道铁板卡着，无法将锭子从轨道中直接拔出）。在维修或工艺调整时，需要把锭子拿出或放进轨道时，首先要转动锭子齿轮，把需要放进或拿出的锭子齿轮转到面板上的工艺板位置（图5-8），然后把面板上的工艺板拆除，才能拿出或放进锭子。当维修或工艺调整结束，应把所有锭子放进轨道，安装完成后把工艺板盖上并给予固定。在主轴皮带轮后装有离合器，起控制作用。手柄抬起离合器合上，整个编织机运转；离合器分开，编织机停止运转，但是可以手摇编织机主轴转动整个编织机，进行调整或断头处理。离合器上有自停结构，当锭子上的单丝（纱）股走完或断头，重锤失控下落碰撞离合器自停结构，离合器动作分开，编织机停下。特殊型号的编织机应根据要求操作。

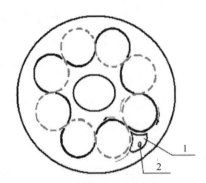

图 5-8　编织机锭子在轨道中运动方向示意

1. 工艺板；2. 螺钉

四、摆杆编织机

摆杆编织机较轨道型编织机先进，其特点是带有单丝（纱）股筒子的锭子分两组，各以机器中心按顺时针、逆时针方向做圆周运动，通过摆杆作用完成交叉跨越编织。因而摆杆编织机编织速度高于轨道型编织机，且运转中噪声小。摆杆编织机主要包括立式摆杆编织机和卧式摆杆编织机两种类型（图5-9和图5-10）。

图 5-9　某型号立式高速摆杆编织机

摆杆编织机交叉编织原理为：摆杆编织机有两组锭子分别排列在两个圆盘上，一组锭子做逆时针方向转，丝（纱）股一端做平面圆周运动［图5-11（a）为逆时针方向转的丝（纱）股轨迹图］；另一组锭子做顺时针方向转，同时丝（纱）股受到摆杆上下的带动作用，丝（纱）股一端做波浪形圆周运动［图5-11（b）为顺时针方向转的丝（纱）股轨迹图］。两组锭子分别转动，逆时针方向转的丝（纱）股不时地在顺时针方向转的丝（纱）股上面或下面通过，造成交叉编织［图5-11（c）为交叉编织的轨迹图］。形成交叉编织的关键是逆时针方向的圆盘轨道上设有缺口，摆

图 5-10　某型号卧式高速摆杆编织机

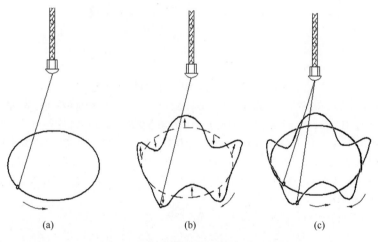

(a)　　　　　　　　　　(b)　　　　　　　　　　(c)

图 5-11　摆杆编织机编织原理示意

杆摆动，把顺时针方向的转的丝（纱）股压在缺口内或推出缺口，此时逆时针方向转的丝（纱）股正好穿插通过。

　　图 5-12 是一台某型号 16 锭立式摆杆编织机传动系统示意图。由图 5-12 可见，变频电动机（13）在 115~1 150 r/min 范围内以某一个转速转动，通过皮带将主动皮带盘（12）转动传递给被动皮带盘（11）；当电磁离合器通电，电磁离合器合上，主轴转动，编织机开始编织生产。

　　主轴输出转动包括上锭子移动轨道转动、上锭子移动滑块转动和牵引系统转动 3 个部分，简述如下。

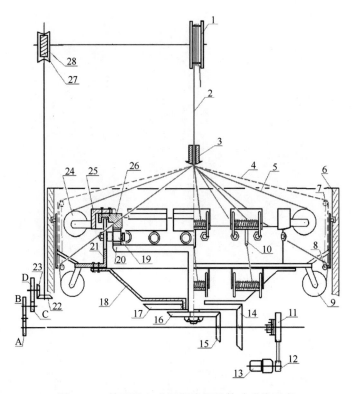

图 5-12　某型号立式摆杆编织机传动系统示意

1. 牵引轮；2. 编织线；3. 控制模；4. 抬高时的丝（纱）股；5. 丝（纱）股；6. 槽圈；7. 摆杆高位；8. 摆杆低位；9. 下锭子；10. 过股槽；11. 被动皮带盘；12. 主动皮带盘；13. 变频电动机；14. 伞齿轮（26 T）；15. 伞齿轮（42 T）；16. 伞齿轮（63 T）；17. 伞齿轮（117 T）；18. 外盘；19. 过桥齿轮（24 T）；20. 内伞齿轮（240 T）；21. 上锭子移动轨道；22. 伞齿轮（22 T）；23. 伞齿轮（22 T）；24. 上锭子；25. 上锭子移动滑块；26. 上锭子伞齿轮条（总数 240 T 按需要分割）；27. 涡杆；28. 涡轮；

A. 节距变换齿轮；B. 节距变换齿轮；C. 节距变换齿轮；D. 节距变换齿轮

1. 上锭子移动轨道转动

由图 5-12 可见，16 锭立式摆杆编织机主轴伞齿轮（14，26 T）带动伞齿轮（17，117 T）转动；伞齿轮（117 T）通过外盘（18）与上锭子移动轨道（21）连接；锭子移动轨道（21）外侧均匀地安装下锭子（9）［上锭子、下锭子分别如图 5-13（a）、（b）所示］。16 锭立式摆杆编织机下锭子数量为 8 只，8 只下锭子组成下锭子组，因此，下锭子组在随上锭子移动轨道的同时转动［上述锭子不同于捻线锭子，不会自转，仅是安放丝（纱）股筒子的架子］；形成下锭子组内的各丝（纱）股围绕编织线中心向一个方向转动；摆杆支点固定在上锭子移动轨道外侧，让摆杆跟上锭子移动轨道转动，同时受外围槽圈内摆线槽控制做上下摆动；丝（纱）股在摆杆作用下做上下摆动运动；最后形成上锭子丝（纱）股波浪形转动。

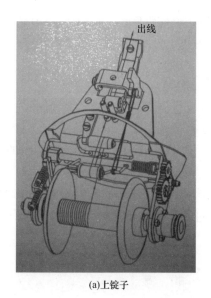出线

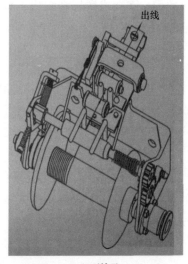出线

(a)上锭子   (b)下锭子

图 5-13 锭子组

2. 上锭子移动滑块转动

由图 5-12 可见，16 锭立式摆杆编织机主轴转动，主轴上的伞齿轮（15，42 T）带动伞齿轮（16，63 T）、伞齿轮 16 带动同轴伞齿轮（20，240 T）转动；过桥齿轮（19，24 T）的轮轴固定在上锭子移动轨道内侧，过桥齿轮安装在轮轴上；伞齿轮（240 T）转动，借助过桥齿轮（24 T）使上锭子伞齿轮（26）转动。16 锭立式摆杆编织机中带动上锭子转动的上伞齿轮（26）本应是 240 齿的完整伞齿轮，因为它要让下锭子的丝（纱）股上下摆动时通过，必须将 240 齿的伞齿轮分割成数块（16 锭编织机上锭子数量为 8 只，所以，锭子要分成 8 块，每块还要除去过股槽的部分），让伞齿轮块与上锭子移动滑块连接，每个移动滑块上安置一个上锭子 [上锭子如图 5-13（a）所示]。上锭子组的丝（纱）股围绕编织线中心向反方向转动形成编织。上锭子转动方向与下锭子转动方向相反是过桥齿轮（24 T）产生差动的结果，因为当主轴转速为 n_0 时，上锭子移动轨道（即下锭子）转速 n_1 按公式（5-2）计算：

$$n_1 = n_0 \frac{26}{117} = \frac{2}{9} n_0 \qquad (5-2)$$

式中：n_1——主轴转速（r/min）；

$\quad$ n_0——上锭子移动轨道（即下锭子）转速（r/min）。

当主轴转速为 n_0 时，240 齿的伞齿轮的转速 n_2 按公式（5-3）计算：

$$n_2 = n_0 \frac{42}{63} = \frac{2}{3} n_0 \qquad (5-3)$$

式中：n_2——伞齿轮转速（r/min）；

$\quad$ n_0——上锭子移动轨道（即下锭子）转速（r/min）。

首先假设 16 锭立式摆杆编织机上锭子移动轨道不动（$n_1 = 0$）。240 齿的伞齿轮转动推动过桥齿轮使上锭子伞齿轮转动，它的速度 n_{c1} 按公式（5-4）计算：

$$n_{c1} = n_2 \times \frac{240}{24} \times \left(-\frac{24}{240} \right) = -\frac{2}{3} n_0 \qquad (5-4)$$

式中：n_{c1}——上锭子伞齿轮转速（r/min）；

n_0——上锭子移动轨道（即下锭子）转速（r/min）。

因为 3 个齿轮传动，最后转动方向相反，所以上述公式（5-4）中的 n_{c1} 数值为负。

设定 240 齿的伞齿轮不动，上锭子移动轨道转动，过桥齿轮依靠 240 齿的伞齿轮转动，（如果没有 240 齿的伞齿轮作依靠，过桥齿轮也不能转动）使上锭子伞齿轮转动，它的速度 n_{c2} 按公式（5-5）计算：

$$n_{c2} = n_1 \times \frac{240}{24} \times \frac{24}{240} = \frac{2}{9} n_0 \qquad (5-5)$$

式中：n_{c2}——上锭子伞齿轮转速（r/min）；

n_0——上锭子移动轨道（即下锭子）转速（r/min）。

在实际转动中，上锭子伞齿轮（即上锭子移动滑块、上锭子）的转速 n_3 是 240 齿的伞齿轮速度与上锭子移动轨道转动的速度滑移差 n_{c2}、上锭子移动轨道转动通过过桥齿轮使上锭子移动滑块（即上锭子）的转动速度 n_{c1}、上锭子移动轨道转动的速度 n_1 三者之和，上锭子伞齿轮的实际转速 n_3 按公式（5-6）计算：

$$n_3 = n_{c1} + n_{c1} + n_1 = -\frac{2}{3} n_0 + \frac{2}{9} n_0 + \frac{2}{9} n_0 = -\frac{2}{9} n_0 \qquad (5-6)$$

式中：n_3——上锭子伞齿轮的实际转速（r/min）；

n_0——上锭子移动轨道（即下锭子）转速（r/min）。

由公式（5-6）可见，上锭子伞齿轮的实际转速 n_3 为 $-\frac{2}{9} n_0$［负号表示上锭子伞齿轮转动方向与上锭子移动轨道（即下锭子）转向相反］。

3. 牵引系统转动

由图 5-12 可见，16 锭立式摆杆编织机主轴通过节距齿轮 *A*、*B*、*C*、*D*、换向伞齿轮（22）、（23，22 T）和涡轮涡杆（27）、（28）传动，使牵引轮（1）转动，将编织成的编织线输出。更换节距齿轮得到相应的编织节距。GSB-1A 型编织机的节距齿轮如表 5-2 所示。读者在选用设备企业提供的节距表时应进行适当修正［因编织线规格不同，实际生产用编织节距与（设备企业提供的）节距表中数据会有所差异］，确保编织线产品质量。

表 5-2　GSB-1A 型编织机编织线节距齿轮

变换齿轮	编织节距（mm）		变换齿轮	编织节距（mm）	
	C：D			C：D	
A：B	18：36	27：27	A：B	18：36	27：27
17：54	3.2	6.4	24：23	10.7	21.4
18：54	3.4	6.8	24：22	11.2	22.4
19：54	3.6	7.2	24：21	11.7	23.4
20：54	3.8	7.6	24：20	12.3	24.6
21：54	4.0	8.0	24：19	12.9	25.8
22：54	4.2	8.4	24：18	13.6	27.2
23：54	4.4	8.8	24：17	14.4	28.8
24：54	4.6	9.2	36：24	15.4	30.8
17：36	4.8	9.6	36：23	16.0	32.0
18：36	5.1	10.2	36：22	16.8	33.6
19：36	5.4	10.8	36：21	17.6	35.2
20：36	5.7	11.4	36：20	18.4	36.8
21：36	6.0	12.0	36：19	19.4	38.8
22：36	6.3	12.6	36：18	20.5	41.0
23：36	6.5	13.0	36：17	21.6	43.2
24：36	6.8	13.6	54：24	23.0	46.0
17：24	7.2	14.4	54：23	24.0	48.0
18：24	7.7	15.4	54：22	25.1	50.2
19：24	8.1	16.2	54：21	26.3	52.6
20：24	8.5	17.0	54：20	27.6	55.2
21：24	8.9	17.8	54：19	29.1	58.2
22：24	9.4	18.8	54：18	30.7	61.4
23：24	9.8	19.6	54：17	32.5	65.0
24：24	10.2	20.4	—	—	—

　　16 锭立式摆杆编织机牵引轮下面还有一只控制模（3）（一般用铸铁或低碳钢圆材料加工而成），某型号编织机控制模尺寸如图 5-14 所示。控制模中穿线孔径 d 的大小按编织线实际直径加 0.5~1.0 mm。控制模中穿线孔径要适当（既不要过大，又不能过小；如果孔径过大，将失去控制作用；如果孔径过小，容易擦伤编织线外表）。图 5-14 所示的控制模长度尺寸为一般通用尺寸（如果编织线规格大，控制模长度尺寸要适当加长，以增加控制能力），读者在实际生产应用中应灵活掌握和调整。编织线从牵引轮出来进入收线盘，收线盘上装一个可调式摩擦器，摩擦器通过一对链轮与牵引轮轴连接，使收线盘收线速度随卷绕外径从小到大调整，从而实现编织线收线速度保持不变。每个上锭或下锭都有断丝（纱）保护推拉杆，推拉杆动作触发断丝保护电路，编织机会自动停止运转，方便操作工的打结操作。

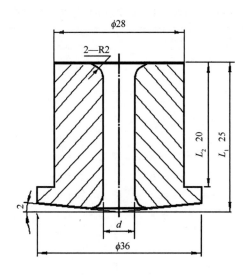

图 5-14 某型号编织机控制模尺寸（mm）

第二节 编织机操作与维护技术

编织线在捕捞与渔业工程装备等领域使用较广，且要求普通编织线（如南极磷虾拖网渔具用 PE 单丝编织线、藻类养殖网帘用 PVA-PE 混纺编织线等）价格适中、特种编织线（如深远海养殖网箱用 PA 复丝编织线、大型养殖围网设施用 UHMWPE 复丝编织线等）性能突出，导致本领域用编织机种类及其操作技术具有特殊性（与纺织、化纤等其他领域区别较大）。编织机操作技术与维护保养直接关系到人身安全、生产效率、产品质量和经济效益。本章对编织机操作与维护技术进行简要概述，以便为捕捞与渔业工程装备领域提供参考。有关编织机的详细操作与维护技术，读者可参考装备机械文献资料。

一、编织机操作技术

根据编织线的规格要求、柔软性要求及产量高低、设备投资额和产品质量要求等，人们可以选择合适的编织机。电子技术、信息技术、传动技术、机械仪器技术等智能农机装备技术的发展，促进了编织机技术的创新，国外一些先进的编织机逐步进入我国，这进一步推动了我国编织机的改进、技术升级、自主创新。编织机系统的构成及其工作原理参见上文描述。轨道编织机一般是 10 台并列一组，面对面安装；车间中的一条车道一般安装 20 台轨道编织机，由一个操作工负责操作维护。至于编线用丝（纱）筒子的绕筒子操作根据实际情况而定（既可以由操作工本人操作，又可以由绕筒工或车间辅助人员完成）。编织机操作技术主要包括编织前预处理操作、倒筒、调换筒子、调换不同规格编织线、断丝（纱）股的接头和添加线芯等，现简述如下。

1. 编织前预处理操作

因编织线的规格型号、基体纤维来源种类等不同，编织线编织前一般需要进行预处理操作，以获得编织线面子或线芯加工所需特定工艺要求的线股。编织前预处理操作包括基体纤维的分丝（纱）、并丝（纱）、初捻和复捻等操作，读者在实际生产中根据需要灵活选用。编线用纤维原料有束丝、单纱等，因此，在实际生产中需要根据编织线的规格及其成型结构对束丝、单纱等进行分丝或并丝；对采用线芯的编织线有时还需要对线芯用丝、纱等纤维进行初捻和复捻。线芯用初捻和复捻工序读者可参照第二章第一节，这里不再重复。在编织线生产中，如果每个线股用丝（纱）在10根以内，线股一般不加捻；如果每个线股用丝（纱）在10根以上，丝（纱）容易产生长短不一、影响正常编织生产，这时线股需适当加捻。编线用线股加捻捻度一般为10~15 T/m，线股方向分别采用 S 捻向、Z 捻向（加工后 S 捻向、Z 捻向筒子的数量相同），编织机中走锭 S 向的采用 S 捻线股、走锭 Z 向的采用 Z 捻线股。在捕捞与渔业工程装备领域中，大规格编织线、结构复杂编织线或带芯编织线等一般都需要进行上述编织前预处理操作。

2. 倒筒

根据网线生产工艺要求，把若干根丝（纱）并列均匀地绕在筒子上工序称为倒筒。在完成编织前预处理操作工序后，操作工需要进行倒筒操作，倒筒是编织机操作的重要步骤之一，其操作流程如下：

（1）调整好倒筒机自停探针位置，让倒筒机在筒子倒到合适的规定位置停下；筒子不能倒得太满，如果筒子太满，丝（纱）既容易从筒子上滑下，又影响锭子重锥上下活动。

（2）调整好穿丝（纱）用张力棒，使丝（纱）绕在筒子上既不能太松［丝（纱）绕筒时绕得太松容易引起镶嵌丝（纱），既可能导致使用时丝（纱）拉不出，又可能导致丝（纱）断头时找不到断头］，又不能太紧［丝（纱）绕筒时绕得太紧容易引起筒子变形，既可能导致筒子插不进锭杆，又能导致筒子爆掉］。

（3）如果弹簧顶针在右边，用左手拿筒子顶开右边弹簧顶针，放入筒子，弹簧顶针顶紧筒子于主动盘上，然后引丝（纱）绕在筒子上3~5圈，（绕筒子时的绕向不要与转动方向相反），最后左手拉紧丝（纱）并合上离合器开关，开始绕丝（纱）；（值得注意的是，如果弹簧顶针在左边，用右手拿筒子顶开左边弹簧顶针）。

（4）丝（纱）绕满筒子时，筒子会自动停下，剪断丝（纱），拿下满筒子换上空筒子，然后按上述步骤操作；拿下的满筒子要将剪断丝（纱）头打个活络抽结等活结，防止满筒子丝（纱）滑出，形成乱丝，影响后续操作。

（5）满筒子应该放在专用木箱、塑料周转箱等容器内，防止出错（如不同规格品种间的混淆等）。

3. 调换筒子

首先将编织机停下，手动转动编织机，将要调换筒子的锭子转到身边，拿下止转楔块（如果是新型编织锭子，应先推开锁定夹，打开筒子控制压板），再拔出空筒子、换上满筒子，然后将两个线股的丝（纱）头打分股结接牢，转动筒子收紧线股，最后放上止转楔块（新型编织锭子的，关上筒子控制压板）。如果线股的丝（纱）头已经逃出重锤立柱中间孔，应拿下止转楔块，换上满筒子后，提起重锤，引线股的丝（纱）头穿过重锤立柱中间孔，然后放下重锤，再引线股的丝（纱）头穿过重锤立柱上端孔，与逃出的线股的丝（纱）头打分股结接牢，再转动筒子收紧线股，最后放上止转楔块（值得注意的是，操作中一定要让重锤压住股线）。放上止转楔块后，摇动手轮，让锭子盘转几圈，正常后才能合上离合器，确保设备正常运转。

4. 调换不同规格编织线

剪断所有锭子上的线股，拿下所有锭子上的止转楔块，拔掉所有筒子，换上新规格编织线用的线股筒子，然后将每个锭子的两个线股的丝（纱）头打分股结接牢，转动筒子，收紧线股，直到重锤被提起，最后放上止转楔块。如果编织机锭子上的筒子全部是空的，拿下所有锭子上的止转楔块，拔去空筒子，插上新规格编织线用的线股筒子，引每个线股的丝（纱）头穿过重锤立柱中间孔，然后放上重锤，再引线股的丝（纱）头穿过重锤立柱上端孔，放上止转楔块，让所有线股的头集中，穿过线模，与牵引盘上的编织线打结连接，摇动手轮，让锭子盘转几圈，线股的丝（纱）头编成编织线。继续摇动手轮，编织线被牵引轮牵出后要根据工艺要求调换节距齿轮，使编织线节距满足生产工艺要求。调换编织线规格时，不仅要根据张力要求调换重锤，而且还要根据编织线规格大小来调换控制模。控制模的模孔只能比编织线实际直径大 0.1 mm，模孔过大，将失去控制作用；模孔过小，编织线既可能摩擦受伤，又可能导致编织线无法通过而产生聚集。此外，还要根据编织线不同节距变化控制模的高度，保证节距形成在控制模口向上 1~3 mm 最为适当（如果在控制模口外形成节距，控制模将失去控制作用；如果在控制模口内形成节距，编织线的线股将受到较大的张力和摩擦、使编织线受伤，影响产品性能）。

5. 断丝（纱）股的接头

编织线在编织中因某种原因发生断丝（纱）股，此时编织机将自动停下；操作工把要接头的锭子转到身边、理清筒子，引线股的丝（纱）头抬起重锤，穿过重锤立柱中间孔，然后放下重锤，再引线股的丝（纱）头穿过重锤立柱上端孔，最后进行接头。断丝（纱）股的接头方式有两种：一种是两个线股的丝（纱）头之间直接打结连接，一种是引线股的丝（纱）头到控制模口下，摇动手轮，让锭子盘转几圈，使线股添进编织线，剪去编织线外表面中多余线股的丝（纱）头。后一种方法中线股添进编织线时由于没有打结，所以，前后两线股交叉距离必须超过 3 个节距，而且线头不能外露在外，确保网线产品质量要求。

6. 添加线芯

在捕捞与渔业工程装备领域中，有些场合需要使用有线芯编织线，企业应根据使用要求添加线芯。如果编织线需要添加线芯，把线芯用丝（纱）放在外面的架子上，引（线芯用）丝（纱）经拐弯导向轮穿过编织机中心孔向上直接引入控制模口。编织线实际生产中要求每一根丝（纱）张力基本相同，不能缺丝（纱）或多丝（纱），以确保产品质量。

二、编织机维护技术

全面系统地维护保养编织机是确保操作工人身安全、提高编织效率、产品质量和经济效益的重要环节。编织机维护保养贯彻的是预防为主的方针，把操作、维护和保养三者有效地结合起来。个别网线企业因设备少、任务忙，往往忽视编织机的维护保养技术工作，直到编织机坏了再去修理，导致编织机损坏严重、修理停机时间长，情况严重时直接影响生产、贸易的正常进行。编织机维护保养项目类似于捻线机，也包括运转检修、揩车和加油等；编织机维护保养周期可参照捻线机机维护保养周期，这里不再重复。编织机因为机器结构简单，因此产生的故障及产生产品疵病也比较少，相对处理也容易。故障一旦发生，自己能排除的抓紧自己解决，不能解决的应马上通知检修工及时修复，保证产品质量，减少生产损失。编织机的故障与处理方法，如表5-3所示。

表5-3 编织机故障、产生原因及其处理方法

序号	故障	产生原因	处理方法
1	编织机锭子轧住	锭子转动导向块磨损，走错轨道	调换锭子
2	编织机自停过频	自停挡块角度位置不对，碰到尚未上提的重锤	调整自停挡块角度位置
3	编织机不自停	①重锤滑柱上有异物，阻止重锤下落；②自停挡块角度位置不对，重锤下落碰不到	①调整自停挡块角度位置；②去除重锤滑柱上的异物
4	编织机运转噪声严重	①齿轮未啮合好；②齿轮、轨道上缺油	适当加油
5	牵引盘不转原因	①节距齿轮未啮合好；②涡轮涡杆未啮合好；③牵引盘齿轮未啮合好	重新啮合
6	编织机离合器合不上	①转速过高；②断股没有处理；③股线没有收紧；④离合器固定卡磨损	①重新接股；②降低转速；③替换固定卡；④转动筒子，收紧线股，使重锤提到中部高度

第三节　编织线工艺优化设计技术

编织线在捕捞与渔业工程装备等领域使用较广，且要求普通编织线（如近海张网渔具用 16 股普通 PE 单丝编织线、近岸网箱缝合用 16 股普通 PET 编织线等）价格适中、特种编织线［如远洋拖网渔具用特种 16 股中高分子量聚乙烯单丝编织线（以下简称"MMWPE 单丝编织线"）、离岸网箱用特种涂层复合 PA 复丝编织线、牧场化养殖围网设施用特种超高分子量聚乙烯复丝编织线（以下简称"UHMWPE 复丝编织线"）等］性能突出，导致本领域用编织线工艺与质量具有特殊性（与纺织、作物栽培等其他领域区别较大）。编织线工艺与质量直接关系到编织线质量、生产效率和经济效益。本章对编织线生产流程、编织线工艺优化设计及其理论计算进行概述，以便为捕捞与渔业工程装备领域编织线工艺优化设计提供参考。基于其他领域编织线工艺优化设计技术可参考装备机械领域的文献资料。

一、编织线基本参数

1. 节距与编织角

编织线的每一股由数根单丝（纱）组成，尽管一般不加捻，但通常还是将它认定为股。从编织线的外观可以看到线中的股互相交叉编织，其中一半的股向左旋转，与捻线加捻股的旋转相似，而捻线另一半的股没有向右旋转。编织线的股围绕编织线基圆旋转一周后在编织线的轴向上升的距离 h 称为编织节距。编织线的股旋转展开与编织线的横断面的夹角 α 称为编织角。编织线的编织节距（h）与编织角（α）的关系按公式（5-7）计算：

$$h = \pi D' \text{tg}\alpha \qquad (5-7)$$

式中：h——编织节距（mm）；

D'——编织线的节圆直径（mm）；

α——编织角。

由于编织线的两股平行交叉，编织线的节圆直径（D'）按公式（5-8）计算：

$$D' = D_0 + 2d \text{ 或 } D' = D_0 - 2d \qquad (5-8)$$

式中：D_0——编织线的节圆直径（mm）；

D——编织线的外圆直径（mm）；

d——编织线用丝（纱）直径（mm）。

图 5-15 是一组未经编织的编织线股展开图。

由图 5-15 和图 5-16 可见，如果编织线的一个股的宽度为 b，一组编织股的单向排列宽度为 B，一组编织股的股数为 a（a 为编织线总股数的一半），那么它们之间的相互关系可用公式（5-9）和公式（5-10）表示：

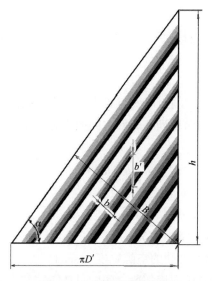

图 5-15　编织线股展开图

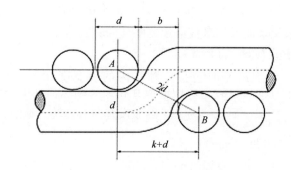

图 5-16　编织线线股与线股的交叉

$$B = a \times b = h\cos\alpha = \frac{\pi D' h}{\sqrt{(\pi D)^2 + h}} = \pi D' \sin\alpha \qquad (5-9)$$

式中：B——一组编织股的单向排列宽度（mm）；

　　　a——一组编织股的股数；

　　　b——一个股的宽度（mm）；

　　　h——编织节距（mm）；

　　　α——编织角；

　　　D'——编织线的节圆直径（mm）；

　　　D——编织线的外圆直径（mm）。

$$h = a \times b' = a \times \frac{b}{\cos\alpha} \qquad (5-10)$$

式中：h——编织节距（mm）；

a——一组编织股的股数；

b'——一个股绕编织线基圆旋转一周后在编织线轴向上升距离（mm）；

b——一个股的宽度（mm）；

α——编织角。

实际生产中，因编织线的编织由两组股交叉而成，同向排列相邻股之间必然留有空隙（图5-16）。如果两同向排列相邻股之间的空隙宽度为k，那么它们之间的相互关系可用公式（5-11）表示：

$$b = nd + k \qquad (5-11)$$

式中：b——一个股的宽度（mm）；

n——每股拥有的单丝（纱）根数；

d——编织线用丝（纱）直径（mm）；

k——两同向排列相邻股之间的空隙宽度（mm）。

编织线编织中，两同向排列相邻股之间的最佳空隙宽度（k'）可用公式（5-12）表示：

$$k' = \sqrt{(2d)^2 - d^2} - d \approx 0.75d \qquad (5-12)$$

式中：k'——两组股交叉而成的最佳空隙宽度（mm）；

d——编织线用丝（纱）直径（mm）。

编织线编织中，编织最密时包括空隙在内的股宽度（b'）可用公式（5-13）表示：

$$b = d(n + 0.75) \qquad (5-13)$$

式中：b——一个股的宽度（mm）；

d——编织线用丝（纱）直径（mm）；

n——每股拥有的单丝（纱）根数。

综上，编织线编织中，编织最密时上述公式修正如下：

$$B' = a \times b = ad(n + 0.75) \qquad (5-14)$$

式中：B'——编织线编织中，编织最密时一组编织股的单向排列宽度（mm）；

a——一组编织股的股数；

b——一个股的宽度（mm）；

d——编织线用丝（纱）直径（mm）；

n——每股拥有的单丝（纱）根数。

$$h' = a \times b' = a \times \frac{d(n + 0.75)}{\cos\alpha} \qquad (5-15)$$

式中：h'——编织线编织中，编织最密时编织节距（mm）；

a——一组编织股的股数；

b'——一个股绕编织线基圆旋转一周后在编织线轴向上升距离（mm）；

d——编织线用丝（纱）直径（mm）；

n——每股拥有的单丝（纱）根数；

α——编织角。

2. 编织密度

编织线中单丝（纱）的有效面积与占有总面积之比称为编织密度（也称编织覆盖率）。图5-17为编织线的一个单元，它由两股互相交叉编织部分组成。如果编织线中一个股的宽度b包括并列单丝（纱）的直径（d）与交织空隙k，那么，编织密度（P）可用公式（5-16）表示：

$$P = \frac{S_{ABCD} - S_{DGMF}}{S_{ABCD}} = 1 - \frac{S_{DGMF}}{S_{ABCD}}$$

$$= 1 - \frac{DF^2}{DC^2} = 1 - \frac{AE^2}{AB^2} = 1 - \frac{k^2}{b^2}$$

（5-16）

式中：P——编织密度；

S_{ABCD}——编织线中单丝（纱）的占有总面积（mm^2）；

S_{DGMF}——编织线中单丝（纱）的空隙面积（mm^2）；

b——一个股的宽度（mm）；

k——两同向排列相邻股之间的空隙宽度（mm）。

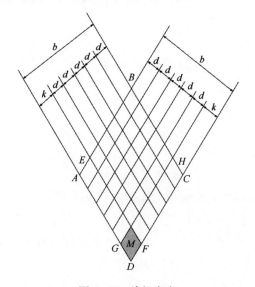

图5-17 编织密度

如果股直线长度上丝（纱）的单向排列密度为p，单向排列密度（p）可用公式（5-17）表示：

$$p = \frac{\pi d}{b} = \frac{b - k}{b} = 1 - \frac{k}{b}$$

（5-17）

式中：p——单向排列密度；

b——一个股的宽度（mm）；

d——编织线用丝（纱）直径（mm）；

k——两同向排列相邻股之间的空隙宽度（mm）。

由公式（5-16）和公式（5-17）可见，编织密度与丝（纱）单向排列密度的关系可用公式（5-18）表示：

$$P = 1 - \frac{k^2}{b^2} = 1 - (1 - p)^2 = 2p - p^2 \qquad (5-18)$$

式中：P——编织密度；

k——两同向排列相邻股之间的空隙宽度（mm）；

b——一个股的宽度（mm）；

p——单向排列密度。

编织线生产中，由于两同向排列相邻股之间存在空隙宽度（k），所以，编织密度（P）不可能达到100%。当$k = 0.75d$时，单向排列密度（p）、编织密度（P）最大，它们与每股拥有的单丝（纱）根数（n）可用公式（5-19）和公式（5-20）表示：

$$p_{\max} = 1 - \frac{k}{b} = 1 - \frac{0.75d}{nd + 0.75d} = \frac{n}{n + 0.75} \qquad (5-19)$$

式中：$p_{\max}$——最大单向排列密度；

n——每股拥有的单丝（纱）根数；

k——两同向排列相邻股之间的空隙宽度（mm）；

b——一个股的宽度（mm）。

$$P_{\max} = 1 - \frac{k^2}{b^2} = 1 - \left(\frac{0.75d}{nd + 0.75d}\right)^2 \qquad (5-20)$$

式中：$P_{\max}$——最大编织密度；

n——每股拥有的单丝（纱）根数；

k——两同向排列相邻股之间的空隙宽度（mm）；

b——一个股的宽度（mm）。

由公式（5-19）和公式（5-20）可见，如果要提高编织线中单向排列密度（p）、编织密度（P），需增加（编线用）每股拥有的单丝（纱）根数（n）。由表5-4可见，每股拥有的单丝（纱）根数（n）越多，编织线中单向排列密度（p）、编织密度（P）越大。在实际生产中，企业可根据客户需求以及产品用途等灵活调整编织密度。

表5-4 最大编织密度

密度	每股单丝（纱）的根数（根）					
	3	4	5	6	8	10
单向排列密度（%）	80	84.2	87	88.9	91.4	93
编织密度（%）	96	97.2	98.3	98.75	99.25	99.5

编织线中（直线长度上）单丝（纱）的单向排列密度（p）有两种计算方法，分别以公式（5-21）和公式（5-22）表示：

$$p = \frac{x \times n \times d}{h \times \cos\alpha} \tag{5-21}$$

式中：p——单向排列密度；

　　　x——股数（数值上等于1/2总锭数）；

　　　n——每股拥有的单丝（纱）根数；

　　　d——编织线用丝（纱）直径（mm）；

　　　h——编织节距（mm）；

　　　α——编织角。

$$p' = \frac{x \times (n + 0.75) \times d}{h \times \cos\alpha} \tag{5-22}$$

式中：p'——最大单向排列密度；

　　　x——股数（数值上等于1/2总锭数）；

　　　n——每股拥有的单丝（纱）根数；

　　　d——编织线用丝（纱）直径（mm）；

　　　h——编织节距（mm）；

　　　α——编织角。

公式（5-22）中 $h \times \cos\alpha$ 表示"包括空隙（$0.75d$）在内的一组股的宽度"。公式（5-21）和公式（5-22）中的两种计算方法的含义不同。p 是指编织实际宽度在一组股展开宽度中所占的密度，是实际编织密度，因两同向排列相邻股之间有空隙宽度（k）无法填充，p 不会达到100%；而 p' 则假设最大股排列密度为100%，由此计算出的最大单向排列密度可达100%，也即考虑了两同向排列相邻股之间空隙宽度（k）存在是不可避免的（$k = 0.75d$），不再计算在编织密度之内。可见，公式（5-22）涉及的第二种计算方法比较合理，但公式（5-21）涉及的第一种计算方法比较简便。编织线并不是编织密度越大越好，在农机装备与增养殖设施领域中，有时需要选择编织密度小一点的编织线。PE 编织线的编织密度范围一般为80%~95%，PA 编织线的编织密度范围一般为90%~98%，读者在实际生产中灵活掌握调整。

3. 编织线重量及其单丝长度

根据编线用单丝（纱）的材料密度（ρ）、编织线用丝（纱）直径（d）可计算单丝（纱）单位长度具有的重量（g），按公式（5-24）进行计算。

$$g = \frac{\pi d^2}{4}\rho \tag{5-23}$$

式中：g——单丝（纱）单位长度具有的重量（g/m）；

　　　ρ——单丝（纱）的材料密度（如 PE 取 0.95 g/cm³，PA 取 1.14 g/cm³，等等）；

　　　d——编织线用丝（纱）直径（mm）。

编织线的重量以编织线的线密度来表征。编织线的线密度（ρ_B）按公式（5-24）进行计算：

$$\rho_B = 2x \times n \times g \times \wp \frac{1}{\sin\alpha} \qquad (5-24)$$

式中：ρ_B——编织线的线密度（tex）；

　　　x——股数（数值上等于 1/2 总锭数）；

　　　n——每股拥有的单丝（纱）根数；

　　　g——单丝（纱）单位长度具有的重量（g/m）；

　　　$\wp$——单丝（纱）增长系数；

　　　α——编织角。

在编织线中，每股中的单丝（纱）以编织角 α 呈螺旋形围绕在基圆上时，一个编织节距的单丝（纱）投影长度（l'）按公式（5-25）进行计算：

$$l' = \sqrt{h^2 + (\pi D')^2} \qquad (5-25)$$

式中：l'——一个编织节距的单丝（纱）投影长度（mm）；

　　　h——编织节距（mm）；

　　　D'——编织线的节圆直径（mm）。

在编织线实际生产中，一股中的单丝（纱）穿压另一股中的单丝（纱）时，空隙 k 处的单丝（纱）实际长度要大于投影长度。由图 5-16 可见，一个编织节距的单丝（纱）的实际投影长度（l_s）按公式（5-26）进行计算：

$$l_s \approx \sqrt{d^2 + k^2} \qquad (5-26)$$

式中：l_s——一个编织节距的单丝（纱）的实际投影长度（mm）；

　　　d——编织线用丝（纱）直径（mm）；

　　　k——两同向排列相邻股之间的空隙宽度（mm）。

两股穿压过两股，是编织线最常用的编织形式（图 5-7），单丝（纱）在两股单丝（纱）直线距离中的投影长度（l'_2）按公式（5-27）进行计算：

$$l'_2 = 2(n \times d + k) \qquad (5-27)$$

式中：l'_2——单丝（纱）在两股单丝（纱）直线距离中的投影长度（mm）；

　　　n——每股拥有的单丝（纱）根数；

　　　d——编织线用丝（纱）直径（mm）；

　　　k——两同向排列相邻股之间的空隙宽度（mm）。

两股穿压过两股，是编织线最常用的编织形式（图 5-7），单丝（纱）在两股单丝（纱）直线距离中的实际长度（l_2）按公式（5-28）进行计算。

$$l_2 = 2 \times n \times d + k + l_s \approx 2 \times n \times d + k + \sqrt{d^2 + k^2} \qquad (5-28)$$

式中：l_2——单丝（纱）在两股单丝（纱）直线距离中的实际长度（mm）；

　　　n——每股拥有的单丝（纱）根数；

　　　d——编织线用丝（纱）直径（mm）；

k——两同向排列相邻股之间的空隙宽度（mm）；

l_s——一个编织节距的单丝（纱）的实际投影长度（mm）。

根据公式（5-27）和公式（5-28），可以按公式计算单丝（纱）的增长系数（$\wp$）：

$$\wp = \frac{l_2}{l'_2} \approx \frac{2 \times n \times d + k + \sqrt{d^2 + k^2}}{2(n \times d + k)} \tag{5-29}$$

式中：$\wp$——单丝（纱）的增长系数；

l_2——单丝（纱）在两股单丝（纱）直线距离中的实际长度（mm）；

l'_2——单丝（纱）在两股单丝（纱）直线距离中的投影长度（mm）；

n——每股拥有的单丝（纱）根数；

d——编织线用丝（纱）直径（mm）；

k——两同向排列相邻股之间的空隙宽度（mm）；

l_s——一个编织节距的单丝（纱）的实际投影长度（mm）。

在实际生产中，常用单向排列密度 p 值，而不用 k 值进行计算，由上述说明可以得出：

$$k = nd\left(\frac{1}{p} - 1\right)$$

因此，公式（5-29）可简化为公式（5-30）：

$$\wp = \frac{1}{2} + \frac{p}{2}\left[1 + \sqrt{\frac{1}{n^2} + \left(\frac{1}{p} - 1\right)}\right] \tag{5-30}$$

式中：$\wp$——单丝（纱）的增长系数；

p——单向排列密度；

n——每股拥有的单丝（纱）根数。

综上所述，在编织线中，每股中的单丝（纱）以编织角 α 呈螺旋形围绕在基圆上时，一个编织节距的单丝（纱）实际长度（l）按公式（5-31）进行计算。

$$l = \wp \cdot l' = \wp\sqrt{h^2 + (\pi D')^2} \tag{5-31}$$

式中：l'——一个编织节距的单丝（纱）实际长度（mm）；

$\wp$——单丝（纱）的增长系数；

l'——一个编织节距的单丝（纱）投影长度（mm）；

h——编织节距（mm）；

D'——编织线的节圆直径（mm）。

农机装备和增养殖设施领域中，编织线每股单丝（纱）数 n 一般为 1~10 根，单向排列密度范围为 40%~90%，渔用编织线单丝（纱）的增长系数常用值如表5-5所示。

表 5-5　渔用编织线单丝（纱）的增长系数常用值

每股单丝（纱）根数	单丝（纱）的增长系数 φ					
	$p=0.4$	$p=0.5$	$p=0.6$	$p=0.7$	$p=0.8$	$p=0.9$
1	1.061	1.104	1.161	1.231	1.312	1.403
2	1.016	1.030	1.050	1.080	1.124	1.180
3	1.007	1.014	1.024	1.040	1.067	1.108
4	1.004	1.008	1.014	1.024	1.041	1.073
5	1.003	1.005	1.009	1.016	1.028	1.053
6	1.002	1.003	1.006	1.011	1.020	1.040
7	1.001	1.003	1.005	1.008	1.015	1.031
8	1.001	1.002	1.003	1.006	1.012	1.025
9	1.001	1.002	1.003	1.005	1.009	1.021
10	1.001	1.001	1.002	1.004	1.008	1.017

4. 编织比

农机装备和增养殖设施领域中，与编织角、编织密度相比，企业在实际生产中更关心编织线的直径和节距，而且编织线的直径与节距相互关联。编织线的节距与直径的比值称为编织比（c），用公式（5-32）进行计算：

$$c = \frac{h}{d} \tag{5-32}$$

式中：c——编织比；

h——编织节距（mm）；

d——编织线用丝（纱）直径（mm）。

农机装备和增养殖设施领域中，编织线的编织比（c）的取值范围一般为 5~20。当编织比（c）的取值范围位于 8~10 时，编织线的松紧适中；当编织比（c）的取值范围位于 5~8 时，编织线紧密、硬挺；当编织比（c）的取值范围位于 10~20 时，编织线松、软。在农机装备和增养殖设施领域中，PE 单丝、PP 单丝、PET 单丝、MM-WPE 单丝等单丝较硬，宜选择较大编织比（c）；PA 复丝、PP 复丝、PET 复丝、UHMWPE 复丝等复丝柔软，宜选择较小编织比（c），以提高编织线的适配性。

二、编织线生产流程

单丝、单纱、线股无法直接满足渔具、网箱、养殖围网等的使用要求，需要通过编线工序将单丝、单纱、线股制备成编织线，编织线生产流程主要包括（编织线用）基体纤维筛选、分丝或并丝（对采用线芯的编织线有时还需要对线芯用丝、纱等纤维进行初捻和复捻）、落纱、倒筒、编织、落线、成绞、检测和打包入库等，在实际生产中捻线一般按上述生产流程操作（图 5-18），现简述如下。

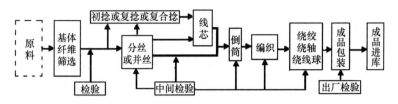

图 5-18　编织线生产工序流程

　　（编织线用）基体纤维［有企业简称为基体纤维或（编织线用）原料等］生产工艺参照本书第一章或其他相关专著（如石建高主编的《渔用网片与防污技术》专著的第一章），这里不再重复。（编织线用）基体纤维多种多样（除 PE 单丝外，还有 PA 复丝、PET 复丝、PVA 复丝、PP 复丝、UHMWPE 复丝和 MMWPE 单丝，等等），以满足不同产业或客户的需要。（编织线用）基体纤维要求（如价格、规格型号和性能要求等）按合同或产业通用技术要求，基体纤维要求无合同规定的需与客户沟通协商，基体纤维性能原则上必须符合产业通用技术要求（如国家标准、行业标准、团体标准或企业标准等）。编线用纤维原料有束丝、单纱等，因此，在实际生产中需要根据编织线的规格及其成型结构对束丝、单纱等进行分丝或并丝［如果企业生产渔用 PE 单丝编织线用纤维原料为每束含 36 根的 UHMWPE 复丝单纱（PE 单丝线密度为 36 tex），企业生产规格为 "PE ρ_x 36×3×16 R3800 B　SC/T 4027" 的渔用 PE 单丝编织线时，企业必须先对上述 PE 单丝丝束进行分丝，以获得每束含 3 根的 PE 单丝丝束筒子，以方便编织线的编织；如果企业生产 PA 复丝编织线用纤维原料为 210 D 的 PA 复丝单纱（PA 复丝单纱线密度为 210 D），企业生产规格为 "PA ρ_x （630 D×6×16+420 D×3）R 62 600 D B" 的 PA 复丝编织线时，企业必须先对上述 PA 复丝单纱进行并丝，以获得每束含 630 D、420 D 的 PA 复丝单纱筒子（它们分别用于编织线面子、线芯的编织）］；然后进行编织生产。对采用线芯的编织线有时还需要对线芯用丝、纱等纤维进行初捻和复捻［在编织线生产或工艺设计上，人们将编织线线芯用基体纤维的初次加捻（或将单纱并合加捻成线股）的捻合工艺称为初捻。在初捻操作过程中操作工应加强机器巡回检查，及时更换用完的丝、单纱等基体纤维筒子，换管时应注意控制结头与留尾长度；及时发现排除单丝、复丝等基体纤维断头情况，以免形成缺股，影响编织线产品质量］。编线用落纱、倒筒、落线、成绞、检测和打包等工序读者可参照第二章以及本章第二节，这里不再重复。编织线加工完成后绕在筒子上，筒子可以直接送下道工序编织网片，也可以将筒子上的线摇成绞状、卷绕成轴状、卷绕成球状，以供不同要求捻线终端用户使用（上述工序分别称之为摇绞、成轴、成球）。在编织线的摇绞、成轴、成球生产过程中，每道工序的挡车工和专业检验人员要对半成品、成品进行质量检查。成品要经专职检验员或专业检验机构（如农业部绳索网具产品质量监督检验测试中心）进行检验，然后逐步完成包装、进库、出厂工序。

三、编线工艺优化设计技术

编线工艺通常包括产品的规格、编制结构、工艺流程、生产设备调整变化要求，等等。编线工艺直接关系到产品质量、生产效率、经济效益及其生产安全性，因此编线工艺优化设计技术非常重要。编线工艺是人们长期生产实践和理论技术的总结，它随着编线产品规格型号、编织机型号规格、编线用基体纤维种类、编织线使用环境及其质量要求等因素而变化。每个网线企业一般都有自己独特的编线工艺，编线工艺标志着一个编织线产品生产的开始，编线工艺可根据实际生产情况进行调整、优化。在研发设计编织线新材料时，一般根据理论或实践经验预先设计好编织线新材料工艺方案，然后一边生产、一边调整、一边优化，直至生产工艺熟化、完善和完美为止。编线工艺是企业长期经验的总结与智慧结晶，技术人员受领导或委托方等委托，针对特定编织线制定编线工艺方案，然后企业以书面、短信、微信、邮件和告示等形式告知编织线操作工优化设计及其理论计算结果要求，以保证成批编织线产品质量的统一，满足合同或产业通用技术要求。现将编织节距设计及其理论计算主轴速度设计及其理论计算、锭子转速设计及其理论计算、牵引轮速度设计及其理论计算、编织线产量理论计算等编线工艺优化设计技术简介如下。

1. 编织节距设计及其理论计算

编织线的股围绕编织线基圆旋转一周后在编织线的轴向上升的距离 h 称为编织节距。编织机锭子转一圈形成一个编织节距，编织节距是牵引轮转过的长度距离（这类似捻线加捻的捻度计算），在捕捞与渔业工程装备等领域实际生产中可以根据使用环境或客户合同等技术要求进行设计及其理论计算。在农机装备和增养殖设施领域中，编织节距（h）用公式（5-33）进行计算。

$$h = \frac{V_{qian}}{n_{dz}} \times 1\,000 \tag{5-33}$$

式中：h——编织节距（mm）；

V_{qian}——牵引轮的转动线速度（m/min）；

n_{dz}——锭子转速（r/min）。

[示例5-1] 已知轨道型编织机牵引轮的转动线速度（V_{qian}）为 1.531 m/min、锭子转速（n_{dz}）为 63.0 r/min（图5-5），求轨道型编织机的编织节距？

解：根据公式（5-33），轨道型编织机的编织节距计算如下：

$$h = \frac{V_{qian}}{n_{dz}} \times 1\,000 = \frac{1.531}{63.0} \times 1\,000 = 24.30(mm)$$

综上，轨道型编织机的编织节距为 24.30 mm。

如果按 $Z_1 = 40$、$Z_2 = 24$ 查"表5-1 某型号编织机节距"可以获得编织节距为 24.30 mm，这和示例5-1中的计算结果相同。

如果考虑编织线的直径（编织线直径为 3.2 mm）、牵引轮的轮槽底直径为

258 mm、编织机牵引轮的转动速度（n_{qian}）为 1.889 2 r/min、锭子转速（n_{dz}）为 63.0 r/min，那么图 5-5 中牵引轮的转动线速度计算如下：

$$V_{\text{qian}} = \frac{\pi \times D_{\text{qian}} \times n_{\text{qian}}}{1\ 000} = \frac{3.142 \times (258 + 3.2) \times 1.889\ 2}{1\ 000} = 1.550\ 4\ (\text{m/min})。$$

根据公式（5-33），上述考虑编织线直径下的轨道型编织机的编织节距计算如下：

$$h = \frac{V_{\text{qian}}}{n_{\text{dz}}} \times 1\ 000 = \frac{1.550\ 4}{63.0} \times 1\ 000 = 24.61(\text{mm})$$

由上述计算结果可见，考虑编织线直径与不考虑编织线直径轨道型编织机的编织节距偏差仅为 1.28%，所以，在实际生产中是否考虑编织线直径对编织节距计算值影响不大，实际生产中读者可以根据 Z_1、Z_2 查表获得编织节距。

2. 主轴速度设计及其理论计算

在捕捞与渔业工程装备等领域实际生产中，人们可以根据编织线产品的使用环境或客户合同等要求进行主轴速度的设计及其理论计算。主轴速度（n_3）用公式（5-34）进行计算。

$$n_3 = n_0 \frac{\phi_0 \times \phi_2 \times T_1}{\phi_1 \times \phi_3 \times T_2} \tag{5-34}$$

式中：n_3——主轴速度（r/min）；

n_0——电动机的转动速度（r/min）；

ϕ_0——电动机皮带盘直径（mm）；

ϕ_1——被动皮带盘直径（mm）；

ϕ_2——主动皮带盘直径（mm）；

ϕ_3——主轴皮带盘直径（mm）；

T_1——主动伞齿轮（T）；

T_2——被动伞齿轮（T）。

[示例 5-2] 已知轨道型编织机电动机的转动速度（n_0）为 1 440 r/min，电动机皮带盘直径（ϕ_0）为 90 mm，被动皮带盘直径（ϕ_1）为 514 mm，主动皮带盘直径（ϕ_2）为 150 mm，主轴皮带盘直径（ϕ_3）为 150 mm，主动伞齿轮（T_1）为 42 T，被动伞齿轮（T_2）为 42 T（图 5-5），求轨道型编织机的主轴速度？

解：根据公式（5-34），轨道型编织机的主轴速度计算如下：

$$n_3 = n_0 \frac{\phi_0 \times \phi_2 \times T_1}{\phi_1 \times \phi_3 \times T_2} = 1\ 440 \frac{90 \times 150 \times 42}{514 \times 150 \times 42} = 252.1(\text{r/min})。$$

综上，该轨道型编织机的主轴速度为 252.1 r/min。

3. 锭子转速设计及其理论计算

编织机的锭子不论向左或向右转圈，都是主动齿轮 T_{zhu}（主动齿轮齿数一般为 42 T，也有编织机为 32 T 等）推动锭子齿轮 T_{dz}（锭子齿轮齿数一般为 42 T）。锭子跟随锭子齿轮转动，在一个锭子齿轮上只转半圈就要移到下一个锭子齿轮上（如果走完 8 个锭子齿轮，那么就相当锭子齿轮转 4 圈），因此，主动齿轮 T_{zhu} 要转 4 圈后编织机锭子才转动 1 圈。在捕捞与渔业工程装备等领域实际生产中，人们可以根据编织线产品的使用环境或客户合同等要求进行锭子转速的设计及其理论计算。锭子转速（n_{dz}）用公式（5-35）进行计算。

$$n_{dz} = n_3 \times \frac{T_{zhu}}{4T_{dz}} \tag{5-35}$$

式中：n_{dz}——锭子转速（r/min）；

n_3——主轴速度（r/min）；

T_{zhu}——主动齿轮齿数（T）；

T_{dz}——锭子齿轮齿数（T）。

[示例 5-3] 已知轨道型编织机主轴速度（n_3）为 252.1 r/min、主动齿轮齿数（T_{zhu}）为 44 T、锭子齿轮齿数（T_{dz}）为 44 T（图 5-5），求轨道型编织机的锭子转速？

解：根据公式（5-35），轨道型编织机的锭子转速计算如下：

$$n_{dz} = n_3 \times \frac{T_{zhu}}{4T_{dz}} = 252.1 \times \frac{44}{4 \times 44} = 63.0(r/min)$$

综上，该轨道型编织机的锭子转速为 63.0 r/min。

4. 牵引轮速度设计及其理论计算

编织机牵引轮的转动也是从主轴传来，在捕捞与渔业工程装备等领域实际生产中，人们可以根据编织线产品的使用环境或客户合同等要求进行牵引轮速度的设计及其理论计算。牵引轮速度（n_{qian}）用公式（5-36）进行计算。

$$n_{qian} = n_3 \frac{T_{wogan} \times Z_{zhu} \times T_{qianzhu}}{T_{wolun} \times Z_{bei} \times T_{qianbei}} \tag{5-36}$$

式中：n_{qian}——锭子转速（r/min）；

n_3——主轴速度（r/min）；

T_{wogan}——涡杆齿轮（T）；

T_{wolun}——涡轮齿轮（T）；

Z_{zhu}——节距调节主动齿轮（T）；

Z_{bei}——节距调节被动齿轮（T）；

$T_{qianzhu}$——牵引轮主动齿轮（T）；

$T_{qianbei}$——牵引轮被动齿轮（T）。

[示例 5-4] 已知轨道型编织机主轴速度（n_3）为 252.1 r/min、涡杆齿轮（T_{wogan}）为 1 T、涡轮齿轮（T_{wolun}）为 32 T、节距调节主动齿轮（Z_{zhu}）为 40 T、节距调节被动齿轮（Z_{bei}）为 24 T、牵引轮主动齿轮（$T_{qianzhu}$）为 20 T、牵引轮被动齿轮（$T_{qianbei}$）为 139 T，求轨道型编织机的牵引轮速度？

解：根据公式（5-36），轨道型编织机的牵引轮速度计算如下：

$$n_{qian} = n_3 \frac{T_{wogan} \times Z_{zhu} \times T_{qianzhu}}{T_{wolun} \times Z_{bei} \times T_{qianbei}} = 252.1 \frac{1 \times 40 \times 20}{32 \times 24 \times 139} = 1.899\,2\,(r/min)$$

综上，该轨道型编织机的牵引轮速度为 1.899 2 r/min。

在农机装备和增养殖设施领域中，牵引轮的转动线速度（V_{qian}）用公式（5-37）进行计算。

$$V_{qian} = \frac{\pi \times D_{qian} \times n_{qian}}{1\,000} \qquad (5\text{-}37)$$

式中：V_{qian}——牵引轮的转动线速度（m/min）；

D_{qian}——牵引轮的轮槽底直径加一个编织线直径（mm）；

n_{qian}——编织机牵引轮的转动速度（r/min）。

［示例 5-5］已知轨道型编织机牵引轮的转动速度（n_{qian}）为 1.899 2 r/min、牵引轮的轮槽底直径（D_{qian}）为 258 mm，求不考虑编织线直径时轨道型编织机的牵引轮的转动线速度？

解：根据公式（5-37），不考虑编织线直径时轨道型编织机的牵引轮的转动线速度计算如下：

$$V_{qian} = \frac{\pi \times D_{qian} \times n_{qian}}{1\,000} = \frac{3.142 \times 258 \times 1.889\,2}{1\,000} = 1.531\,(m/min)$$

综上，不考虑编织线直径时，该轨道型编织机的牵引轮的转动线速度为 1.531 m/min。

［示例 5-6］已知轨道型编织机牵引轮的转动速度（n_{qian}）为 1.899 2 r/min、牵引轮的轮槽底直径（D_{qian}）为 258 mm、编织线直径为 3 mm，求考虑编织线直径时轨道型编织机的牵引轮的转动线速度？

解：根据公式（5-37），不考虑编织线直径时轨道型编织机的牵引轮的转动线速度计算如下：

$$V_{qian} = \frac{\pi \times D_{qian} \times n_{qian}}{1\,000} = \frac{3.142 \times (258 + 3.2) \times 1.889\,2}{1\,000} = 1.550\,4\,(m/min)$$

综上，考虑编织线直径时，该轨道型编织机的牵引轮的转动线速度为 1.550 4 m/min。

由［示例5-5］、［示例5-6］可见，考虑编织线直径与不考虑编织线直径轨道型编织机的牵引轮的转动线速度值偏差仅为 1.27%，所以，在实际生产中是否考虑编织线直径对问题对牵引轮的转动线速度值影响不大。

5. 编织线产量理论计算

编织线规格及编织机型号不同，其产量一般不同。在计算编织线产量之前需先了解牵引轮的转动线速度、编织线线密度、编织机生产效率，然后按公式（5-38）进行计算。

$$G = \frac{V_{qian} \times \rho_B \times 60 \times 8 \times \eta}{1\,000\,000} \qquad (5\text{-}38)$$

式中：G——编织机产量 [kg/（台·班）]；

ρ_B——编织线的线密度（tex）；

V_{qian}——牵引轮的转动线速度（r/min）；

η——生产效率（%，η 一般取值范围为 75%~85%）。

在实际生产中，如果要计算多台编织机的产量，以公式（5-38）计算结果乘以台数即为多台编织机的产量；如果要计算一天编织机的生产能力且生产为 3 班制时，公式（5-38）计算结果的 3 倍即为一天编织机的生产能力；如果要计算一个月编织机的生产能力且生产为 48 h 工作制时，那么一天编织机的生产能力的 25.5 倍即为一个月编织机的生产能力；如果要计算一个月编织机的生产能力且生产为 40 h 工作制时，那么一天编织机的生产能力的 22 倍即为一个月编织机的生产能力；如果要计算一年编织机的生产能力，那么一个月编织机的生产能力的 12 倍即为一年编织机的生产能力；读者可以以此类推。

[示例 5-7] 已知不考虑编织线直径时某型号轨道型编织机牵引轮的转动线速度（V_{qian}）为 1.531 m/min、规格为 "PE　ρ_B 36×6×16 R3640 B　SC/T 4027" 渔用聚乙烯编织线的线密度（ρ_B）为 3 640 tex、生产效率（η）为 85%牵引轮的轮槽底直径（D_{qian}）为 258 mm，求不考虑编织线直径时，该轨道型编织机的每班产量？

解：根据公式（5-38），不考虑编织线直径时，该轨道型编织机的每班产量计算如下：

$$G = \frac{V_{qian} \times \rho_B \times 60 \times 8 \times \eta}{1\,000\,000} = \frac{1.531 \times 3\,640 \times 60 \times 8 \times 85\%}{1\,000\,000} = 2.27 [\text{kg/（台·班）}]$$

综上，不考虑编织线直径时，该轨道型编织机的每班产量为 2.27 [kg/（台·班）]。

[示例 5-8] 已知轨道型编织机牵引轮的转动线速度（V_{qian}）为 1.550 4 m/min、规格为 "PE　ρ_B 36×6×16 R3640 B　SC/T 4027" 渔用聚乙烯编织线的线密度（ρ_B）为 3 640 tex、生产效率（η）为 85%牵引轮的轮槽底直径（D_{qian}）为 258 mm、渔用聚乙烯编织线直径为 3.2 mm，求考虑渔用聚乙烯编织线直径时，该轨道型编织机的每班产量？

解：根据公式（5-38），考虑渔用聚乙烯编织线直径时，该轨道型编织机的每班产量计算如下：

$$G = \frac{V_{qian} \times \rho_B \times 60 \times 8 \times \eta}{1\,000\,000} = \frac{1.550\,4 \times 3\,640 \times 60 \times 8 \times 85\%}{1\,000\,000} = 2.30 [\text{kg/（台·班）}]$$

综上，考虑渔用聚乙烯编织线直径时，该轨道型编织机的每班产量为 2.30 [kg/（台·班）]。

已知轨道型编织机牵引轮的转动线速度（V_{qian}）为 1.550 4 m/min、规格为 "PE　ρ_B 36×6×16 R 3640 B　SC/T 4027" 渔用聚乙烯编织线的线密度（ρ_B）为 3 640 tex、生产效率（η）为 85%牵引轮的轮槽底直径（D_{qian}）为 258 mm、渔用聚乙烯编织线直径为 3.2 mm，求考虑渔用聚乙烯编织线直径时，该轨道型编织机的每班产量？

解：根据公式（5-38），考虑渔用聚乙烯编织线直径时，该轨道型编织机的每班产量计算如下：

$$G = \frac{V_{qian} \times \rho_B \times 60 \times 8 \times \eta}{1\,000\,000} = \frac{1.550\,4 \times 3\,640 \times 60 \times 8 \times 85\%}{1\,000\,000} = 2.30[\,kg/(台·班)\,]$$

综上，考虑渔用聚乙烯编织线直径时，该轨道型编织机的每班产量为 2.30［kg/（台·班）］。

［示例 5-9］某客户需要采购直径 1.2～7.0 mm 的远洋拖网渔具用聚乙烯编织线绳，请设计该聚乙烯编织线绳的外皮、内芯、花节数？

解：根据远洋拖网渔具节能降耗生产的需要，远洋拖网渔具用聚乙烯编织线绳工艺参数设计如表 5-6 所示。

表 5-6　远洋拖网渔具用聚乙烯编织线绳工艺参数

序号	直径（mm）	规格	花节数（mm）	综合线密度		断裂强力	
				指标值（m/kg）	允许偏差率（%）	指标值（daN）	允许偏差率（%）
1	1.2	500 D×1×16+500 D×1	11	983		17	
2	1.5	500 D×1×16+500 D×2	15	833		32	
3	1.8	500 D×1×16+500 D×10	16	623		45	
4	2.0	500 D×2×16+500 D×5	18	450		62	
5	3.0	500 D×3×16+500 D×8	21	283	±10	81	±10
6	3.5	500 D×4×16+500 D×8	32	223		118	
7	4.0	500 D×4×16+500 D×18	28	210		157	
8	5.0	500 D×7×16+500 D×15	32	121		250	
9	6.0	500 D×8×16+500 D×32	30	93		278	
10	7.0	500 D×9×16+500 D×40	33	81		290	

注：①本表工艺参数由国内知名绳网企业江苏金枪网业有限公司提供；②聚乙烯编织线绳用基体纤维制作原料中适当添加 UV 助剂，颜色根据客户的需要配置。

由表 5-6 可见，花节数等编线工艺对编织线绳的物理机械性能（如线密度、断裂强力）产生影响，实际生产中根据需要对编线工艺进行调整以满足产业应用需要。

第六章 捕捞渔具与渔业工程装备材料的开发与应用

材料是国民经济发展和产业升级的基础，新材料的不断发现、开发和应用成为人类社会发展的巨大推动力。中国是世界渔业大国，捕捞渔具与渔业工程装备在支撑我国水产业可持续发展方面发挥了重要作用，并在维护我国海洋权益，参与公海渔业资源开发利用方面发挥着重要作用。随着材料技术、装备技术、智能农机技术等的发展，人们不断开发出捕捞渔具与渔业工程装备新材料，或者将其他领域材料在捕捞渔具与渔业工程装备领域实现创新应用。本章对节能降耗型远洋渔具新材料研究、高性能或功能性绳网材料的研发及其应用示范等进行简要概述，为捕捞渔具与渔业工程装备的设计、开发、应用、服务和技术交流等提供参考，助力蓝色粮仓建设，推进深蓝渔业和"一带一路"。

第一节 节能降耗型远洋渔具新材料研究

捕捞渔具的质量和性能，在很大程度上决定于渔具材料的特性，渔具材料影响渔具的作业性能、使用期限和操作效率等。制造渔具的材料主要有网片、网线、绳索、浮子、沉子等，高分子材料由于其密度小、耐腐蚀性优异而被广泛应用于制作绳网、浮子和框架等。渔具材料的研究，特别是渔具新材料的研究在渔业中具有重要意义。聚乙烯树脂是目前渔业中应用最普遍的材料，具有优良的渔用性能，如良好的韧性、较高的强度、密度小，表面光滑、吸湿性极小、良好的滤水性、耐磨性和抗老化性等；PE 单丝是制作拖网、围网、定置网、养殖网箱和各种绳网的首选材料，所制作的渔具具有较好的经济性、作业性能和操作效率。随着捕捞渔具远洋化、深水化、大型化的发展，对渔具的性能，尤其是综合性能，有了更高的要求，普通聚乙烯纤维绳索已不能满足现有渔业作业特殊化以及渔业节能降耗的特殊需要。越来越多的高性能材料用于远洋渔业，例如：超高分子量聚乙烯（UHMWPE）纤维、碳纤维、芳纶等。高性能或功能性绳网材料对捕捞渔具与渔业工程装备的安全性、抗风浪性能以及节能降耗（或降耗减阻）等均有重要作用。现有高性能渔具材料生产制造成本过高，不能大范围地应用于远洋渔具的制备，因此，对聚乙烯渔具新材料进行开发研究使其综合性能与性价比提高是目前研发和产业化应用生产中最为经济、可行的办法。渔具新材料技术则是按照人的意志，通过物理研究、材料设计、材料加工、试验评价等一系列研究过程，创造出能满足制造渔具需要的新型材料的技术。现行水产行业标准《渔具材料基本术语》（SC/T 5001—2014）尚无（节能降耗型远洋）渔具新材料的定义，参考国务院发布的《新材料产业标准化工作三年行动计划》与《渔业装备与工程用合成纤维绳索》等公开出版文献，将"渔具新材料"的定义为"那些新出现或已在发展中的、具有传统材料所不具备的优异性能和特殊功能的渔具材料"；将"节能降耗型远洋渔具新材料"定义为"那些新出现或已在发展中的、具有传统材料所不具备的优异性能和特殊功能并具有节能降耗效果的远洋渔具材料"。近年来，在国家支撑课题"节能降耗型远洋渔具新材料研究示范及标准规范制修订"（课题号：2013BAD13B02，以下简称"远洋渔具新材料课题组"，课题组成员主要包括石建高、余雯雯、马海有、闵明华、刘永利、周爱忠、王磊、陈晓雪、徐学明）等项目的支持下，远洋渔具新材料课题组联合美标、山东好运通网具科技股份有限公司（更名前该企业名称为威海好运通网具科技有限公司，以下均简称"好运通"）等单位采用新材料技术在首次开发出节能降耗型远洋渔具用 MHMWPE 单丝新材料、MHMWPE 单丝绳索新材料、MHMWPE/PP 共混改性单丝新材料、iPP/EPDM 共混改性 MHMWPE 单丝及网线新材料、改性 HDPE/MMWPE/SiO₂ 单丝新材料、一种聚烯烃耐磨节能网线新材料、熔纺 UHMWPE 及其改性单丝新材料等节能降耗型远洋渔具新材料，现概述如下。

一、节能降耗型远洋渔具用 MHMWPE 单丝新材料的开发

中高分子量聚乙烯（以下简称"MHMWPE"或"MMWPE"；本书叙述中多采用 MHMWPE，但在一些公开文献中也采用 MMWPE，特此说明）是一种具有优良综合性能的新型纤维材料，其分子量约为 80 万，高于目前渔业中应用最普遍的高密度聚乙烯（HDPE）材料（分子量为 10 万~50 万），又远低于超高分子量聚乙烯材料（UHMWPE）（分子量大于 150 万）。与 UHMWPE 相比较，MHMWPE 材料因熔体黏度低，易进行熔融纺丝，成本较低，而 MHMWPE 由于高结晶度、高取向度，其强度、模量均高于 HDPE。因此，中高分子量聚乙烯单丝纤维（以下简称"MHMWPE 单丝纤维"）因高强高模可取代 PE 单丝纤维广泛应用于制作绳网及远洋渔具等。

1. 不同纺丝工艺下 MHMWPE 单丝新材料的开发

远洋渔具新材料课题组以 MHMWPE 树脂为原料，采用熔融纺丝-水浴特殊牵伸工艺［如沸水浴二次牵伸工艺（所用齿轮 A-B：60-36），总牵伸倍数分别为 7.0 倍、8.3 倍、9.0 倍、10 倍等］制备 MHMWPE 单丝新材料。MHMWPE 单丝现场加工图片如图 6-1 所示。熔融纺丝-水浴牵伸制备 MHMWPE 单丝新材料力学性能如表 6-1 所示。从表 6-1 中可以看出，当使用沸水浴作为牵伸介质时，牵伸倍数为 8.3 倍的 MHMWPE 单丝新材料综合力学性能最优，其断裂强度和结节强度分别为 8.46 g/D 和 6.34 g/D，断裂伸长率为 11.42%。

图 6-1　MHMWPE 单丝及其绳索制备过程

表 6-1　熔融纺丝-水浴特殊牵伸制备 MHMWPE 单丝新材料力学性能

牵伸倍数	线密度 （dtex）	断裂强度 （cN/dtex）	结节强度 （cN/dtex）	断裂强度 （g/D）	结节强度 （g/D）	断裂伸长率 （%）
7.0	251.7	6.00	5.09	6.81	5.77	15.06
8.3	300.8	7.46	5.60	8.46	6.34	11.42
9.0	340.0	7.68	5.04	8.71	5.72	9.94
10.0	339.4	8.60	5.15	9.75	5.71	7.46

　　远洋捕捞渔具新材料课题组以高相对分子量聚乙烯为原料，采用熔融纺丝-油浴特殊牵伸工艺［如沸水浴二次牵伸工艺（所用齿轮 A-B：60-36），总牵伸倍数分别为 7.0 倍、8.3 倍、9.0 倍、10 倍、11.6 倍、13.2 倍］制备 MHMWPE 单丝新材料。熔融纺丝-油浴牵伸制备 MHMWPE 单丝新材料力学性能如表 6-2 所示。从表 6-2 可见，当使用油浴作为牵伸介质时，牵伸倍数为 9 倍的 MHMWPE 单丝新材料综合力学性能最优，其断裂强度和结节强度分别为 8.46 g/D 和 4.37 g/D。与表 6-1 中数据对比，可以看出，考虑到 MHMWPE 单丝新材料断裂强度和结节强度，无论牵伸介质如何选择，牵伸倍数为 8~9 倍时，所制得 MHMWPE 单丝新材料的综合力学性能最佳。当采用油浴作为牵伸介质时，油浴的温度较高，使得 MHMWPE 单丝新材料在牵伸过程中高度取向，取向诱导结晶，使得 MHMWPE 单丝新材料断裂强度随牵伸倍数增加而提高；但是由于结晶度过高导致单丝脆性增加，从而表现出结节强度下降。因此，水浴是制备综合力学性能好的 MHMWPE 单丝新材料比较合适的牵伸介质之一。

表 6-2 熔融纺丝-油浴特殊牵伸制备 MHMWPE 单丝新材料力学性能

牵伸倍数	线密度 （dtex）	断裂强度 （cN/dtex）	结节强度 （cN/dtex）	断裂强度 （g/D）	结节强度 （g/D）
7.0	465	4.87	3.88	5.52	4.40
8.3	339.72	6.61	4.02	7.50	4.56
9.0	323.89	7.38	4.17	8.36	4.73
10.0	366.11	7.79	3.36	8.84	3.82
11.6	346.39	8.39	3.01	9.51	3.41
13.2	326.94	8.25	3.13	9.40	3.55

2. MHMWPE 单丝的制备工艺与力学性能

根据纤维的拉伸原理，初生纤维是兼具黏性和弹性的高聚物黏弹体，为了获得高取向的 MHMWPE 单丝纤维，需要根据纤维熔点的增加，升高拉伸温度、增加牵伸倍数并采取不同牵伸倍数来调节 MHMWPE 单丝纤维的力学性能。远洋渔具新材料课题组以 MHMWPE 树脂为原料采用特种工艺进行熔融纺丝；螺杆挤出段温度分别为310℃、334℃、351℃、347℃；三辊速度为 101 r/min；水浴温度为 97℃、96℃；牵伸倍数为 5.5~10.0 倍。力学性能采用 INSTRON-4466 型万能试验机（美国，拉伸模式）按《渔用聚乙烯单丝》（SC/T 5005—2014）标准在常温下测试，纤维夹距为 500 mm，拉伸速度为 300 mm/min。样品测试 10 次，取平均得纤维断裂强度、结节强度和断裂伸长率。取向因子采用声速取向仪进行测定。

远洋捕捞渔具新材料课题组采用螺杆挤出机熔融纺丝-多级热拉伸纺丝实验制备MHMWPE 单丝纤维。研究多级拉伸对 MHMWPE 单丝纤维力学性能的影响。

一级拉伸对 MHMWPE 单丝纤维力学性能的影响。

一级拉伸倍数与 MHMWPE 单丝力学性能的关系可以看出，MHMWPE 单丝的断裂强度随着拉伸倍数增加而升高，而结节强度随着拉伸倍数呈现出先升高后下降的趋势。当一级拉伸倍数为 5.67 倍时，MHMWPE 单丝的断裂强度和结节强度分别为4.83 cN/dtex 和 4.52 cN/dtex；随着拉伸倍数增加到 6.74 倍，纤维的断裂强度和结节强度分别升高到 5.17 cN/dtex 和 4.60 cN/dtex。当一级拉伸倍数升高到 8.17 倍时，MHMWPE 单丝的断裂强度和结节强度分别为 5.71 cN/dtex 和 4.56 cN/dtex；当一级拉伸倍数进一步增高到 9.52 倍时，纤维的断裂强度进一步增加到 8.16 cN/dtex，但其结节强度反而下降至 4.17 cN/dtex（图 6-2）。

二级拉伸对 MHMWPE 单丝力学性能的影响。

一级拉伸由于拉伸过程短、所受拉伸应力的持续时间不够，往往会使得纤维内聚合物大分子链来不及重新排列，纤维中聚合物大分子链的排队规整度不够理想，导致所制备纤维的性能达不到实际应用所需。因此，多级拉伸，尤其是二级拉伸可以很大程度上使纤维中聚合物大分子链发生重排，以提高其规整度，进而获得理想性能的纤维。远洋渔具新材料课题组采用二级拉伸工艺制备渔用 MHMWPE 单丝，以期获得优异综合渔用性能的 MHMWPE 单丝。从图 6-2 可以看出，当一级牵伸倍数为 6.74 倍和 8.71 倍时，所制得 MHMWPE 单丝的结节强度较好，因此二级拉伸工艺中选择 6.74 倍和 8.71 倍 2 个一级拉伸倍数。

当一级拉伸倍数为 6.74 倍时，MHMWPE 单丝的断裂强度随着总拉伸倍数增加而升高，而结节强度随着拉伸倍数呈现出先升高后下降的趋势（图 6-3），这与一级拉伸倍数对纤维力学性能影响趋势一致（图 6-2）。当总拉伸倍数为 6.76 倍时，MHMWPE 单丝的断裂强度和结节强度分别为 5.19 cN/dtex 和 4.61 cN/dtex；随着总拉伸倍数增加到 8.61 倍，纤维的断裂强度和结节强度分别升高到 7.55 cN/dtex 和 5.35 cN/dtex。此时所得纤维的断裂强度和结节强度分别比现行国家标准中规定的优等品指标高出 34.8% 和 37.2%。然而，当总拉伸倍数进一步增高到 9.64 倍时，MHMWPE 单丝的断裂强度进一步增加到 7.95 cN/dtex，而其结节强度下降至 5.03 cN/dtex。

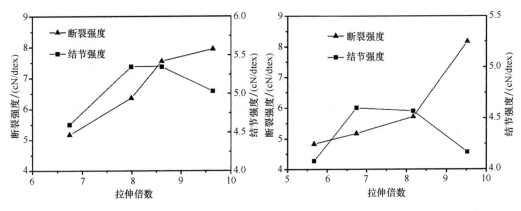

图 6-2　一级拉伸倍数对聚乙烯纤维　　　　图 6-3　二级拉伸倍数对 MHMWPE 单丝
　　　　力学性能的影响　　　　　　　　　　　力学性能的影响（一级拉伸倍数为 6.74 倍）

当一级拉伸倍数为 8.17 倍时，MHMWPE 单丝的断裂强度同样随着总拉伸倍数增加而升高，而结节强度也随着拉伸倍数呈现出先升高后下降的趋势（图 6-4）。当总拉伸倍数为 8.2 倍时，MHMWPE 单丝的断裂强度和结节强度分别为 5.71 cN/dtex 和 4.56 cN/dtex；随着总拉伸倍数增加到 9.52 倍，纤维的断裂强度和结节强度分别升高到 7.91 cN/dtex 和 5.24 cN/dtex，此时所得纤维的断裂强度和结节强度分别比现行国家标准中规定的优等品指标高出 41.3% 和 34.4%。然而，当总拉伸倍数进一步增高到 10.71 倍时，MHMWPE 单丝的断裂强度进一步增加到 9.02 cN/dtex，而其结节强度下降至 5.04 cN/dtex。当总拉伸倍数进一步增高到 11.2 倍时，MHMWPE 单丝的断裂强度进一步增加到 9.19 cN/dtex，而其结节强度下降至 3.79 cN/dtex，但结节强度仍高于现行行业标准中规定的合格品指标。

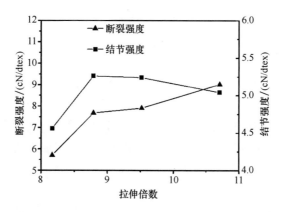

图6-4　二级拉伸倍数对 MHMWPE 单丝力学性能的影响（一级拉伸倍数为8.17倍）

根据水产行业标准《渔用聚乙烯单丝》（SC/T 5005—2014）可以获得直径为 0.24~0.32 mm 渔用 PE 单丝物理性能指标（表6-3）。

表6-3　渔用聚乙烯单丝物理性能指标

直径 （mm）	线密度 （tex）	断裂强度 （cN/dtex）	断裂强力 （cN）
0.24	44	5.2	2 288
0.25	48	5.2	2 496
0.26	52	5.2	2 704
0.27	56	5.2	2 912
0.28	60	5.2	3 120
0.29	64	5.2	3 328
0.3	69	5.2	3 588
0.31	73	5.2	3 796
0.32	78	5.2	4 056

远洋捕捞渔具新材料课题组研发的直径 0.24 mm 的中高分子量聚乙烯单丝新材料的线密度为 44 tex，其对应的断裂强度为 9.19 cN/dtex，其对应的中高分子量聚乙烯单丝新材料的断裂强力为 4 043.6 cN。而直径 0.31 mm 的普通 PE 单丝的线密度为 73 tex，其对应的断裂强度为 52 cN/tex［数据来源于水产行业标准《渔用聚乙烯单丝》（SC/T 5005—2014）］，其对应的普通 PE 单丝的断裂强力为 3 796 cN。

综上所述，在保持断裂强力优势的前提下，以远洋捕捞渔具新材料课题组研发的直径 0.24 mm 的中高分子量聚乙烯单丝新材料替代直径 0.31 mm 的普通 PE 单丝，其线密度降低 39.7%，对应的原材料消耗也降低 39.7%。因此，以远洋捕捞渔具新材料课题组研发的直径 0.24 mm 的中高分子量聚乙烯单丝新材料作为丝线绳网等渔具材料，其材料消耗降低 39.7%。

通过渔用 MHMWPE 单丝生产过程中拉伸工艺的调控和优化，制得了综合力学性能优异的渔用 MHMWPE 单丝。采用二级拉伸工艺可使聚乙烯大分子链在纤维中的排列更加规整；提高大分子链的取向度，制备的渔用 MHMWPE 单丝的综合渔用性能更好。随着总拉伸倍数的提高，MHMWPE 单丝的断裂强度、声速取向和热性能均显著提高。随拉伸倍数提高，渔用 MHMWPE 单丝的结节强度却呈现先升高后降低的趋势。因此要根据渔用 MHMWPE 单丝的实际使用需要来调配合适的生产工艺。

针对节能降耗 MHMWPE 单丝纤维的研究，2013 年起远洋捕捞渔具新材料课题组联合美标、好运通等单位开展 MHMWPE 单丝纺丝研发及其产业化应用研究（详见本章相关内容）。MHMWPE 单丝纺丝流程图片如图 6-5 所示。

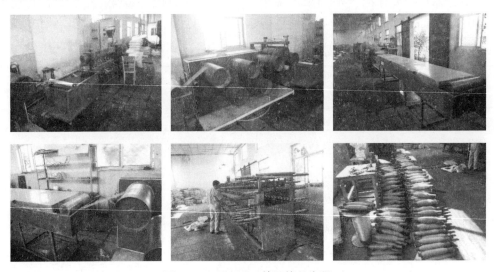

图 6-5　MHMWPE 单丝纺丝流程

二、MHMWPE 单丝绳索的制备与降耗效果分析

为实现 MHMWPE 单丝新材料在远洋捕捞渔具生产上的创新应用，课题组以 MHMWPE 单丝新材料为基体纤维，经过环捻、合股、制绳、检验、后处理工序后，获得直径 14 mm 的 MHMWPE 单丝绳索新材料（图 6-1）。这种以普通合成纤维制作工艺，具有标准合格品指标要求的普通三股 PE 绳索和普通三股 PP-PE 绳索。MHMWPE 单丝绳索新材料制备工艺如下：

MHMWPE 单丝→环捻→合股→制绳→检验→后处理→MHMWPE 单丝绳索。

力学性能采用德国 RHZ-1600 型强力试验机（量程为 1 600 kN，分辨力 0.08 kN）；参照《绳索有关物理和机械性能的测定》（GB/T 8834—2006）标准进行绳索的力学性能测试。

1. MHMWPE 单丝绳索材料拉伸力学性能分析

以 MHMWPE 单丝新材料制备直径 14 mm 的 MHMWPE 单丝绳索，它的拉伸力学性能测试结果及其与普通合成纤维绳索的比较，见表 6-4。

表 6-4 MHMWPE 单丝绳索和普通合成纤维绳索拉伸力学性能的比较

绳索	直径 （mm）	线密度 （ktex）	断裂强力 （daN）	断裂强度 （cN/dtex）	断裂伸长率 （%）
MHMWPE 单丝绳索	4	7.47	328	4.39	11.2
三股 PE 单丝绳索合格品	4	8.1	175	2.16	20.5
三股 PE 单丝绳索	5	11.5	232	2.01	24.3
MHMWPE 单丝绳索	14	101	2 560	2.53	22.9
三股 PE 单丝绳索合格品	14	103	1 580	1.53	45~55
三股 PP-PE 单丝绳索合格品	14	97.2	2 350	2.42	40~50
三股 PE 单丝绳索合格品	17	156	2 390	1.53	45~55

2. MHMWPE 单丝绳索断裂强力性能及节能降耗效果分析

绳索的断裂强力性能主要取决于制绳用基体纤维材料、绳纱强力利用率和制绳工艺等。由表 6-4 可见，MHMWPE 单丝绳索较普通合成纤维绳索具有断裂强力优势，以直径 4 mm 的 MHMWPE 单丝绳索替代同等直径的三股 PE 单丝绳索用作渔用绳索，能使绳索断裂强力提高 50% 以上，线密度减小 7.8%，原材料消耗减小 7.8%；以直径 4 mm 的 MHMWPE 单丝绳索替代直径 5 mm 的三股 PE 单丝绳索用作渔用绳索，能使绳索断裂强力提高 30% 以上，线密度减小 35.0%，原材料消耗减小 35.0%；以直径 14 mm 的 MHMWPE 单丝绳索替代同等直径的三股 PP-PE 单丝绳索用作渔用绳索，能使绳索断裂强力提高 8.9%；以直径 14 mm 的 MHMWPE 单丝绳索替代同等直径的三股 PE 单丝绳索用作渔用绳索，能使绳索断裂强力提高 62.0%、线密度减小 1.9%、原材料消耗减小 1.9%；以直径 14 mm 的 MHMWPE 单丝绳索替代直径 17 mm 的三股 PE 单丝绳索用作渔用绳索，能使绳索断裂强力提高 7.1%、线密度减小 35.3%、使用直径减小 17.6%、原材料消耗减小 35.3%，生产网具的水阻力也相应减小。综上所述，与表 6-4 中的普通合成纤维绳索相比，MHMWPE 单丝绳索具有断裂强力性能优势，其降耗减阻效果明显；在保持断裂强力优势的前提下，以 MHMWPE 单丝绳索替代三股 PE 单丝绳索用作渔用绳索，能使原材料消耗减小 35%。渔业生产中，MHMWPE 单丝绳索用作渔用绳索，可减小网具水阻力、提高网具安全性、降低绳索的线密度与原材料消耗，从而实现渔业生产节能降耗，推进渔业节能减排。

3. MHMWPE 单丝绳索断裂强度及其延伸性分析

由表 6-4 可见，MHMWPE 单丝绳索较普通合成纤维绳索具有断裂强度高、延伸性小的明显特点。直径 14 mm 的 MHMWPE 单丝绳索断裂强度分别比直径 14 mm 的三股 PE 单丝绳索、直径 14 mm 的三股 PP-PE 单丝绳索、直径 17.0 mm 的三股 PE 单丝绳索提高 65.4%、4.5%、65.4%；其断裂伸长率分别比直径 14 mm 的三股 PE 单丝绳索、直径 14 mm 的三股 PP-PE 单丝绳索、直径 17.0 mm 的三股 PE 单丝绳索减小 54.2%、49.1%、54.2%。MHMWPE 单丝绳索与普通合成纤维绳索产生明显断裂强度及延伸性差别的原因主要与制绳用基体纤维材料拉伸力学性能差异有关。MHMWPE 单丝绳索加工制作用基体纤维材料为渔用 MHMWPE 单丝，其断裂强度为 852 cN/dtex、断裂伸长率为 7.5%，而普通 PE 单丝的断裂强度为 5.20 cN/dtex、断裂伸长率为 20.0%，可见，渔用 MHMWPE 单丝与普通合成纤维的拉伸力学性能差异明显。断裂强度高、延伸性小是渔用 MHMWPE 单丝区别于普通合成纤维的重要特征。与渔用 MHMWPE 单丝相比，普通合成纤维分子间的相互作用力相对较小，拉伸时伸长变形能力较大，表现为成型后的普通合成纤维绳索具有相对较低的断裂强度以及较大的延伸性。

远洋渔具新材料课题组对捻制的 MHMWPE 单丝绳索的安全性及拉伸力学性能进行了研究。研究结果表明，直径 14 mm 的 MHMWPE 单丝绳索的线密度、断裂强力、断裂强度、断裂伸长率分别为 101 ktex、2.56 kN、2.53 cN/dtex 和 22.9%；在保持绳索强力优势的前提下，以 MHMWPE 单丝绳索来替代普通合成纤维绳索，既能使绳索直径减小 0~17.6%、线密度减小 1.9%~35.3%、断裂强度增加 7.1%~62.0%、断裂伸长率减小 49.1%~54.2%、原材料消耗减少 1.9%~35.3%，又能使网具阻力相应减小，其性价比、安全性及拉伸力学性能相对较好，产业化应用前景广阔。目前，远洋渔具新材料课题组正将研制的 MHMWPE 单丝绳索在西非加纳等渔业生产中开展应用示范（见图 6-41），应用示范效果表明上述绳索新材料的节能降耗效果显著。

三、MHMWPE/PP 共混改性单丝新材料的研发

为进一步降低远洋渔用纤维新材料的生产成本，提高远洋捕捞渔具材料的性价比，课题组在节能降耗型远洋渔具用 MHMWPE 单丝新材料、MHMWPE 单丝绳索新材料制备的基础上，以 MHMWPE 树脂、PP 为原料，共混后进行熔融纺丝，研制出 MHMWPE/PP 共混改性单丝新材料产品，并对其力学性能进行了分析研究。

1. 制备工艺

以干燥 MHMWPE 树脂、S1004 型纺丝级 PP 树脂以及白油为原料，采用特殊共混改性纺丝专利技术［"节能降耗型远洋渔具用单丝制备方法"（专利申请号：201510252945.7）］加工线密度为 36.9 tex 的 MHMWPE/PP 共混改性单丝新材料。力学性能采用 INSTRON-4466 型万能试验机（美国，拉伸模式）按《渔用聚乙烯单丝》

（SC/T 5005—2014）标准在常温下测试，纤维夹距为 500 mm，拉伸速度为 300 mm/min。样品测试 10 次，取平均得纤维断裂强度、结节强度和断裂伸长率。

2. 力学性能与降耗效果分析

单丝强度直接关系到下游绳网、远洋拖网制品的安全性、使用效果、降耗减阻以及抗风浪性能。MHMWPE/PP 共混改性单丝和普通 PE 单丝拉伸力学性能及现有市场价格的比较，如图 6-6 所示。MHMWPE/PP 共混改性单丝的断裂强度及结节强度分别为 8.56 cN/dtex、4.85 cN/dtex；而普通 PE 单丝的断裂强度及结节强度分别为 6.47 cN/dtex、3.86 cN/dtex；前者较后者的断裂强度、结节强度分别提高 32.3%、25.6%（图 6-6）。此外，MHMWPE/PP 共混改性单丝的断裂强度及结节强度分别比渔用 PE 单丝行业标准指标增加 64.6%、34.7%。MHMWPE/PP 共混改性单丝和普通 PE 单丝产生强度性能差别的原因有很多。与普通 PE 单丝相比，MHMWPE/PP 共混改性单丝采用特殊共混改性纺丝专利技术（如 PP 树脂添加量为 MHMWPE 树脂重量的 24.3%~25.5%；白油助剂添加量为 MHMWPE 树脂重量的 0.1%~0.13%等），这改善了 MH-MWPE/PP 共混改性单丝的拉伸力学性能与内部聚集态结构，使得其强度性能优于普通 PE 单丝。此外，MHMWPE/PP 共混改性单丝加工用 MHMWPE 树脂中添加了特定剂量价格便宜的 PP 树脂，使得其价格适中、取向度较大，这非常有利于它替代普通 PE 单丝在绳网、远洋拖网中的推广应用。

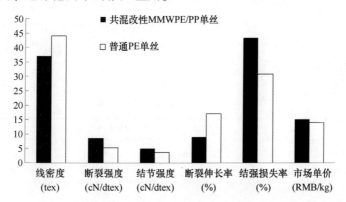

图 6-6　MHMWPE/PP 共混改性单丝与普通 PE 单丝拉伸力学性能及现有市场价格的比较

远洋捕捞渔具新材料课题组对 MHMWPE/PP 共混改性单丝的拉伸力学性能进行了分析。结果表明，以 MHMWPE/PP 共混改性单丝替代普通 PE 单丝，MHMWPE/PP 共混改性单丝断裂强度提高 32.3%、结节强度提高 25.6%、结强损失率提高 7.4%，而断裂伸长率降低 47.9%，原材料消耗减小 8.9%。在保持断裂强力优势的前提下，以共混改性 MHMWPE/PP 绳网替代普通 PE 绳网（如远洋拖网等），在其他条件相同的前提下，共混改性 MHMWPE/PP 网具重量减少 8.9%，能使远洋拖网用原材料消耗及水阻力减小，从而实现渔业生产的降耗减阻。MHMWPE/PP 共混改性单丝通过强度优势弥补了结强损失率偏大、价格偏高的不利因素，确保了其结节强度较普通 PE 单丝具有明显优势，满足了渔业生产中绳网、远洋拖网所需的更高承载与抗风浪需求；它可以帮助人们提高生产效率、提高了渔用适应性与安全性、助力蓝色海洋经济与海洋粮仓建设。MHMWPE/PP 共混改性单丝及其绳网是很有开发潜力的渔用新材料，随着新材料技术、绳网加工设备、远洋拖网新技术的持续创新，MHMWPE/PP 共混改性单丝的性能、性能价格比与渔用适应性将会得到进一步提高。

四、iPP/EPDM 共混改性 MHMWPE 单丝及网线新材料的研究

MHMWPE 是一种具有优良综合性能的新型纤维材料，为研制出高性能渔用纤维新材料，远洋捕捞渔具新材料课题组在 MHMWPE 单丝、MHMWPE 单丝绳索、MHMWPE/PP 共混改性单丝新材料等研发的基础上，以 MHMWPE 树脂、iPP 为主体原料并选取相应低黏度的 EPDM 作为相容剂，共混后进行熔融纺丝，研制出 MHMWPE/PP/EPDM 共混单丝新材料产品，并采用万能试验机考察了不同 iPP/EPDM 配比对 MHMWPE/PP/EPDM 共混单丝体系力学性能。

1. 共混工艺

将 MHMWPE 树脂、iPP 和 EPDM 原料按一定比例用双螺杆挤出机进行熔融挤出，空气中经水槽冷却后造粒（双螺杆直径 26 mm，长径比 30.5。共混工艺参数：螺杆转速 35 r/min；挤出段温度分别为 300℃、300℃、310℃、305℃）。各共混体系配比及样品号见表 6-5。此外，刘嫚、石建高等以 MHMWPE 树脂、iPP 和 EPDM 原料为原料在其他共混工艺下进行了三元共混网线材料断裂强力的试验研究（详见论文《三元共混网线材料断裂强力的试验研究》）。

表 6-5　共混体系配比及样品号

样品	iPP（%）	MHMWPE（%）	EPDM（%）
MHMWPE MHMWPE/iPP	0	100	0
MHMWPE/PP/EPDM-1	20	80	0
MHMWPE/PP/EPDM-2	10	90	2
	15	85	2
MHMWPE/PP/EPDM-3	20	80	2
MHMWPE/PP/EPDM-4	30	70	2
MHMWPE/PP/EPDM-5	20	80	5
MHMWPE/PP/EPDM-6	20	80	8

2. MHMWPE/PP/EPDM 共混单丝的制备

首先将共混切片在 80℃下真空干燥 24 h，然后采用 SJ-45C 型单螺杆纺丝机进行熔融纺丝，得到 MHMWPE/PP/EPDM 初生纤维。纺丝挤出段温度分别为 320℃、345℃、350℃、350℃、喷丝孔直径为 0.5 mm。MHMWPE/PP/EPDM 初生纤维经

2 次热水浴后牵伸制备 MHMWPE/PP/EPDM 共混单丝。牵伸水浴温度分别为 97℃、98℃，采用牵伸倍数为 8.3 倍。

3. 不同 iPP 含量对共混单丝力学性能的影响

表 6-6 为不同 iPP 含量 MHMWPE/PP/EPDM 共混单丝的力学性能，可见，MHMWPE/PP/EPDM 共混单丝的断裂强度和结节强度均优于 PE 单丝对比样。不同的 iPP 含量对共混单丝的力学性能具有显著影响。与纯 MHMWPE 单丝相比，MHMWPE/PP/EPDM 共混单丝的断裂强度和结节强度均有提高。这是由于 iPP 的引入使 MHMWPE 与 iPP 形成共晶，MHMWPE 晶体尺寸减小，一定程度上改善了 PE 单丝纤维强度和韧性。随 iPP 含量的增加，MHMWPE/PP/EPDM 共混单丝的断裂强度增大，而断裂伸长率变化不大。结节强度随 iPP 含量的增加而先增大后减小。其中，当 iPP 含量为 20% 时，相比市售普通渔用 PE 单丝（表 6-6 中的纺丝工艺 1）而言，MHMWPE/PP/EPDM 共混单丝新材料的断裂强度增加了 57.6%，结节强度增加了 37.5%；相比市售普通渔用 PE 单丝（表 6-6 中的纺丝工艺 2）而言，MHMWPE/PP/EPDM 共混单丝新材料的断裂强度增加了 16.8%，结节强度增加了 15.1%。

表 6-6　不同 iPP 含量下共混单丝力学性能

样品	线密度（tex）	断裂强度（cN/dtex）	结节强度（cN/dtex）	断裂伸长率（%）
MHMWPE/PP/EPDM-1	35.9	5.94	3.94	12.1
MHMWPE/PP/EPDM-2	36.0	6.36	4.15	13.2
MHMWPE/PP/EPDM-3	36.4	6.46	4.51	11.8
MHMWPE/PP/EPDM-4	37.2	6.48	4.34	12.6
MHMWPE	34.5	6.38	3.58	10.0
纺丝工艺 1 下 PE	35.6	4.10	3.28	13.9
纺丝工艺 2 下 PE	41.0	5.53	3.92	17.4

4. 不同 EPDM 含量对复合单丝力学性能的影响

表 6-7 列出了不同 EPDM 含量对 MHMWPE/PP/EPDM 共混单丝力学性能的影响。可见，添加 EPDM 后，MHMWPE/PP/EPDM 共混单丝的断裂强度减小，结节强度增大。且 MHMWPE/PP/EPDM 共混单丝的断裂强度随着 EPDM 含量的增加逐渐减小，结节强度则随之逐渐增大。文献表明，EPDM 胶粒可插入、分割、细化聚乙烯的球晶而均匀分散在聚乙烯树脂相中，因而导致 MHMWPE 的结晶度呈现随橡胶含量的增加而降低，共混单丝的断裂能降低，使体系在较小的应力下发生破坏。单丝结节强度大小与韧性相关，产生增韧过程必须具备两个重要条件：一是基体微晶粒足够小，

发生形变时不与基体迅速脱离；二是体系内具有足够多的物理交联点。在 MHMWPE/iPP 二元单丝体系中，由于两组分的相容性较差，MHMWPE 微晶粒取向不明显。加入 EPDM 后，提高了 MHMWPE 和 iPP 之间的界面相容性，MHMWPE 非晶区的物理交联点增加，这归因于 EPDM 与 MHMWPE 强的相互作用力，导致 MHMWPE/PP/EPDM 三元体系的韧性增大，结节强度得到一定的提升。

表 6-7　不同 EPDM 含量下的 MHMWPE/PP/EPDM 共混单丝力学性能

样品	线密度 （tex）	断裂强度 （cN/dtex）	结节强度 （cN/dtex）	断裂伸长率 （%）
MHMWPE/iPP	37.2	6.75	3.25	10.5
MHMWPE/PP/EPDM-3	36.4	6.46	4.51	11.8
MHMWPE/PP/EPDM-5	35.4	6.39	4.66	10.7
MHMWPE/PP/EPDM-6	35.8	6.22	4.68	8.8

5. MHMWPE/PP/EPDM 渔用网线新材料的研究与节能降耗效果分析

网线是海洋渔业的重要材料，广泛应用于捕捞渔具等水产领域。网线的力学性能对捕捞渔具的使用效果、节能降耗以及抗风浪性能均有重要作用。现有 PE 网线以普通 PE 单丝加工生产，网线工艺较为单一；而 PE 单丝作为网线的基本结构单元，目前主要采用 HDPE 原料经传统纺丝工艺生产。海洋渔业的发展，对网线的力学性能提出了更高要求，迫切需要开展网线新材料的研发。

远洋捕捞渔具新材料课题组以共混改性 MHMWPE/PP/EPDM 单丝（简称"MHMWPE/PP/EPDM 单丝"）为基体纤维，研制出 MHMWPE/PP/EPDM 渔用网线新材料。

（1）制备工艺

MHMWPE/PP/EPDM 单丝以特定比例的 PP、MHMWPE、EPDM 以及色母粒为原料，综合应用材料改性技术加工生产而成（图 6-7）。

图 6-7　MHMWPE/PP/EPDM 单丝纺丝图片

MHMWPE/PP/EPDM 网线材料为远洋捕捞渔具新材料课题组设计开发的捻线材料，其规格分别为 36 tex×10×3、36 tex×20×3、36 tex×40×3。

MHMWPE/PP/EPDM 单丝经绕管、捻制、卷取、成绞和检验工序后获得 MHM-WPE/PP/EPDM 网线。对照试验用普通 PE 网线采用传统捻线工艺生产，与同等直径的 MHMWPE/PP/EPDM 网线材料采用相同的捻线工艺，规格分别为 36 tex×10×3、36 tex×12×3、36 tex×20×3 和 36 tex×40×3，图 6-8 为 MHMWPE/PP/EPDM 网线 36 tex×10×3 和 36 tex×40×3 样品。

力学性能采用 INSTRON-4466 型万能试验机（美国，拉伸模式）；参照《渔用聚乙烯单丝》（SC/T 5005—2014）标准进行单丝的力学性能测试，参照《合成纤维渔网线试验方法》（SC 110—1983）标准进行网线的力学性能的测试。

(a)规格36 tex×10×3的网线　　(b)规格36 tex×40×3的网线

图 6-8　MHMWPE/PP/EPDM 网线样品

（2）MHMWPE/PP/EPDM 网线材料力学性能与降耗效果分析

网线的力学性能主要取决于制线所用的基体纤维材料种类、制线时线股的强力利用率和制线工艺等。MHMWPE/PP/EPDM 网线和普通 PE 网线的力学性能的比较见表 6-8。

表 6-8　MHMWPE/PP/EPDM 网线和普通 PE 网线力学性能的比较

组别	网线名称	网线规格	公称直径（mm）	线密度（tex）	断裂强力（daN）	结节强力（daN）	断裂伸长率（%）
I	MHMWPE/PP/EPDM 网线	36 tex×10×3	1.75	1 120	50.32	32.91	14
	普通 PE 网线	36 tex×10×3	1.75	1 210	40.20	24.10	15
	普通 PE 网线	36 tex×12×3	1.95	1 452	48.10	28.90	16
II	MHMWPE/PP/EPDM 网线	36 tex×20×3	2.50	2 420	103.45	65.09	16
	普通 PE 网线	36 tex×20×3	2.50	2 480	80.30	48.50	18
III	MHMWPE/PP/EPDM 网线	36 tex×40×3	3.65	4 508	238.0	122.20	18
	普通 PE 网线	36 tex×40×3	3.65	4 860	152.00	106.80	19

由表 6-8 可见，直径 1.75 mm 的 MHMWPE/PP/EPDM 网线较同等直径的普通 PE 网线具有一定的强力优势，前者的断裂强力、结节强力分别比后者增加了 25.2%、36.6%；直径 2.50 mm 的 MHMWPE/PP/EPDM 网线较同等直径的普通 PE 网线具有一定的强力优势，前者的断裂强力、结节强力分别比后者增加了 28.8%、34.2%；直径 3.65 mm 的 MHMWPE/PP/EPDM 网线较同等直径的普通 PE 网线具有一定的强力优势，前者的断裂强力、结节强力分别比后者增加了 56.6%、14.4%。MHMWPE/PP/EPDM 网线具有断裂强力高的特性，以直径 1.75 mm 的 MHMWPE/PP/EPDM 网线替代直径 1.95 mm 的普通 PE 网线用作渔网线（如远洋拖网用网线等），能使网线断裂强力提高 4.6%、线密度减小 22.9%、使用直径减小 10.3%、原材料消耗减小 22.9%，相关网具的水阻力也相应减小。因此，在制作捕捞网具中，在保持相同网线断裂强力的条件下，若采用本试验用 MHMWPE/PP/EPDM 网线，替代普通 PE 网线用作渔网线（如远洋拖网用网线等），则其材料用量可较普通 PE 网线相应减少 20% 以上；若将它应用于拖网时，则相关拖网的能耗系数也有较大幅度的下降。此外，断裂强力高的网线可吸收恶劣天气时运动着的网具和作业船引起的冲击载荷，促使网衣上不均匀载荷趋于均匀分布，有效避免网衣局部受力破损。

由表 6-8 可见，MHMWPE/PP/EPDM 网线的伸长低于其同等直径的普通 PE 网线，直径 1.75 mm、2.50 mm、3.65 mm 的 MHMWPE/PP/EPDM 网线伸长分别较同等直径的普通 PE 网线减小 6.7%、11.1%、5.3%。两种材料网线产生伸长差别的原因有很多，网线的伸长不仅与制线用基体纤维材料本身的伸长能力、网线的线密度和网线后处理方式等因素有关，还与网线的结构有着紧密的联系。MHMWPE/PP/EPDM 单丝和普通 PE 单丝均属结晶性高聚物，因两者结晶度不同，用其制成的网线材料的延伸性理论上存在差异。MHMWPE/PP/EPDM 单丝相对较高的结晶度和取向度使得其伸长相对较小，而普通 PE 单丝伸长相对较大，因此，在其他制线条件相同的前提下，MHMWPE/PP/EPDM 网线的伸长低于同等直径的普通 PE 网线。MHMWPE/PP/EPDM 网线的伸长低于同等直径的普通 PE 网线则是以上因素综合影响的结果。MHMWPE/PP/EPDM 网线断裂强力优势对提高网具作业时的抗冲击性非常有利。

通过 MHMWPE/PP/EPDM 三元共混单丝的研制，实现了渔用 PE 单丝低成本、高性能化，iPP/EPDM 的引入一定程度改善了 MHMWPE 单丝强度和韧性。基于 MHMWPE/PP/EPDM 共混单丝新材料的研究，远洋渔具新材料课题组对不同质量比的 MHMWPE/PP/EPDM 共混单丝新材料进行了分析研究，远洋渔具新材料课题组目前已申请"一种织网用丝制备方法"和"南极磷虾资源开发用网线制作方法"等相关发明专利。MHMWPE/PP/EPDM 网线和普通 PE 网线的力学性能存在差异，试验用 MHMWPE/PP/EPDM 网线较同等直径的普通 PE 网线具有断裂强力优势，其断裂伸长率相对较小。在保持网线断裂强力优势的前提下，以 MHMWPE/PP/EPDM 网线替代普通 PE 网线用作渔网线，能使网线线密度减小、使用直径减小、原材料消耗减小、网具水阻力相应减小，从而实现渔业生产的节能降耗；在保持网线断裂强力优势的前提下，使用 MHMWPE/PP/EPDM 网线比使用普通 PE 网线更经济，其在渔业生产中推广应用上具有经济可行性。在保持同等直径的前提下，MHMWPE/PP/EPDM 网线较相同直径的普通 PE 网线具有相对较好的物理性能，其渔用性能及渔用适配性也相对较好。结论可供网具设计及网线材料选配时参考。

五、改性 HDPE/MMWPE/SiO_2 单丝新材料的开发

远洋捕捞渔具新材料课题组在上述 MMWPE 及其改性单丝绳网线研究基础上，以特定比例的干燥纺丝级 HDPE 树脂、MMWPE 树脂、纺丝级纳米 SiO_2 以及白油为原料，采用特殊纺丝改性技术与专利技术加工生产 HDPE/MMWPE/SiO_2 单丝新材料，其纺丝工艺流程如下：

HDPE+MHMWPE+SiO_2+白油→特殊纺丝改性技术与专利技术→单丝丝束→分丝→HDPE/MMWPE/SiO_2单丝

以纺丝级干燥 HDPE 树脂（熔融指数范围为 0.6～1.5 g/10 min）为原料，采用传统熔融纺丝工艺加工 PE 单丝。HDPE/MMWPE/SiO_2 单丝和 PE 单丝拉伸力学性能及现有市场单价的比较，见表 6-9。

表 6-9　HDPE/MMWPE/SiO_2 单丝和 PE 单丝拉伸力学性能及现有市场价格的比较

单丝种类	断裂伸长率（%）	断裂强度（cN/dtex）	结节强度（cN/dtex）	线密度（dtex）	结强损失率（%）	价格（RMB/kg）
HDPE/MMWPE/SiO_2	10.7	6.07	4.06	390	33.1	15.5
PE	17.0	5.20	3.60	440	30.8	14

单丝延伸性通常用断裂伸长率来表征。由表 6-9 可见，HDPE/MMWPE/SiO_2 单丝的断裂伸长率较 PE 单丝降低 37.1%。HDPE/MMWPE/SiO_2 单丝和 PE 单丝产生上述延伸性差别的原因有很多。单丝延伸性不仅与单丝的纺丝工艺、纺丝设备、纺丝外部环境及纺丝原料等因素有关，而且与单丝本身的伸长能力有着密不可分的联系。HDPE/MMWPE/SiO_2 单丝和 PE 单丝均属结晶性高聚物，因彼此之间结晶度不同，理论上讲，两者的延伸性能可产生一定的差别。与 PE 单丝相比，HDPE/MMWPE/SiO_2 单丝延伸性变小的原因是 HDPE/MMWPE/SiO_2 树脂的分子量与熔融指数明显高于 HDPE 树脂，HDPE/MMWPE/SiO_2 单丝高分子链在晶区排列更加紧密有序，这使得 HDPE/MMWPE/SiO_2 单丝高分子链段在拉伸时很难伸展或滑移，因此，HDPE/MM-WPE/SiO_2 单丝具有相对较小的延伸性，相同外力条件下 HDPE/MMWPE/SiO_2 绳网不易变形，以该种单丝新材料制作的绳网的安全性、耐磨性、承载能力与抗冲击性更好。单丝强度一般包括断裂强度和结节强度。由表 6-9 可以看出，HDPE/MMWPE/SiO_2 单丝的断裂强度、结节强度分别比 PE 单丝增加 16.7%、12.8%。单丝强度主要

与纺丝工艺、单丝内部聚集态结构等因素紧密相关。与 PE 单丝相比，HDPE/MMWPE/SiO$_2$单丝采用特殊纺丝改性技术与专利技术（如单螺杆挤出机在料筒电加热区的第Ⅰ区的温控范围为 286~294℃等），这改善了 HDPE/MMWPE/SiO$_2$单丝的拉伸力学性能及其内部聚集态结构，使得其取向度较高、分子链间作用力更大；此外，HDPE/MMWPE/SiO$_2$单丝加工用树脂中添加了特定剂量的纳米 SiO$_2$，纳米 SiO$_2$在 HDPE/MMWPE 基体中可以起到成核剂作用，促进成核及结晶行为使分子链排列规整，同时在拉伸过程中纳米 SiO$_2$使裂纹扩展受阻和钝化，从而使 HDPE/MMWPE/SiO$_2$单丝拉伸力学性能得到改善和提高，因此，HDPE/MMWPE/SiO$_2$单丝较 PE 单丝具有明显的强度优势（表 6-9）。考虑到 HDPE/MMWPE/SiO$_2$单丝在渔业生产中的产业化应用，单丝制作加工时在 MMWPE 树脂中添加了价格相对便宜的 HDPE 树脂，并通过纳米 SiO$_2$对单丝强度进行增强，使得 HDPE/MMWPE/SiO$_2$单丝价格适中、结晶度与取向度较大，这非常有利于它在渔业上的产业化应用。单丝绳网材料在加工与使用中都离不开单丝打结成型工序，因此，在渔用单丝新材料开发时大家都很关心单丝打结成型后的强度损失程度。为表征单丝打结成型后渔用单丝强度损失程度，石建高等学者在相关文献中提出"结强损失率"概念。相关研究结果表明，单丝结强损失率主要与纺丝原料、纺丝工艺以及单丝内部聚集态结构等因素有着密不可分的联系。特种纺丝原料与纺丝工艺使得 HDPE/MMWPE/SiO$_2$单丝内部的高分子链内旋转的自由度较小，使高分子链段在拉伸时很难移动，这进一步导致 HDPE/MMWPE/SiO$_2$单丝结强损失率较高，具体表现为其结强损失率较普通 PE 单丝提高 7.5%（表 6-9）。HDPE/MMWPE/SiO$_2$单丝结强损失率较高对其结节强度不利，但它通过强度优势对结强损失率进行了弥补，综合作用的结果使得其结节强度仍较普通 PE 单丝具有明显优势。性能价格比简称性价比。性价比是渔用材料用户、生产商和科研工作者十分关注的一个商业模型参量，在渔业新材料科技文献中经常有性价比分析内容。HDPE/MMWPE/SiO$_2$单丝与 PE 单丝线密度、断裂强力和现有市场单价之间均存在差异（表 6-9）。根据表 6-9 数据推算，在保持单丝强度与强力优势的前提下，在渔业上以线密度 390 dtex 的 HDPE/MMWPE/SiO$_2$单丝替代线密度 440 dtex 的 PE 单丝，即使单价增加 10.7%，但由于重量减少 11.4%，HDPE/MMWPE/SiO$_2$单丝成本还可减少 1.9%；使用 HDPE/MMWPE/SiO$_2$单丝比 PE 单丝更经济，HDPE/MMWPE/SiO$_2$单丝的性价比更高，其在渔业生产中推广应用上具有经济可行性。适配性主要取决于渔用材料综合性能、渔用适应性及其终端用户接收度。前文分析表明，HDPE/MMWPE/SiO$_2$单丝通过强度优势弥补补了其价格偏高与结强损失率偏高的不利因素；在其他条件相同的前提下，HDPE/MMWPE/SiO$_2$绳网的断裂强力明显高于普通 PE 绳网，这大大提高了渔用绳网的安全性以及抗风浪流性能，助推了捕捞渔具与水产养殖围网网具的大型化发展，为低碳渔业、远海网箱以及牧场化养殖围网的飞速发展创造了条件。在保持绳网强力优势的前提下，以较小规格的 HDPE/MMWPE/SiO$_2$绳网替代 PE 绳网，能使绳网水阻力降低、绳网原材料消耗降低、绳网从业人员劳动强度降低，从而实现渔业生产的节能减排或降耗减阻，发展低碳渔业。相比较传统 PE 单丝而言，HDPE/MMWPE/SiO₂ 单丝具有更好的渔用适配性。随着新材料技术的持续创新、MMWPE 树脂产能及其生产应用单位的增加、HDPE/MMWPE/SiO₂ 渔具与养殖网具装备工艺的技术熟化，中高强 HDPE/MMWPE/SiO₂ 单丝新材料的性能、性价比与适配性将会得到进一步提高。随着渔业节能减排政策推进以及蓝色海洋经济创新发展，普通纤维材料已难以满足现代渔业发展需要，中高强纤维与超高强纤维材料既适合传统渔用材料的升级换代需要，又适合现代渔业的大型化及离岸发展需要，HDPE/MMWPE/SiO₂ 单丝的开发应用前景广阔。

六、一种聚烯烃耐磨节能网新材料的研究

远洋拖网为适应适应作业中经常对海底的摩擦和承受某些冲击载荷，要求网材料具有高的断裂强力、韧性和耐磨性。远洋捕捞渔具新材料课题组采用 HDPE、UHMWPE、LDPE、纳米 SiO₂、PE 接枝马来酸酐研制出一种聚烯烃耐磨节能网线新材料，已授权发明专利"一种聚烯烃耐磨节能网的制备方法"（申请号：2013100886130，2014 年获得专利授权），并开展了一种聚烯烃耐磨节能网新材料的研究。

1. 聚烯烃耐磨节能网的制备

将 HDPE、UHMWPE、LDPE、纳米 SiO₂、PE 接枝马来酸酐混合搅拌，并经造粒机制成颗粒，混合颗粒通过混合熔融挤出后进行牵伸，牵伸过的单丝直径为 0.1~1.5 mm，放入定型机定型，抗静电油剂表面涂覆处理，直径 0.1~1.5 mm 单丝制成 2~1 200 股一种聚烯烃耐磨节能网线新材料，再制成捻度 4~20 捻/m、直径 5~50 mm 粗网线和纲绳，然后制成网目大小为 0.01~120 m 高强高韧聚烯烃耐磨节能网新材料（图 6-9）。

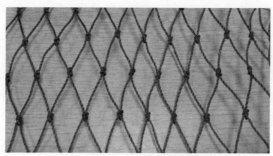

图 6-9　聚烯烃耐磨节能网片

一种聚烯烃耐磨节能网新材料的制备方法的实验原理为筛选在通用塑料中具有韧性和弹性好的 PO，再通过筛选并优化（PO/SiO₂）共混体系；通过符合混炼效果的设备与工艺来制成。高强高韧 PO 节能绳网特点是同时具备高强度高韧性和耐磨性能好等优点。采用高强高韧 PO 节能绳网具，绳网线直径可减小、耐磨耐用，网具重量

减轻，渔网阻力下降，机械作业、渔船油耗减少；才能在网具大型化和高效节能上取得突破性进展，才可大幅度降低渔业成本。优选法筛选了与 PO 与其他通用高分子共混合金新材料的增强与增韧技术；在几种高分子材料中选择 PO 树脂共混为增强与增韧效果最佳配方。优选法筛选了几种无机纳米材料，选择纳米 SiO_2 材料与 PO 增强与增韧效果最佳配方。优选法筛选与 PO/SiO_2 之间界面偶联增容复合剂，复合成高强高韧 PO 节能绳网具新材料单丝。设计并优化制造高强高韧 PO 节能绳网具的系统工艺包和生产技术体系。设计并优化高强高韧 PO 节能绳网具新材料单丝高效节能纺丝、捻线、制绳网与定型等工装设备等高效节能生产线。为提高高强高韧 PO 节能绳网具新材料单丝生产质量，牵伸水箱改为带蒸汽封闭加热牵伸水箱，并设计电控液压蒸汽自动化温控技术，加热系统蒸汽无泄露地加热方式使热效率大幅度地提高，而且余热循环利用系统；从降低蒸汽消耗比国内平均水平下降60%。一种聚烯烃耐磨节能网线新材料工艺路线图如图 6-10 所示。

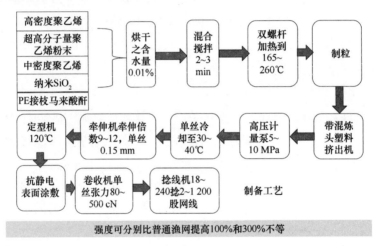

图 6-10　一种聚烯烃耐磨节能网线新材料工艺路线

2. 聚烯烃耐磨节能网的性能

课题研发的一种聚烯烃耐磨节能网的耐磨性能可根据需求调控，可分别比普通渔网提高 100% 和 300% 不等（表 6-10）。

表 6-10　聚烯烃耐磨节能网与普通 PE 网耐磨性比较

网片名称	耐磨时间（h）				
	0	8	16	24	32
普通网［强力残存（%）］	100	52	15	0	0
聚烯烃耐磨网 1［强力残存（%）］	100	87	78	68	52
聚烯烃耐磨网 2［强力残存（%）］	100	95	85	79	67

网目长度为 60 mm 的聚烯烃耐磨节能网和普通 PE 网力学性能的比较见表 6-11，研究结果表明，聚烯烃耐磨节能网单结网目断裂强力比 PE 国家标准提高 43.4%。36 tex×7×3 的聚烯烃耐磨节能网可替代 36 tex×10×3 的普通 PE 网（表 6-9），平均绳网线规格降低 23% 股数。在保持强力优势前提下，以聚烯烃耐磨节能网替代普通聚乙烯网，可减少材料消耗 30%；1 t 高强高韧聚烯烃耐磨节能网具可以替代 1.3 t 的 PE 普通网具。近年来，东海所已联合湖南鑫海股份有限公司开展一种聚烯烃耐磨节能网线新材料的应用示范，该材料已在广西、海南等地产业化推广应用。

表 6-11　聚烯烃耐磨节能网和普通 PE 网力学性能的比较

网片名称	网片规格	网目长度偏差率（%）	网目断裂强力（N）
聚烯烃耐磨节能网	36 tex×7×6-60 mm	0.2	380
普通 PE 网	36 tex×7×6-60 mm	3.5	265
普通 PE 网	36 tex×10×6-60 mm	3.5	375

七、高强编织线绳材料的开发

1. MMWPE 编织线绳材料的开发

根据渔业生产需求，远洋渔具新材料课题组联合好运通等单位设计开发出远洋渔业生产所需的 MMWPE 编织线绳材料，并对其物理机械性能性能进行了测试（图 6-11），测试结果表明 MMWPE 编织线绳材料具有较好的性能（表 6-12）。

图 6-11　高强编织线绳新材料及其性能测试

表 6-12　MMWPE 编织线绳材料性能

序号	编织线绳结构	断裂强力（N）	单线结强力（N）	断裂伸长率（%）
1	1×16	586	318	19
2	2×16	1 141	714	23
3	3×16	1 804	871	19
4	4×16	2 253	1 162	21
5	5×16	2 676	1 459	21
6	6×16	3 309	1 778	19
7	7×16	3 923	2 052	19

由表 6-12 可见，MMWPE 编织线绳材料的断裂强力、单线结强力均随着规格的增大而增加，而断裂伸长率与规格的关系不明显；此外，由表 6-12 还可见，MMWPE 编织线绳材料具有较好的断裂强力性能，在远洋渔具上可以逐步推广使用MMWPE 编织线绳材料。

2. 高强混合编织线材料的开发

在国家支撑课题"节能降耗型远洋渔具新材料研究示范及标准规范制修订"（课题号：2013BAD13B02）等项目的支持下，远洋渔具新材料课题组联合阜宁众力编绳厂等单位开展了高强混合编织线材料的开发，以高强 PA 纤维为编织线面子、高强PET 纤维为编织线线芯生产了直径 3~6 mm 的 16 股 PA-PET 高强混合编织线材料，并在渔业生产中实现应用（图 6-12）。以 MMWPE 为编织线面子、PP 复丝纤维为编织线线芯生产了直径 3~6 mm 的 16 股 MMWPE-PP 高强混合编织线材料。课题试验开发的高强混合编织线材料性能如表 6-13 所示。

图 6-12　PA-PET 高强混合编织线材料生产

表 6-13　高强混合编织线材料性能

样品名称	直径 (mm)	综合线密度 (tex)	捻距 (mm)	断裂强力 (N)	断裂伸长率 (%)	单线结强力 (N)
PA（280 D×6）+ PET（3 000 D×3）	3	4 472	12	1 119	15	867
PA（280 D×18）+PET（3 000 D×18）	6	17 617	22	5 255	14	2 965
MMWPE（340 D×3）+PP（840 D×4）	3	2 647	16	1 186	20	576
MMWPE（340 D×12）+PP（840 D×2×16）	6	13 689	29	5 395	26	2 473

八、熔纺 UHMWPE 及其改性单丝新材料的开发

在国家支撑课题"节能降耗型远洋渔具新材料研究示范及标准规范制修订"（课题号：2013BAD13B02）等项目的支持下，远洋渔具新材料课题组联合美标等单位开展了熔纺 UHMWPE 及其改性单丝新材料的开发，以特种组成原料（如 UHMWPE 粉末等原料）与熔纺设备为基础，采用特种纺丝技术，研制具有性价比高和适配性优势明显，且在我国渔业、过滤网等领域中推广应用前景好的高性能或功能性熔纺 UHMWPE 及其改性单丝新材料。因熔纺 UHMWPE 及其改性单丝性能或功能好、性价比高的特点，其应用前景非常广阔。东海所石建高研究员等将上述特定的高性能或功能性单丝新材料称之为熔纺超高聚乙烯及其改性单丝新材料（图 6-13）。目前远洋渔具新材料课题组联合美标、好运通等单位从事熔纺 UHMWPE 及其改性单丝绳索、网线、网片和网具等的开发应用。

图 6-13　熔纺超高强单丝新材料的加工制作

第二节　高性能或功能性纤维绳网材料的研发

捕捞渔具与渔业工程装备不同，其对材料的要求也不相同。如底层拖网为适应作业中经常对海底的摩擦和承受某些冲击载荷，要求网材料具有高的断裂强力、韧性和耐磨性；对围网的捕鱼起重要作用的是网衣和下纲在水中的沉降速度、重量和水阻力，要求网材料具有较高的密度和断裂强力；对刺网的渔获率起决定作用的是网线的断裂强力、粗度、伸长率和弹性以及网线的色泽和透明性，要求网材料具有较好弹性和透明性。此外，我国南海海区、东海海区台风多发，要求水产养殖装备用绳网材料具有较好的破断强力和抗疲劳性能等。捕捞渔具与渔业工程装备上特别考虑的绳网材料性能有：断裂强力、结节强度、伸长度和柔挺性、弹性和韧性、抗腐和耐磨性、抗紫外老化性（此外，水产养殖装备用绳网材料还需考虑抗防污性能）等，因此，应根据捕捞渔具与渔业工程装备的特点和作业条件等设计开发出适配性好的高性能或功能性纤维绳网材料。国内有关高性能或功能性纤维绳网材料研发、产业化应用较少。1996 年以来，东海所捕捞与渔业工程实验室在国家自然基金项目（31502213、2015M571624）、上海市成果转化项目（103919N0900）、台州市科技计划项目（14ny17）、洞头县科技项目（N2014K19A）、网箱技术开发项目（TEK20160126、TEK20121016）、深远海网箱项目（TEK20131127）、中央级公益性科研院所基本科研业务费专项资金（2015T01）、院基本业务费专项（2012A13、2012A1301、2017JC02、2017JC0202）、重要技术研发项目（TEK666、TEK201518、TEK20120416、2012A1301、2013A1201、2014A10）、中国博士后科学基金资助项目（2015M571624）等相关项目的支持和帮助下携手好运通、山东爱地高分子材料有限公司（以下简称"山东爱地"）、威海正明海洋科技有限公司、沃恩特种网具有限公司、美标等企业、协会、团体、团队开展了高性能或功能性纤维绳网材料的研发与示范，缩短了我国捕捞与渔业工程装备用绳网材料与发达国家的差距，为捕捞与渔业工程装备产业的可持续发展提供技术支撑。本节对近年来（代表性新型）高性能或功能性纤维绳网材料的研发进行简要概述，为捕捞渔具与渔业工程装备技术升级提供参考。

一、渔用纤维适配性研究

PE 单丝在渔业生产中广泛应用，其物理性能直接关系到远洋渔具、渔业工程装备的强度及其安全性。现有 PE 单丝等普通纤维一般用传统加工工艺生产，其强度较小、适配性较差，难以满足远洋渔业生产的大型化、现代化及深水作业特殊化需要，恶劣作业条件下网破鱼逃事件时有发生。现代渔业的发展，对绳网线的物理性能提出了更高要求，迫切需要开展节能降耗型远洋渔具新材料的研发与产业化应用。超高强纤维具有优异的物理性能，可有效抵御海况条件，目前它主要应用于深远海网箱、牧场化养殖围网及大型中层拖网纲索等领域。诚然，超高强纤维成本高、超高强纤维设备昂贵且超高强纤维网具装备工艺复杂，这些因素导致它目前还未能在渔业上广泛应用。根据渔业的种类与海况、企业的经济状况与技术条件等情况，人们会筛选普通绳网、中高强绳网和超高强绳网等不同层次的渔用材料。中高强绳网新材料可构建普通绳网与超高强绳网之间过渡的桥梁、丰富渔用材料品种、助力海洋经济创新发展，未来其市场前景广阔。

动态力学分析（dynamic Mechanical Analyzer，DMA）是测定材料在交变应力（或应变）作用下，做出的应变（或应力）响应随温度或频率变化规律的技术方法。它通过高聚物材料的结构、分子运动的状态来表征材料的特性，尤其是在实际应用中用来测量材料在一周期应力下，材料发生形变时的模量（E'，与刚性和负荷承载能力有关）和损耗因子（$\tan \delta$，与分子运动的程度有关，对半结晶聚合物出现与结晶相关的 α 转变峰）特性，这些参数具有广泛的应用意义。DMA 是在研究材料黏弹性基础上研究材料力学性能的；该技术是测定高聚物的各种转变，评价高聚物的耐热性、耐寒性、相容性等的一种简便方法，并为研究高分子的聚集结构提供信息。合成纤维因其优异的耐腐蚀性而广泛应用于渔业生产中。渔用纤维材料性能不但受到温度的影响，还与所处外部介质环境有关。通过测定纤维动态黏弹性能可对其分子聚集态结构及分子运动状态进行定性评价，探明环境变化对渔用纤维性能的影响机理。远洋渔具新材料课题组对几种常见渔用纤维样品进行了相关测定，采用动态力学分析方法进行低温环境下渔用纤维材料的动态黏弹性能研究，并考察渔用纤维材料在不同环境中和不同放置时间下动态力学性能变化规律。试验用原料与试剂主要包括 UHMWPE 复丝、HDPE 单丝、PA 单丝、PP 单丝、PET 复丝为市场购买的渔用纤维；中高分子量聚乙烯（MHMWPE）单丝。纳米 SiO_2 复合改性 HDPE 单丝参照文献自制，采用纳米 SiO_2 含量为 0.5%。主要仪器设备包括差示扫描量热仪（DSC）、动态力学性能分析仪（DMA）、强力试验机。渔用纤维热性能分析使用 DSC 仪器测试（DSC，Netzsch，德国），氮气气氛保护。渔用纤维动态力学性能分析（DMA）采用拉伸模式，振幅为 30 μm，频率为 1 Hz，纤维预张力为 0.005 N，以 3℃/min 的升温速率从 −180℃ 升到 150℃；水介质中动态力学行为的测定采用加水水槽，注水使纤维浸没后，采用液氮使水温降至 1.5℃，再升温至 20℃。渔用纤维力学性能按《渔用聚乙烯单丝》（SC/T 5005—2014）标准测试，取平均值得到纤维力学强度（σ）和断裂伸长率（ε）。

表 6-14 为由 DSC 测得的几种常用渔用纤维的玻璃化转变温度（T_g）、熔融峰温（T_m）及结晶度（X_c）。由表 6-14 可见，HDPE、MHMWPE 和 UHMWPE 纤维的 T_g 均在 −130℃ 左右，PP 单丝的 T_g 为 −24.8℃，而 PA 的 T_g 为 49.5℃，PET 的 T_g 为 77.4℃。常温（25℃）下，聚乙烯（PE）、PP 的 T_g 远低于常温，处于高弹态；PA、PET 的 T_g 高于常温，处于脆性玻璃态。随 PE 分子量增加，PE 纤维的熔点和结晶度增大。这是由于分子量越大，纤维分子结构越规整，纤维结晶缺陷减少，熔融所需能量也越大，纤维熔点及结晶度增大。

表 6-14　几种常用渔用纤维的 T_g、T_m 和 X_c

样品名称	玻璃化转变温度 T_g（℃）	熔融峰温 T_m（℃）	结晶度 X_c（%）
UHMWPE 复丝	−132.1	150.2	88.5
MHMWPE 单丝	−130.5	145.3	73.0
HDPE 单丝	−125.6	132.1	72.7
PA 单丝	49.5	221.7	68.4
PP 单丝	−24.8	165.8	40.5
PET 复丝	77.4	255.6	51.4

渔用高聚物材料在实际应用时常常受到方向不同且大小不断变化的应力作用，因此，用 DMA 研究渔用高聚物材料力学性能是最有效和应用最广的手段之一。图 6-14 为−20~30℃温度范围内动态拉伸条件下 5 种渔用纤维材料拉伸模量与温度的关系。由图 6-14 可知，随着温度的升高，几种渔用纤维材料的拉伸模量均呈下降趋势。低温条件下纤维的拉伸模量显著高于室温条件下拉伸模量，这是由于在低温下，高聚物分子之间运动冻结，分子间作用力加强，材料的模量增加。当测试温度由−20℃升至 30℃时，UHMWPE、PET 纤维的拉伸模量分别减小了 16%、20%，HDPE、PP、PA 单丝的拉伸模量分别减小了 36%、49%、35%。其中，UHMWPE、PET 纤维具有较低的变化率，而 PP 单丝具有最高的变化率。渔用纤维材料动态力学模量的变化与分子运动状态的变化密切相关。

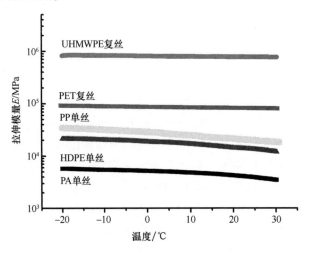

图 6-14　几种常用渔用纤维的动态拉伸模量与温度的关系

图 6-15 为不同分子量对聚乙烯纤维动态力学性能的影响。可以看出，随着温度上升，HDPE 和 MHMWPE 的动态拉伸模量出现急剧下降。从图中虚线可以看出，同一温度下（25℃），对应的拉伸模量随聚乙烯分子量的增大而增大。这与表 6-15 中

给出的不同分子量对聚乙烯纤维断裂强度的影响结果一致。图 6-15 中的损耗因子曲线表示的是聚乙烯纤维随温度变化而出现的分子结构运动状态的变化。由图 6-15 可知，HDPE 和 MHMWPE 在 50℃ 左右出现了一个峰，该峰对应为聚乙烯结晶区受限链段的运动（α 转变），在该峰值温度附近拉伸模量急剧下降。UHMWPE 的 α 转变峰值出现在更高温度处（>100℃），这归因于 UHMWPE 结晶度高（大于 75%），晶态结构更归整，因此结晶受限链段的运动出现高温区，使用温度区间距离转变峰值对应温度远，在使用温度区间纤维力学性能对温度的敏感性较低（图 6-15）。

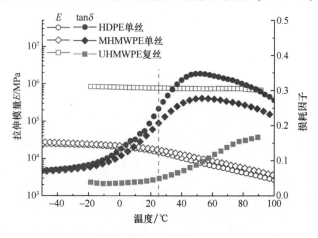

图 6-15　不同分子量对聚乙烯纤维动态力学性能的影响

表 6-15　不同分子量对聚乙烯纤维力学性能影响

聚乙烯纤维试样	断裂强度 σ（cN·dtex^{-1}）	断裂伸长率 ε（%）
HDPE 单丝	5.16	15.8
MHMWPE 单丝	6.86	10.1
UHMWPE 复丝	28.9	2.62

图 6-16 为 PP、PA 和 PET 纤维在 -50~200℃ 温度范围内损耗因子与温度的关系曲线，在测试温度范围内，PP、PA 单丝都呈现两个转变峰，低温处的转变峰为玻璃化转变峰，对应于非晶态链段的运动（玻璃化转变），高温处的转变峰为 α 转变峰，与结晶区受限分子链运动相关。PP 单丝的玻璃化转变温度为 13.9℃，在使用温度区间内，因此在使用温度区间纤维力学性能对温度的敏感性高，随温度升高模量急剧下降。PA 单丝的玻璃化转变温度为 46.6℃，靠近使用温度区间，因此在使用温度区间纤维力学性能对温度的敏感性较高。由图 6-16 可知，PET 在 137℃ 左右出现了一个宽峰，为 PET 的 α 转变峰，对应为结晶区附近受限分子链的运动，因而在该峰值温度附近模量急剧下降。PET 分子主链中存在芳基和极性酯基，与 HDPE 相比，分子链刚性增大，PET 结晶区受限链段的运动出现在高温处（137℃）左右，因此在使用温度区间纤维力学性能对温度的敏感性低，模量下降幅度低。综上所述，使用温度区间

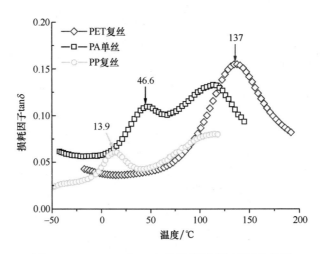

图 6-16　PP、PA 和 PET 的损耗因子与温度的关系

或附近出现转变峰，则使用温度区间纤维的力学性能对温度的敏感性高。若使用温度区间距离转变峰值对应温度远，在使用温度区间纤维力学性能对温度的敏感性低。可根据实际使用环境温度变化及渔用性能要求，来选择不同分子量或不同材质的渔用纤维材料。

由于拖网、围网和张网等渔具需长期在水中使用，研究水介质对渔用材料力学性能的影响更有实际应用价值。图 6-17 为 UHMWPE 和 PA 纤维置于空气和水介质中的动态拉伸模量与温度的关系图。可见，水介质和温度均会对 UHMWPE 和 PA 纤维的拉伸模量产生显著影响。与置于空气介质中相比，UHMWPE 和 PA 纤维在水介质中均具有更低的模量值。在水介质中，UHMWPE 和 PA 纤维的动态拉伸模量随温度的升高而降低。水温越高，水分子在纤维材料中的扩散越快，吸收水分越多，材料的模量下降显著。当水温从 2℃升至 20℃时，UHMWPE 纤维的模量减小了 23%，PA 纤维模量减小了 43%。这是因为 PA 分子链中存在酰胺亲水基团，与 UHMWPE 纤维相比，吸收了更多水分，水分子起增塑作用，材料的力学性能下降更显著。

图 6-18 为 UHMWPE 纤维常温下置于水介质中不同浸泡时间对动态拉伸模量的影响。可以看出，随着浸泡时间的增长，UHMWPE 纤维模量稍有下降，这是由于常温下聚乙烯吸水性较差，水分子较难进入聚乙烯链段中。PA 纤维的模量随浸泡时间增长先急剧下降后趋于平稳，0~8 h 过程中 PA 纤维因强吸水性，随浸泡时间增长模量下降显著，8 h 后 PA 纤维吸水基本达到饱和，模量也趋于平稳。因此，可根据实际使用水环境温度及时间动态力学性能的变化选择不同的渔用纤维材料。

聚合物材料，本质上说是处于"玻璃态""晶态+玻璃态"或"晶态+橡胶态"，塑料之所以不像小分子玻璃那么脆，其根本原因在于许多塑料在使用条件下虽然处于主键链段运动被"冻结"的状态，但某些小于链段的小运动单元仍具有运动能力，因此在外力的作用下，可以产生比小分子玻璃大得多的变形而吸收能量。由于 DMA

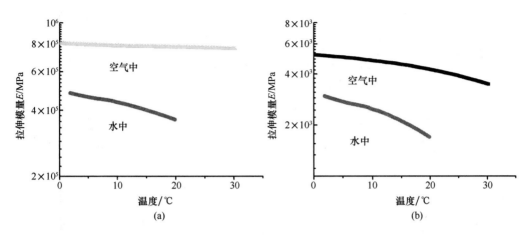

图 6-17　UHMWPE（a）和 PA（b）纤维置于空气和水介质中的动态拉伸模量与温度的关系

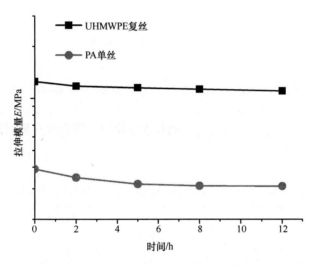

图 6-18　UHMWPE、PA 纤维置于水介质中的动态拉伸模量与不同浸泡时间的关系

的技术方法可以反映聚合物材料能量吸收的大小，衡量分子松弛运动能力，因此在评价材料的耐寒（抗低温冲击）和耐冲击性上是很有用的方法。材料的耐低温性主要决定于它在低温下是否存在一定的运动单元，这一点可灵敏地反映在损耗因子 tgδ-T 谱上。因此，塑料的低温韧性主要取决于组成塑料的高分子在低温下是否存在链段或比链段小的运动单元的运动。通过测定它们的 DMTA 温度谱中是否有低温损耗峰进行判断。若低温损耗峰所处的温度越低，其强度越高，则可以预料这种塑料的低温韧性好。因此，凡存在明显的低温损耗峰的塑料，在低温损耗峰顶对应的温度以上具有良好的冲击韧性。南极地区的年平均温度为-25～-17℃，根据南极海洋捕捞低温作业的特点，研究制备南极磷虾拖网的网具单丝材料的低温韧性尤为重要。图 6-19 为含量为 0.5% 的纳米 SiO₂ 复合改性 HDPE 单丝（HDPE-0.5）与 HDPE 的损耗因子-温

度图。可见，在测试温度范围内（-180~50℃）HDPE 与 HDPE-0.5 均具有一个明显的损耗峰，其对应为 HDPE 的玻璃化转变。HDPE、HDPE-0.5 的玻璃化转变温度相近，分别为-132.6℃、-132.2℃，但 HDPE-0.5 的损耗峰值明显高于 HDPE，因而经纳米填充改性的 HDPE-0.5 具有更优异的低温韧性。

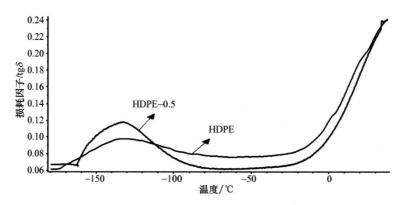

图 6-19　纳米复合单丝与 HDPE 的损耗因子-温度

纳米复合单丝 HDPE-0.5 与 HDPE 的力学性能列于表 6-16。与纯 HDPE 单丝相比，HDPE 纳米复合单丝具有更高的断裂强度和结节强度。其中，单丝结节强度大小与韧性相关，纳米复合单丝表现出良好的纳米改性增韧效应，这与上述 DMA 测试结果一致。

表 6-16　纳米复合单丝 HDPE-0.5 与 HDPE 的力学性能

试样	线密度 （tex）	断裂强度 （cN/dtex）	断裂伸长率 （%）	结节强度 （cN/dtex）
HDPE	33.0	4.85	19.0	3.90
HDPE-0.5	30.1	5.44	15.1	4.55

通过采用动态力学分析方法研究几种渔用纤维材料在低温环境、水介质环境和不同放置时间下动态力学性能变化规律。当测试温度由-20℃升至30℃时，几种渔用纤维材料的拉伸模量均下降，其中 UHMWPE、PET 纤维具有较低的变化率，而 PP 单丝具有最高的变化率。这是因为 UHMWPE、PET 纤维结晶受限链段的运动出现高温区，使用温度区间距离转变峰值对应温度远，在使用温度区间纤维力学性能对温度的敏感性低。PP 单丝的玻璃化转变温度在使用温度区间内，因此在使用温度区间纤维力学性能对温度的敏感性高，随温度升高模量急剧下降。同一温度下，随着聚乙烯分子量的增大，拉伸模量和断裂强度显著增大。在水介质中，与 UHMWPE 纤维相比，PA 单丝分子链由于酰胺亲水基团的存在吸收了更多水分，模量下降更显著。常温下随着浸泡时间的增长，UHMWPE 纤维模量稍有下降，PA 单丝的模量随浸泡时间增长先急

剧下降后趋于平稳。根据不同的使用环境及渔用性能要求，可选择不同分子量或不同材质的渔用纤维材料。另外，DMA 结果表明经纳米填充改性的 HDPE 单丝具有更优异的低温韧性。动态力学分析方法在渔用纤维适配性研究中的应用为选择、改性和设计开发适合需要的渔用纤维材料提供了新的方法和思路。

二、硅烷接枝 HDPE/纳米 SiO_2 单丝的结构与性能研究

聚乙烯纤维因其优良的渔用性能被广泛应用于制造各类渔具的网线、网片、绳索等。目前，用于制造渔具的聚乙烯纤维，多为高密度聚乙烯（HDPE）纤维，HDPE采用低压法聚合而成。相比于低密度聚乙烯，HDPE 相对分子质量较高、支链少、密度大、结晶度高、力学强度高，更利于合成纤维的制备。然而，在台风等恶劣海况下普通合成纤维渔网具材料易于破损，影响网具的使用和安全。因此，应当进一步提升HDPE 单丝的力学性能。近年来，利用纳米技术对 HDPE 进行改性制备 HDPE/无机纳米复合材料成为材料学领域的研究热点。国外学者研究了海泡石含量对聚乙烯纳米复合纤维性能的影响，发现由于海泡石的引入，聚乙烯纤维杨氏模量增加了 1.5 倍。由于无机纳米粒子具有较大的极性比表面积和表面活化能，与 HDPE 基体的相容性较差，在制备过程中，纳米粒子在基体中易团聚，分散性差，得到的复合材料性能不够理想。为改善两者的相容性，目前研究较多的是对纳米粒子进行表面处理。本实验采用对基体与无机粒子同时改性的方法，将乙烯基三甲氧基硅烷（VTMS）熔融挤出接枝至 HDPE 分子链上，同时与经硅烷偶联剂表面处理后的纳米 SiO_2 熔融共混后挤出纺丝，得到硅烷接枝 HDPE/纳米 SiO_2 单丝，其中，VTMS 中的 C＝C 键可接枝在聚乙烯主链上，Si≡OR（R：CH_3 or CH_2CH_3）可与纳米 SiO_2 键合，从而改善纳米 SiO_2 的分散性和 HDPE 纤维的性能，并在此基础上对其结构和性能进行分析。

图 6-20 为纳米 SiO_2 改性前后的 DLS 谱图。粒径为 10 nm 的纳米 SiO_2，但是由于其高表面能，会有大量团聚，测得其平均粒径为 1 522.4 nm。而经 KH-570 表面改性后的 SiO_2 测出的平均粒径为 963.2 nm，改性后的 SiO_2 的分散性有很大的提高，减弱了团聚趋势，纳米粒子复合体系中，纳米粒子的分散性显得尤为重要。图 6-21 为纳米 SiO_2 改性前后的 FT-IR 分析曲线。由图 6-21 可知，在 3 400 cm^{-1} 处的存在宽的吸收峰，这个是由于 Si—OH 的伸缩振动引起的。除此之外，1 105 cm^{-1} 为 Si—O—Si 的伸缩振动峰，792 cm^{-1} 与 468 cm^{-1} 的峰分别对应于 Si—O—Si 的对称伸缩振动和弯曲振动，950 cm^{-1} 的峰是由 Si—OH 的弯曲振动造成的。很容易发现在图谱上出现 1 644 cm^{-1} 的峰，这个峰应该归属于 H_2O 的弯曲振动峰，说明纳米 SiO_2 具有一定的吸水性。在 SiO_2-KH-570 的红外谱图上，除了有 SiO_2 的特征吸收峰，还可以看到 2 924 cm^{-1} 与 2 844 cm^{-1} 的红外峰，这两个峰是由—CH 的伸缩振动造成的。此外，可以看到 1 737 cm^{-1} 的羧基的伸缩振动峰，以上结果表明 KH-570 与 SiO_2 表面的—OH 作用而存在于 SiO_2 表面。

通过 FT-IR 来分析硅烷接枝 HDPE/纳米 SiO_2 复合单丝，结果如图 6-22 所示。

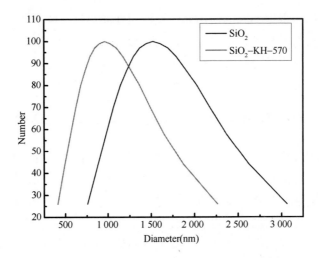

图 6-20　纳米 SiO_2 以及改性纳米 SiO_2 的粒径分析

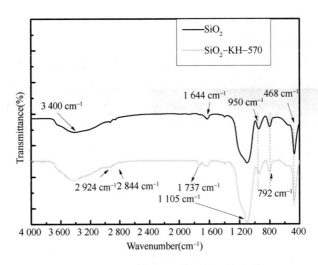

图 6-21　SiO_2 表面改性前后的红外光谱

在 720 cm^{-1} 和 1 458 cm^{-1} 处的存在特征吸收峰，这个是由于甲基和亚甲基的伸缩振动引起的。在硅烷接枝 HDPE/纳米 SiO_2 复合单丝的红外谱图上，新增的 802 cm^{-1}、1 092 cm^{-1} 和 1 192 cm^{-1} 3 个特征吸收峰对应于 Si-CH_3 的伸缩振动。这表明 VTMS 成功地接枝在 HDPE 的主链上。

　　硅烷接枝 HDPE/纳米 SiO_2 复合单丝表面（a）和断面（b）的 SEM 形貌，如图 6-23所示。HDPE 和 SiO_2 均进行改性处理后，单丝表面光滑，由断面形态结构［图 6-23（b）］可以看出，HDPE 和 SiO_2 的界面模糊，纳米粒子在基体中大团聚较少，因此两相的相容性较好，从而增强了两相间的相互作用力。

　　图 6-24 为硅烷接枝 HDPE/纳米 SiO_2 复合单丝和 HDPE 单丝的 DSC 热分析曲线。

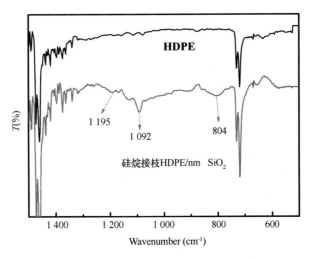

图 6-22　硅烷接枝 HDPE/纳米 SiO$_2$复合单丝和纯 HDPE 的 FT-IR 图谱

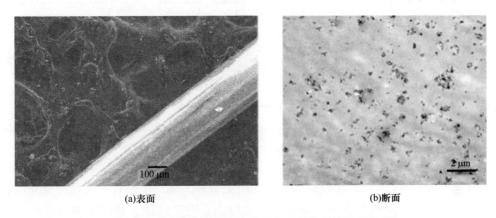

(a)表面　　　　　　　　　　　　　　　(b)断面

图 6-23　硅烷接枝 HDPE/纳米 SiO$_2$复合单丝的 SEM 图

熔融温度（T_m）、热焓（ΔH_f^{obs}）、结晶度（X_c）和结晶温度（T_c）见表 6-17。由图 6-24（a）可知，纯聚乙烯的 T_m 为 130.9℃，而硅烷接枝 HDPE 单丝样品的 T_m 均在 125℃左右，与纯聚乙烯相比，ΔH_f^{obs} 和 T_c 均下降，这是由于硅烷交联网络结构的存在使聚乙烯主链的规整性下降，链段结晶变得困难。随纳米 SiO$_2$含量的增加，硅烷接枝 HDPE 单丝的 T_m、X_c 均增大。以上结果表明，纳米 SiO$_2$具有一定的成核剂效应，成核率和结晶速率增加导致 T_m 和 X_c 增大。

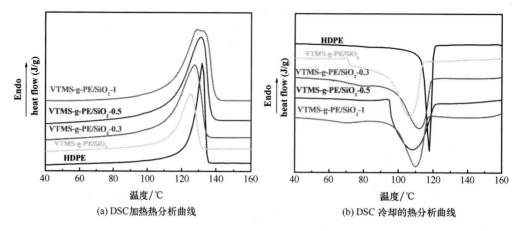

(a) DSC加热热分析曲线　　　　　(b) DSC冷却的热分析曲线

图 6-24　DSC 热分析曲线

表 6-17　硅烷接枝 HDPE/纳米 SiO₂ 复合单丝和纯 HDPE 单丝的 DSC 数据

样品	T_m [℃]	ΔH_f^{obs} [J/g]	X_c [%]	T_c [℃]
HDPE	130.9	197.2	68.5	117.0
VTMS-g-PE	125.3	128.3	44.5	106.3
VTMS-g-PE/SiO₂-0.3	127.5	160.1	55.6	112.0
VTMS-g-PE/SiO₂-0.5	131.1	188.7	65.5	108.4
VTMS-g-PE/SiO₂-1.0	131.2	169.6	58.9	111.4

　　图 6-25 给出了纳米 SiO₂ 含量为 1% 的硅烷接枝 HDPE/纳米 SiO₂ 复合单丝 E' 和温度的关系。由图 6-25 可知，硅烷接枝 HDPE/纳米 SiO₂ 复合单丝的 E' 相比纯 HDPE 单丝均有所提高，这说明纳米 SiO₂ 的引入和硅烷交联网络增加了单丝材料的刚性。由图 6-26 可以看出，在宽的测试温度范围内，硅烷接枝 HDPE/纳米 SiO₂ 复合单丝和 HDPE 单丝均被检测到两个转变峰。其中，低温下出现的较弱峰对应为 HDPE 的玻璃化转变。可知，随硅烷交联网络和纳米 SiO₂ 的引入，T_g 增大，但 tanδ 峰值降低。一般，tanδ 峰的形状和位置与交联密度、增塑剂、分子结构等密切相关。由于硅烷交联网络和纳米 SiO₂ 较强的相互作用力，HDPE 基体和纳米 SiO₂ 具有强的界面黏结作用，可以限制填料-基体界面链段的运动，使得 tanδ 的振幅值降低，而其对应的温度，即玻璃化转变温度 T_g 移动到更高的温度。高温区出现的转变（α 转变）对应为聚乙烯结晶区附近受限链段的运动，其对应损耗因子峰值下降，T_α 基本不变。这表明硅烷交联网络限制了聚乙烯结晶区附近分子链的运动。

　　硅烷接枝 HDPE/纳米 SiO₂ 复合单丝的力学性能变化趋势如图 6-27 所示。随纳米 SiO₂ 含量的增加，硅烷接枝 HDPE/纳米 SiO₂ 复合单丝的断裂强度不断增大，这可能与纳米复合单丝较高的结晶度与 HDPE 和纳米 SiO₂ 界面强的相互作用力有关。Nachtigal 等同样发现硅烷接枝低密度聚乙烯/玻璃纤维的断裂强度随玻璃纤维含量的

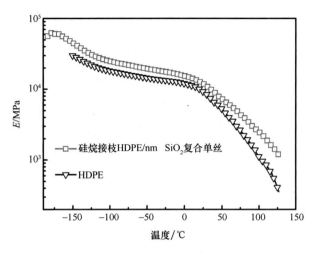

图 6-25 硅烷接枝 HDPE/纳米 SiO$_2$ 复合单丝和 HDPE 单丝 E′ 和温度的关系

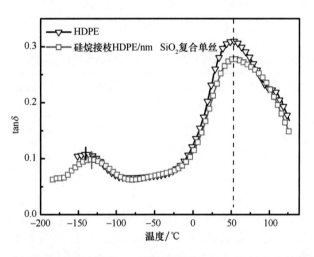

图 6-26 硅烷接枝 HDPE/纳米 SiO$_2$ 复合单丝和 HDPE 单丝 tanδ 和温度的关系

增加而增大。纳米复合单丝的断裂伸长率随纳米 SiO$_2$ 含量的增加不断下降，这是由于硅烷交联反应的发生，纳米复合单丝的韧性下降。纳米 SiO$_2$ 含量为 1% 的硅烷接枝 HDPE/纳米 SiO$_2$ 复合单丝较纯渔用 PE 单丝行业标准指标提高 12.7%。

通过捻绳机加工制作直径为 10 mm 的纳米复合单丝绳索；硅烷接枝 HDPE/纳米 SiO$_2$ 复合单丝经过环捻、合股、制绳、检验、后处理工序后获得纳米复合单丝绳索。相同直径的三股 PE 绳、四股 PE 绳以普通聚乙烯合成纤维经上述类似方法制备而成。由表 6-18 可见，与同等直径的普通 PE 绳索相比，纳米复合单丝绳索具有更高的断裂强力、更高的断裂强度和低的断裂伸长率。直径 10 mm 的纳米复合单丝绳索断裂强力较同等直径普通三股 PE 绳索和普通四股 PE 绳索分别提高 21.2% 和 8.4%。在其他条件相同的前提下，可以用纳米复合单丝绳索替代普通三股 PE 绳索和四股 PE 绳索，这能

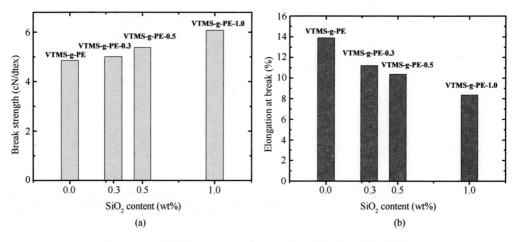

图 6-27　硅烷接枝 HDPE/纳米 SiO2 复合单丝的力学拉伸性能

使绳索断裂强力提高、线密度减小、使用直径减小、原材料消耗减小，现代渔业装备与工程中网具所受水阻力也相应减小，从而实现渔业生产的节能降耗或降耗减阻。

表 6-18　纳米复合纤维绳索和普通合成纤维绳索拉伸力学性能的比较

绳索类型	直径 （mm）	线密度 （ktex）	断裂强力 （kN）	断裂强度 （cN/dtex）	伸长率 （%）
纳米复合纤维绳索	10	47.5	10.3	2.9	35
三股 PE 绳	10	48.8	8.5	1.8	46
四股 PE 绳	10	50.0	9.5	1.9	49

通过采用乙烯基三甲氧基硅烷（VTMS）熔融挤出接枝至 HDPE 分子链上，同时与经硅烷偶联剂表面处理后的纳米 SiO_2 熔融共混后挤出纺丝，制备了硅烷接枝 HDPE/纳米 SiO_2 复合单丝，主要结论如下：

（1）以 KH-570 为表面改性剂，成功地将 KH-570 接枝在纳米 SiO_2 表面。此外，硅烷键成功的接枝在 HDPE 的主链上，同时纳米 SiO_2 均匀分散在 HDPE 基体中。

（2）由于强的界面黏结作用可以限制填料-基体界面链段的运动，往往使得 $\tan\delta$ 的振幅值降低，而其对应的温度，即玻璃化转变温度 T_g 移动到更高的温度。

（3）纳米 SiO_2 的引入能够显著提高纳米复合单丝的断裂强度。

（4）与同等直径的普通 PE 绳索相比，纳米复合单丝绳索具有更高的断裂强力、断裂强度和低的断裂伸长率。

三、混捻线或混捻线网衣性能初步研究

远洋渔具新材料课题组联合山东爱地、舟山蓝鲸新材料科技有限公司（以下简称舟山蓝鲸）、好运通等企业共同开展混捻线合作研究，以超高强纤维和普通 PE

单丝混纺成超高强纤维-普通聚乙烯混捻线（图6-28和图6-29），然后再将超高强纤维-普通聚乙烯混捻线加工成超高强纤维-普通聚乙烯混捻线网片（图6-29和图6-30），远洋渔具新材料课题组对超高强纤维-普通聚乙烯混捻线、超高强纤维-普通聚乙烯混捻线网片在农业部绳索网具产品质量监督检验测试中心进行了网目强力测试（图6-28和图6-30）。超高强纤维-普通聚乙烯混捻线网片与普通网衣网目强力比较见表6-19。远洋渔具新材料课题组联合山东爱地、好运通、舟山蓝鲸等单位，将超高强纤维-普通聚乙烯混捻线网片用于拖网渔具（图6-29），并开展了相关拖网渔具性能开展海上应用效果研究。

图6-28　超高强纤维-普通聚乙烯混捻线及其测试

图6-29　新型混编聚乙烯拖网加工流程

表 6-19　超高强纤维-普通聚乙烯混捻线网片与普通网衣网目强力比较

规格型号	网线直径 （mm）	网目大小 （mm）	网目强力 （daN）	强力提高 （%）
①4 800D×3UHMWPE	1.78	53.14	135.51	133.28
①普通 PE 4 800D×3	2.00	50.38	58.09	
②6 000D×3 UHMWPE 1/3+PE 2/3	2.66	57.22	105.63	56.00
②普通 PE 6 000D×3	2.56	52.64	67.07	
③3 000D×3 UHMWPE 1/3+PE 2/3	1.58	55.00	45.34	35.46
③普通 PE 3 000D×3	1.52	56.36	33.72	
④2 000D×3 UHMWPE	1.24	53.34	32.53	49.08
④普通 PE 2 000D×3	2.10	59.38	21.82	

表 6-19 试验结果表明，以超高强纤维和普通 PE 单丝混纺成混捻线加工的超高强纤维-普通聚乙烯混捻线网片网目强力性能明显优于普通网衣。

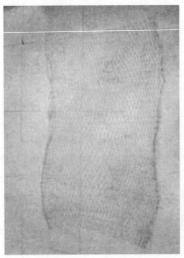

图 6-30　超高强纤维-普通聚乙烯混捻线网片及其测试

四、MHMWPE/iPP/EPDM 渔用单丝的结构与性能研究

合成纤维及其网线和绳索是构成渔具的基本要素。其中，纤维性能对渔具的力学性能、渔获性能、使用寿命和制造成本具有重要作用。聚乙烯是目前渔业中应用最普遍的材料，具有优良的渔用性能，如良好的韧性、较高的强度、较低的密度，表面光滑、吸湿性极小、良好的滤水性、耐磨性和抗老化性等，PE 单丝是制作拖网、围网、定置网、养殖网箱和各种绳网的首选材料，所制作的渔具具有较好的经济性、渔获性能和操作效率。但 PE 单丝由于抗蠕变和耐热性能较差，且高倍牵伸下韧性下降，其应用范围受限。为拓宽应用范围，共混改性是一项很重要的途径，它具有开发周期短、耗资少、经济效益高等特点。采用聚乙烯与聚丙烯进行共混，可获得综合性能优良的复合材料。研究表明低分子量乙丙共聚物（LMW-EP）的加入可有效改善 PP/PE 共混体系的流动性。国外学者研究了三元乙丙橡胶（EPDM）对 HDPE/iPP 共混体系的形态、性能的影响，发现 EPDM 的引入使三元共混体系的结晶颗粒呈细化趋势，且冲击强度增大。

中高分子量聚乙烯（MHMWPE）是一种具有优良综合性能的新型纤维材料，其分子量约为 10^5，高于目前渔业中应用最普遍的 HDPE 材料（~10^4）。MHMWPE 材料因熔体黏度较超高相对分子质量聚乙烯（UHMWPE）低，可进行熔融纺丝，成本较低，而 MHMWPE 由于高结晶度、高取向度，其强度、模量均高于 HDPE。陈占春等将少量的中高分子量聚乙烯引入到 HDPE，在双重诱导的作用下制备了性能良好的聚合物材料，其拉伸强度和缺口冲击强度都有大幅度提高。MHMWPE 纤维因高强高模可取代 HDPE 纤维应用于制作拖网、围网、定置网、养殖网箱和各种绳索等，但是相关 MHMWPE 纤维研究的文献报道甚少。本研究通过等规聚丙烯（iPP）/EPDM 对 MHMWPE 进行共混改性，选取相应低黏度的 EPDM 作为相容剂，共混后进行熔融纺丝，以提高渔用单丝的综合性能，特别是提高渔用单丝的结节强度。采用差示扫描量热法（DSC）、动态力学分析（DMA）和万能试验机考察了不同 iPP/EPDM 配比对 MHMWPE/iPP/EPDM 渔用单丝体系动态力学行为和力学性能的影响。

采用双螺杆挤出机进行熔融挤出，空气中经水槽冷却后造粒。双螺杆直径 35.6 mm，长径比 36。共混工艺参数：螺杆转速 60 r/min；挤出段温度分别为 300℃、300℃、310℃、305℃。各共混体系配比及样品号见表 6-20。将共混切片在 80℃下真空干燥 24 h，然后采用 SJ-45C 型单螺杆纺丝机进行熔融纺丝，得到 MHMWPE/iPP/EPDM 初生纤维。纺丝挤出段温度分别为 320℃、345℃、350℃、350℃。MHMWPE/iPP/EPDM 初生纤维经二次热水浴后牵伸制备 MHMWPE/iPP/EPDM 共混单丝。单丝直径约为 0.2 mm。牵伸水浴温度分别为 97℃、98℃，采用的牵伸倍数为 8.3。

表 6-20　各共混体系配比及样品号

样品	MHMWPE（%）	iPP（%）	EPDM（%）
MHMWPE	100	0	0
80/20	80	20	0
90/10/2	90	10	2
85/15/2	85	15	2
80/20/2	80	20	2
70/30/2	70	30	2
80/20/5	80	20	5
80/20/8	80	20	8

　　表 6-21 为不同 iPP 含量 MHMWPE/iPP/EPDM 共混单丝力学性能，由表 6-21 可见，MHMWPE/iPP/EPDM 共混单丝的断裂强度和结节强度均优于 HDPE 对比样。不同的 iPP 含量对共混单丝的力学性能具有显著影响。与纯 MHMWPE 单丝相比，MHMWPE/iPP/EPDM 共混单丝的断裂强度和结节强度均有提高。随 iPP 含量的增加，MHMWPE/iPP/EPDM 共混单丝的断裂强度增大，而断裂伸长率变化不大。结节强度随 iPP 含量的增加而先增大后减小。图 6-31 为不同 iPP 含量 MHMWPE/iPP/EPDM 共混单丝的 DSC 分析曲线，其中，MHMWPE 熔点、MHMWPE 结晶度、iPP 结晶度和总结晶度列于表 6-22。与纯 MHMWPE 单丝相比，共混单丝中 MHMWPE 的 T_m 升高，而结晶度下降，结晶熔融峰变宽。iPP 组分的引入破坏了 MHMWPE 的结晶完善程度，使其有序性降低，结晶度下降。当共混单丝中 iPP 含量增加时，MHMWPE 和 iPP 的 T_m 变化不大，而 iPP 结晶度增加，总结晶度增加，同时 MHMWPE 结晶度下降。这一方面是因为 MHMWPE 组分的减少，另一方向是由于共混单丝中 iPP 与 MHMWPE 大分子链间相互缠结，限制了 MHMWPE 大分子进一步砌入晶格的运动，使 MHMWPE 的结晶度下降。当 iPP 含量为 20% 时，共混单丝材料的断裂强度相比普通 HDPE 单丝增加了 36.5%，结节强度增加了 37.5%。在保持断裂强度优势的前提下，以 MHMWPE/iPP/EPDM 三元共混单丝体系绳网替代普通 HDPE 绳网，能使远洋拖网与养殖网具用原材料消耗及水阻力减小，从而实现渔业生产的降耗减阻。共混体系断裂强度的提高取决于试样中的晶体数量和大分子链取向程度，而韧性则取决于相分离的程度。单丝结节强度大小与其韧性相关。从图 6-31 可以看出，MHMWPE 结晶熔融峰变宽及高温处出现 iPP 熔融峰，这表明一部分 PP 成为了晶核，参与了 MHMWPE 的结晶过程，另一部分与 MHMWPE 呈微相分离关系。PE 单丝强度和韧性得到改善可能与其总结晶度的增加及微相分离有关。当 iPP 含量为 30% 时，iPP 与 MHMWPE 出现相分离加剧。表现为单丝表面不光滑，熔融峰显著加宽，其结节强度下降。

表 6-21　不同 iPP 含量对共混单丝力学性能及其变异系数（CV）的影响

样品	σ（cN/dtex）/CV（%）	σ'（cN/dtex）/CV（%）	ε（%）/CV（%）
90/10/2	5.94/1.2	3.94/3.6	12.1/5.1
85/15/2	6.36/0.9	4.15/4.0	13.2/4.1
80/20/2	6.46/2.1	4.51/2.2	11.8/6.5
70/30/2	6.48/1.5	4.34/3.1	12.6/4.6
MHMWPE	6.38/2.2	3.58/4.3	10.0/5.5
HDPE	4.10/3.2	3.28/4.5	13.9/5.3

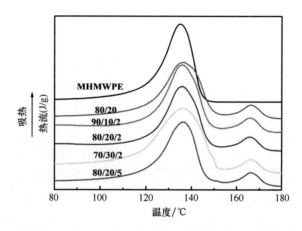

图 6-31　MHMWPE/iPP/EPDM 共混单丝的 DSC 曲线

图 6-32 给出了不同 iPP 含量的 MHMWPE/iPP/EPDM 共混单丝的储能模量（E'）和损耗因子（tanδ）与温度的变化曲线。由图 6-32（a）可知，MHMWPE/iPP/EPDM 共混单丝的 E' 相比纯 MHMWPE 单丝均有所提高，这说明 iPP 的引入增加了共混单丝材料的刚性，这与共混单丝的总结晶度增加有关（表 6-22）。当 iPP 含量为 20wt% 时，同一温度下共混单丝的 E' 达到最大值。由图 6-32（b）可见，在宽的测试温度范围内，不同 iPP 含量的共混单丝均被检测到两个转变峰，其对应的温度和 tanδ 峰值（tanδ_{max}）列于表 6-23。其中，低温下出现的较弱峰对应为 MHMWPE 的玻璃化转变。可知，随 iPP 含量的增加，T_g 基本不变，但 tanδ 峰值降低。一般，tanδ 峰的形状和位置与交联密度、增塑剂、分子结构等密切相关。由于 iPP 分子链束缚了聚乙烯分子链的运动，从而导致了共混单丝的损耗因子的降低。高温区出现的转变（α 转变）对应为聚乙烯结晶区附近受限链段的运动，其对应损耗因子峰值（tanδ_α）下降，T_α 向高温移动。这表明 iPP 的引入限制了聚乙烯结晶区附近分子链的运动。聚乙烯的 β 转变来源于无定形相，涉及较长的链段运动，具有微布朗运动性质。MHMWPE 及其共混单丝均未能检测出 β 松弛峰。此外，共混单丝中低含量 iPP 的松弛峰均被 MHMWPE α 松弛峰掩盖。

表 6-22　共混单丝的 MHMWPE 熔点、MHMWPE 结晶度、iPP 结晶度和总结晶度

样品	MHMWPE 的熔点（℃）	MHMWPE 的结晶度（%）	iPP 的结晶度（%）	总结晶度（%）
MHMWPE	134.1	52.7	0	52.7
90/10/2	135.9	130.1/45.2	9.9	55.1
80/20/2	135.8	118.7/41.2	17.1	58.3
70/30/2	136.0	92.4/32.1	21.7	53.8
80/20	136.4	120.3/41.8	18.2	60
80/20/5	136.2	118.5/41.1	16.0	57.1

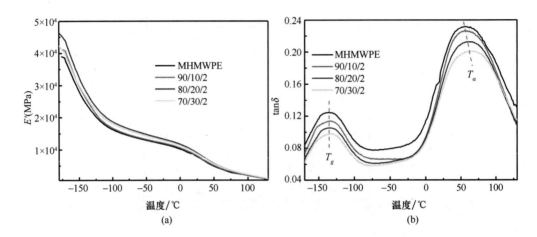

图 6-32　不同 iPP 含量的共混单丝（a）E' 和（b）$\tan\delta$ 与温度的关系

表 6-23　不同 iPP 含量对共混单丝动态力学参数的影响

样品	T_g（℃）	T_α（℃）	$\tan\delta_{max}$（at T_g）	$\tan\delta_\alpha$
MHMWPE	-134.6	55.0	0.124	0.231
90/10/2	-133.7	56.3	0.114	0.226
80/20/2	-133.4	61.7	0.106	0.213
70/30/2	-133.8	66.0	0.098	0.201

　　当 MHMWPE/iPP 含量固定，不同 EPDM 含量对 MHMWPE/iPP/EPDM 共混单丝力学性能的影响列于表 6-24。添加 EPDM 后，MHMWPE/iPP/EPDM 共混单丝的断裂强度下降，结节强度增大。而 MHMWPE/iPP/EPDM 共混单丝的断裂强度和断裂伸长率随着 EPDM 含量的增加逐渐减小，结节强度则随之逐渐增大。与 EPDM 共混后，由于两者存在明显的相界面，导致受力时内部应力分布不均匀，因而其拉伸强度和伸长率均随着 EPDM 含量的增加而下降。单丝结节强度大小与韧性相关，产生增韧过程必须具备两个重要条件：一是基体微晶粒足够小，发生形变时不与基体迅速脱离；二是体系内具有足够多的物理交联点。在 MHMWPE/iPP 二元单丝体系中，由于两组

分的相容性较差，MHMWPE 微晶粒取向不明显。加入 EPDM 后，提高了 MHMWPE 和 iPP 之间的界面相容性，MHMWPE 非晶区的物理交联点增加，应力可以迅速地从 MHMWPE 相传递到 EPDM 相，作为弹性体的 EPDM 就可以大量的吸收冲击能量，使三元体系的韧性增大。

表 6-24　不同 EPDM 含量对共混单丝力学性能及其变异系数的影响

样品	σ（cN/dtex）/CV（%）	σ'（cN/dtex）/CV（%）	ε（%）/CV（%）
80/20	6.75/2.5	3.25/4.2	10.5/6.0
80/20/2	6.46/2.1	4.51/2.2	11.8/6.5
80/20/5	6.39/2.6	4.66/3.2	10.7/7.1
80/20/8	6.22/1.5	4.68/3.7	8.8/4.4

DSC 分析结果表明 MHMWPE 和 iPP 的 T_m 几乎不随 EPDM 的组成而变化（图 6-31），但结晶度略有下降，表明 EPDM 进一步破坏了 MHMWPE 和 iPP 的结晶完善程度使其有序性降低。图 6-33 为不同 EPDM 含量的 MHMWPE/iPP/EPDM 共混单丝的 E' 和损耗因子与温度的变化曲线。MHMWPE/iPP/EPDM 共混单丝的 E' 随 EPDM 含量的增加而下降。在共混单丝中引入 EPDM 柔性链段后单丝刚性下降，强度也相应下降。由图 6-33（b）中左上角的低温峰放大图可知，与 MHMWPE/iPP 二元共混单丝相比，三元体系的 T_g 几乎不变，tanδ 峰变宽，说明 EPDM 弹性体链段与 MHMWPE 一定程度相容，柔性分子链段间的缠结增加了体系的内耗。随着 EPDM 的引入，α 转变移向低温，其对应 tanδ_α 峰值增加。共混体系中聚乙烯结晶区附近受限分子链段的自由运动变得比较容易，在此温度区间共混材料的柔韧性有所提高。这与力学性能测试结果相一致。当 EPDM 增加至 8% 时，结节强度相比二元共混单丝体系增加了 44%。MHMWPE/iPP/EPDM 共混单丝具有高结节强度优势，满足了渔业生产中绳网、远洋拖网与养殖网具所需的更高承载与抗风浪需求，有利于提高渔具适配性与安全性。本研究建立了力学性能与动态力学行为之间的关联，当渔具绳网需要更高结节强度时，可继续增加 EPDM 的含量。

通过三元共混纺丝，制备了 MHMWPE/iPP/EPDM 渔用单丝。随 iPP 含量的增加，MHMWPE 的 T_g 基本不变，结晶度下降，但 α 转变向高温方向移动，tanδ_α 峰值降低。一定比例的 iPP 的加入，提高了共混单丝的拉伸强度，改善了单丝的韧性，提高了单丝的结节强度。当 iPP 含量为 20% 时，MHMWPE/iPP/EPDM 共混单丝具有最优力学性能。当 EPDM 含量增加，MHMWPE 的 T_g 不变，tanδ 峰变宽，α 转变移向低温。EPDM 的加入能进一步改善单丝的韧性和结节强度，而单丝的拉伸强度出现一定程度的下降。采用三元共混纺丝方法制备了渔用共混单丝，调控不同组分配比，制得了综合力学性能优异的渔用共混单丝，为提高我国渔用纤维材料的性能提供了新的方法和思路。

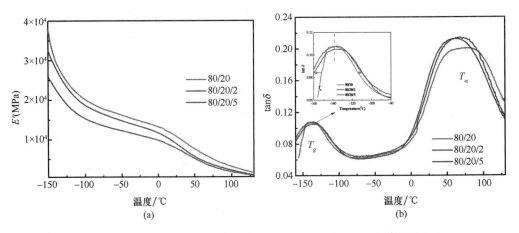

图 6-33　不同 EPDM 含量的共混单丝　（a）E' 和　（b）$\tan\delta$ 与温度的关系

五、UHMWPE/SiO$_2$渔用纳米复合单丝研究

超高分子量聚乙烯（UMHWPE）纤维以分子量为（100~500）×10^4 甚至更高分子量的粉状 UMHWPE 树脂为原料，UMHWPE 纤维中的大分子具有高取向度并且呈伸直链结构，结晶度高，拥有独特的高强度和高弹性模量。同时又具有耐冲击、耐紫外光辐射、耐腐蚀、耐候、耐切割、电绝缘、质轻等优异性能，与碳纤维、芳纶纤维并称为当今世界三大高性能纤维。高性能纤维优异的力学性能对渔具或网箱的渔用效果、节能降耗及抗风浪性能有着显著提高，但是由于高性能纤维的生产制造成本过高，使其在我国渔业领域内推广应用受到限制。因此在现有纤维品种的基础上，通过纤维制备工艺的改进或者对纤维进行改性以提高纤维的综合渔用性能是最为经济、可行的办法，同时也是渔用纤维材料研究领域的发展趋势。UMHWPE 作为新型高科技材料在渔业方面已经获得了较为广泛的应用，目前 UMHWPE 纤维多被用作高级绳索、渔网的原材料。这是由于 UHMWPE 纺丝大多采用凝胶法获得高强度 UHMWPE 复丝，其加工工艺复杂，使用大量溶剂污染严重，生产成本高，因此，应当寻找更简便易行的方法以促进 UHMWPE 及其复合材料在渔具材料等渔业领域的应用。采用 UHMWPE 粉末和纳米 SiO$_2$，通过双螺杆共混联合单螺杆挤出，制备 UHMWPE/SiO$_2$ 渔用纳米复合单丝，通过扫描电子显微镜（SEM）对 UHMWPE/SiO$_2$渔用纳米复合单丝的微观形貌；采用差示扫描量热仪（DSC）测试研究渔用纳米复合单丝的热性能；通过动态力学性能分析仪研究渔用纳米复合单丝的黏弹性能；通过万能测试机测试渔用纳米复合单丝的力学性能；研究纳米 SiO$_2$对 UHMWPE 渔用单丝结构、热性能、力学性能及动态力学行为的影响规律。

将超高分子量聚乙烯粉末、表面改性 nano- SiO$_2$、流动助剂预混合后倒入高速捏合锅中在 600 r/min 的转速下进行高速捏合 20 min 后出料，获得 UHMWPE 共混料；UHM-WPE 共混料经双螺杆挤出机在料筒电加热区的第①区、第②区、第③区、第④区、第

⑤区的温度分别为 94℃、230℃、250℃、260℃、260℃下熔融共混，双螺杆直径 65 mm，长径比为 1∶44，螺杆转速 50 r/min；挤出物再经单螺杆挤出机，从喷丝孔熔融挤出，单螺杆挤出机机头温度为 260℃，喷丝板上喷丝孔的孔径为 0.98 mm、孔数为 70 孔，挤出的初生丝经冷却水箱 20℃低温水和 9 m 牵伸水浴槽进行热牵伸，牵伸水浴温度为 98℃，并经高恒温箱热定型（热定型温度范围为 136℃）后以收丝机收卷熔纺丝束，获得了 UHMWPE/SiO$_2$ 纳米复合单丝。通过一步挤出法简化了纳米复合单丝的加工成型工艺。单丝直径约为 0.2 mm。采用的牵伸倍数为 14、20、22、24。纳米 SiO$_2$ 的加入量分别为 UHMWPE/SiO$_2$ 纳米复合体系的 0.3%、0.5%、1% 与 2%，依次记为 UHMWPE/SiO$_2$-0.3、UHMWPE/SiO$_2$-0.5、UHMWPE/SiO$_2$-1.0 和 UHMWPE/SiO$_2$-2.0。

图 6-34 为 UHMWPE 单丝和纳米 SiO$_2$ 含量为 1wt% 的 UHMWPE/SiO$_2$ 纳米复合单丝的 SEM 照片。由图可见，纳米 SiO$_2$ 以团聚体形式分散于 UHMWPE 纤维基体中，分散尺寸约为 300 nm ［图 6-34（b）］，说明纳米 SiO$_2$ 未能完全解离分散，这可能与熔融纺丝过程中 UHMWPE 熔体黏度较大有关。然而纳米 SiO$_2$ 在 UHMWPE 纤维基体中的分散仍为纳米级分散，且分布均匀。

 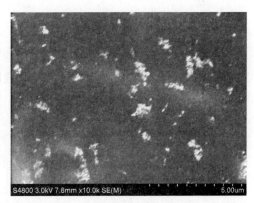

(a)UHMWPE单丝　　　　　　　　　　　(b)UHMWPE/SiO$_2$-1.0

图 6-34　UHMWPE 单丝和纳米复合单丝的 SEM 照片

振动的传播与化学键的强弱有关，沿着分子主链方向声波传播速度要比垂直于链的方向快得多。分子链的取向度越高，超声波的传播速度越快。为研究牵伸倍速和纳米 SiO$_2$ 对 UHMWPE 单丝取向度的影响，用声速法测量了纯 UHMWPE 单丝和 UHMWPE/SiO$_2$ 纳米复合单丝的取向度。图 6-35 给出了用声速法测得的不同牵伸倍数下纯 UHMWPE 单丝和 UHMWPE/SiO$_2$ 纳米复合单丝样品的取向度。随着牵伸倍数的增加，聚乙烯非晶区域在牵伸过程中，由无规排列变成归整取向，非晶区取向度增大，从而使整体分子链取向度随着牵伸倍数的增加而迅速增大，由此单丝的力学性能也逐渐增加。从图 6-35 中可以看出，引入纳米 SiO$_2$ 改性 UHMWPE 单丝的取向度均比纯 UHMWPE 单丝的略大，这可能是因为单丝中的纳米 SiO$_2$ 起一定的增塑作用，从而促进了聚乙烯大分子链随牵伸进行的取向运动所造成的。

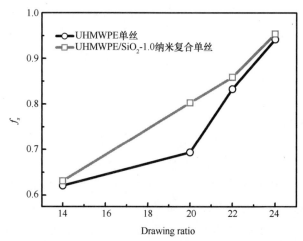

图 6-35　纯 UHMWPE 单丝和 UHMWPE/SiO$_2$-1. 0 纳米复合单丝取向度随牵伸倍数的变化

采用 DSC 对 UHMWPE/SiO$_2$ 纳米复合单丝进行热性能分析，图 6-36（a、b）分别给出了不同纳米 SiO$_2$ 含量和不同牵伸倍数 UHMWPE/SiO$_2$ 纳米复合单丝的 DSC 分析曲线，根据熔融峰面积计算得到的单丝样品中的聚乙烯结晶度列于见表 6-25。可以看出，纳米 SiO$_2$ 含量对 UHMWPE 单丝的熔点和结晶度影响不显著。此外，随着牵伸倍数的增大，纳米复合单丝的熔点升高，这是因为拉伸过程中单丝结晶度逐渐变大、结晶结构也逐渐变的紧密规整。可以看出，随着牵伸倍数的增大，纳米复合单丝的结晶度逐渐增大，这说明牵伸可诱导聚乙烯大分子链的进一步结晶，即在牵伸应力作用下，聚乙烯非晶部分逐渐砌入晶格，使单丝结晶度增加。

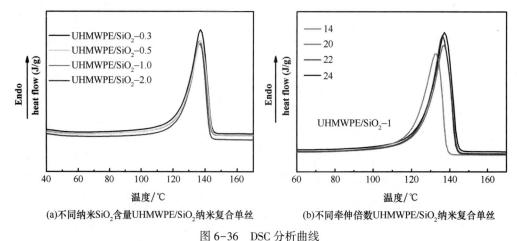

(a)不同纳米SiO$_2$含量UHMWPE/SiO$_2$纳米复合单丝　　　(b)不同牵伸倍数UHMWPE/SiO$_2$纳米复合单丝

图 6-36　DSC 分析曲线

表 6-25　纯 UHMWPE 单丝和 UHMWPE/SiO$_2$纳米复合单丝的结晶度

样品	UHMWPE	UHMWPE/SiO$_2$-0. 5	UHMWPE/SiO$_2$-2. 0	UHMWPE/SiO$_2$-1. 0			
牵伸倍数	20	20	20	14	20	22	24
X_c（%）	64. 7	64. 3	64. 9	59. 7	64. 3	65. 7	72. 2

图 6-37 为不同牵伸倍数的纯 UHMWPE 单丝和纳米 SiO₂ 含量为 1% 的 UHMWPE/SiO₂ 纳米复合单丝的力学拉伸性能。渔网的破坏一般由网结节引起，结节强度为单丝打结后的抗拉强度，低于单丝断裂强度。由图 6-37 可见，UHMWPE/SiO₂ 纳米复合单丝的断裂强度和结节强度均优于纯 UHMWPE 单丝。不同的牵伸倍数对纳米复合单丝的力学性能具有显著影响。与纯 UHMWPE 单丝相比，UHMWPE/SiO₂ 纳米复合单丝的断裂强度和结节强度均有提高。随牵伸倍数的增大，UHMWPE/SiO₂ 纳米复合单丝的断裂强度增大，而断裂伸长率下降。体系断裂强度的提高取决于试样中的晶体数量和大分子链取向程度，与纯 UHMWPE 单丝相比，UHMWPE/SiO₂ 纳米复合单丝的取向度增大，因而，UHMWPE/SiO₂ 纳米复合单丝具有较高的断裂强度。单丝结节强度大小与其韧性相关，而韧性则取决于界面相互作用的程度。声速测试和 DSC 结果表明，高倍牵伸使得纤维的取向度和结晶度增加，一方面，取向度增加，单丝强度增加；另一方面，结晶度越高，纤维的脆性越大，即韧性越差，因此，UHMWPE/SiO₂ 纳米复合单丝结节强度随牵伸倍数的增大而先增大后减小。

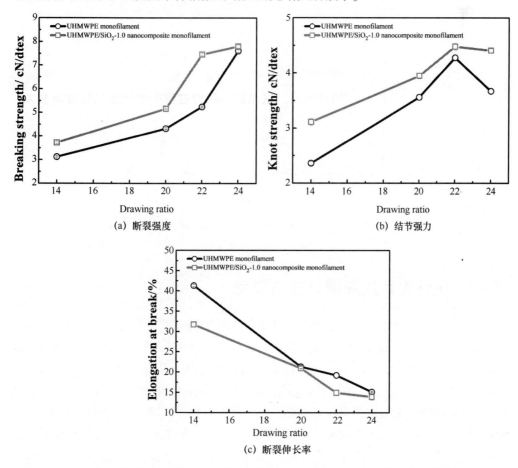

(a) 断裂强度　　　　　　　　　　　　(b) 结节强力

(c) 断裂伸长率

图 6-37　不同牵伸倍数的 UHMWPE 单丝和 UHMWPE/SiO₂ 纳米复合单丝的力学拉伸性能

　　图 6-38 为牵伸倍数固定时不同 SiO_2 含量对 UHMWPE/SiO_2 纳米复合单丝力学性能的影响。随着 SiO_2 含量的增加，UHMWPE/SiO_2 纳米复合单丝的断裂强度增大的同时结节强度也呈增大趋势。加入表面改性的 SiO_2 后，UHMWPE 和 SiO_2 之间的界面相容性较好，UHMWPE 非晶区的物理交联点增加，SiO_2 对 UHMWPE 单丝起到了一定的增强作用。单丝结节强度大小与韧性相关，产生增韧过程必须具备两个重要条件：一是基体微晶粒足够小，发生形变时不与基体迅速脱离；二是体系内具有足够多的物理交联点。外力作用下，应力可以迅速从 UHMWPE 相传递到 SiO_2，在基体内产生很多的微变形区，吸收大量的能量，使体系的韧性增大。另外，UHMWPE/SiO_2 纳米复合单丝断裂伸长率的下降也可归因于 SiO_2 在单丝中起到的物理交联点作用，限制了 UHMWPE 大分子间的拉伸滑移运动。当纳米 SiO_2 含量增加至 2% 时，UHMWPE/SiO_2 纳米复合单丝的断裂强度较纯 UHMWPE 单丝提高了 45.6%，结节强度提高了 13.3%。

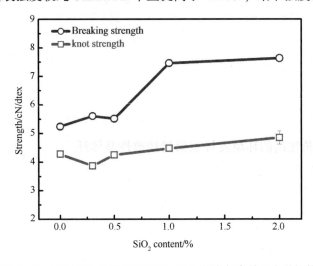

图 6-38　不同 SiO_2 含量 UHMWPE/SiO_2 纳米复合单丝力学性能

六、改性聚丙烯纤维材料的开发

　　近年来，在"改性聚丙烯纤维新材料及其渔用性能研究"等项目的资助下，东海所设计出改性方法，通过改性（如 PP/PE 共混改性、PP/PA 共混改性等）研发出改性聚丙烯纤维新材料，并对其结构与性能进行研究。部分共混改性 PP/PE 聚丙烯纤维新材料测试结果见表 6-26。试验结果表明，用适量的 PE 可以改善 PP 的力学性能。采用该纺丝工艺可生产出较好力学性能的共混改性 PP/PE 纤维新材料；表 6-26 中部分样品力学性能优于普通渔用 PP 纤维；研发的共混改性 PP/PE 纤维新材料满足渔业生产需要，在实际生产中人们可根据渔用材料的力学性能需求来选择或调整该纺丝工艺。远洋渔具新材料课题组以改性 PP 纤维新材料为基体纤维材料，结合具有较好强度利用率的绳网线编/捻制结构，研发出 PP 绳网线新材料，通过性能测试从中优选出 PP/PE 共混改性 PP 纤维、PP/PA 共混改性 PP 纤维等符合我国渔业生产实际的渔用改性 PP 纤维新材料。

表 6-26 共混改性 PP/PE 纤维新材料测试结果

样品序号	线密度（tex）	断裂强度（cN/dtex）	结节强度（cN/dtex）	伸长率（%）
1	54	5.64	4.84	17.9
2	50	6.37	4.50	15.9
3	43	7.90	4.36	14.7
4	39	8.12	4.47	13.5
5	41	7.01	4.19	12.9
6	41	6.75	3.67	12.0
7	36	7.35	4.94	12.8

七、其他材料的开发

目前国内外科研人员正积极利用环境友好的聚烯烃改性技术对聚烯烃进行改性，以减轻聚烯烃材料对环境的污染，但要研制出符合渔具或网箱等领域生产需要的实用化、市场化及性价比高的环境友好型聚烯烃改性基体纤维新材料尚有一个漫长的过程。随着渔具及网箱等领域技术的发展，人们对基体纤维材料的认识与了解也在不断深化，在基体纤维新材料研发时我们应积极关注这些研究进展。特别需要指出的是，不同渔具及增养殖装备设施所需的纤维材料性能要求一般不同，因此，渔业工程装备人员在纤维新材料研发时就必须根据不同渔具及增养殖装备设施的特点和需求来思考、设计、研发和组织团队，以研究出实用化、市场化及性价比高的渔具及增养殖装备设施用纤维新材料，促进渔业技术的创新和渔业经济的发展。高强度渔用聚乙烯材料、碳纤维、对位芳香族聚酰胺纤维、聚芳酯纤维、超高分子量聚乙烯纤维、可生物降解纤维等其他网线用基体纤维新材料的开发参考石建高主编的《渔用网片与防污技术》，这里不再重复。

第三节 捕捞渔具与渔业工程装备材料的应用示范

绳网线材料在捕捞渔具与渔业工程装备上应用广泛，创新绳网线技术研发与产业化应用，对推进"一带一路"、建设海上粮仓、助力渔民转产专业、发展智能农机装备、深蓝渔业和蓝色海洋经济等十分必要（图6-39），随着捕捞与渔业工程装备技术的发展，国内外相关单位、专家学者和技术人员不断开展捕捞技术研究、渔用新材料研究以及新型智能农机装备研究等，大大提高了捕捞渔具与渔业工程装备的适配性、安全性、科技含量和抗风浪能力（图6-40至图6-44）。

2013年以来，在国家支撑项目"远洋节能降耗材料及捕捞装备关键技术研究"

图 6-39　捕捞渔具与渔业工程装备生产作业

图片来源：其中左下图图片源自 http://www.bbwfish.com 中的相关报道。

图 6-40　南极磷虾拖网

（项目号：2013BAD13B02）等项目的支持下，针对捕捞渔具与渔业工程装备材料能耗高（或原材料消耗高）、生产效率较低等问题，东海所联合美标、好运通等单位采用新材料技术开展了节能降耗型远洋渔具新材料、高性能或功能性绳网材料新工艺研究，以降低我国远洋渔具能源消耗，提升我国远洋渔具材料技术水平。远洋渔具新材料课题组针对 MMWPE 网线新材料开展了拖网模型试验以验证其节能降耗技术效果（图 6-45）。MMWPE 网线新材料拖网模型试验结果表明，熔纺 MMWPE 单丝网线新材料节能降耗效果显著。

278

图 6-41　超高强材料拖网海上试验

图 6-42　大型拖网囊网

图 6-43　周长 200 m 的超大型深海养殖网箱

图 6-44　直径 110 m 的挪威深海渔场

图片来源：源自 http：//www. ncq8. com 中的相关报道，为武船建造的直径 110 m 的挪威深海渔场；其他图片由东海所、好运通等友情提供。

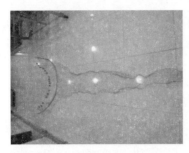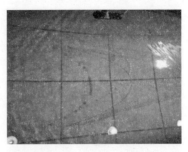

图 6-45　MMWPE 网线新材料拖网模型试验

　　远洋渔具新材料课题组联合好运通等单位将研发的节能降耗型远洋渔具材料（如 MMWPE 绳网线新材料等）在西非加纳等地实行了应用示范（图 6-46 和图 6-47），应用示范效果表明，节能降耗型远洋渔具新材料节能降耗效果明显。

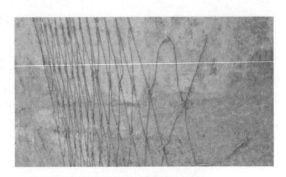

图 6-46　节能降耗型远洋渔具材料现场装配

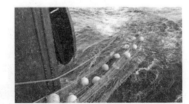

图 6-47　MMWPE 绳网线新材料等在远洋拖网上的创新应用

在"渔用超高分子量聚乙烯绳网材料的开发研究""高性能网具与网具材料在渔业上的研究与应用示范""深水网箱箱体用高强度绳网的研发与示范""水产养殖大型围网工程设计合作""特力夫纤维渔网标准制定及其在大网箱与养殖围网上的应用""白龙屿生态海洋牧场项目堤坝网具工程设计""高强度 PE 条带在渔业中绳网线的开发应用""白龙屿栅栏式堤坝围网用高性能绳网技术开发"和"桩式大围网及藻类养殖设施的开发与示范"等项目的持续支持和帮助下，东海水产研究所石建高课题组联合好运通、山东爱地等单位对捕捞与渔业工程装备技术进行了系统研究，设计开发出多种（高性能或功能性）绳网线新材料与渔业工程装备技术，并在拖网渔具、深远海养殖网箱（包括美济礁深远海金属网箱、周长 158 m 美济礁大型浮绳式网箱）、周长 200 m 特力夫™超大型深海养殖网箱、双圆周大跨距管桩式围网、双圆周（超）大型组合式网衣养殖围网、生态海洋牧场堤坝围网及其内置网格式围网（白龙屿生态海洋牧场项目一期利用绳网在白龙屿生态海洋牧场内围网形成 88 亩①的养殖网格，并开展了大黄鱼养殖试验；项目二期利用绳网在白龙屿生态海洋牧场两边栅栏式堤坝进行围网，形成 650 亩白龙屿生态海洋牧场养殖海区）等方面开展了创新应用（图 6-43、图 6-48 至图 6-53），示范结果表明采用绳网线新材料技术+网具优化设计技术+智能农机装备技术等综合技术后的拖网渔具与养殖装备设施的安全性与抗风浪性能提高、生产能耗或原材料消耗降低，成果助力了我国渔业的可持续健康发展。东海所石建高课题组联合浙江东一、温州丰和、美济渔业等单位首创（超）大型牧场化养殖围网新模式、（超）大型双圆周大跨距管桩式围网新模式、超大型深海养殖网箱等（超）大型养殖装备新模式，授权"一种大型复合网围"等相关发明专利多项，（超）大型养殖装备新模式已被中国网、《水产前沿》等媒体报道，成果将推进我国渔业装备工程技术的进步、发展和创新。

图 6-48　节能降耗型拖网渔具海上试验

在各类项目的支持下，平阳县碧海仙山海产品养殖有限公司（以下简称"碧海仙山"）、浙江海洋大学和东海所等单位围绕材料及设施、生态养殖等关键核心技术进行浅海养殖围网设施及生态养殖技术研发与产业化应用，该项目获浙江省科技进步奖。碧海仙山联合浙江海洋大学和东海所等单位开展了海水抗风浪网箱+藻鱼贝浮绳

---

① 亩为我国非法定计量单位 1 hm² = 15 亩，1 亩 ≈ 667 m²，以下同。

图 6-49　大型特力夫浮绳式网箱

图 6-50　特力夫深远海养殖网箱

图 6-51　双圆周超大型组合式网衣养殖围网

图 6-52　白龙屿生态海洋牧场堤坝围网及其内置网格式围网

图 6-53　双圆周大跨距管桩式围网

式围网生态养殖产业化应用，公司养成南麂大黄鱼"游"上 20 国集团峰会餐桌，成果被温州网等媒体报道（图 6-54）。

图 6-54　浮绳式围网养殖

限于篇幅，本章对渔业工程装备不作详细概述，有兴趣的读者、企业可参考《海水抗风浪网箱工程技术》等相关文献资料或咨询专业团队，共同推动新材料技术在捕捞渔具与渔业工程装备领域的创新应用，助力我国渔业的可持续健康发展，推进"一带一路"和深蓝渔业。

第七章　捕捞与渔业工程装备用网线质量及其检测技术

网线在捕捞与渔业工程装备领域中使用量大面广、种类繁多，且适用环境多种多样，这就导致网线质量要求及其检测技术不尽相同。网线质量及其检测技术一般应符合相关标准或贸易合同等，如聚酰胺捻线可采用《聚酰胺网线》（SC/T 5006）行业标准、聚乙烯捻线可采用《聚乙烯网线》（SC/T 5007）行业标准、超高分子量聚乙烯网线可采用《超高分子量聚乙烯网线》（FZ/T 63028）行业标准，等等。不同的网线产品，其质量要求及其检测技术标准不尽相同。本章对捕捞与渔业工程装备用网线（包括聚酰胺网线、聚乙烯网线、聚乙烯-聚乙烯醇网线、超高分子量聚乙烯网线和高强聚乙烯编织线）质量要求及其检测技术、常见网线疵品及其原因分析进行介绍，以便为捕捞与渔业工程装备设计、开发与应用提供参考。其他网线产品质量要求及其检测技术读者可参照相关标准或合同等技术指标要求。

第一节　聚酰胺网线质量要求及其检测技术

聚酰胺网线具有柔软、性能优良等特点，广泛应用于拖网渔具、深水网箱、大型养殖围网、藻类网帘等生产中。现有聚酰胺网线行业标准为《聚酰胺网线》（SC/T 5006）（适用于采用线密度为 23 tex 的聚酰胺长丝捻制而成的聚酰胺网线）。现参照《聚酰胺网线》（SC/T 5006）标准，将聚酰胺网线质量要求及其检测技术概述如下，其他聚酰胺网线产品质量要求及其检测技术，读者可参照相关标准或合同等技术指标要求（网线标准包括国际标准、国家标准、行业标准、团体标准和企业标准）。

一、聚酰胺网线产品抽样方法及样本数

聚酰胺网线产品取样应在生产单位、销售单位已经检验合格的产品中随机抽取，特殊情况下也允许在网线车间生产线、现场等地点随机抽取。同一品种、同一规格、同一等级的产品为一批，各种聚酰胺网线产品抽样数见表 7-1。

表 7-1　聚酰胺网线产品抽样方法及样本数

产品名称	组批规定	每批抽样数	
		开包数（箱、袋）	样品数（筒、绞）
聚酰胺网线	≤2 t	≥5	10

二、聚酰胺网线产品常规质量要求项目

聚酰胺网线产品常规质量要求项目如表 7-2 所示。特殊质量要求项目按合同要求或相关标准规范要求等。

表 7-2　聚酰胺网线产品常规质量要求项目

产品名称	常规质量要求项目
聚酰胺网线	外观、直径、捻度、综合线密度、断裂强力、断裂伸长率、单线结强力、回潮率、公定质量

三、聚酰胺网线质量要求

1. 聚酰胺网线产品外观质量要求

聚酰胺网线产品外观质量应符合表 7-3 的规定。

表 7-3　聚酰胺网线产品外观质量要求

项目	单位	要求
多纱少纱线	绞（轴、卷）	不允许
背股线	绞（轴、卷）	轻微
起毛线	绞（轴、卷）	轻微
小辫子线	绞（轴、卷）	不允许
油污线	绞（轴、卷）	轻微

注：①因线股粗细不匀或加捻时张力不同或捻度不一致等原因造成线股扭曲处最高点不在一直线上的网线称为背股线（coarse twine）；②线股中出现多余或缺少单纱根数的网线称为多纱少纱线（uneven twine）；③表面由于摩擦或其他原因引起结构松散、表面粗糙的网线称为起毛线（disfigure twine）；④沾有油、污、色、锈等斑渍的网线称为油污线（dirty twine）；⑤线股局部扭曲，呈小辫子状，并凸出捻线表面的网线称为小辫子线（plaited twine）。

2. 聚酰胺网线产品物理性能质量要求

聚酰胺网线产品物理性能质量应符合表 7-4 的规定。

表 7-4　聚酰胺网线产品物理性能指标

规格	直径（mm）	综合线密度（Rtex）	断裂强力（N）	单线结强力（N）	断裂伸长率（%）	捻度（T/m）	
						初捻	复捻
23 tex×1×2	0.28	49	25	15	18~30	760	512
23 tex×1×3	0.34	74	37	22	18~30	720	460
23 tex×2×2	0.41	102	48	31	18~30	696	404
23 tex×2×3	0.51	152	73	44	18~30	620	360
23 tex×3×3	0.62	230	110	65	18~30	516	300
23 tex×4×3	0.72	313	146	87	18~30	476	276
23 tex×5×3	0.82	392	183	110	20~35	444	256
23 tex×6×3	0.90	470	212	119	20~35	416	236
23 tex×7×3	1.00	543	247	140	20~35	392	224
23 tex×8×3	1.08	629	283	159	20~35	372	208
23 tex×9×3	1.14	705	308	176	20~35	360	196
23 tex×10×3	1.21	796	343	196	20~35	344	188
23 tex×11×3	1.28	871	377	215	23~40	332	180
23 tex×12×3	1.34	966	411	235	23~40	316	172
23 tex×13×3	1.40	1 035	445	241	23~40	304	164
23 tex×15×3	1.51	1 204	513	277	23~40	284	148
23 tex×16×3	1.56	1 261	547	295	23~40	280	144
23 tex×17×3	1.62	1 358	581	314	23~40	276	140
23 tex×18×3	1.66	1 411	616	332	23~40	272	136
23 tex×20×3	1.76	1 558	684	369	23~40	264	132
23 tex×22×3	1.85	1 700	750	405	25~45	248	124
23 tex×24×3	1.94	1 990	820	440	25~45	232	116
23 tex×26×3	2.03	2 280	890	472	25~45	220	108
23 tex×28×3	2.12	2 570	955	506	25~45	205	102
23 tex×30×3	2.21	2 860	1 020	540	25~45	198	97
23 tex×35×3	2.43	3 210	1 100	578	25~45	185	92
23 tex×40×3	2.65	3 560	1 200	630	25~45	176	88
23 tex×45×3	2.88	3 910	1 350	705	25~45	168	84
23 tex×50×3	3.10	4 240	1 500	788	25~45	160	80
偏差	—	+10% −5%	≥	≥	—	±15%	±13%

注：表中未列出规格网线的综合线密度、断裂强力、单线结强力可用下列插入法公式计算：

$$x = x_1 + (x_2 - x_1) \times (n - n_1)/(n_2 - n_1)$$

式中：x——代表所求规格网线的综合线密度、断裂强力、单线结强力；

　　　n——所求规格的网线股数；

　　　n_1、n_2——为相邻两规格网线的股数，且 $n_1 < n_2$；

　　　x_1、x_2——分别代表相邻两规格网线的综合综合线密度、断裂强力、单线结强力，且 $x_1 < x_2$。

聚酰胺网线产品物理性能指标中"断裂强力、单线结强力"2个指标的检验数据必须等于或大于表列数据;"综合线密度、断裂伸长率、捻度"3个项目的检验数据必须在表列数据下面最后一行规定的上下允许范围内;因为有"综合线密度"考核,所以"直径"这个项目不作质量考核项目,测试数据仅供参考。未列出规格网线的综合线密度、断裂强力、单线结强力可用插入法进行计算。

四、聚酰胺网线产品检测技术

1. 外观质量检测

聚酰胺网线产品外观质量检测参照《合成纤维渔网线试验方法》(SC 110)标准,外观质量检测应在光线充足的自然条件或采用配有白色灯罩的明亮灯光下逐绞进行。

2. 预加张力

聚酰胺网线产品预加张力应符合《渔具材料试验基本条件预加张力》(GB/T 6965—2004)的规定,简述如下。

(1)在测长仪上(图7-1),随意量取1 m长试样10根,采用分辨力不大于0.001 g的天平进行称量,其值的25倍(250 m网线的质量)作为暂定预加张力f_1。

(2)以f_1为暂定预加张力,再次在测长仪上量取1 m长试样10根,称量后换算成250 m网线的质量,即为该试样的预加张力f_2。

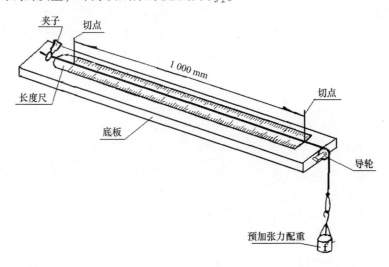

图7-1 测长仪

3. 直径检测

聚酰胺网线产品直径检测参照《合成纤维渔网线试验方法》(SC 110)或《渔网 网线直径和线密度的测定》(SC/T 4028—2016),可采用圆棒法或读数显微镜法，现简述如下。

（1）圆棒法

取试样 5 个，在预加张力的作用下，将其卷绕在直径约为 50 mm 的圆棒上，至少 20 圈以上。用分辨力不大于 0.02 mm 的游标卡尺测量其中 10 圈的宽度（精确到 0.02 mm），取其直径的算术平均值；每个试样于不同部位测定 2 次。取 5 个试样共 10 次测量值的算术平均值（精确到小数点后两位），以 mm 表示。如图 7-2 所示。

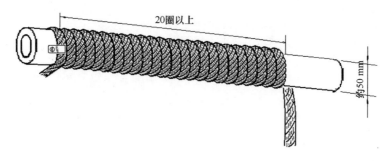

图 7-2　圆棒法

（2）读数显微镜法

直径 1 mm 以下的试样，直接采用读数显微镜测定，取 5 次测量值的算术平均值（精确到小数后两位），以 mm 表示。测量步骤如下：

（1）将试样固定在测定架上，并加以预加张力；

（2）移动读数显微镜内基准线与网线轴向两侧外切，并读取外切时读数 m_1 及 m_2（读数精确至两位小数，图 7-3），按公式（7-1）计算网线直径。

$$d = |m_1 - m_2| \tag{7-1}$$

式中：d——网线直径（mm）；

m_1、m_2——外切时读数显微镜的读数（mm）。

4. 综合线密度测定

聚酰胺网线产品综合线密度测定参照《合成纤维渔网线试验方法》（SC 110）或《渔网　网线直径和线密度的测定》（SC/T 4028—2016），现简述如下。

如图 7-1 所示，对被测网线施与预加张力后，在测长仪上量取 1 m 长试样 10 根，采用天平称取质量（精确至 0.01 g），其值的 100 倍（1 000 m 网线的质量），即为试样的综合线密度（Rtex）。

5. 网线内捻、外捻测定

聚酰胺网线产品内捻、外捻测定参照《合成纤维渔网线试验方法》（SC 110）标准。取试样长度为（250±1）mm，在预加张力作用下，夹入网线捻度计夹具，将网线退捻至各股平行，把退捻的捻回数（精确至 1 捻回）换算成每米的捻回数，即为网线的外捻度；然后在退去外捻后的线股中随机取 1 股，采用测试外捻度相同的方

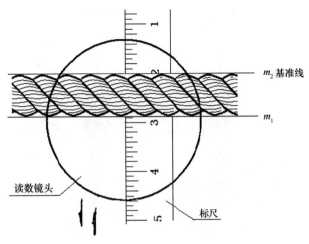

图 7-3　读数显微镜法

法，测得网线的内捻度。网线捻度计种类很多，一种网线捻度计如图 7-4 所示。

图 7-4　网线捻度计

图片来源：http://www.td1958.com。

6. 断裂强力与断裂伸长率的测定

聚酰胺网线产品断裂强力与断裂伸长率的测定方法如下：

（1）环境条件应符合 SC/T 5014 的规定；

（2）网线断裂强力和单线结强力的测定按 SC/T 4022 的规定执行，但在测定单线结强力时，作结方向应与网线捻向相同，如图 7-5 所示；

（3）网线断裂伸长率的测定按 SC/T 4023 中的规定执行。

网线断裂强力与断裂伸长率的测定采用强力试验机，强力试验机种类很多，IN-STRON 5569 型强力试验机，如图 7-6 所示。

7. 回潮率测定

聚酰胺网线产品回潮率测定参照《合成纤维渔网线试验方法》（SC 110）标准，现简述如下。

（1）试验仪器

八篮式烘箱：烘箱应是通风式，并附有天平的箱内称重装置；烘箱的温度准确度不大于 3℃，天平感量不大于 0.001 g。

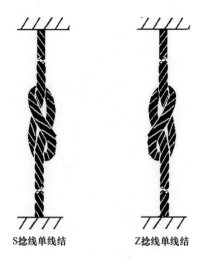

S捻线单线结   Z捻线单线结

图 7-5　单线结

图 7-6　INSTRON 5569 型强力试验机

（2）试验方法和步骤

①取质量不少于 50 g 的试样 8 个，分别编号并称量；

②将烘箱预热至干燥温度（105±3）℃后放入试样；

③试样放入烘箱后开始计时，烘至 1 h 后开始称量，以后每隔 10 min 称量一次，称量精确至 0.001 g，烘至恒重（当前后两次称重之差值小于后一次质量的 0.1% 时，即可视为恒重），将最后一次称量的质量记为烘后质量。称量应关闭电源后约 30 s 进行，每次称完 8 个试样不应超过 5 min。回潮率按公式（7-2）计算，取 8 个试样的算术平均值，计算结果保留一位小数。

$$R = [(m_0 - m_1)/m_1] \times 100\% \qquad (7-2)$$

式中：R ——实测回潮率，（%）；

  m_0 ——烘干前质量（g）；

m_1——烘后质量（g）。

网线回潮率测定一般采用八篮式烘箱，八篮式烘箱种类很多，一种八蓝式烘箱如图 7-7 所示。

图 7-7　八篮式烘箱

图片来源：http://www.td1958.com/。

8. 公定重量的计算

聚酰胺网线产品公定重量测定参照《合成纤维渔网线试验方法》（SC 110）标准，现简述如下。公定重量按公式（7-3）计算：

$$G = G_0 \times (100 + 4.5)/(100 + R) \tag{7-3}$$

式中：G——公定重量（g）；

G_0——实测重量（g）；

R——实测回潮率（%）。

9. 样品试验次数

聚酰胺网线产品试验次数按表 7-5 中规定执行。

表 7-5　聚酰胺网线产品试验次数（次）

项目	指标						
	直径	综合线密度	捻度		断裂强力	断裂伸长率	单线结强力
			初捻	复捻			
绞（卷、轴）数	10	10	10	10	10	10	10
每绞（卷、轴）测试次数	1	1	1	1	3	3	3
总次数	10	10	10	10	30	30	30

10. 数据处理

聚酰胺网线产品数据处理按表 7-6 中规定执行。

表 7-6　聚酰胺网线产品数据处理

序号	项目	数据处理
1	直径	保留两位小数
2	断裂强力	三位有效数字
3	断裂伸长率	整数
4	单线结强力	三位有效数字
5	回潮率	保留一位小数
6	综合线密度	整数

11. 检验规则

（1）组批和抽样

①相同工艺制造的同一原料、同一规格的网线为一批，但每批重量不超过 2 t。

②样品应在不少于 5 袋（箱）的同批产品中随机抽取，在抽取的袋（箱）中任取试样 10 绞（卷、轴）样品进行检验。

（2）检验分类

产品检验分为出厂检验和型式检验。

①出厂检验项目为 SC/T 5006 标准中 5.1 的项目（即上文"三、聚酰胺网线质量要求"中的外观质量项目）。

②型式检验项目为 SC/T 5006 标准第 5 章中全部项目（即上文"三、聚酰胺网线质量要求"中的全部项目）；型式检验每半年至少进行一次，有下列情况之一时也应进行型式检验：

——新产品试制定型鉴定或老产品转厂生产时；

——原材料或生产工艺有重大改变，可能影响产品性能时；

——其他提出型式检验要求时。

（2）判定规则

①在检验结果中，若物理性能的综合线密度、断裂强力、单线结强力中有 1 项或外观有 2 项不符合要求时，则判该绞（卷、轴）样品为不合格；若有 3 绞（卷、轴）或 3 绞（卷、轴）以上样品不合格时，则判该批产品为不合格；若有 2 绞（卷、轴）不合格时，则应进行加倍抽样复测，若复测结果仍有 2 绞（卷、轴）或 2 绞（卷、轴）以上样品不合格时，则判该批产品为不合格。

②批量抽样，检验结果对该批产品有效；送样委托检验，其检验结果仅对样品有效。

12. 标志、包装、运输和贮存

标志、包装、运输和贮存是保证产品质量的重要环节，企业、用户和研发人员等都应该加以重视，以防因此引起产品质量问题。网线产品应附有合格证，合格证上应标明产品名称、规格、生产企业名称和地址、执行标准、生产日期或批号、净重量及检验标志。网线产品采用瓦楞纸箱或塑料编织袋包装。每袋（箱）应是同规格、同颜色的产品，每袋（箱）的网线净重量以 20~25 kg 为宜。网线产品在运输和装卸过程中，切勿拖曳、钩挂，避免损坏包装和产品。网线产品应贮存在远离热源、无化学品污染、无阳光直射、清洁干燥的库房内。产品贮存期为一年（自生产之日起），超过一年的网线产品应经复验合格后方可出厂。

五、聚酰胺网线产品其他要求

除上述 SC/T 5006 标准涉及的质量技术要求外，在捕捞与渔业工程装备领域实际生产中还应注重聚酰胺网线产品其他要求。网线质量由各个方面协作予以保证，如采购部门保证原料规格、品质要符合产品规格和技术要求；工艺技术部门保证提供合适的生产设备和生产工艺；生产管理部门保证原料使用、生产设备和生产工艺等的正确落实；操作工要保证工艺操作正确、车间整洁美观、产品分类正确（将不符合外观质量要求的半成品、成品及时分类管理），以保证产品质量、实现生产的节能降耗。网线生产消耗包括有形消耗加无形消耗，消耗过大将增加生产成本[网线生产的有形消耗包括操作工在接头等操作时剪下的纱头、生产中去除的次品线股和网线、换筒子拉下的筒子上剩余废料（包括单纱、单丝、线股等），有形消耗范围一般控制在 0.2%~0.3%。网线生产的无形消耗主要指网线生产中将（包括单纱、单丝、线股等）乱丢乱放形成的消耗]。网线生产中消耗一般要求控制在 0.5% 以内。网线生产消耗虽然在标准中没有规定，但在加工合同中一般有明确规定。

第二节　聚乙烯网线质量要求及其检测技术

聚乙烯网线具有密度小、滤水性好等特点，广泛应用于拖网渔具、深水网箱、大型养殖围网等领域。现有聚乙烯网线行业标准为：《聚乙烯网线》（SC/T 5007），适用于采用线密度为 36 tex 的聚乙烯单丝捻成的单捻线、复捻线和复合捻线；《渔用聚乙烯编织线》（SC/T 4027），适用于以 1~7 根线密度为 36 tex 的聚乙烯单丝制成线股，再以 16 个线股相互交叉穿插编织成的渔用聚乙烯编织线。现参照 SC/T 5007 标准、SC/T 4027 标准，分别将聚乙烯捻线、聚乙烯编织线质量要求及其检测技术概述如下，其他聚乙烯网线产品质量要求及其检测技术，读者可参照相关标准、规范或合同等技术指标要求。

一、聚乙烯捻线质量要求及其检测技术

1. 聚乙烯捻线产品抽样方法及样本数

聚乙烯捻线产品抽样方法及样本数同聚酰胺网线产品，这里不再重复。

2. 聚乙烯捻线产品常规质量要求项目

聚乙烯捻线产品常规质量要求项目如表7-7所示。特殊质量要求项目按合同要求或相关标准规范要求等。

表7-7　聚乙烯捻线产品常规质量要求项目

产品名称	常规质量要求项目
聚乙烯捻线	外观、直径、外捻度、综合线密度、断裂强力、断裂伸长率、单线结强力

3. 聚乙烯捻线质量要求

（1）聚乙烯捻线产品外观质量要求

聚乙烯捻线产品外观质量应符合表7-8的规定。

表7-8　聚乙烯捻线产品外观质量要求

项目	单位	要求
缺股	绞（轴、卷）	不允许
背股	绞（轴、卷）	轻微
起毛	绞（轴、卷）	轻微

注：①线股中出现缺少单丝根数的网线称为缺股线；②因线股粗细不匀或加捻时张力不同，或捻度不一致等原因造成线股扭曲处最高点不在一直线上的网线称为背股线；③表面由于摩擦或其他原因引起结构松散，表面粗糙的网线称为起毛线。

（2）聚乙烯捻线产品物理性能质量要求

聚乙烯捻线产品物理性能质量应符合表7-9的规定。

表 7-9　聚乙烯捻线产品物理性能指标

规格	公称直径 （mm）	综合线密度 （Rtex）	断裂强力 （N）	单线结强力 （N）	外捻度 （T/m）	断裂伸长率 （%）
36 tex×1×2	0.40	74	≥31	≥18	240	10~25
36 tex×1×3	0.50	111	≥47	≥27	226	10~25
36 tex×2×2	0.60	148	≥62	≥35	224	10~25
36 tex×2×3	0.75	231	≥87	≥50	192	10~25
36 tex×3×3	0.90	347	≥130	≥76	168	15~30
36 tex×4×3	1.00	462	≥161	≥93	144	15~30
36 tex×5×3	1.15	578	≥200	≥116	136	15~30
36 tex×6×3	1.30	693	≥241	≥140	128	15~30
36 tex×7×3	1.40	809	≥280	≥163	120	15~30
36 tex×8×3	1.55	950	≥321	≥186	112	15~30
36 tex×9×3	1.65	1 069	≥361	≥217	108	15~30
36 tex×10×3	1.75	1 188	≥402	≥241	104	15~30
36 tex×11×3	1.85	1 331	≥441	≥265	100	15~30
36 tex×12×3	1.95	1 452	≥481	≥289	96	15~30
36 tex×13×3	2.05	1 572	≥521	≥313	92	15~30
36 tex×14×3	2.15	1 693	≥561	≥336	88	15~30
36 tex×15×3	2.20	1 814	≥602	≥361	84	15~30
36 tex×16×3	2.25	1 931	≥640	≥384	82	15~30
36 tex×17×3	2.30	2 074	≥688	≥412	80	15~30
36 tex×18×3	2.35	2 177	≥722	≥433	78	15~30
36 tex×20×3	2.50	2 419	≥803	≥485	74	15~30
36 tex×25×3	2.85	3 024	≥953	≥666	70	15~30
36 tex×30×3	3.20	3 629	≥1 140	≥797	60	15~30
36 tex×35×3	3.45	4 233	≥1 330	≥934	56	15~30
36 tex×40×3	3.65	4 838	≥1 520	≥1 068	52	15~30
偏差范围	—	±10%	—	—	±5%	—

注：①表中未列出规格网线的综合线密度、断裂强力、单线结强力，可用下列插入法公式计算：

$$x = x_1 \times (x_2 - x_1)(n - n_1)/(n_2 - n_1)$$

式中：x——代表所求规格网线的综合线密度、断裂强力和单线结强力；

　　　n——所求规格的网线股数；

　　　n_1、n_2——为相邻两规格网线的股数，且 $n_1 < n_2$；

　　　x_1、x_2——分别代表相邻两规格网线的综合线密度、断裂强力和单线结强力，且 $x_1 < x_2$。

②网线单丝密度非 36 tex，其值为 32~44 tex 的网线的综合线密度、断裂强力和单线结强力可参照 SC/T 5007 标准附录 A 计算。

4. 聚乙烯捻线产品检测技术

（1）外观质量检测

聚乙烯捻线产品外观质量检测参照《合成纤维渔网线试验方法》（SC 110），在光线充足的自然条件或采用配有白色灯罩的明亮灯光下逐绞进行。

（2）预加张力

聚乙烯捻线产品预加张力应符合 GB/T 6965 的规定。

（3）直径检测

聚乙烯捻线产品直径检测参照《合成纤维渔网线试验方法》（SC 110）或《渔网网线直径和线密度的测定》（SC/T 4028—2016），可采用圆棒法或读数显微镜法。

（4）综合线密度测定

聚乙烯捻线产品综合线密度测定参照《合成纤维渔网线试验方法》（SC 110）或《渔网 网线直径和线密度的测定》（SC/T 4028—2016）。

（5）网线外捻度测定

聚乙烯捻线产品外捻度测定采用《合成纤维渔网线试验方法》（SC 110）。

（6）断裂强力与断裂伸长率的测定

聚乙烯捻线产品断裂强力与断裂伸长率测定采用《合成纤维渔网线试验方法》（SC 110）。

（7）样品试验次数

聚乙烯捻线产品试验次数按表 7-10 中规定执行。

表 7-10　聚乙烯捻线产品试验次数（次）

项目	指标				
	直径	综合线密度	断裂强力	断裂伸长率	单线结强力
绞（卷、轴）数	10	10	10	10	10
每绞（卷、轴）测试次数	1	1	3	3	3
总次数	10	10	30	30	30

（8）数据处理

聚乙烯捻线产品数据处理按表 7-11 中规定执行。

表 7-11　聚乙烯捻线产品数据处理

序号	项目	数据处理
1	直径	小数点后两位
2	断裂强力	有效数三位
3	断裂伸长率	整数
4	单线结强力	三位有效数字
5	综合线密度	整数

（9）检验规则

①组批和抽样：聚乙烯捻线产品组批和抽样方法同聚酰胺网线产品，这里不再重复。

②检验分类：产品检验分为出厂检验和型式检验。

出厂检验项目为 SC/T 5007 标准中 4.1 的项目（即上文"3、聚乙烯捻线质量要求"中的外观质量项目）。

型式检验项目为 SC/T 5007 标准第 4 章中全部项目（即上文"3、聚乙烯捻线质量要求"中的全部项目）；型式检验每半年至少进行一次，有下列情况之一时也应进行型式检验：

——新产品试制定型鉴定或老产品转厂生产时；

——原材料或生产工艺有重大改变，可能影响产品性能时；

——其他提出型式检验要求时。

③判定规则：在检验结果中，若物理性能的综合线密度、断裂强力、单线结强力中有 1 项或外观有 2 项不符合要求，则判该绞（卷、轴）样品为不合格；若有 3 绞（卷、轴）或 3 绞（卷、轴）以上样品不合格时，则判该批产品为不合格；若有 2 绞（卷、轴）不合格时，则应进行加倍抽样复测，若复测结果仍有 2 绞（卷、轴）或 2 绞（卷、轴）以上样品不合格时，则判该批产品为不合格。批量抽样，检验结果对该批产品有效；送样委托检验，其检验结果仅对样品有效。

（10）标志、包装、运输和贮存

标志、包装、运输和贮存是保证产品质量的重要环节，企业、用户和研发人员等都应该加以重视，以防因此引起产品质量问题。捻线产品应附有合格证，合格证上应标明产品名称、规格、生产企业名称和地址、执行标准、生产日期或批号、净重量及检验标志。捻线产品采用瓦楞纸箱或塑料编织袋包装。每袋（箱）应是同规格、同颜色的产品，每袋（箱）的捻线净重量以 20~30 kg 为宜。捻线产品在运输和装卸过程中，切勿拖曳、钩挂，避免损坏包装和产品。捻线产品应贮存在远离热源、无化学品污染、无阳光直射、清洁干燥的库房内。产品贮存期为一年（自生产日起），超过一年的捻线产品应经复验合格后方可出厂，确保产品质量。

5. 聚乙烯捻线产品其他要求

聚乙烯捻线产品其他要求类似于聚酰胺网线产品，企业或读者在实际生产中需根据捕捞与渔业工程装备领域的需要设计网线的其他要求（如耐磨性、耐紫外老化性和适配性等）。

二、聚乙烯编织线质量要求及其检测技术

1. 聚乙烯编织线产品抽样方法及样本数

聚乙烯编织线产品抽样方法及样本数同聚酰胺网线产品，这里不再重复。

2. 聚乙烯编织线产品常规质量要求项目

聚乙烯编织线产品常规质量要求项目如表 7-12 所示，特殊质量要求项目按合同要求或相关标准规范要求等。

表 7-12　聚乙烯编织线产品常规质量要求项目

产品名称	常规质量要求项目
聚乙烯编织线	外观、直径、综合线密度、断裂强力、断裂伸长率、单线结强力

3. 聚乙烯编织线质量要求

（1）聚乙烯编织线产品外观质量要求

聚乙烯编织线产品外观质量应符合表 7-13 的规定。

表 7-13　聚乙烯编织线产品外观质量要求

项目	单位	要求
缺股	绞（轴、卷）	不允许
起毛	绞（轴、卷）	轻微

注：①线股中出现缺少单丝根数的网线称为缺股线；②表面由于摩擦或其他原因引起结构松散，表面粗糙的网线称为起毛线。

（2）聚乙烯编织线产品物理性能质量要求

聚乙烯编织线产品物理性能质量应符合表 7-14 的规定。

表 7-14　聚乙烯编织线产品物理性能指标

序号	规格	综合线密度		断裂强力（N）	单线结强力（N）	断裂伸长率（%）
		指标值（Rtex）	允许偏差率（%）			
1	36 tex×1×16	620		≥202	≥140	15~40
2	36 tex×2×16	1 220		≥410	≥289	15~40
3	36 tex×3×16	1 850		≥649	≥465	15~40
4	36 tex×4×16	2 480	±10	≥821	≥567	15~40
5	36 tex×5×16	3 100		≥1 010	≥706	15~40
6	36 tex×6×16	3 640		≥1 140	≥837	15~40
7	36 tex×7×16	4 300		≥1 340	≥935	15~40

4. 聚乙烯编织线产品检测技术

（1）外观质量检测

外观质量检测应在光线充足的自然条件或采用配有白色灯罩的明亮灯光下逐绞进行。

（2）预加张力

聚乙烯编织线产品预加张力应符合 GB/T 6965 的规定。

（3）直径检测

聚乙烯编织线产品直径检测参照《合成纤维渔网线试验方法》（SC 110）或《渔网　网线直径和线密度的测定》（SC/T 4028—2016），可采用圆棒法或读数显微镜法。

（4）综合线密度测定

聚乙烯编织线产品综合线密度测定参照《合成纤维渔网线试验方法》（SC 110）或《渔网　网线直径和线密度的测定》（SC/T 4028—2016）。

（5）断裂强力与断裂伸长率的测定

聚乙烯编织线产品断裂强力与断裂伸长率测定采用《合成纤维渔网线试验方法》（SC 110）。

（6）样品试验次数

聚乙烯编织线产品样品试验次数同聚乙烯捻线产品，这里不再重复。

（7）数据处理

聚乙烯编织线产品数据处理同聚乙烯捻线产品，这里不再重复。

（8）检验规则

①组批和抽样：聚乙烯编织线产品组批和抽样方法同聚酰胺网线产品，这里不再重复。

②检验分类：产品检验分为出厂检验和型式检验。

出厂检验项目为 SC/T 4027 标准中 4.1 的项目（即上文"3、聚乙烯编织线质量要求"中的外观质量项目）。

型式检验项目为 SC/T 4027 标准第 4 章中全部项目（即上文"3、聚乙烯编织线质量要求"中的全部项目）；型式检验每半年至少进行一次，有下列情况之一时也应进行型式检验：

——新产品试制定型鉴定或老产品转厂生产时；

——原材料或生产工艺有重大改变，可能影响产品性能时；

——其他提出型式检验要求时。

③判定规则：在检验结果中若有两项外观质量指标或一项物理性能指标不合格时，则判该绞（卷或筒）样品不合格。在每批样品检验结果中，若 10 绞（卷或筒）样品均合格时，则判该批产品为合格；若 10 绞（卷或筒）样品中有 2 绞（卷或筒）或 2 绞（卷或筒）以上样品不合格时，则判该批产品为不合格；若 10 绞（卷或筒）样品中有 1 绞（卷或筒）样品不合格时，则应在该批产品中重新抽取 10 绞（卷或筒）样品进行复测，若复测结果中，仍有 2 绞（卷或筒）或 2 绞（卷或筒）以上样品不合格时，则判该批产品为不合格。

（9）标志、包装、运输和贮存

聚乙烯编织线产品标志、包装、运输和贮存同聚乙烯捻线产品，这里不再重复。

5. 聚乙烯编织线产品其他要求

聚乙烯编织线产品其他要求类似于聚酰胺网线产品，企业或读者在实际生产中需根据捕捞与渔业工程装备领域的需要设计网线的其他要求（如耐磨性、耐紫外老化性和适配性等）。

第三节　聚乙烯-聚乙烯醇网线质量要求及其检测技术

聚乙烯-聚乙烯醇网线具有耐紫外老化性好、线表面有茸毛等特点，广泛应用于紫菜养殖网帘等领域。现有聚乙烯-聚乙烯醇网线行业标准为《聚乙烯-聚乙烯醇网线　混捻型》（SC/T 4019），适用于采用线密度为 36 tex 聚乙烯单丝和 29.5 tex 聚乙烯醇牵切纱捻制成结构为 [（PE36 tex×4+ PVA29.5 tex×6）×3×3～（PE36 tex×6+ PVA29.5 tex×9）×3×3] 混合捻制成的网线。现参照 SC/T 4019 标准将混捻型聚乙烯-聚乙烯醇网线质量要求及其检测技术概述如下，其他聚乙烯-聚乙烯醇网线产品质量要求及其检测技术，读者可参照相关标准、合同或文献资料等技术指标要求。

一、聚乙烯-聚乙烯醇网线产品抽样方法及样本数

聚乙烯-聚乙烯醇网线产品抽样方法及样本数同聚酰胺网线产品，这里不再重复。

二、聚乙烯-聚乙烯醇网线产品常规质量要求项目

聚乙烯-聚乙烯醇网线产品常规质量要求项目如表 7-15 所示，特殊质量要求项目按合同要求或相关标准规范要求等。

表 7-15　聚乙烯-聚乙烯醇网线产品常规质量要求项目

产品名称	常规质量要求项目
聚乙烯-聚乙烯醇网线	外观、直径、综合线密度、断裂强力、断裂伸长率、单线结强力

三、聚乙烯-聚乙烯醇网线质量要求

1. 聚乙烯-聚乙烯醇网线产品外观质量要求

聚乙烯-聚乙烯醇网线产品外观质量不允许出现多股少股现象。

2. 聚乙烯-聚乙烯醇网线产品物理性能质量要求

聚乙烯-聚乙烯醇网线产品物理性能质量应符合表 7-16 的规定。

表 7-16　混捻型聚乙烯–聚乙烯醇网线产品物理性能指标

规格	项目				
	公称直径 （mm）	综合线密度 （Rtex）	断裂强力 （N）	单线结强力 （N）	断裂伸长率 （%）
（PE36 tex×4+PVA29. 5 tex×6） ×3×3	3.0	4 100	802	465	20~35
（PE36 tex×4+PVA29. 5 tex×7） ×3×3	3.1	4 450	861	499	20~35
（PE36 tex×5+PVA29. 5 tex×7） ×3×3	3.2	4 940	960	557	20~35
（PE36 tex×5+PVA29. 5 tex×8） ×3×3	3.3	5 300	1 020	592	20~35
（PE36 tex×6+PVA29. 5 tex×8） ×3×3	3.4	5 780	1 100	638	20~35
（PE36 tex×6+PVA29. 5 tex×9） ×3×3	3.5	6 140	1 160	673	20~35
允许偏差		±10%	≥	≥	

四、聚乙烯–聚乙烯醇网线产品检测技术

1. 外观质量检测

外观质量检测应在光线充足的自然条件或采用配有白色灯罩的明亮灯光下逐绞进行。

2. 预加张力

聚乙烯–聚乙烯醇网线产品预加张力应符合 GB/T 6965 的规定。

3. 直径检测

聚乙烯–聚乙烯醇网线产品直径检测参照《合成纤维渔网线试验方法》（SC 110）或《渔网　网线直径和线密度的测定》（SC/T 4028—2016），可采用圆棒法或读数显微镜法。

4. 综合线密度测定

聚乙烯–聚乙烯醇网线产品综合线密度测定参照《合成纤维渔网线试验方法》（SC 110）或《渔网　网线直径和线密度的测定》（SC/T 4028—2016）。

5. 断裂强力与断裂伸长率的测定

聚乙烯–聚乙烯醇网线产品断裂强力与断裂伸长率测定采用《合成纤维渔网线试验方法》（SC 110）。

6. 样品试验次数

聚乙烯–聚乙烯醇网线产品试验次数按表 7-17 中规定执行。

表 7-17　聚乙烯-聚乙烯醇网线产品试验次数（次）

项目	指标				
	直径	综合线密度	断裂强力	断裂伸长率	单线结强力
绞（卷、轴）数	10	10	10	10	10
每绞（卷、轴）测试次数	1	1	3	3	3
总次数	10	10	30	30	30

7. 数据处理

聚乙烯-聚乙烯醇网线产品数据处理按表 7-18 中规定执行。

表 7-18　聚乙烯-聚乙烯醇网线产品数据处理

序号	项目	数据处理
1	直径	小数点后一位
2	断裂强力	有效数三位
3	断裂伸长率	整数
4	单线结强力	三位有效数字
5	综合线密度	整数

8. 检验规则

（1）组批和抽样

聚乙烯-聚乙烯醇网线产品按批量抽样，同一规格产品为一批，每批重量不超过 2 t。

（2）检验分类

产品检验分为出厂检验和型式检验。出厂检验和型式检验项目均要符合 SC/T 4019 标准第 4 章中的全部项目。

（3）判定规则

①产品按批检验，其中物理性能综合线密度、断裂强力、单线结强力中有 1 项或外观不符合要求，则判该绞（卷、轴）样品为不合格。

②批量抽样，检验结果对该批产品有效；送样委托检验，其检验结果仅对样品有效。

9. 标志、包装、运输和贮存

标志、包装、运输和贮存是保证产品质量的重要环节，企业、用户和研发人员等都应该加以重视，以防因此引起产品质量问题。聚乙烯-聚乙烯醇网线产品应附有合格证，合格证上应标明产品名称、规格、生产企业名称和地址、执行标准、生产日期或批号、净重量及检验标志。聚乙烯-聚乙烯醇网线产品采用瓦楞纸箱或塑料编织袋包装。每袋（箱）应是同规格、同颜色的产品，每袋（箱）的聚乙烯-聚乙烯醇网线净重量以 20~30 kg 为宜。聚乙烯–聚乙烯醇网线产品在运输和装卸过程中，切勿拖曳、钩挂，避免损坏包装和产品。聚乙烯–聚乙烯醇网线产品应贮存在远离热源、无化学品污染、无阳光直射、清洁干燥的库房内。产品贮存期为一年（自生产日起），超过一年的聚乙烯–聚乙烯醇网线产品应经复验合格后方可出厂，确保产品质量。

五、聚乙烯–聚乙烯醇网线产品其他要求

聚乙烯–聚乙烯醇网线产品其他要求类似于聚酰胺网线产品，企业或读者在实际生产中需根据捕捞与渔业工程装备领域的需要设计网线的其他要求（如耐磨性、耐紫外老化性、孢子吸附性和适配性等）。

第四节　超高分子量聚乙烯网线质量要求及其检测技术

超高分子量聚乙烯网线具有高强、耐磨、耐切割和耐紫外老化性等优良特性，广泛应用于钓鱼线、张网、捕捞围网、拖网渔具、深水网箱和大型养殖围网等领域。现有超高分子量聚乙烯网线行业标准为《超高分子量聚乙烯网线》（FZ/T 63028）（适用于超高分子量聚乙烯纤维捻制而成的网线，该纺织行业标准由东海所石建高研究员主持起草）。现参照 FZ/T 63028 标准将超高分子量聚乙烯网线质量要求及其检测技术概述如下，其他超高分子量聚乙烯网线产品质量要求及其检测技术，读者可参照相关标准、合同或文献资料等技术指标要求。

一、超高分子量聚乙烯网线产品抽样方法及样本数

超高分子量聚乙烯网线产品抽样方法及样本数同聚酰胺网线产品，这里不再重复。

二、超高分子量聚乙烯网线产品常规质量要求项目

超高分子量聚乙烯网线产品常规质量要求项目如表 7-19 所示，特殊质量要求项目按合同要求或相关标准规范要求等。

表 7-19　超高分子量聚乙烯网线产品常规质量要求项目

产品名称	常规质量要求项目
超高分子量聚乙烯网线	外观、直径、综合线密度、断裂强力、断裂伸长率、单线结强力

三、超高分子量聚乙烯网线质量要求

1. 超高分子量聚乙烯网线产品外观质量要求

超高分子量聚乙烯网线产品外观质量应符合表 7-20 的规定。

表7-20　超高分子量聚乙烯网线产品外观质量要求

项目	要求
背股线	轻微
起毛线	轻微
油污线	轻微
小辫子线	不允许
多纱少网线	不允许

2. 超高分子量聚乙烯网线产品物理性能质量要求

超高分子量聚乙烯网线产品物理性能质量应符合表7-21的规定。

表7-21　超高分子量聚乙烯网线产品物理性能指标

公称直径（mm）	综合线密度		断裂强力（N）	单线结强力（N）	断裂伸长率（%）
	指标值（Rtex）	允许偏差率（%）			
0.90	330		≥400	≥190	4~12
1.18	680		≥650	≥350	4~12
1.40	1 000	±8	≥1 000	≥480	4~12
1.60	1 380		≥1 330	≥600	4~12
1.80	1 780		≥1 600	≥730	4~12
2.00	2 210		≥1 900	≥860	6~12
2.25	2 600		≥2 100	≥1 000	6~12
2.48	2 990		≥2 500	≥1 130	6~12
2.68	3 370		≥2 860	≥1 240	6~12
2.85	3 800		≥3 160	≥1 360	6~12

注：表中未列出规格超高分子量聚乙烯网线的综合线密度、断裂强力、单线结强力可用下列插入法公式计算：

$$x = x_1 \times (x_2 - x_1)(n - n_1)/(n_2 - n_1)$$

式中：x——代表所求规格超高分子量聚乙烯网线的综合线密度、断裂强力、单线结强力；

n——所求规格的超高分子量聚乙烯网线股数；

n_1、n_2——为相邻两规格超高分子量聚乙烯网线的股数，且 $n_1 < n_2$；

x_1、x_2——分别代表相邻两规格超高分子量聚乙烯网线的综合线密度、断裂强力和单线结强力，且 $x_1 < x_2$。

四、超高分子量聚乙烯网线产品检测技术

1. 外观质量检测

外观质量检测应在光线充足的自然条件或采用配有白色灯罩的明亮灯光下逐绞进行。

2. 预加张力

超高分子量聚乙烯网线产品预加张力应符合 GB/T 6965 的规定。

3. 直径检测

超高分子量聚乙烯网线产品直径检测参照《渔网　网线直径和线密度的测定》（SC/T 4028—2016）标准，可采用圆棒法或读数显微镜法。

4. 综合线密度测定

超高分子量聚乙烯网线产品综合线密度测定参照《合成纤维渔网线试验方法》（SC 110）或《渔网　网线直径和线密度的测定》（SC/T 4028—2016）。根据实测综合线密度和名义综合线密度计算综合线密度偏差率。

5. 断裂强力

聚乙烯网线产品断裂强力与断裂伸长率测定采用《合成纤维渔网线试验方法》（SC 110）。

6. 样品试验次数

超高分子量聚乙烯网线产品试验次数按表 7-22 中规定执行。

表 7-22　超高分子量聚乙烯网线产品试验次数（次）

项目	指标				
	直径	综合线密度	断裂强力	断裂伸长率	单线结强力
绞（卷、轴、筒）数	10	10	10	10	10
每绞（卷、轴、筒）测试次数	1	1	3	3	3
总次数	10	10	30	30	30

7. 数据处理

超高分子量聚乙烯网线产品数据处理按表 7-23 中的规定执行。

表 7-23　超高分子量聚乙烯网线产品数据处理

序号	项目	数据处理
1	直径	保留两位小数
2	断裂强力	三位有效数
3	断裂伸长率	整数
4	单线结强力	三位有效数字
5	综合线密度及其偏差率	整数

8. 检验规则

（1）组批和抽样

相同工艺制造的同一原料、同一规格的超高分子量聚乙烯网线为一批，但每批重量不超过 2 t。同批产品中随机抽样不得少于 5 袋（箱、包、盒）。在抽取的袋（箱、包、盒）中任取试样 10 绞（卷、轴、筒）样品进行检验。

（2）检验分类

产品检验分为出厂检验和型式检验。出厂检验项目为表 7-19 中的外观质量和表 7-20 中的综合线密度；型式检验项目符合 FZ/T 63028 标准 7.2.3 条的要求（即本标准的表 7-19 中的外观质量及表 7-20 中的综合线密度、断裂强力、断裂伸长率和单线结强力）。型式检验每半年至少进行一次，有下列情况之一时也应进行型式检验：

①新产品试制定型鉴定或老产品转厂生产时；

②原材料或生产工艺有重大改变，可能影响产品性能时；

③其他提出型式检验要求时。

（3）判定规则

①产品按批检验，在检验结果中，如果物理性能的综合线密度、断裂强力、单线结强力中有一项或外观质量有 2 项不符合要求时，判该绞（卷、轴、筒）样品为不合格。

②每批 10 绞（卷、轴、筒）样品中，如果有 3 绞（卷、轴、筒）以上样品不合格时，判该批产品为不合格。

③每批 10 绞（卷、轴、筒）样品中，如果有 2 绞（卷、轴、筒）不合格时，应进行加倍抽样复测；如果复测结果中仍有 2 绞（卷、轴、筒）及以上样品不合格，判该批产品为不合格。

9. 标志、包装、运输和贮存

标志、包装、运输和贮存是保证产品质量的重要环节，企业、用户和研发人员等都应该加以重视，以防因此引起产品质量问题。超高分子量聚乙烯网线产品应附有合格证，合格证上应标明产品名称、规格、生产企业名称和地址、执行标准、生产日期或批号、净重量及检验标志。超高分子量聚乙烯网线产品采用瓦楞纸箱或塑料编织袋包装。每袋（箱）应是同规格、同颜色得产品，每袋（箱）的超高分子量聚乙烯网线净重量以 20~30 kg 为宜。超高分子量聚乙烯网线产品在运输和装卸过程中，切勿拖曳、钩挂，避免损坏包装和产品。超高分子量聚乙烯网线产品应贮存在远离热源、无化学品污染、无阳光直射、清洁干燥的库房内，确保产品质量。

五、超高分子量聚乙烯网线产品其他要求

超高分子量聚乙烯网线产品其他要求类似于聚酰胺网线产品，企业或读者在实际生产中需根据捕捞与渔业工程装备领域的需要设计网线的其他要求（如耐磨性、耐紫外老化性、耐切割性、适配性和抗风浪性能等）。

第五节 高强聚乙烯编织线绳质量要求及其检测技术

在"十二五"农村领域国家科技计划课题节能降耗型远洋渔具新材料研究示范及标准规范制修订（2013BAD13B02-04）的支持下，东海所石建高课题组联合好运通、美标等单位开发了高强聚乙烯编织线绳新材料，并在西非远洋拖网上实现了应用示范。2015—2017年好运通、美标和农业部绳索网具产品质量监督检验测试中心等单位联合完成了《高强聚乙烯编织线绳》标准（适用于以1~15根线密度为36 tex的高强聚乙烯单丝制成线股，再以16个线股相互交叉穿插编织成的高强聚乙烯编织线绳）制定工作。现参照《高强聚乙烯编织线绳》标准将高强聚乙烯编织线绳质量要求及其检测技术概述如下，其他高强聚乙烯编织线绳产品质量要求及其检测技术，读者可参照相关标准、合同或文献资料等技术指标要求。

一、高强聚乙烯编织线绳产品抽样方法及样本数

高强聚乙烯编织线绳产品抽样方法及样本数同聚酰胺网线产品，这里不再重复。

二、高强聚乙烯编织线绳产品常规质量要求项目

高强聚乙烯编织线绳产品常规质量要求项目如表7-24所示，特殊质量要求项目按合同要求或相关标准规范要求等。

表7-24 高强聚乙烯编织线绳产品常规质量要求项目

产品名称	常规质量要求项目
高强聚乙烯编织线绳	外观、综合线密度、断裂强力、断裂伸长率、单线结强力

三、高强聚乙烯编织线绳质量要求

1. 高强聚乙烯编织线绳产品外观质量要求

高强聚乙烯编织线绳产品外观质量应符合表7-25的规定。

表7-25 高强聚乙烯编织线绳产品外观质量要求

项目	要求
缺股	不允许
起毛	轻微
油污	轻微
背股	不允许

2. 高强聚乙烯编织线绳产品物理性能质量要求

高强聚乙烯编织线绳产品物理性能质量应符合表 7-26 的规定。

表 7-26　高强聚乙烯编织线绳产品物理性能指标

序号	规格	综合线密度		断裂强力	单线结强力	断裂伸长率
		指标值（Rtex）	允许偏差率（%）	（N）	（N）	（%）
1	36 tex×1×16	500		≥250	≥165	15~30
2	36 tex×2×16	1 020		≥347	≥238	15~30
3	36 tex×3×16	1 590		≥473	≥315	15~30
4	36 tex×4×16	2 150		≥704	≥485	15~30
5	36 tex×5×16	2 630		≥998	≥685	15~30
6	36 tex×6×16	3 140		≥1 370	≥960	15~30
7	36 tex×7×16	3 710		≥1 850	≥1 240	15~30
8	36 tex×8×16	4 200	±9	≥2 390	≥1 580	15~30
9	36 tex×9×16	4 900		≥2 970	≥1 900	15~30
10	36 tex×10×16	5 390		≥3 650	≥2 340	15~30
11	36 tex×11×16	5 950		≥4 490	≥2 690	15~30
12	36 tex×12×16	6 580		≥5 380	≥3 490	15~30
13	36 tex×13×16	7 190		≥6 450	≥4 320	15~30
14	36 tex×14×16	9 690		≥7 800	≥4 600	15~30
15	36 tex×15×16	10 270		≥9 750	≥5 850	15~30

四、高强聚乙烯编织线绳产品检测技术

1. 外观质量检测

外观质量检测应在光线充足的自然条件或采用配有白色灯罩的明亮灯光下逐绞进行。

2. 预加张力

高强聚乙烯编织线绳产品预加张力应符合 GB/T 6965 的规定。

3. 综合线密度测定

高强聚乙烯编织线绳产品综合线密度测定按 FZ/T 63028—2015 中 6.5 或 SC/T 4028—2016 的规定进行。

4. 断裂强力与断裂伸长率的测定

高强聚乙烯编织线绳产品断裂强力测定按 SC/T 4022 规定进行、单线结强力测定按 SC/T 4022 规定进行、断裂伸长率测定按 SC/T 4023 规定进行。

5. 样品试验次数

高强聚乙烯编织线绳产品试验次数按表 7-27 中的规定执行。

表 7-27　高强聚乙烯编织线绳产品试验次数（次）

项目	指标			
	综合线密度	断裂强力	单线结强力	断裂伸长率
绞（卷或筒）数	10	10	10	10
每绞（卷或筒）测试数	1	3	3	3
总次数	10	30	30	30

6. 数据修约

高强聚乙烯编织线绳产品数据修约按表 7-28 中的规定执行。

表 7-28　高强聚乙烯编织线绳产品数据修约

序号	项目	数值修约要求
1	综合线密度	有效数三位
2	断裂强力	有效数三位
3	断裂伸长率	整数
4	单线结强力	有效数三位

7. 检验规则

（1）组批和抽样

相同工艺制造的同一原料、同一规格、同一工艺的高强聚乙烯编织线绳为一批，但每批重量不超过 2 t。同批高强聚乙烯编织线绳产品随机抽样 10 绞（卷或筒），按技术要求进行检验。

（2）判定规则

①产品按批检验，在检验结果中，若有一项物理性能指标不合格时，则判该绞（卷或筒）样品不合格。

②每批样品检验结果中，若 10 绞（卷或筒）样品中有 3 绞（卷或筒）以上样品不合格时，则判该批产品为不合格；若有 2 绞（卷或筒）样品不合格时，则应进行加倍抽样复测，若复测结果中仍有 2 绞（卷或筒）及以上样品不合格时，则判该批产品为不合格。

8. 标志、包装、运输和贮存

高强聚乙烯编织线绳产品标志、包装、运输和贮存要求同聚酰胺网线产品，这里不再重复。

五、高强聚乙烯编织线绳产品其他要求

高强聚乙烯编织线绳产品其他要求类似于聚酰胺网线产品，企业或读者在实际生产中需根据捕捞与渔业工程装备领域的需要设计网线的其他要求（如耐磨性、耐紫外老化性、耐疲劳性、适配性和抗冲击性等）。

第六节　常见网线疵品及其原因分析

由于生产原料、机械设备、企业管理和人员素质等某种原因，在网线生产中有时会产生不符合标准、合同或技术规范要求的网线产品（俗称网线疵品，如缺股线、多股线和背股线等）。如果不重视网线疵品问题，企业生产中往往会形成较高的疵品发生率。网线疵品如果混在网线合格品中使用或销售（即网线疵品未被发现或未经剔除处理混在正常产品中使用销售），会影响网线产品的整体质量，使整批网线及其下游产品（如网片、渔具、网箱、养殖网帘和养殖围网等装备设施）的品质降低，危及相关装备设施产业的安全性，进一步会给网线用户及其相关装备设施产业造成巨大损失，可见，网线疵品的正确处理直接关系到网线生产企业的形象、声誉和生产效益。在网线批量生产中，应及时发现、剔除、妥善处理网线疵品；企业对网线生产全程进行质量检测、品质分级、监督管理非常重要和必要。网线疵品浪费了物资资源、降低了生产效率、增加企业生产成本，因此，企业要不断提高网线生产技术或人员素质，以减少网线疵品发生率。为提高网线产品整体质量、减少网线疵品发生率，我们既要识别网线疵品，又要分析网线疵品的发生原因，以掌握克服网线疵品的方法、掌握处理网线疵品的技巧。本节对捻线或编织线生产中的常见网线疵品及其原因、生产环境对网线疵品发生率的影响等进行分析，以期为企业提高网线产品质量提供参考。

一、捻线生产中的常见网线疵品及其原因分析

在捻线生产中，由于生产原料、人员技能、生产设备等原因有时会生产出不符合标准、合同和规范要求的网线疵品（如缺股线、多股线、背股线、错号线、混号线和松捻线等疵品）。现将捻线生产中的常见网线疵品概述如下，以分析网线疵品产生原因，为捻线生产解决网线疵品提供科技支撑。

1. 缺股线

在捻线生产中，因某种原因导致线股用丝或单纱根数、线股股数少于规格要求，上述情况下生产的捻线属于缺股线。缺股线（俗称大小股线）是常见的网线疵品之一，产生缺股线的主要原因为：①用错股数（使线股股数少于规格要求）；②插纱混乱，发生错股不容易清点；③单纱断头后飘移到邻近锭子，且没有及时清除；④纱、

丝用完后没有及时更换相关筒子；发生缺纱、丝情况时没有倒清清除纱、丝疵品，且混入正品中使用，等等。

2. 多股线

在捻线生产中，因某种原因导致线股用丝或单纱根数、线股股数大于规格要求，上述情况下生产的捻线属于多股线。多股线（俗称大小股线）是常见的网线疵品之一，产生多股线的主要原因为：①插纱混乱，发生错股不容易清点；②用错股数（使线股股数大于规格要求）；③单纱断头后飘移到邻近锭子，且没有及时清除，等等。

3. 背股线

在捻线生产中，捻度不均匀、张力不一、线股滑出罗拉、绕丝、绕股、绕线筒子上串绕等原因，会导致成品线在拉直时其中某一股旋转的最高点与其他两股的旋转最高点不在一条直线上。上述情况下生产的捻线属于背股线，轻度背股绞线悬垂时，在光照下线股旋转的最高点呈现闪烁点；严重背股绞线可直接看到 3 个股中有一个股抽紧或一个股凸出。不过，在捻线生产中，因某一线股用丝或单纱数量缺少（小于设计数量），导致该线股粗度小于其他线股的情况不属于背股线；因某一线股用丝或单纱数量增加（大于设计数量），导致该线股粗度大于其他线股的情况也不属于背股线。背股线（亦称麻皮线）是常见的网线疵品之一，产生背股线的主要原因为：①复捻并合时用错线股规格；②复捻用 3 只股筒子的股捻度误差较大；③线股中缺丝（或单纱）、或多余丝（或单纱）；④捻线用原料品质不良，使线股粗细误差较大；⑤复捻时 3 根线股中有一根线股未经罗拉输送，直接进入捻合；⑥复捻用 3 只股筒子大小不均引起张力差异过大，且没有采取相应的调整措施，等等。

4. 错号线

在捻线生产中，用错丝、纱的号数情况下生产的捻线属于错号线。如在捻线生产中应该使用 36 tex 聚乙烯单丝，但实际生产中却全部使用了 42 tex 聚乙烯单丝，这种情况生产出来的捻线属于错号线。如在捻线生产中应该使用 36 tex 聚乙烯单丝，但实际生产中却混入使用了很少量的 42 tex 聚乙烯单丝（42 tex 聚乙烯单丝筒子的数量一般应小于 5 只），这种情况生产出来的捻线不属于错号线。错号线是常见的网线疵品之一，产生错号线的主要原因为：①企业生产管理混乱，原料没有专门堆放的地方；不同原料分开堆放时没有明显的标志标示加以区别。②操作工领用原料时不进行规格检验，操作工领来即用；操作工基本功不够，无法判别使用原料的规格号数。③相临捻线机使用不同规格原料，不同原料之间没有严格的隔离措施；掉落地上的其他规格的原料筒子没有及时拾回处理，等等。

5. 混号线

在捻线生产中，混入少量其他号数丝、纱情况下生产的捻线属于混号线。如在捻线生产中应该使用 36 tex 聚乙烯单丝，但实际生产中却混入使用了少量的 42 tex 聚乙烯单丝（42 tex 聚乙烯单丝筒子的数量一般应小于 5 只），这种情况生产出来的捻线属于混号线。混号线是常见的网线疵品之一，产生混号线的主要原因为：①操作工领用原料时不进行规格检验，操作工领来即用；操作工基本功不够，无法判别使用原料的规格号数。②企业生产管理混乱，原料没有专门堆放的地方；不同原料分开堆放时没有明显的标志标示加以区别分类。③相临捻线机使用不同规格原料，不同原料之间没有严格的隔离措施；掉落地上的其他规格的原料筒子没有及时拾回处理，等等。

6. 松捻线

在捻线生产中，在长距离捻度偏松情况下（捻度低于捻度指标偏差允许范围）生产的捻线属于松捻线，包括外捻度偏松和内捻度偏松两种情况。当捻线外捻度符合设计技术指标要求，但在内捻度偏松情况下（内捻度低于内捻度指标偏差允许范围）生产的捻线也属于松捻线；上述情况下捻线合拢时，合拢线段会自行抱合扭曲，合拢线打扭严重（或扭曲程度严重），打扭方向（或扭曲方向）与外捻方向相反。松捻线是常见的网线疵品之一，产生松捻线的主要原因为：①铜丝钩或尼龙钩配置太重，运转不灵活；②使用筒管底槽已经损坏的筒管，影响生产过程中的加捻；③罗拉弯曲、上罗拉橡皮圈磨损起槽，失去控制能力，造成网线在罗拉间滑移；④钢令捻线机的捻度齿轮、翼锭线加捻机输线盘调错，使实际捻度小于设计指标捻度；⑤捻线机锭盘肩胛磨损过多，不能啮合筒管底槽，筒管跳动造成转速下降，影响加捻；⑥锭杆不直、锭胆磨损、锭子内缺油、筒管磨损偏心等原因造成锭子摇头、锭子速度下降，影响加捻效果；⑦新锭带使用尺寸偏大、锭带使用日久自然伸长、锭带滑到锭带盘外缘上细外径处、锭带盘张力重锤没有放在压重位置上，造成锭带张力偏松，等等。

7. 紧捻线

在捻线生产中，在长距离捻度偏紧情况下（捻度高于捻度指标偏差允许范围）生产的捻线属于紧捻线。包括外捻度偏紧和内捻度偏紧两种情况。当捻线外捻度符合设计技术指标要求，但在内捻度偏紧情况下（内捻度高于内捻度指标偏差允许范围）生产的捻线也属于紧捻线，上述情况下捻线合拢时，合拢线段会自行抱合扭曲，合拢线打扭严重（或扭曲程度严重），打扭方向（或扭曲方向）与外捻方向相同。紧捻线是常见的网线疵品之一，产生紧捻线的主要原因为：①网线滑出上罗拉，使罗拉喂给长度减少；②网线有大结头或网线套住导纱钩，影响喂给；③滚筒上绕有网线，锭带走在绕有网线处，加快了锭速；④钢令捻线机的捻度齿轮、翼锭线加捻机的输线盘调错，使实际捻度大于指标捻度；⑤插纱杆偏粗、插纱杆弯曲，使纱管转动有阻力，送纱不自然，使喂给的长度减少，等等。

8. 小辫子线

在捻线生产中，某一线股因自行扭曲成呈小辫子状并凸出线表面，这种捻线属于小辫子线。小辫子线是常见的网线疵品之一，产生小辫子线的主要原因为：①网线复捻时，线股捻度偏紧，线股容易发生自行扭曲；②网线复捻时，线股没有进行张力控制或者张力控制力不足，使线股有时处在松弛状态引起线股自行扭曲；③插线股筒子的插纱棒偏细，线股筒子与插纱棒、插纱架间摩擦力偏小，网线复捻时，线股筒子发生自转送出过量线股，过量线股发生自扭，等等。

9. 色差线

在捻线生产中，网线、线股中丝、纱颜色有明显差异或者一批绞线中某绞线与其他绞线颜色有明显的差异，这种捻线属于色差线。色差线是常见的网线疵品之一，产生色差线的主要原因为：①生产车间光线不良，不利于发现捻线用色差丝；②深浅不同颜色丝没有严格分开存放，捻线用原料未经检验混入色差丝；③生产中没有经常检查，未能及时发现色差丝；生产中没有执行原料先进先用、一批结束再用下一批的原则，导致长期存放后原料与新进原料颜色之间存在明显色差，等等。

10. 油污线

在捻线生产中，使用沾有污油、锈色等不能清除的斑渍线、线股生产的捻线属于油污线。油污线是常见的网线疵品之一，产生油污线的主要原因为：①操作不谨慎使筒子落地；②盛纱罗筐、装线小车等不清洁或有油污；③在钢令上加油过多、设备加油时碰到网线；④落纱不及时，由于筒子过大碰触钢令后沾上油污；⑤断头没有及时拔出筒子，使线头打在钢令上沾上油污；⑥操作工手沾有油污没有及时清洗，在生头、换筒结头、落纱等操作时让网线沾上油污，等等。

11. 起毛线

在捻线生产中，线、线股受摩擦造成表面丝、纱发生断裂起翘，这种情况下生产的捻线属于起毛线。起毛线（也称擦伤线或磨损线）是常见的网线疵品之一，产生起毛线的主要原因为：①导纱钩磨损起槽；②钢令钩磨损起槽；③锭子偏心，使筒子线与钢令钩摩擦；④牵伸不足的 PE 单丝等制线用基体纤维，捻线生产时容易起毛；⑤捻线断头未及时处理，断头线与相邻锭子的气圈缠绕（也称气圈打架）；⑥钢令钩配置重量偏轻，使捻线气圈过大，与隔纱板或相邻锭子的气圈缠绕（也称气圈打架），等等。

二、编织线生产中的常见网线疵品及其原因分析

在编织线生产中，由于原料、人员技能、生产设备等原因，有时会生产出不符合标准、合同和规范要求的网线疵品［如松节距、面子或线芯缺丝（纱）等疵品］。现将编织线生产中的常见网线疵品概述如下，以分析网线疵品产生原因，为编织线生产解决网线疵品提供技术支撑。

与捻线相比，编织线疵品发生率较低。根据编者及其合作企业的经验，表 7-29 列出了编织线生产中的常见网线疵品种类，并对网线疵品产生的原因进行了分析。表 7-29 给出了编织线疵品处理方法，供读者参考，读者在实际生产中可结合实际生产

情况灵活分析，以减少编织线疵品发生率，助力捕捞与渔业工程装备领域的可持续发展。

表7-29　编织线疵品及其原因分析

序号	编织线疵品	编织线疵品产生原因	编织线疵品处理方法
1	松节距	节距齿轮换错	重新换节距齿轮
2	编织线中缺股线	自停失灵，筒子上线股用完后不能自停	修理自停装置
3	编织线中股线吊紧	筒子丝混乱压丝；重锤重量过重	整理筒子丝；调换重锤，减轻重锤重量
4	编织线节距不一致	牵引盘转动不稳定；机台间的节距齿轮不一致	旋紧牵引盘螺栓；重新更换机台的节距齿轮，保持节距齿轮的一致性
5	编织线外表发毛	控制模偏小；重锤滑柱的孔口磨损；重锤重量过重，丝、纱被磨损	调换控制模；修复重锤滑柱的孔口磨损；调换重锤，减轻重锤重量
6	聚节距	控制模偏小；牵引未收紧；节距齿轮换错；牵引盘不转	更换控制模；收紧牵引线；重新更换节距齿轮；检查节距齿轮、蜗轮蜗杆、牵引盘齿轮并啮合好
7	面子、线芯缺丝（纱）	重锤重量过重，丝被磨断；重锤滑柱的孔口磨损，磨断丝；重锤重量不足，使股中丝发生长短，短丝被拉断；倒筒时线股缺丝	调换重锤，减轻重锤重量；修复重锤滑柱的孔口磨损；调换重锤，增加重锤重量；排除倒股时丝被筒子钩断因素

三、生产环境对网线疵品发生率的影响分析

　　网线生产环境是围绕或影响单纱、线股或网线产品制造和质量的所有过程条件。对于每一个网线生产企业，网线生产环境都会有所不同，网线生产环境通常包括：车间布置、车间照明、车间噪声、工作量、产量、工作时间、工作压力、车间温湿度、生产线节拍等。网线生产环境的好坏直接关系到工人操作时是否有一个舒适的生产环境，关系到能否充分发挥工人操作主观能动性，关系到生产产品时设备是否能安全正常地工作，关系到网线疵品发生率的高低，等等。以车间温湿度为例，网线车间夏季温度一般控制在30℃以下、相对湿度控制在65%~70%；冬季温度控制在15~20℃（最低不低于10℃）、相对湿度控制在55%~60%（最低不低于50%）；春季和秋季则控制在夏季与冬季之间，上述温度将确保操作工、机器设备在适宜的温湿度下良好地

运转。合适的车间温湿度有利于操作工的正常工作、有利于增加网线强力、有利于清除纱疵（如绒毛、尘屑，使网线表面光滑并减少断头率和废丝）、有利于减少静电（减少操作工触电感）、有利于防止罗拉卷绕，等等，从而降低网线疵品发生率，提高企业产品整体质量和经济效益。综上所述，企业在实际生产中一定要重视生产环境，以有效降低网线疵品发生率，助力捕捞与渔业工程装备的可持续健康发展。

附录

附录1　网线相关标准

捕捞与渔业工程装备领域网线相关标准如附表1-1所示。

附表1-1　网线相关标准

序号	标准名称	标准号
1	渔具材料试验基本条件　预加张力	GB/T 6965—2004
2	渔具材料试验基本条件　标准大气	SC/T 5014—2002
3	渔具材料基本术语	SC/T 5001—2014
4	渔用聚乙烯单丝	SC/T 5005—2014
5	聚酰胺单丝	GB/T 21032—2007
6	渔网　网线伸长率的测定	SC/T 4023—2007
7	聚乙烯-聚乙烯醇网线　混捻型	SC/T 4019—2006
8	渔网　网线断裂强力和结节断裂强力的测定	SC/T 4022—2007
9	主要渔具材料命名与标记　网线	GB/T 3939.2—2004
10	聚乙烯网线	SC/T 5007—2011
11	聚酰胺网线	SC/T 5006—2014
12	超高分子量聚乙烯网线	FZ/T 63028—2015
13	合成纤维渔网线试验方法	SC 110—1983
14	渔网　网线直径和线密度的测定	SC/T 4028—2016
15	渔具材料抽样方法及合格批判定规则 合成纤维丝、线	SCT 5023—2002
16	渔用聚乙烯编织线	SC/T4027—2016

注：表中未列出的捕捞与渔业工程装备领域用网线相关标准，读者可咨询全国水产标准化技术委员会渔具及渔具材料分技术委员会（SAC/TC 156/SC 4）秘书处或农业部绳索网具产品质量监督检验测试中心。

附录 2 捕捞渔具图常用省略语和代号

捕捞渔具图常用省略语和代号如附表 2-1 所示。渔业工程装备图涉及的常用省略语和代号可参考使用附表 2-1。

附表 2-1 捕捞渔具图常用省略语和代号

代号	常用省略语和代号	代号	常用省略语和代号
2a	网目长度（目大）	PA	聚酰胺（纤维）
A	有档锚链	Pb	铅
AB	全单脚剪裁	PE	聚乙烯（纤维）
B	网衣斜向；单脚剪裁；无档锚链	PET	聚酯（纤维）
BAM	竹	PL	塑料
BB	辫编网衣	PP	聚丙烯（纤维）
BS	编绳	PVA	聚乙烯醇（纤维）
CEM	水泥	PVC	聚氯乙烯（纤维）
CER	陶土	PVDC	聚偏氯乙烯（纤维）
CN	插捻网衣	PZ	平织网衣
COC	棕榈纤维	Q	沉降力
COMB	夹芯绳	r	网目的节
COMP	包芯绳	RUB	橡胶
COT	棉（纤维）	S	绳索、网线捻向
COV	缠绕	SIS	剑麻
Cu	铜（合金）	SJ	死结
E	缩结系数	SS	双死结
F	浮力	ST	钢
Fe	铁	STO	石
FEAT	羽毛	SST	不锈钢
HE	活饵	SYN	合成（纤维）
HDPE	高密度聚乙烯（纤维）	SW	转环
HJ	活结	T	网衣横向；宕眼剪裁
HLJ	活络结	UHMWPE	超高分子量聚乙烯
JB	经编网衣	WD	木
JN	绞捻网衣	WJ	无结
MAN	马尼拉麻	WR, wire	钢丝绳
MAT	材料	YJ	有结
MHMWPE	中高分子量聚乙烯（纤维）	Z	绳索、网线捻向
MMWPE	中高分子量聚乙烯（纤维）	ZL	锌铝合金
N	网衣纵向；边旁剪裁	Zn	锌
NKJ	纽扣结		

注：参照 SC/T 4002《渔具制图》《海洋渔业技术学》和《渔用网片与防污技术》等文献资料。

附录3 网线专业检测机构简介

　　农业部绳索网具产品质量监督检验测试中心（以下简称"中心"）为我国权威网线、绳索、网具专业检测机构。中心于1990年12月通过国家计量评审，1991年1月通过农业部机构审查认可，是经过机构认定具有第三方公正性地位、能独立开展监督检验活动的部级质量监督检测机构，以中国水产科学研究院东海水产研究所为承建单位。在业务上归属农业部领导，具有国家认证认可监督管理委员会颁发的《计量认证合格证书》，农业部颁发的《审查认可证书》，主要从事各种规格的网线、纤维绳索、钢丝绳、起重吊具、吊装带、渔网、体育网以及农用塑料薄膜（地、棚膜）等物资的质量监督检测、事故鉴定以及相关领域技术服务检测机构。中心成立以来，曾十多次承担国家、农业部下达的产品质量监督检验、成品质量评价等指令性任务；为生产企业、用户单位、国内外贸易单位及认证认可机构出具过数千份检验报告。本中心设主任室、办公室、检验室和维护质量体系运作的技术委员会。现在编职工9人，其中具有中级技术职称人员4人、高级技术职称人员4人、其他技术人员1人；目前中心在渔具新材料研发及其产业化应用方面在国内处于领先地位。中心检测仪器设备37台（套），其中，进口INSTRON-4466强力试验机、INSTRON-5581强力试验机、RHZ-1600型绳索试验机等仪器设备均具有国际先进水平。中心实施质量手册和其他体系文件的规定，并持续改进管理体系。中心不断提高服务客户的水准，中心具备检测项目所需的仪器设备、训练有素的检验员以及符合要求的检测环境，个别项目可通过分包形式，合理利用社会资源，为规范网线、绳索网具安全生产提供公正服务，实现服务社会的基本要求。中心位于上海军工路300号，将竭诚为国内外绳索网具用户提供优质服务，欢迎广大客户前来检测与咨询。

附录 4   代表性绳网企业简介

鑫农绳网科技有限公司位于江汉平原腹地，濒临汉江，紧靠武汉，是一家以绳、网及相关产品的生产、研发与销售为主的科技型企业。经过多年发展，鑫农绳网成为中国中部最大的绳网企业之一，"鑫农牌"成为中国绳网行业知名品牌。公司占地100余亩，建筑面积30 000 m²，已建成有拉丝、整经、捻线、经编、剑杆、结网、后处理、网箱加工八大生产车间。公司从国内外引进最先进绳网生产设备300余套，高薪聘请多名顶尖技术人才，专业生产各种规格的聚乙烯单/复丝、线、绳、有结网片、无结网片等绳网产品，产品广泛应用于海洋捕捞、网箱养殖、果园防虫防鸟防雹、建筑安全防护、体育休闲等领域，年产能达5 000 t。公司坚持使用优质全新原料，生产的产品具有网结紧固、抗紫外线、使用寿命长、替换率低等优点，深受全国消费者喜爱。其中，"鑫农牌"黄鳝养殖网箱多年市场占有率稳居第一，深海养殖网箱也名列市场前茅，"鑫农牌"防雹、防虫网得到重点水果种植企业认可。鑫农绳网自创办以来，在客户服务、生产管理、研发创新等方面始终坚持最高标准。在客户服务方面，我们始终坚持"提供客户最具性价比的绳网解决方案"的原则，致力于与客户达成长期稳定的合作关系。在生产管理方面，公司坚持"管理从严、生产抓紧、质量从优，关心员工"的管理方针，保证客户的每一个订单能高质高效地完成。在新产品的研发创新方面，公司与中国水产研究院东海水产研究所石建高研究员课题组达成合作，共同攻克技术难关，进行技术升级与产品改良，期以更先进的技术、更优良的产品服务客户。鑫农的产品畅销于世界各地，我们的品质也受到广大消费者的肯定。公司始终以产品质量为核心，以客户关系为纽带，秉承"质量是根，信誉为本"的宗旨，广结海内外客商，携手致力于中国绳网业发展。

附录5 纤维绳网检测设备研发企业及产品简介

深圳市恩普达工业系统有限公司（以下简称"公司"）是纤维绳网材料和结构力学测试方面集科学研究、产品开发生产、方案实施、技术咨询为一体的科技型企业。公司一直秉承"科技是第一生产力、不断创新、真诚服务用户"的经营理念，以优良的质量和服务赢得客户。公司拥有一支精干的研发团队和一批在检测设备行业经验丰富的技术及生产骨干，现已开发出十几个系列二百余型号产品。主要有微机控制电液伺服疲劳试验机、电子式疲劳试验机、电液伺服扭转寿命试验台、汽车零部件检测试验台、卧式拉力试验机、大型结构试验机、电液伺服万能试验机、电子万能试验机、非标电液伺服压力试验台及相关夹具配件等。试验力从 10 N ~ 80 MN，频率涵盖 0 ~ 300 Hz 的各式力学检测设备；可完成拉伸、压缩、弯曲、剪切、剥离、撕裂、穿刺、顶破、松驰、蠕变、扭转、杯突、冲击、振动、循环疲劳寿命等材料、零件及结构件的力学性能检测和分析，广泛应用于高校、科研、质检和企业用户；是国防军工、航空航天、轨道交通、船舶工业、土木工程、建筑建材、生物医药、冶金制造、电缆电线、家用电器领域对金属、非金属、复合材料及结构件、零部件进行性能分析和质量控制的可靠选择。

10 kN 纤维绳网拉伸试验机

300 t 绳索卧式拉伸试验机

2 000 t 缆绳卧式拉力试验机

宽带拉伸夹具 1

宽带拉伸夹具 2

线绳缠绕拉伸夹具 1

线绳缠绕拉伸夹具 2

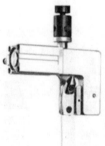

气动线绳拉伸夹具

线绳拉伸夹具

主要参考文献

本多胜司. 昭和 56 年. 渔具材料［M］. 日本：恒星社厚生阁.

柴秀芳，等. 2006. SC/T 5005—2014 渔用聚乙烯单丝［S］. 北京：中国农业出版社.

常铁军，祁欣. 1999. 材料近代分析测试方法［M］. 哈尔滨：哈尔滨工业大学出版社.

常铁军，祁欣. 1999. 材料近代分析测试方法［M］. 哈尔滨：哈尔滨工业大学出版社.

耿保友. 2007. 新材料科技导论［M］浙江：浙江大学出版社.

桂祖桐. 2002. 聚乙烯树脂及其应用［M］. 北京：化学工业出版社.

桂祖桐. 2002. 聚乙烯树脂及其应用［M］. 北京：化学工业出版社.

国家标准化管理委员会. 2003. 国际标准化工作手册［M］. 北京：中国标准出版社.

黄朝禧. 2009. 渔业工程学［M］. 北京：高等教育出版社.

黄锡昌. 2000. 捕捞学［M］. 重庆：重庆出版社.

黄锡昌等. 2003. 中国远洋捕捞手册［M］. 上海：上海科学技术文献出版社.

雷霁霖. 2005. 海水鱼类养殖理论与技术［M］. 北京：中国农业出版社.

李汝勤，宋钧材. 2005. 纤维和纺织品测试技术［M］上海：东华大学出版社.

农业部渔业渔政管理局. 2016. 2016 中国渔业统计年鉴［M］. 北京：中国农业出版社.

沈新元. 2008. 化学纤维手册［M］. 北京：中国纺织出版社.

沈新元. 2006. 先进高分子材料［M］. 北京：中国纺织出版社.

石建高，柴秀芳. 2004. GB/T 6965—2004 渔具材料试验基本条件 预加张力［S］. 北京：中国标准出版社.

石建高，等. 2015. FZ/T 63028—2015 超高分子量聚乙烯网线［S］. 北京：中国标准出版社.

石建高，等. 2004. GB/T 6965—2004 渔具材料试验基本条件 预加张力［S］. 北京：中国标准出版社.

石建高，等. 2007. SC/T 4022—2007 渔网 网线断裂强力和结节断裂强力的测定［S］. 北京：中国农业出版社.

石建高，等. 2007. SC/T 4023—2007 渔网 网线伸长率的测定［S］. 北京：中国农业出版社.

石建高，等. 2014. SC/T 5001—2013 渔具材料基本术语［S］. 北京：中国农业出版社.

石建高，等. 2016. 渔用改性 HDPE/MMWPE/SiO2 单丝的初步研究［J］. 渔业信息与战略，31（1）：54-58.

石建高，等. 2015. 渔用共混改性 MMWPE/PP 单丝和普通 PE 单丝拉伸力学性能的比较［J］. 河北渔业，10：5-8.

石建高，等. 2009. 渔用网片与防污技术［M］. 北京：中国农业出版社.

石建高，王鲁民，陈晓蕾，等. 2008. 渔用合成纤维新材料研究进展［J］. 现代渔业信息，23（2）：9-22.

宋广谱，徐宝生. 2003. GB/T 5147—2003 渔具分类、命名及代号 ［S］. 北京：中国标准出版社.

孙晋良，吕伟元. 2007. 纤维新材料 ［M］上海：上海大学出版社.

孙满昌，石建高，等. 2009. 渔具材料与工艺学 ［M］. 北京：中国农业出版社.

孙满昌，邹晓荣，张健，等. 2012. 海洋渔业技术学 ［M］. 北京：中国农业出版社，1-378.

汤振明，等. 2009. 绳网具制造工艺与操作技术 ［M］. 北京：中国华侨出版社.

汤振明，贾家武，柴秀芳，石建高. 2006. SC/T 4019—2006 聚乙烯-聚乙烯醇网线 混捻型 ［S］. 北京：中国农业出版社.

汤振明，钱忠敏. 2009. 绳网具制造工艺与操作技术 ［M］. 北京：中国华侨出版社.

汤振明，石建高，等. 2014. SC/T 5006—2014 聚酰胺网线 ［S］. 北京：中国农业出版社.

汤振明，石建高，等. 2011. SC/T 5007—2011 聚乙烯网线 ［S］. 北京：中国农业出版社.

王梓杰，王淑芝. 1990. 高分子化学及物理 ［M］. 北京：中国轻工业出版社.

沃丁柱. 2000. 复合材料大全 ［M］. 北京：化学工业出版社.

吴人洁. 2000. 复合材料 ［M］. 天津：天津大学出版社.

辛忠. 2005. 合成材料添加剂化学 ［M］. 北京：化学工业出版社.

杨明山，李林楷. 2006. 塑料改性工艺、配方与应用 ［M］. 北京：化学工业出版社.

于伟东，储才元. 2002. 纺织物理 ［M］. 上海：东华大学出版社.

于伟东，等. 2002. 纺织物理 ［M］. 上海：东华大学出版社.

于伟东. 2006. 纺织材料学 ［M］. 北京：中国纺织出版社.

于伟东. 2006. 纺织材料学 ［M］. 北京：中国纺织出版社.

张帆，周伟敏. 2008. 材料性能学 ［M］. 上海：上海交通大学出版社.

张开. 1981. 高分子物理学 ［M］. 北京：化学工业出版社.

张玉龙，王喜梅. 2007. 通用塑料改性技术 ［M］. 北京：机械工业出版社.

赵敏. 2002. 改性聚丙烯新材料 ［M］. 北京：化学工业出版社.

中国标准出版社编. 1998. 中国农业标准汇编 ［M］. 北京：中国标准出版社.

左其华，等. 2014. 中国海岸工程进展 ［M］. 北京：海洋出版社.

Anon. 1994. Adenia Ⅱ tows light Dyneema trawl ［J］. Fishing News Interational, 33 (3)：14.

Jiangao Shi, etc. 2015. An Elementary Study on PP/MHMWPE/EPDM Netting Twine, Advances in Engineering Research, 41, 356-361.

K. E. 彼列彼尔金，徐静宜（译）. 1985. 纤维的结构与性能 ［M］. 北京. 中国石化出版社.

Klust, G. Netting materials for fishing gear：FAO Fishing Manuals ［M］, Fishing News (Books) ltd, London.

L. E. 尼尔金. 1974. 高分子和复合材料的力学性能 ［M］. 丁佳鼎译. 北京：轻工业出版社.

Γ. Φ. 布格切夫斯基. 1981. 纤维素纤维织物磨损 ［M］. 钱樨成译. 北京：纺织工业出版社.